Excel Home官方出品

Excel
数据处理与分析 应用大全

Excel Home / 编著

北京大学出版社

PEKING UNIVERSITY PRESS

内容提要

本书全面系统地介绍了以 Excel 为核心工具开展数据处理与数据分析的各项技术，深入揭示背后的概念原理，并配以大量典型实用的应用案例，帮助读者全面掌握数据分析工作的必备技能。全书分17章，内容包括数据分析概述、数据采集、数据输入、数据整理、借助公式快速完成统计计算、借助数据透视表快速完成统计计算、基础统计分析、中心极限定理、假设检验、t 检验和卡方检验、方差分析、回归分析、时间序列分析、规划求解、Excel 数据表格美化、数据可视化和其他常用数据分析工具，方便读者随时查阅。

本书适合各层次的数据分析从业人员，既可作为初学者的入门指南，又可作为中、高级用户的参考手册。书中大量的实例还适合读者直接在工作中借鉴。

图书在版编目(CIP)数据

Excel 数据处理与分析应用大全 / Excel Home编著. — 北京：北京大学出版社，2021.2
ISBN 978-7-301-31934-5

Ⅰ.①E… Ⅱ.①E… Ⅲ.①表处理软件 Ⅳ.①TP391.13

中国版本图书馆CIP数据核字(2021)第001626号

书　　　名	Excel数据处理与分析应用大全	
	EXCEL SHUJU CHULI YU FENXI YINGYONG DAQUAN	
著作责任者	Excel Home　编著	
责 任 编 辑	张云静　吴秀川	
标 准 书 号	ISBN 978-7-301-31934-5	
出 版 发 行	北京大学出版社	
地　　　址	北京市海淀区成府路205 号　　100871	
网　　　址	http://www.pup.cn　　新浪微博：@ 北京大学出版社	
电 子 邮 箱	编辑部 pup7@pup.cn　总编室 zpup@pup.cn	
电　　　话	邮购部010-62752015　发行部010-62750672　编辑部010-62580653	
印 刷 者	北京市科星印刷有限责任公司	
经 销 者	新华书店	
	787毫米×1092毫米　16开本　35.25 印张　744千字	
	2021年2月第1版　2025年1月第4次印刷	
印　　　数	14001-16000册	
定　　　价	119.00元	

前　言

非常感谢您选择《Excel 数据处理与分析应用大全》。

本书是由 Excel Home 技术专家团队在多版《Excel 应用大全》基础上编写的一部全新作品。全书以数据处理与分析的流程为主线，完整详尽地介绍了数据处理与分析的原理、思路以及 Excel 的相关知识点和应用方法。

本书的每个章节都以任务为导向，在解决任务时并不局限于使用 Excel 某一个功能，希望以这种方式帮助读者更专注于问题的解决，而非仅对 Excel 功能的学习。除了原理和基础性的讲解，书中还配以大量的典型示例帮助读者加深理解，部分案例甚至可以在读者的实际工作中直接进行借鉴。

读者对象

本书面向的读者群是所有需要使用 Excel 的用户。无论是初学者，中、高级用户还是 IT 人员，都将从本书找到值得学习的内容。当然，希望读者在阅读本书以前至少对 Windows 操作系统有一定的了解，并且知道如何使用键盘与鼠标。

本书约定

在正式开始阅读本书之前，建议读者花上几分钟时间来了解一下本书在编写和组织上使用的一些惯例，这会对您的阅读有很大的帮助。

软件版本

本书的写作基础是安装于 Windows 10 专业版操作系统上的中文版 Excel 2019 专业版。尽管本书中的许多内容也适用于 Excel 的早期版本，如 Excel 2003、2007、2010、2013、2016，或者其他语言版本的 Excel，如英文版、繁体中文版等。但是为了能顺利学习本书介绍的全部知识，仍然强烈建议读者在最新版本的中文版 Excel 环境下学习。

菜单命令

我们会这样来描述在 Excel 或 Windows 以及其他 Windows 程序中的操作，比如在讲到对某张 Excel 工作表进行隐藏时，通常会写成：在 Excel 功能区中单击【开始】选项卡中的【格式】下拉按钮，在其扩展菜单中依次选择【隐藏和取消隐藏】→【隐藏工作表】。

鼠标指令

本书中表示鼠标操作的时候都使用标准方法："指向""单击""右击""拖动""双击"等，您可以很清楚地知道它们表示的意思。

键盘指令

当读者见到类似 <Ctrl+F3> 这样的键盘指令时，表示同时按下 <Ctrl> 键和 <F3> 键。

Win 表示 Windows 键，就是键盘上画着 ▦ 的键。本书还会出现一些特殊的键盘指令，表示方法相同，但操作方法会稍许不一样，有关内容会在相应的章节中详细说明。

Excel 函数与单元格地址

本书中涉及的 Excel 函数与单元格地址将全部使用大写，如 SUM()、A1:B5。但在讲到函数的参数时，为了和 Excel 中显示一致，函数参数全部使用小写，如 SUM(number1,number2, ...)。

图标

注意 ▦■■➔	表示此部分内容非常重要或者需要引起重视
提示 ▦■■➔	表示此部分内容属于经验之谈，或者是某方面的技巧
深入了解 ▦■■■➔	为需要深入掌握某项技术细节的用户所准备的内容

阅读技巧

不同水平的读者可以使用不同的方式来阅读本书，以求在相同的时间和精力之下能获得最大的回报。

Excel 初级用户或者任何一位希望全面掌握 Excel 数据处理与分析技术的读者，可以从头开始逐章阅读学习。

Excel 中、高级用户可以挑选自己感兴趣的主题有侧重地来学习，虽然各知识点之间有千丝万缕的联系，但通过我们在本书中提示的交叉参考，可以轻松地顺藤摸瓜。

如果遇到困惑的知识点不必烦躁，可以暂时先跳过，先保留个印象即可，今后遇到具体问题时再来研究。当然，更好的方式是与其他爱好者进行探讨。如果读者身边没有这样的人选，可以登录 Excel Home 技术论坛，这里有无数 Excel 爱好者正在积极交流。

另外，本书中为读者准备了大量的示例，它们都有相当的典型性和实用性，并能解决特定的问题。因此，读者也可以直接从目录中挑选自己需要的示例开始学习，然后快速应用到自己的工作中去，就像查辞典那么简单。

资源下载

读者可以扫描下方二维码关注微信公众号，输入代码"319345"，下载本书的示例文件学习资源。

写作团队

本书的第 1、2、14、17 章由郗金甲编写，第 3、5、15 章由祝洪忠编写，第 4、16 章由郭新建编写，第 6 章由杨彬编写，第 7 ~ 13 章由博文编写，最后由周庆麟完成统稿。

感谢 Excel Home 全体作者专家团队成员对本书的支持和帮助，他们为本系列图书的出版贡献了重要的力量，特别感谢对本书部分章节进行审校工作的赵丹亚老师。

Excel Home 论坛管理团队和培训团队长期以来都是 Excel Home 图书的坚实后盾，他们是 Excel Home 中最可爱的人，在此向这些最可爱的人表示由衷的感谢。

衷心感谢 Excel Home 论坛的百万会员，是他们多年来不断的支持与分享，才营造出热火朝天的学习氛围，并成就了今天的 Excel Home 系列图书。

衷心感谢 Excel Home 微博的所有粉丝和 Excel Home 微信公众号的所有关注者，你们的"点赞"和"转发"是我们不断前进的新动力。

后续服务

在本书的编写过程中，尽管我们的每一位团队成员都未敢稍有疏虞，但纰缪和不足之处仍在所难免。敬请读者能够提出宝贵的意见和建议，您的反馈将是我们继续努力的动力，本书的后继版本也将会更臻完善。

您可以访问 http://club.excelhome.net 技术论坛，我们开设了专门的板块用于本书的讨论与交流。您也可以发送电子邮件到 book@excelhome.net，我们将尽力为您服务。

同时，欢迎您关注我们的官方微博（@Excelhome）和微信公众号（iexcelhome），我们每日都会更新很多优秀的学习资源和实用的 Office 技巧，并与大家进行交流。

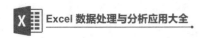Excel 数据处理与分析应用大全

《Excel 数据处理与分析应用大全》配套学习资源获取说明

第一步 ● 微信扫描下面的二维码，
关注 Excel Home 官方微信公众号。

第二步 ● 进入公众号以后，
输入文字"319345"，单击"发
送"按钮。

第三步 ● 根据公众号返回的提示进行操作，即
可获得本书配套的示例文件以及本书
同步在线课程的优惠码。

目　录

示例目录

第 1 章　数据分析概述

在信息技术高度发达的现代社会，很多具有前瞻眼光的企业和公司都把数据看作重要的资产。数据是企业业务决策及获得市场竞争优势的利器，如何从海量数据中"淘金"已经成为公司战略级别的重要任务。因此，数据分析师成为近些年来的热门职业。

> **本章学习要点**
>
> （1）什么是数据分析　　　　　　（4）DIKW 金字塔
>
> （2）什么是数据挖掘　　　　　　（5）CRISP-DM 模型
>
> （3）统计分析与数据挖掘的联系与区别

1.1　数据分析的重要性

当今社会处于经济蓬勃发展的阶段，更是信息化社会高速发展的时代。全世界每天都会产生、存储和使用难以想象的海量数据，也许大家认为这些数据都来自大企业和大公司，并且这些数据也是被它们所使用，和普通人没有什么关系，其实大家可能并没有意识到，现代社会中的一个普通人时时刻刻也都在产生和消费数据。例如，上班族每天早上驾车出行，通常会使用地图 App 进行导航，以便选择最畅通的出行路线节省通勤时间，在搜索目的地和使用导航的过程中将产生浏览数据和位置路线等大量数据，同时使用者也从地图 App 中获取了路线和交通路况等非常有价值的信息。

商场如战场，瞬息万变，所有企业决策者都希望实现"运筹帷幄之中，决胜千里之外"，那么就必须充分重视数据分析的重要性，实现数据指导业务决策。提到如何使用数据，有些管理者认为数据分析只是将历史数据收集整理，并进行可视化展现，产生不了什么价值，而企业还需要为此投资信息化基础设施，并且承担数据分析团队的日常费用，看起来有些得不偿失。这种对于数据价值的理解是非常片面的，历史数据可视化展现只是最初级的数据应用方式，仅仅是查看数据，然而数据分析价值并不在于此，其核心价值是由"分析"产生的。

例如，某公司 2019 年上半年销售收入，如图 1-1 所示。作为企业的管理者从中可能会得出结论：2019 年上半年公司销售业绩持续稳步增长，公司运营状

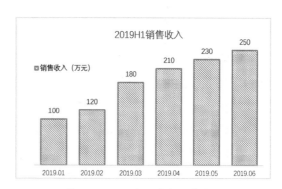

图 1-1　2019 年上半年销售收入

况良好。

但是进一步分析发现，2019 年上半年公司销售业绩持续稳步增长的同时，销售成本也大幅度增加，如图 1-2 所示。公司运营状况是否真的良好呢？目前尚无法下定论。

公司经营活动的目的是获得利润，管理者需要对经营活动进行毛利分析，才能确认"公司经营状况良好"的结论是否成立。2019 年上半年销售毛利对比毛利率，如图 1-3 所示，从图中很容易看出 3 月至 6 月期间销售毛利额维持不变，毛利率持续下降，3 月份下跌幅度超过 50%。

图 1-2　2019 年上半年销售收入对比成本　　图 1-3　2019 年上半年毛利分析

如果这家公司当前的核心目标是提升市场份额，在此期间公司投入大量费用进行产品推广和促销，那么出现这样的毛利率下滑就属于正常现象，符合公司扩大市场份额的短期目标。否则毛利率下降就是公司经营不善的预警信号，公司管理者应该力争实现销售业绩增长的同时严格控制销售成本，以期获得更大的利润。

数据分析的过程是对历史数据进行加工和处理，进而产生信息、知识和智慧的过程，这些产物才是企业业务决策的基石。用数据指导业务决策，不仅可以极大地降低企业决策失误的可能性，而且还能减少企业不必要的管理和运营成本。

1.2　什么是数据分析

数据分析是有目的地收集、整理、清洗和转换数据，并提炼信息的过程，最终是为了提取收集到的数据中的有价值信息，并找到数据内在的规律，进而得到相关分析主题的结论或作出决定。

数据分析是数学与计算机科学紧密结合的产物，数学为数据分析提供了理论基础，而计算机科学为数据分析提供了必不可少的计算能力。数据分析所需的数学基础理论其实在 20 世纪早期就已经相当完备，但是受限于当时可用的计算工具的能力，数据分析并没有在社会发展中发挥明显的作用。计算机出现之后，随着计算能力和数据分析软件可用性的提高，数据分析已经被广泛地应用在众多领域。

从统计学的观点来看，数据分析通常被划分为如下三种。

❖ 描述性统计分析：以数据为出发点，通过综合概括与分析，得到数据的整体分布特征，如集中趋势和离散趋势等。描述性统计分析虽然看似简单，却是最基础也是最重要的数据分析方法之一。

❖ 验证性数据分析：侧重于针对已提出的假设命题进行真伪检验。

❖ 探索性数据分析：侧重于在数据中探索发现数据特征和规律，它是对传统统计学假设检验手段的有益补充。

在数据分析项目的不同阶段需要灵活地使用不同的数据分析方法。数据分析师接手一个全新的项目之后，对于此项目中使用的数据可能是完全陌生的，因此经常会觉得无从下手。此时应首先使用描述性统计分析，了解数据的整体分布特征；具备了对数据的基础认知，再结合需要回答的业务问题，可以进行探索性的数据分析，从中发现规律，并提出假设；最后使用验证性数据分析对假设命题进行证实。此处只是给出了一个典型数据分析项目应用 3 种不同分析方法的示例，并不意味着所有的数据分析项目都必须按照指定次序使用不同的分析方法。

1.3　经典 DIKW 金字塔

1.3.1　什么是 DIKW 金字塔

DIKW 金字塔有时也被称为 DIKW 体系或 DIKW 框架，它是知识管理体系的基础。DIKW 对应的中文名称为数据、信息、知识和智慧，如图 1-4 所示。DIKW 金字塔每层之间既有联系又有区别，每层都比下一层多赋予了一些特质。

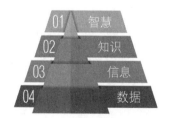

图 1-4　DIKW 金字塔

1.3.2　DIKW 金字塔的元素

数据是被记录下来可以被识别的符号，是关于事物的客观事实描述。数据作为一种没有被加工的符号，可以是数字、文字、图形或声音等，但是数据无法用于回答任何问题，也可以说数据本身并没有任何具体意义（或含义）。

信息是经过处理具有逻辑关系的数据。通过对数据进行组织和整理，同时赋予它一定的含义，数据将成为信息。信息也可以看作对数据的解释，将可以用于回答特定的问题。因此对于信息接收者来说是具有意义的数据。

知识可以看作信息的集合，是对信息的应用。知识由相关信息加工提炼而得到，它体现了信息的本质。知识基于对信息的分析和推理，但是在此过程中可能产生新的知识。

智慧是人类所特有的运用知识作正确判断和决定的能力，可以看作对知识的最佳应用实践，它是唯一不能完全用已有工具实现的（至少目前不能）。智慧与前 3 层不同之处在于，智慧关注的是未来尚未发生的事情，并试图通过理解已经发生和正在发生的事情，进而对未来作出预测和正确判断。

1.3.3 数据至智慧实例

Excel 工作表中的内容如图 1-5 所示，映射到 DIKW 金字塔中，这组数字只是数据。例如 B3 单元格的内容可以代表门牌号 105，也可以代表某人的身高是 105 厘米，还可以代表三个独立的数字“1”“0”和“5”。由于无法确定数据所描述的信息，所以这些数据并不具备任何意义，也就无法用于回答任何问题。

对数据进行组织和整理，并获取数据所在的“场景”，如图 1-6 所示。此时数据包含的信息就已经很明确了，B3 单元格中数据的含义是：《Excel VBA 经典代码应用大全》图书的售价为 105 元。

	B
2	121
3	105
4	95

图 1-5　工作表中的数据

	A	B
1	图书名称	售价(元)
2	Excel 2016应用大全	121
3	Excel VBA经典代码应用大全	105
4	Excel 2016透视表应用大全	95

图 1-6　信息是具有意义的数据

收集了这些信息之后，经过加工提炼，就可以获得相关的知识，如《Excel 2016 应用大全》图书售价最高，这 3 本书的平均售价为 107 元等。

在数据→信息→知识的过程中，无论是原始数据，还是最后获得的知识，毫无例外都是对已经发生或正在发生的事情（或事物）的描述。

如果当前需要回答的问题是“现在是不是购买图书的最佳时机？”，那么已经获取的知识仍然无法回答这个问题。这是个关于将来的问题，它等价于“图书销售价格将来是否会更低？”，回答这个问题需要基于历史数据对未来图书是否降价作出预测和判断，显然图 1-6 所示的数据不足以加工出用来回答这个问题的“智慧”。

此时需要做的是收集更多数据，获得更多信息，提炼更多知识，使用智慧综合运用这些知识做出判断。如图 1-7 所示，《Excel 2016 透视表应用大全》图书的售价已经与历史最低价持平，基于以往的图书购买经验，图书更大幅度降价的可能性比较小。基于这个“智慧”，可以给出问题的答案：现在是购买《Excel 2016 透视表应用大全》的较好时机（不一定是最佳时机）。

	A	B	C
1	图书名称	售价(元)	最低价(元)
2	Excel 2016应用大全	121	115
3	Excel VBA经典代码应用大全	105	99
4	Excel 2016透视表应用大全	95	95

图 1-7　收集更多数据

1.4 数据分析面临的挑战

随着信息化技术的飞速发展，人类已经大步进入大数据时代，多数发达国家为了迎合这个发展趋势，纷纷将大数据提升到国家战略高度。中国作为近几十年来发展迅猛的最具潜力的发展中国家，也同样非常重视大数据相关产业的布局与发展。

什么是大数据，目前尚未有统一的定义，IBM 提出大数据具备 4V 特点，这个对于大数据特征的描述在业内是被普遍接受的。

Volume：数据量大，数据采集、存储和计算都需要能够处理海量数据。

Velocity：数据产生的速度快，相应的对于处理速度和时效性要求也就更高。

Variety：数据来源广泛，数据种类具有多样性，不仅有结构化数据，而且有越来越多的半结构化和非结构化数据。

Value：价值密度低，从海量数据中提取高价值的信息就像沙海淘金。

在此基础之上，阿姆斯特丹大学的 Yuri Demchenko 等人提出了大数据体系架构框架的 5V 特征，增加了 Veracity，即真实性。众所周知，数据中的内容是对真实世界中事物的描述，来自不同的数据源或不同时刻的数据可能会产生相互矛盾的数据记录。因此亟须智能消除信息歧义，保证海量数据的准确性和可信赖度。

大数据的普及使得数据分析面临前所未有的挑战。

❖ 如何快速收集到足够的数据成为数据分析流程中的关键步骤，由于大数据具有多样性和快速的特点，所以数据分析工具不仅需要具备良好的兼容性，能够适应不同的平台和适配不同格式的数据库和数据源，而且需要能够快速响应，进一步整合与处理数据，并为数据分析后续步骤奠定良好的基础。

❖ 与传统的统计分析相比，大数据分析需要面对更复杂的数据，不仅数据量庞大，而且非结构化数据的增速迅猛，数据分析技术和工具只有具备强大的并行处理能力，才能及时响应业务需求，提升数据处理和分析的广度与深度。大数据分析所需要的可能不再是某个简单的分析软件，而是以大数据平台为基础的多样化的数据分析应用。

❖ 多数企业已经意识到大数据的重要性，企业大数据战略实施过程中最常见的挑战是企业内部数据孤岛严重，即数据的碎片化问题。不少大型企业内部缺乏统一的大数据规划，这导致数据经常散落在不同部门之中，甚至数据完全无法整合。大数据分析的价值在于全方位整合企业数据，更全面更深入地理解业务场景，这样才能在数据指导业务决策过程中体现大数据的优势。因此只有全流程打通各个部门的数据通路，充分发挥大数据技术和工具的优势，才能使得企业大数据发挥其潜在的巨大价值。

1.5　什么是数据挖掘

20 世纪后期随着商业数据库技术的不断发展完善及广泛应用，导致全球数据量急速膨胀，这使得基于传统数据库的统计方式已经不能满足商业企业对于数据应用的需求，与此同时人工智能（Artificial Intelligence）在计算机领域也取得了令人瞩目的发展，其中的一个重要分支——机器学习（Machine Learning）开始崭露头角。二者融合产出了一门新的学科——数据库知识发现（Knowledge Discovery in Databases，KDD），1989 年 8 月的第 11 届国际人工智能联合会议的讨论会上首次提出 KDD 这个术语。

作为一个跨多学科领域的新兴概念，数据挖掘有多种不同定义方式。数据挖掘应该被理解为"从数据中挖掘知识或智慧"，而不只是"挖掘数据"这个行为。数据挖掘是指借助计算机算法从大量的数据集中获取隐含的、有价值的信息的过程，它是数据库知识发现 KDD 的核心部分。数据挖掘起始于 20 世纪 80 年代后期，作为跨学科的新兴学科在 20 世纪 90 年代获得了突飞猛进的发展，进入 21 世纪之后，伴随着信息技术的发展，数据挖掘学科也日益成熟起来。

塔吉特百货（Target Corporation，以下简称为塔吉特）是美国仅次于沃尔玛的第二大零售百货集团，塔吉特售卖的商品非常齐全，几乎涵盖了吃穿住用的方方面面。但是多数美国消费者还是会去玩具店买玩具，去杂货店买食品，只有在有限的场景中顾客才会到塔吉特购买他们认为具有塔吉特特色的商品。

用户的消费习惯是在潜移默化中形成的，试图改变大家的消费习惯似乎是件费力不讨好的事情。然而如果在一个人（顾客）试图建立新的消费习惯时，某个商家对其施加影响，那么这个人就非常有可能成为该商家的顾客。例如，当新生命即将降临到一个家庭中，对于初为父母的人来说通常是无尽的喜悦伴随着筋疲力尽的各种琐事，此时购买婴幼儿商品是刚需。毫无疑问，这个用户群体是所有零售商的"金主"，哪个零售商能够在这个特殊时间段尽早触达准父母，培养他们关于婴幼儿商品的购买习惯和对商超品牌的忠诚度，那么该零售商就将占得先机，这些顾客将有可能为零售商带来持续数年的回报。

2002 年安德鲁波尔（Andrew Pole）加入塔吉特，他所在的数据分析团队经过对塔吉特用户历史消费记录的数据挖掘，锁定了和孕期相关的几十种商品，如在怀孕中期会购买大量的无香味个人护理用品。基于这组关联商品的消费记录，就可以对女性顾客进行"怀孕预测"，进而为目标顾客群体寄送相关品类的优惠券，最终实现的营销效果不但精准而且高效。塔吉特从 2002 年开始格外重视分析顾客的消费行为数据，在接下来几年中公司营收得到了快速稳步增长，其中数据分析团队和数据挖掘功不可没。

1.6　统计分析与数据挖掘

1.6.1　统计分析与数据挖掘的联系

数据分析和数据挖掘并不是完全割裂开来的两个学科。从理论基础来看，二者都是基于基础的统计理论，因此可以说二者是同根同源的。例如，统计学的核心理论之一是概率论和随机事件，统计分析中的抽样估计就是这些理论的应用，在数据挖掘中常用的朴素贝叶斯分类也是由该统计理论延展而产生的。

对于某些分析方法，无法简单地判定该方法归属于统计分析方法还是数据挖掘方法。例如，从理论角度来看，回归分析属于数理统计分析方法，但是从数据挖掘技术诞生之初，回归分析就经常被应用于数据挖掘商业实战之中。实际上无论是统计分析还是数据挖掘，回归分析都是重要的分析方法之一。

1.6.2　统计分析与数据挖掘的区别

作为新兴学科的数据挖掘与统计分析相比，有着明显的区别。

❖ 概率论是统计分析的核心理论基础之一，统计分析通常采用假设检验的方法，即对数据分布模式和变量间的关系给出假设或判断，然后利用数据分析技术验证假设成立与否。但是在进行数据挖掘时，并不需要先做任何假设，多数应用场景数据量庞大，数据关系纷乱复杂，也不太可能做出假设。以日益强大的计算科学为基础，数据挖掘算法能够识别变量之间的关系和对输出结果的影响力，这使得数据挖掘适应能力更强更加灵活。

❖ 统计分析应用于预测时，通常表现为预测输出结果是基于输入因子变量的一组函数关系，也就是输入因子变量通过数学计算得到预测值。然而，数据挖掘应用的预测场景更加复杂，一般来说无法给出明确的函数关系式，如经典的神经网络模型，其中包含一个或多个隐藏层，整个模型基本上相当于一个具有输入和输出的"黑盒子"，无法用一组函数简单地描述模型所实现的处理逻辑。

❖ 数据挖掘相对于统计分析更擅长处理大数据。多少行的数据集就需要使用大数据分析方法呢？这个问题没有统一的答案，需要根据分析场景来灵活把握。当数据量达到数百万行时，在数据分析项目的方法论研讨阶段，就应考虑是否需要数据挖掘等大数据分析方法。

❖ 数据挖掘通常需要借助专业的数据挖掘工具，但是使用者无须具备专家级的基础数理知识，就可以使用这些专业工具，充分发掘数据价值应用于业务场景之中。企业数据挖掘常用的商业工具有 Oracle Data Mining、IBM SPSS Modeler、SAS Enterprise Miner 和 Teradata 等。对于个人用户来说，大家可以免费使用的开源工具也有很多，如 Orange、RapidMiner、Weka、JHepWork 和 KNIME 等，这些开源工具的功能也是非常强大的。除此之外，R 语言和 Python 作为两个重要的开源编程语言，在机器学习领域发挥着不可替代的作用。

1.7　CRISP-DM 模型

1.7.1　CRISP-DM 模型的起源

CRISP-DM（跨行业的数据挖掘标准流程，其全称为 Cross-Industry Standard Process for Data Mining）是一种被广泛应用的跨行业数据挖掘的标准流程。CRISP-DM 是由在数据挖掘领域中经验丰富的 DaimlerChrysler、SPSS 和 NCR 三家机构共同发展起来的数据挖掘方法论。

1.7.2　CRISP-DM 模型的 6 阶段

CRISP-DM 模型并不是什么全新的概念，本质上仍是数据分析领域通用的方法论：提出问题、分析问题和解决问题。CRISP-DM 模型核心亮点在于其简洁易用的特性，非常适合大规模定制和工程管理。在当今的商业数据挖掘领域，CRISP-DM 模型已经成为业内广泛认可的事实上的行业标准。

按照 CRISP-DM 模型，通常将数据挖掘的整个过程划分为 6 个阶段：业务理解（Business Understanding）、数据理解（Data Understanding）、数据准备（Data Preparation）、模型搭建（Modeling）、模型评估（Evaluation）和模型部署（Deployment），如图 1-8 所示。

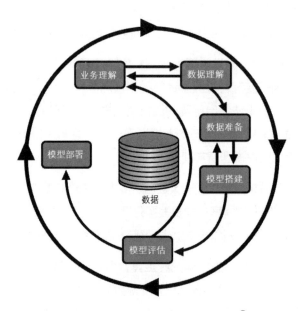

图 1-8　CRISP-DM 模型的 6 个阶段 [1]

---

[1]　CRISP-DM 模型示意图来自 http://crisp-dm.eu/reference-model/。

1. 业务理解

在这个阶段，首先必须从业务角度上全面了解客户的要求和最终目的，然后将这些业务理解转化为一个明确的数据挖掘问题，最后制定项目计划并设计初步方案。

2. 数据理解

收集数据是数据理解阶段的第一步，也是整个数据挖掘项目的基础。为了对数据有初步的理解，接下来需要探索数据特征，进行简单的描述统计并核验数据质量。

3. 数据准备

数据准备阶段将对原始数据进行变量选择、数据清洗、数据加工和数据整合以构建数据挖掘数据集。在整个数据挖掘项目过程中，有可能需要多次实施数据准备工作。

4. 模型搭建

对于某类数据挖掘的需求，通常有多种方法和最佳实践可供选择使用。在模型搭建阶段，应根据数据挖掘项目的需求与特点，选择使用多种技术或方式搭建模型。

5. 模型评估

全面评估备选模型的准确性、稳定性和性能等指标，从备选模型中遴选最佳模型，并回顾模型搭建的各个步骤环节，确保最佳模型与业务目标一致，除此之外还应与客户根据实际业务场景来共同决定如何使用模型的结果。

6. 模型部署

搭建模型并不是数据挖掘的终极目的，更不是数据挖掘项目的结束标识，模型只是数据挖掘项目的交付物之一。搭建模型的目的在于应用于业务实践，解决业务问题，实现业务目标，这样才能真正实现数据挖掘的商业价值，这些都是在模型部署阶段完成的。

上述 6 个阶段的顺序并非一成不变，在不同的业务场景中，在不同类型的数据挖掘项目中，6 个阶段可以有先后不同的执行顺序，某个阶段也可能被多次执行。

例如，某公司决定实施供应链优化项目，希望借助数据挖掘技术提升门店销量预测的准确性，进而实现智能补货，避免由于门店缺货而错失销售机会。首先，物流部和信息部共同组建项目团队，针对供应链优化项目的业务需求进行充分沟通，并共同确定相关业务逻辑。信息部发现此项目所需基础数据已经在公司其他项目实施过程中完成了清洗与入库。因此可以直接进入模型搭建阶段，算法工程师将使用多种不同的数据挖掘技术来搭建算法模型。

非常不幸的是，项目进入模型评估阶段后，项目团队发现销量预测的准确性无法达到业务方的要求，经过进一步的业务调研分析，项目团队决定引入更多的输入因子，以优化模型算法，进而提升预测算法的拟合度和泛化能力。对于新增数据集需要先进行数据理解，充分了解数据的业务含义，然后依次进入数据准备和模型搭建阶段。经过再次优化的算法模型在模型评估阶段表现优异，数据挖掘项目将进入模型部署阶段。以数据挖掘提供的算法模型为核心基础，配合智能补货系统，公司将极大提升供应链运营效率。

第 2 章　数据采集

随着科学技术日新月异的发展，身处网络时代的人们更热衷于用数据说话，无论是企业的运营决策，还是普通人的日常生活，都离不开数据。每个人每天的工作和生活都会产生大量的数据，同时也消费大量数据。也许大家已经开始意识到这个正在悄悄发生的却势不可当的趋势——人类社会正朝向数据驱动的方向发展。

俗话说"巧妇难为无米之炊"，没有完备的基础数据，无论多么高大上的数据分析技术也只能是空中楼阁，高质量的基础数据是数据分析不可动摇的基石。

数据采集也称为数据获取，是指从多种数据源获取基础数据的过程。

> **本章学习要点**
>
> （1）从多种数据源导入数据　　　（3）批量收集网站数据
>
> （2）整合多种数据源创建数据集合　　（4）创建在线调查收集数据

2.1　丰富多样的数据源

2.1.1　统一的数据获取和转换体验

从 Excel 2016 开始，Excel 引入了一组强大的数据获取和转换工具 Power Query，使用户可以轻松地连接、合并和组织来自多种来源的数据。在 Excel 2019 中，【数据】选项卡上数据导入和转换相关功能进行了布局调整，如图 2-1 所示，统一的使用体验得到了进一步加强。无论是各种离线文件，还是企业级数据库，甚至 Azure 和联机服务等，Excel 的数据获取和转换功能都可以轻松处理。

图 2-1　Excel 2019（上）和 Excel 2016（下）【数据】选项卡对比

2.1.2　文本数据

文本数据是指以纯文本形式存储的表格数据，主要包括数字和文本，日期则可视作数字和文本的组合。文本数据文件是一个字符序列，使用任意文本编辑器都可以查看和编辑其内容。文本数据文件具备良好的跨平台适应性，在 Windows 中制作的文本数据文件，可以在 Mac 和 Linux 系统中直接使用，反之亦然。除此之外，绝大多数编程语言都可以轻松地解析文本数据文件。因此，文本数据经常作为不同系统之间导入和导出、用户或网站之间交换数据的文件格式。

使用文本数据时一定要注意文件的编码格式，常用的编码格式有 UTF-8 和 GB2312 等。借助文本编辑器（如免费编辑器软件 Notepad++）可以查看文件的编码格式。如图 2-2 所示，文件内容看似相同，但是文件格式却不完全相同，这两个文件分别使用了 UTF-8 BOM 和 GB2312 格式。如果使用不正确的格式打开或导入文本文件，可能导致显示乱码。

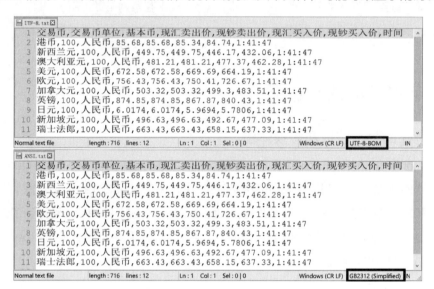

图 2-2　不同编码格式的文本数据文件

常用的文本文件格式有 CSV、XML 和 JSON 等。

1. CSV 数据

CSV（字符分隔值，其全称为 Comma-Separated Values）是一种被广泛使用的通用文件格式。虽然被统称为 CSV 文件，但是其文件扩展名并不限于 CSV，也可以是 TXT、TSV 和 PRN 等，甚至可以是其他扩展名。通常 CSV 文件具备如下几个特点。

❖ 数据记录按照行的形式保存在文件中。

❖ 数据记录之间使用某种换行符（不同平台或软件中有差异）分隔。

❖ 每个记录行都具备相同数量的字段序列，并且排列顺序相同。

❖ 在一个记录行中，字段之间使用指定分隔符进行分隔，典型分隔符有制表符、分号、逗号和空格等，当然也可以使用其他字符作为字段分隔符。

　　严格来说 CSV 不是一种数据格式，因为并不存在 CSV 文件格式通用标准，只是在 RFC 4180[①] 中对其进行了基础性的描述，系统之间完全可以定义私有的专用 CSV 格式标准用于数据交换。在这样宽松的约束条件下，可想而知会产生很多 CSV 变体，也就无法保证 CSV 文件完全互通，但是这并不妨碍 CSV 文件成为简单数据交换业务场景中的常用文件格式。

示例 2-1　从 CSV 文件导入数据

　　图 2-3 所示的 CSV 文件为外汇汇率相关数据，不难看出 CSV 文件的前 10 行为描述信息。因此需要从第 11 行开始，将其后的全部数据行导入 Excel 中。

```
   ExchangeRate.csv
 1  TERMS AND CONDITIONS
 2  https://www.bankofcanada.ca/terms/
 3
 4  SERIES
 5  id,label,description
 6  FXCNYCAD,"CNY/CAD","Chinese renminbi to Canadian dollar daily exchange rate"
 7  FXHKDCAD,"HKD/CAD","Hong Kong dollar to Canadian dollar daily exchange rate"
 8  FXUSDCAD,"USD/CAD","US dollar to Canadian dollar daily exchange rate"
 9
10  OBSERVATIONS
11  date,FXCNYCAD,FXHKDCAD,FXUSDCAD
12  2018-01-02,0.1928,0.1602,1.2517
13  2018-01-03,0.1927,0.1603,1.2533
14  2018-01-04,0.1927,0.1601,1.2515
15  2018-01-05,0.1911,0.1586,1.2403
16  2018-01-08,0.1911,0.1588,1.2422
17  2018-01-09,0.1908,0.1592,1.2454
18  2018-01-10,0.1920,0.1598,1.2496
19  2018-01-11,0.1929,0.1602,1.2535
20  2018-01-12,0.1935,0.1598,1.2504
21  2018-01-15,0.1930,0.1588,1.2422
22  2018-01-16,0.1927,0.1588,1.2419
```
Normal text file　　　　length : 8,356　lines : 263　　　Ln : 48　Col : 32　Sel : 0 | 0　　　　　　　Unix (LF)　　　UTF-8-BOM　　　IN

图 2-3　CSV 文件内容

按照如下步骤操作可以将 CSV 文件导入 Excel 中。

步骤① 单击【数据】选项卡的【从文本 /CSV】按钮，在弹出的【导入数据】对话框中选中 C 盘 Data 目录中名称为"ExchangeRate.csv"的文件，单击【导入】按钮关闭【导入数据】对话框，如图 2-4 所示。

步骤② 在弹出的【ExchangeRate.CSV】对话框中可以设置【文件原始格式】和【分隔符】，此处 Excel 已经识别该 CSV 文件格式为 UTF-8，字段分隔符为逗号，所以无须修改。由于需要删除文件前 10 行。因此单击【转换数据】按钮进行数据转换，如图 2-5 所示。

---

① 国际互联网工程任务组（IETF）于 2005 年 10 月发布的标准 RFC 4180 描述了 CSV 文件的结构。

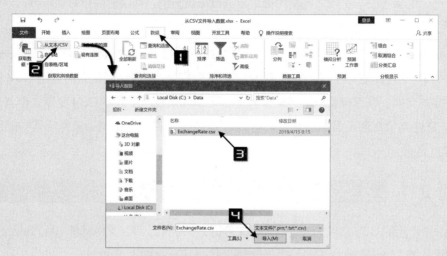

图 2-4　选择 CSV 文件

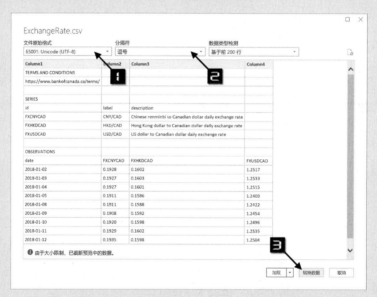

图 2-5　设置【文件原始格式】和【分隔符】

步骤③ 在弹出的【ExchangeRate – Power Query 编辑器】窗口中依次单击【开始】选项卡→
【删除行】下拉按钮→【删除最前面几行】命令，在弹出的【删除最前面几行】对
话框的【行数】文本框中输入"10"，单击【确定】按钮关闭【删除最前面几行】
对话框，删除行之后的数据如图 2-6 所示。

步骤④ 单击【开始】选项卡的【将第一行用作标题】按钮，将第一行字段名称提升为标题。
单击【关闭并上载】按钮，将在 Excel 中新建工作表，并把数据上载到该工作表中，
如图 2-7 所示。

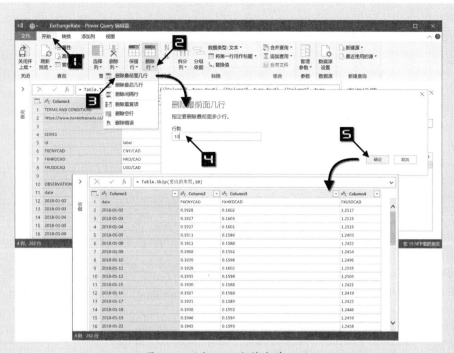

图 2-6　删除 CSV 文件中前 10 行

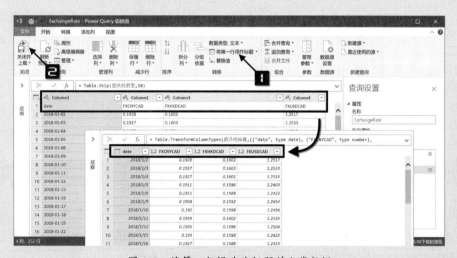

图 2-7　将第一行提升为标题并上载数据

注意

　　在 Excel 中新建工作表时，其名称为"SheetX"的形式（其中 X 为自增序号），示例文件中修改工作表名称为"Data"。本节后续示例中使用了同样的操作，不再进行单独说明。

Excel 工作表之中导入的 CSV 文件如图 2-8 所示。

	A	B	C	D
1	date	FXCNYCAD	FXHKDCAD	FXUSDCAD
2	2018/1/2	0.1928	0.1602	1.2517
3	2018/1/3	0.1927	0.1603	1.2533
4	2018/1/4	0.1927	0.1601	1.2515
5	2018/1/5	0.1911	0.1586	1.2403
6	2018/1/8	0.1911	0.1588	1.2422
7	2018/1/9	0.1908	0.1592	1.2454
8	2018/1/10	0.192	0.1598	1.2496
9	2018/1/11	0.1929	0.1602	1.2535
10	2018/1/12	0.1935	0.1598	1.2504
11	2018/1/15	0.193	0.1588	1.2422
12	2018/1/16	0.1927	0.1588	1.2419
13	2018/1/17	0.1931	0.1589	1.2425
14	2018/1/18	0.1938	0.1592	1.2446
15	2018/1/19	0.1946	0.1594	1.2459

查询 & 连接

查询 | 连接

1 个查询

ExchangeRate
已加载 251 行。

图 2-8 导入工作表中的 CSV 数据

如果该 CSV 文件的内容发生了变化，比如增加了记录或修改了数据，在 Excel 中只需要右击导入表格的任意单元格，在弹出的快捷菜单中单击【刷新】命令即可同步最新数据。

注意

> 在已经安装 Excel 的计算机上，CSV 文件的默认图标与 Excel 工作簿文件的图标非常相似，导致很多用户以为 CSV 文件是 Excel 工作簿的一种，经常在 Windows 资源管理器中双击打开，这样的操作虽然在大多数情况下可以正常打开并编辑 CSV 文件内容，但效率、便捷性和可操作性都远远不如使用"导入"功能。

示例 2-2　显示传统向导

如果读者使用过其他旧版本 Excel（不包括 Office 365）的导入文本文件功能，就会发现 Excel 2019 的导入功能，无论是操作步骤还是对话框界面都发生了很大的变化。

按照如下步骤操作可以在 Excel 2019 中使用传统向导功能。

步骤① 在 Excel 窗口中依次单击【文件】选项卡→【选项】命令。

步骤② 在弹出的【Excel 选项】对话框中单击【数据】选项卡，在【显示旧数据导入向导】部分选中【从文本（T）（旧版）】复选框，单击【确定】按钮关闭【Excel 选项】对话框，如图 2-9 所示。

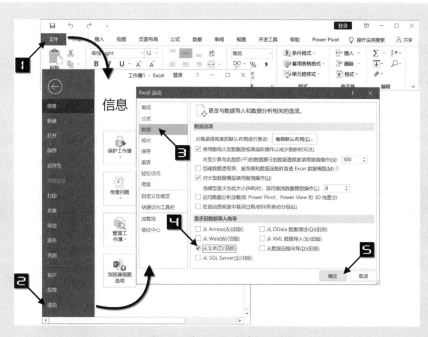

图 2-9　修改 Excel 选项设置

步骤③ 在 Excel 中依次单击【数据】选项卡→【获取数据】下拉按钮→【传统向导】→【从文本（T）（旧版）】命令，将打开旧版文本数据导入向导对话框，如图 2-10 所示。

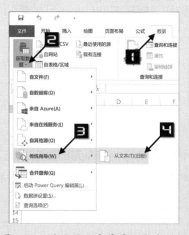

图 2-10　使用传统向导导入文本数据

传统向导还支持如下几种数据源，使用方法与此类似。

❖ 从 Access

❖ 从 Web

❖ 从 SQL Server

❖ 从 OData 数据馈送

❖ 从 XML 数据导入

❖ 从数据连接向导

2. XML 数据

XML（可扩展标记语言，其全称为 Extensible Markup Language）是一种标记语言。XML 是由 SGML（标准通用置标语言，其全称为 The Standard Generalized Markup Language）发展而来的，1998 年 2 月 W3C（万维网联盟）发布 XML 1.0 规范，自此之后 XML 被广泛地应用于跨平台数据交换。XML 文件的结构与 HTML 文件很相似，但是二者的用途是有明显区别的，HTML 用来展示各种数据，而 XML 是用来传送和交换数据的，并不用来展示数据。

XML 文档中字符可以分为两类：标记和内容。标记通常以"＜"作为起始标记，并以"＞"作为结尾标记，不属于标记的字符就是内容。

> XML 文档中 CDATA 部分不符合上述规则，需要进一步了解此部分内容的读者可以在互联网上搜索和学习相关知识。

标签（Tag）是一种标记结构，标签名字是大小写敏感的。根据应用场景标签可以分为如下 3 类。

❖ 空标签（如＜ DATA / ＞）

❖ 起始标签（如＜ DATA ＞）

❖ 结尾标签（如＜ /DATA ＞）

属性（Attribute）也是一种标记结构，通常以键值对的形式出现在空标签或起始标签中。如下所示的 XML 元素中，"DATA"标签中定义了"DEPARTMENT"属性，其值为"IT"。

```
＜ DATA DEPARTMENT="IT" / ＞
```

示例 2-3　从 XML 文件导入数据

示例 XML 文件为外汇汇率相关数据，如图 2-11 所示。

步骤① 在 Excel 中依次单击【数据】选项卡→【获取数据】下拉按钮→【自文件】→【从 XML】命令，在弹出的【导入数据】对话框中选中 C 盘 Data 目录中名称为"ExchangeRate.xml"的文件，单击【导入】按钮关闭【导入数据】对话框，如图 2-12 所示。

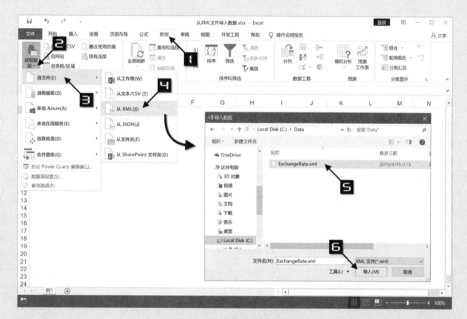

图 2-11　XML 文件内容

图 2-12　选择 XML 文件

步骤② 在弹出的【导航器】对话框左侧目录树中，单击【observations】结点之前的箭头展开该结点，此时结点名称更新为"observations[1]"，方括号中的"1"指明该结点有一个下属子结点。单击选中子结点【o】，在对话框右侧将显示该数据表，如图 2-13 所示。单击【转换数据】按钮进入下一步设置。

步骤③ 在弹出的【o – Power Query 编辑器】窗口中，单击"v"列标题右侧的展开按钮，在弹出的对话框中取消选中【使用原始列名作为前缀】复选框，单击【确定】按钮展开"v"列，如图 2-14 所示。

图 2-13 在【导航器】对话框中选择结点

图 2-14 展开"v"列

步骤④ 在【查询】对话框中，双击"Element:Text"列标题进入编辑模式，输入"Rate"作为列标题，如图 2-15 所示。

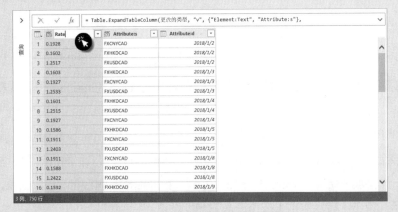

图 2-15 修改"Element:Text"列标题

步骤⑤ 使用与步骤 4 相似的操作方法，分别修改"Attribute:s"列和"Attribute:d"列的列标题为"Currency"和"Date"，如图 2-16 所示。

步骤⑥ 在【查询】对话框中单击选中"Date"列标题，按住鼠标左键拖动至第一列位置，释放鼠标将"Date"列移动至第一列位置，如图 2-17 所示。

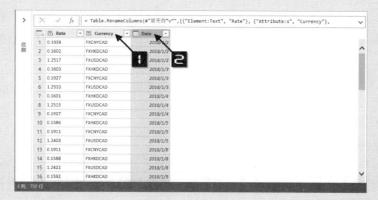

图 2-16 修改其他列标题

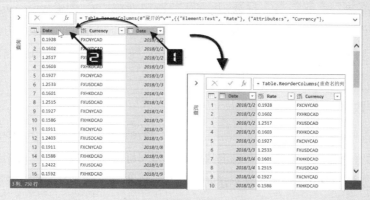

图 2-17 调整数据列顺序

步骤⑦ 在【o - Power Query 编辑器】窗口中依次单击【开始】选项卡→【关闭并上载】按钮，关闭窗口并上载数据至 Excel 工作表中，如图 2-18 所示。

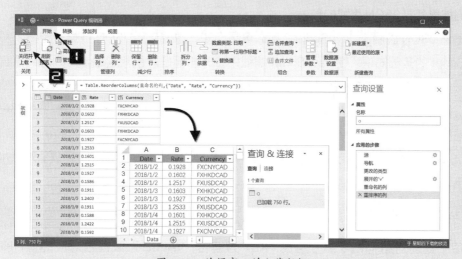

图 2-18 关闭窗口并上载数据

图 2-19　简化的 XML 示例文件内容

为了便于读者理解 XML 数据结构与【Power Query 编辑器】窗口中数据列的对应关系，对示例 XML 文件进行简化和格式化，如图 2-19 所示。

需要导入的数据内容在＜ observations ＞标签和＜ /observations ＞标签之间，对应于图 2-13 中的【observations】结点。每天的 3 个数据行作为一组保存在＜ o ＞标签和＜ /o ＞标签之间，对应于【observations】结点的下属子结点【o】。＜ o ＞起始标签具有属性"d"，对应于"Attribute:d"列，不难看出该列为日期数据。

由于每组数据包含多个"v"标签。因此在图 2-14 左侧"v"列单元格显示为"Table"，按照步骤 3 操作可以展开该列，XML 文件中＜ v ＞和＜ /v ＞标签之间的数据内容对应于【查询】对话框中的一个数据行。＜ v ＞起始标签的属性"s"对应于"Attribute:s"列，"v"标签的内容对应于"Element:Text"列。

3. JSON 数据

JSON（JavaScript 对象表示法，其全称为 JavaScript Object Notation）使用完全独立于任何编程语言的文本格式来表示数据，这是一种轻量级的数据交换格式。JSON 是 ECMAScript 规范（欧洲计算机协会制定的 JavaScript 规范）的一个子集，详细的 JSON 标准规范请参考在线文档（http://json.com/specs/）。

由于 JSON 天生具备了简洁和清晰的层次结构，易于计算机进行生成和解析，从 2005 年开始，JSON 成为主流的网络数据传输和交互格式。进行网页数据抓取时，很多页面请求的返回结果都是 JSON 格式的数据。

既然 JSON 脱胎于 JavaScript，那么可想而知，想要应用 JSON 数据一定要了解一些 JavaScript 的基础知识。在 JavaScript 编程中，一切都是对象，这是 JavaScript 语言的特点之一。JavaScript 所支持的数据类型（数字、数组、字符串等）都可以使用 JSON 格式来表示。但是这并不意味着 JSON 只能应用于 JavaScript，事实上绝大多数编程语言都可以很方便地使用 JSON。

JSON 本质是一个由花括号 {} 括起来的字符串，其中数据表示形式使用键值对结构，如下所示。

```
{"KEY": "VALUE"}
```

每个键值对结构由 3 部分组成，KEY 为键名，VALUE 为该键名对应的值，KEY 和 VALUE 都由半角双引号引起来，二者之间使用冒号分隔（冒号之后可以使用空格）。

JSON 中多个键值对之间使用逗号进行分隔，如下所示。

```
{"EMPLOYEE_ID": "001", "AGE": "28", "GENDER": "F"}
```

键值对中的"值"也可以使用对象和数组，其表示形式与 JavaScript 相同，即对象使用花括号"{}"，数组使用方括号"[]"，数组和对象可以互相嵌套。

JSON 数组中嵌套对象示例如图 2-20 所示，JSON 对象中嵌套数组示例如图 2-21 所示。

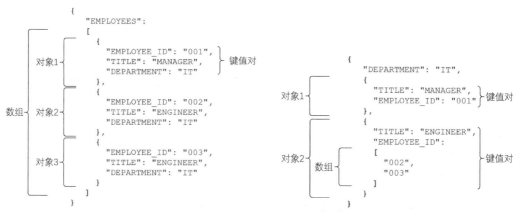

图 2-20　JSON 数组中嵌套对象　　　　图 2-21　JSON 对象中嵌套数组

示例 2-4　从 JSON 文件导入数据

示例 JSON 文件为某国外汇汇率相关数据，如图 2-22 所示。

```
1 {
2   "terms":{
3       "url": "https://www.bankofcanada.ca/terms/"
4   },
5   "seriesDetail":{
6   "FXCNYCAD":{"label":"CNY/CAD","description":"Chinese renminbi to Canadian dollar daily exchange rate"},
7   "FXHKDCAD":{"label":"HKD/CAD","description":"Hong Kong dollar to Canadian dollar daily exchange rate"},
8   "FXUSDCAD":{"label":"USD/CAD","description":"US dollar to Canadian dollar daily exchange rate"}
9   },
10  "observations":[
11  {"d":"2018-01-02","FXCNYCAD":{"v":0.1928}, "FXHKDCAD":{"v":0.1602}, "FXUSDCAD":{"v":1.2517}},
12  {"d":"2018-01-03","FXHKDCAD":{"v":0.1603},"FXCNYCAD":{"v":0.1927},"FXUSDCAD":{"v":1.2533}},
13  {"d":"2018-01-04","FXHKDCAD":{"v":0.1601}, "FXUSDCAD":{"v":1.2515}, "FXCNYCAD":{"v":0.1927}},
14  {"d":"2018-01-05","FXHKDCAD":{"v":0.1586},"FXCNYCAD":{"v":0.1911},"FXUSDCAD":{"v":1.2403}},
15  {"d":"2018-01-08","FXCNYCAD":{"v":0.1911},"FXHKDCAD":{"v":0.1588},"FXUSDCAD":{"v":1.2422}},
16  {"d":"2018-01-09","FXHKDCAD":{"v":0.1592}, "FXCNYCAD":{"v":0.1908}, "FXUSDCAD":{"v":1.2454}},
```

图 2-22　JSON 文件内容

步骤① 在 Excel 中依次单击【数据】选项卡→【获取数据】下拉按钮→【自文件】→【从 JSON】命令，在弹出的【导入数据】对话框中选中 C 盘 Data 目录中名称为"ExchangeRate.json"的文件，单击【导入】按钮关闭【导入数据】对话框，如图 2-23 所示。

图 2-23　选择 JSON 文件

步骤② 在弹出的【ExchangeRate - Power Query 编辑器】窗口中，移动鼠标指针至【ob-
servations】右侧的"List"之上，此时鼠标指针变为手形状，单击展开列表，依次
单击【转换】选项卡→【到表】按钮，将此列表转换为表，如图 2-24 所示。

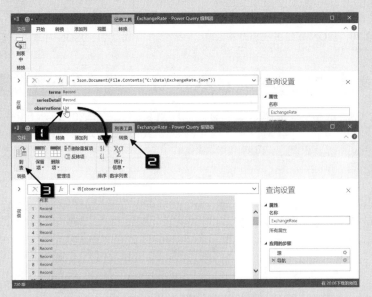

图 2-24　展开列表并转换为表

步骤③ 单击"Column1"列标题右侧的展开按钮，在弹出的对话框中取消选中【使用原始
列名作为前缀】复选框，单击【确定】按钮展开"Column1"列，此时【查询】对
话框中有 4 列数据。

步骤④ 单击"FXCNYCAD"列标题右侧的展开按钮，在弹出的对话框中选中【使用原始列

名作为前缀】复选框，单击【确定】按钮展开"FXCNYCAD"列，如图 2-25 所示。

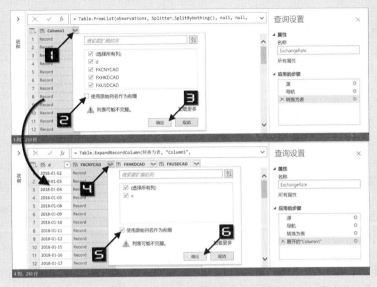

图 2-25　展开列

步骤⑤ 使用与步骤 4 相同的操作方法，分别展开"FXHKDCAD"列和"FXUSDCAD"列，
双击修改第一列的列标题为"Date"，如图 2-26 所示。

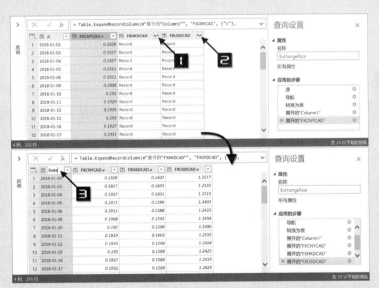

图 2-26　展开列和修改列标题

步骤⑥ 在【ExchangeRate – Power Query 编辑器】窗口中依次单击【开始】选项卡→【关
闭并上载】按钮，关闭窗口并上载数据至 Excel 工作表中，如图 2-27 所示。

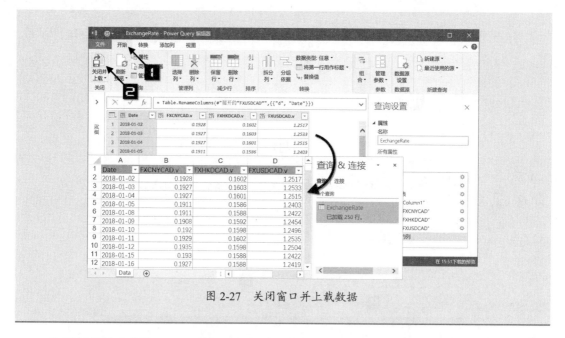

图 2-27　关闭窗口并上载数据

为了便于读者理解 JSON 数据结构与【Power Query 编辑器】窗口中数据列的对应关系，对示例 JSON 文件进行简化和格式化后，如图 2-28 所示。

```
1  {
2      ... ...
3      "observations":[
4          {
5              "d":"2018-01-02",
6              "FXCNYCAD":{
7                  "v":0.1928
8              },
9              "FXHKDCAD":{
10                 "v":0.1602
11             },
12             "FXUSDCAD":{
13                 "v":1.2517
14             }
15         },
16         {
17             "d":"2018-01-03",
18             "FXHKDCAD":{
19                 "v":0.1603
20             },
21             "FXCNYCAD":{
22                 "v":0.1927
23             },
24             "FXUSDCAD":{
25                 "v":1.2533
26             }
27         },
28         ... ...
29     ]
30 }
```

图 2-28　简化的 JSON 示例文件内容

需要导入的数据内容为键名“observations”对应的键值，不难看出此键值为一个数组（由第 3 行末尾和第 29 行的方括号括起来），在【Power Query 编辑器】窗口中显示为“List”。展开列表后，【查询】对话框中单元格内的“Record”对应一个 JSON 对象（由第 4 行和第 15 行的花括号括起来），如图 2-24 所示。

展开“Column1”列的操作中，在弹出的对话框中可以看到 JSON 对象有 4 个键名“d”“FXCNYCAD”“FXHKDCAD”和“FXUSDCAD”，其中后 3 个键名对应的键值仍是一个 JSON 对象。因此针对这 3 列需要再次进行展开操作，如图 2-25 所示。

4. 自适应目录导入数据

以示例 2-1 为例，数据文件“ExchangeRate.csv”所在目录（C:\Data）已经更名为“DataNew”，并且示例文件也保存在此文件夹中。单击数据区域任意单元格（如 A1），依次单击【查询】选项卡→【刷新】按钮，无法刷新数据，将弹出错误提示消息框，如图 2-29 所示。

图 2-29 未能找到文件的错误提示

在实际工作中，这样的 Excel 模板文件经常会被多人使用，每个人的电脑中保存文件的目录也不尽相同，如果可以实现自适应目录导入数据，就可以更加方便地使用数据导入模板文件。

示例 2-5 自适应目录导入数据

步骤① 将示例 2-1 的文件更名为"自适应目录导入数据 .xlsx"，打开示例文件，单击工作表标签右侧的按钮添加工作表，将新建工作表名称修改为"Config"。

步骤② 在 A1 和 B1 单元格中分别输入"FilePath"和"FileName"作为表格标题。

步骤③ 选中 A3 单元格，在公式编辑框中输入如下公式并按回车键，A3 单元格的结果为示例文件所在路径名称"C:\DataNew\"。

```
=LEFT(CELL("FILENAME"),FIND("[",CELL("FILENAME"))-1)
```

其中"CELL("FILENAME")"为宏表函数，返回包含全路径的文件名称和公式所在工作表的名称，在本示例中返回结果为"C:\DataNew\[自适应目录导入数据 .xlsx]Config"。

步骤④ 在 A4 的单元格中输入数据文件名称"ExchangeRate.csv"。

步骤⑤ 单击【插入】选项卡中【表格】按钮，在弹出的【创建表】对话框中，选中【表包含标题】复选框，单击【确定】按钮关闭对话框，如图 2-30 所示。

步骤⑥ 在【设计】选项卡的【表名称】文本框中输入"Tab_Config"作为参数表的名称，如图 2-31 所示。

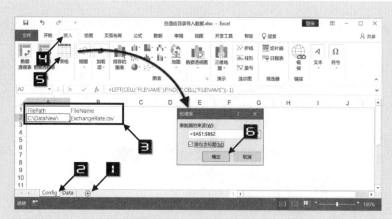

图 2-30　创建参数表

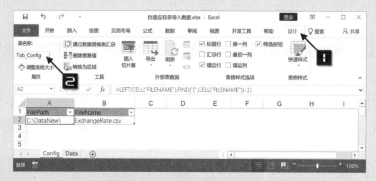

图 2-31　修改参数表名称

步骤⑦ 单击工作表标签激活"Data"工作表，选中数据区域中的任意单元格(如A1)，单击【查询】选项卡中【编辑】按钮，如图 2-32 所示。

图 2-32　编辑查询

步骤⑧ 在弹出的【ExchangeRate – Power Query 编辑器】窗口中，单击【开始】选项卡中【高级编辑器】按钮，在弹出的【高级编辑器】对话框中修改公式，单击【完成】按钮关闭【高级编辑器】对话框，如图 2-33 所示。

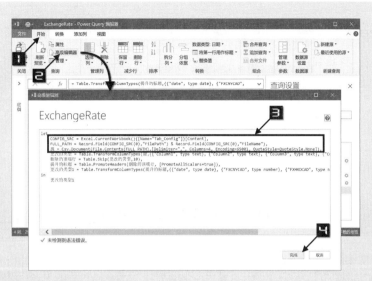

图 2-33 编辑 Power Query 公式

修改后的 Power Query 公式如下所示。

```
#001 let
#001 CONFIG_SRC = Excel.CurrentWorkbook(){
     [Name="Tab_Config"]}[Content],
#002 FULL_PATH = Record.Field(CONFIG_SRC{0},"FilePath") &
     Record.Field(CONFIG_SRC{0},"FileName"),
#003 源 = Csv.Document(File.Contents(FULL_PATH),
     [Delimiter=",", Columns=4, Encoding=65001,
     QuoteStyle=QuoteStyle.None]),
```

步骤⑨ 在【ExchangeRate – Power Query 编辑器】窗口中，依次单击【开始】选项卡→【关闭并上载】按钮关闭窗口，如图 2-34 所示。

图 2-34 关闭窗口并上载

返回 Excel 界面，示例文件中的数据将可以正常刷新，如图 2-35 所示。

图 2-35　示例文件正常刷新数据

示例 2-6　自适应目录导入数据（VBA）

通过修改 Power Query 公式可以实现自适应目录导入数据，但是这个操作对于多数 Excel 用户来说还是有些复杂，而且稍有不慎输入错误字符，将导致公式错误，进而无法导入数据，在 Power Query 中定位和解决公式错误也是一项复杂的任务。

在 VBA 中可以查询和更新 Power Query 公式，那么打开工作簿文件时利用 VBA 自动更新 Power Query 公式将可以实现自适应目录导入数据。

步骤① 将示例 2-1 的文件更名为"自适应目录导入数据（VBA）.xlsx"，打开示例文件，在 Excel 窗口按 < Alt+F11 >组合键打开 VBA 编辑器（简称 VBE）。

步骤② 在【工程 - VBAProject】对话框中双击"ThisWorkbook"打开【代码】窗口。

步骤③ 在右侧的【代码】窗口中输入 VBA 代码，如图 2-36 所示。

```
Private Sub Workbook_Open()
    Dim strCurPath As String
    Dim strPath As String
    Dim strFormula As String
    Dim arrPath As Variant
    Dim objQuery As Object
    Dim objRegEx As Object
    Dim objMatch As Object
    strCurPath = ThisWorkbook.Path
    Set objQuery = ThisWorkbook.Queries(1)
    strFormula = objQuery.Formula
    Set objRegEx = CreateObject("vbscript.regexp")
    objRegEx.Pattern = "Contents\(""([\S\s]:.+?)(?=\""\))"
    objRegEx.Global = True
    Set objMatch = objRegEx.Execute(strFormula)
    If objMatch.Count > 0 Then
        strPath = objMatch(0).submatches(0)
        arrPath = Split(strPath, "\")
        strCurPath = ThisWorkbook.Path & "\" & _
            arrPath(UBound(arrPath))
        If Not UCase$(strCurPath) = UCase$(strPath) Then _
            objQuery.Formula = _
                VBA.Replace(strFormula, strPath, strCurPath)
        Debug.Print objQuery.Formula
    Else
        Debug.Print "PowerQuery公式中没有文件目录"
    End If
    Set objMatch = Nothing
    Set objRegEx = Nothing
    Set objQuery = Nothing
End Sub
```

图 2-36　在【代码】窗口中输入代码

(步骤)④ 返回 Excel 界面，单击快捷工具栏中【保存】按钮，将弹出提示对话框，单击【否】按钮使用启用宏的文件类型保存示例文件，如图 2-37 所示。

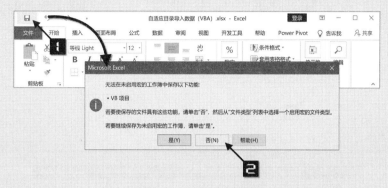

图 2-37　保存示例文件

(步骤)⑤ 在【另存为】选项卡中选择保存目录（如 C:\DataNew），弹出【另存为】对话框，在【保存类型】组合框中选择"Excel 启用宏的工作簿 (*.xlsm)"文件类型，单击【保存】按钮关闭对话框，如图 2-38 所示。

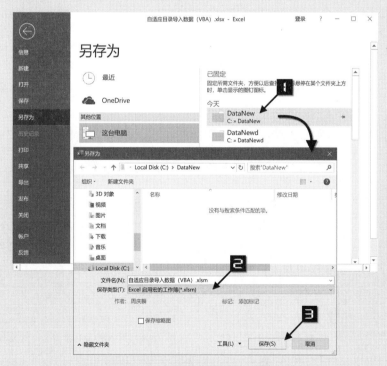

图 2-38　选择目录和文件类型

(步骤)⑥ 按 < Alt+F4 >组合键关闭示例文件。

(步骤)⑦ 重新打开示例文件，单击【启用内容】按钮，选中数据区域中任意单元格（如 A2），依次单击【查询】选项卡→【刷新】按钮，将可以正常刷新数据，如图 2-39 所示。

图 2-39　启用内容并刷新数据

VBA 代码如下。

```
#001 Private Sub Workbook_Open()
#002     Dim strCurPath As String
#003     Dim strPath As String
#004     Dim strFormula As String
#005     Dim arrPath As Variant
#006     Dim objQuery As Object
#007     Dim objRegEx As Object
#008     Dim objMatch As Object
#009     strCurPath = ThisWorkbook.Path
#010     Set objQuery = ThisWorkbook.Queries(1)
#011     strFormula = objQuery.Formula
#012     Set objRegEx = CreateObject("vbscript.regexp")
#013     objRegEx.Pattern = "Contents\(""([\S\s]:.+?)(?=\""\))"
#014     objRegEx.Global = True
#015     Set objMatch = objRegEx.Execute(strFormula)
#016     If objMatch.Count > 0 Then
#017         strPath = objMatch(0).submatches(0)
#018         arrPath = Split(strPath, "\")
#019         strCurPath = ThisWorkbook.Path & "\" & _
                         arrPath(UBound(arrPath))
#020         If Not UCase$(strCurPath) = UCase$(strPath) Then _
                 objQuery.Formula = _
                 VBA.Replace(strFormula, strPath, strCurPath)
```

```
#021            Debug.Print objQuery.Formula
#022        Else
#023            Debug.Print "PowerQuery 公式中没有文件目录 "
#024        End If
#025        Set objMatch = Nothing
#026        Set objRegEx = Nothing
#027        Set objQuery = Nothing
#028 End Sub
```

代码解析：

第 9 行代码获取示例文件所在路径。

第 10 行代码获取示例文件中的查询对象。

第 11 行代码获取查询的公式，即 Power Query 公式。

第 12 行代码创建正则表达式对象。

第 13 行代码指定正则匹配模式字符串，用于提取 Power Query 公式中的路径和文件名。

第 14 行代码设置正则匹配为全局模式。

第 15 行代码对 Power Query 公式进行正则匹配。

如果匹配成功，那么第 17 行代码获取匹配字符组，在本示例中结果为"C:\Data\ExchangeRate.csv"。

第 18 行代码将路径和文件名使用"\"作为分隔符拆分为数组。

第 19 行代码构建新的路径和文件名，其中 arrPath(UBound(arrPath)) 为 CSV 文件名称。

第 20 行判断新路径与原路径是否一致，如果发生了变化，则更新 Power Query 公式。

第 21 行代码在【立即】窗口中输出更新后的 Power Query 公式。

如果正则表达式无法匹配 Power Query 公式中的字符串，那么第 23 行代码在【立即】窗口中输出提示信息。

2.1.3　数据库

通俗地讲，数据库就是按照指定数据结构来组织、存储和管理数据的"仓库"，这就类似于冰箱是可以用于分类保存食物的地方。通常数据库是与应用程序彼此独立的数据集合，其中的数据以指定的方式存储在表中。数据库可以被多个用户或多个系统所共享，可以使用指令对其中的数据进行增、删、改、查等操作。

市面上主流的数据库有多种，分别来自不同的软件厂商，遵从不完全相同的技术标准。Excel 2019 支持从多种数据库中获取数据，如图 2-40 所示。

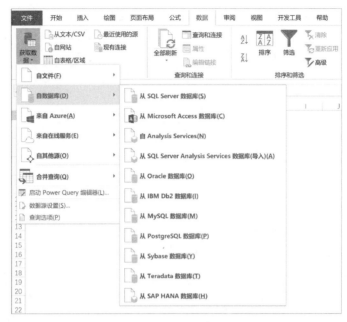

图 2-40 多种数据库获取数据

此外，现代企业和公司的管理都需要使用某些管理软件系统，如用于供应链管理的 ERP（企业资源计划，其全称为 Enterprise Resource Planning），用于财务管理的财务系统等。在进行相关业务的数据分析时，常常需要先登录管理软件系统，然后导出基础数据，最后在 Excel 中导入离线数据再进行分析。其实，这些管理软件系统的后台数据多数保存在数据库中，在符合公司数据安全管理规范的前提下，数据分析师可以直接从数据库导入基础数据到 Excel，这将有效地提升数据分析工作的效率。

1. Access 数据库

Microsoft Access 作为 Microsoft Office 组件之一，它是一种桌面级的关系型数据库管理系统软件，在企业业务场景中得到了广泛的应用。Microsoft Access 数据库中的数据可以轻松地导入 Excel 中，进而进行数据加工处理与数据分析。

示例 2-7　从 Access 数据库导入数据

在 Microsoft Access 中提供了一个非常好的演示数据库——罗斯文商贸数据库，按照如下步骤操作可以将 Access 示例数据库的部分数据导入 Excel 中。

步骤① 在 Excel 中依次单击【数据】选项卡→【获取数据】下拉按钮→【自数据库】→【从 Microsoft Access 数据库】命令，在弹出的【导入数据】对话框中选中 C 盘 Data 目录中名称为"罗斯文2007.accdb"的文件，单击【导入】按钮关闭【导入数据】对话框，如图 2-41 所示。

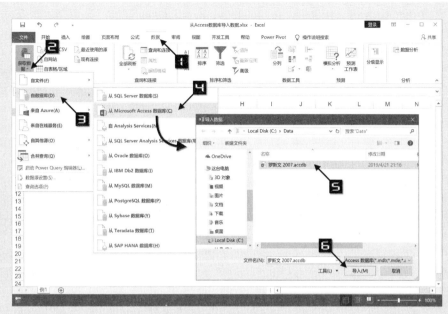

图 2-41 选择 Access 数据库文件

步骤② 在弹出的【导航器】对话框中，选中【选择多项】复选框，在【显示选项】列表框中选中【已订库存】复选框和【已售库存】复选框。

步骤③ 依次单击【加载】下拉按钮→【加载到...】命令，在弹出的【导入数据】对话框中单击选中【表】单选按钮，保持默认选中的【将此数据添加到数据模型】复选框，单击【确定】按钮关闭对话框，如图 2-42 所示。

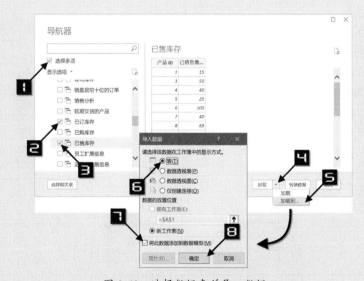

图 2-42 选择数据表并导入数据

如果在【导航器】对话框中直接单击【加载】按钮，将不再显示【导入数据】对话框，此时导入数据的默认显示方式为【仅创建连接】，其结果是在 Excel 的【查询 & 连接】窗格中将增加两个查询，但是工作表中并没有任何数据，如图 2-43 所示。

图 2-43 "仅创建连接"方式导入数据

如果需要导入的数据较多（如超过一百万行），那么就应使用"仅创建连接"和"将此数据添加到数据模型"选项，然后在 Excel 中使用 Power Pivot 进行后续数据分析，这样可以避免由于工作表中保存大量数据而导致的 Excel 卡顿。

Excel 将 Access 数据库中"已订库存"和"已售库存"两个数据表中的数据导入新建工作表中，如图 2-44 所示。

图 2-44 从 Access 数据库导入工作表中的数据

2. SQL Server 数据库

最初的 SQL Server（OS/2 版本）是由 Microsoft、Sybase 和 Ashton-Tate 三家公司共同开发的数据库管理系统，后来 Microsoft 将 SQL Server 移植到了 Windows NT 系统上，

并且不断改进，成为 Windows 平台中最主流的关系型数据库管理系统之一。

示例 2-8　从 SQL Server 数据库导入数据

　　按照如下步骤操作，可以将 Microsoft SQL Server 示例数据库"AdventureWorks"的部分数据导入 Excel 中。

步骤① 在 Excel 中依次单击【数据】选项卡→【获取数据】下拉按钮→【自数据库】→【从 SQL Server 数据库】命令，在弹出的【SQL Server 数据库】对话框的【服务器】文本框中输入"192.168.1.101"，单击【确定】按钮关闭对话框。

步骤② 在弹出的【SQL Server 数据库】对话框中单击【数据库】选项卡，在【用户名】和【密码】文本框中分别输入登录服务器的登录凭据，单击【连接】按钮，如图 2-45 所示。

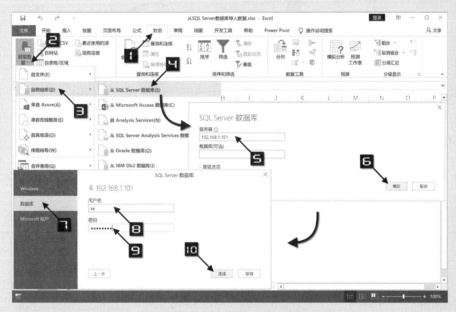

图 2-45　输入服务器登录信息

　　首次连接服务器时可能会弹出【加密支持】对话框，单击【确定】按钮关闭对话框，如图 2-46 所示。

图 2-46　【加密支持】对话框

步骤③ 在弹出的【导航器】对话框的【显示选项】列表框中单击"HumanResources.Department"选项，依次单击【加载】下拉按钮→【加载到 ...】命令。

步骤④ 在弹出的【导入数据】对话框中选中【表】单选按钮，选中【新工作表】单选按钮，取消选中【将此数据添加到数据模型】复选框，单击【确定】按钮关闭对话框，如图2-47所示。

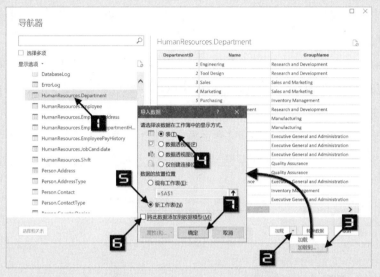

图 2-47 选择数据表并加载数据

Excel 将 SQL Server 数据表中的数据导入新建工作表中，如图 2-48 所示。

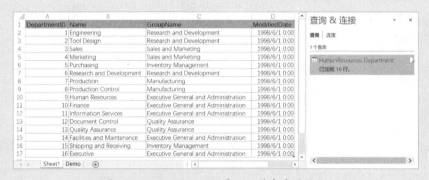

图 2-48 从 SQL Server 导入工作表中的数据

3. SQL Server Analysis Services 数据库

Microsoft SQL Server 不仅是一个关系型数据库，而且是一个全面的数据库平台，其中集成了多种用于企业级数据管理的商业智能（BI）工具。SSAS（SQL Server 分析服务，其全称为 SQL Server Analysis Services）作为商业智能工具之一，它不仅可以用来对数据仓库中的大量数据进行装载、转换和分析，而且是 OLAP 分析和数据挖掘的基础。

使用 OLAP（联机分析处理，其全称为 On-Line Analysis Processing）数据库的目的是提高检索数据的速度。在创建报表或更改分析维度时，由 OLAP 服务器（而不是 Excel 或其他客户端程序）计算报表中的指标值，这样就只需要将较少的数据传送到 Excel 中。相对于传统数据库形式，使用 OLAP 可以处理更多的数据，这是因为对于传统数据库，Excel 必须先检索所有明细数据记录，然后再计算汇总值。

示例 2-9　使用 Analysis Services 创建数据透视表

本节示例中将使用 Analysis Services OLAP 数据库（Adventure Works）作为数据源，按照如下步骤操作可以连接 Analysis Services 数据库，并在 Excel 中创建数据透视表。

步骤① 在 Excel 中依次单击【数据】选项卡→【获取数据】下拉按钮→【自数据库】→【自 Analysis Services】命令，在弹出的【数据连接向导】对话框的【服务器名称】文本框中输入 "192.168.1.101"，选中【使用下列用户名和密码】单选按钮，在【用户名】和【密码】文本框中分别输入登录服务器的登录凭据，单击【下一步】按钮，如图 2-49 所示。

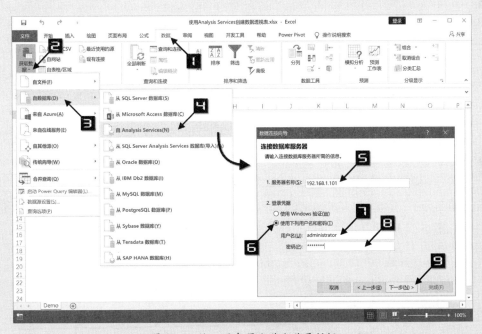

图 2-49　输入服务器名称和登录凭据

步骤② 选中【连接到指定的多维数据集或表】复选框，在列表框中选中 "Adventure Works" 名称，单击【下一步】按钮。保持默认选项，单击【完成】按钮关闭【数据连接向导】对话框。

步骤③ 在弹出的【导入数据】对话框中，依次选中【数据透视表】和【现有工作表】单选按钮，单击【确定】按钮关闭【导入数据】对话框，如图 2-50 所示。

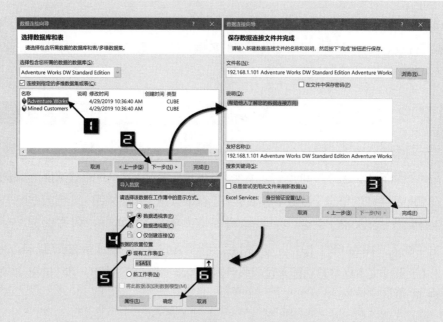

图 2-50　选择多维数据集并导入数据

注意　　　由于OLAP数据库的特殊性,【导入数据】对话框中【表】单选按钮和【将此数据添加到数据模型】复选框已被禁用。

步骤④ 在 Excel 的【数据透视表字段】窗格中依次选中"Sales Territory""Gross Profit"和"Gross Profit Margin"字段的复选框。"Sales Territory"字段将出现在【行】区域,"Gross Profit" 和"Gross Profit Margin"字段将出现在【值】区域。

步骤⑤ 单击选中"Product Categories"字段,按住鼠标左键将该字段拖放到【筛选】区域,如图 2-51 所示。

图 2-51　调整数据透视表布局

最终完成的数据透视表如图 2-52 所示。

图 2-52　由 Analysis Services OLAP 创建的数据透视表

4. MySQL 数据库

MySQL 是最流行的关系型数据库管理系统之一，早期是由瑞典 MySQL AB 公司开发，目前 MySQL 隶属 Oracle 公司。MySQL 有企业版和社区版之分，后者完全免费，可以满足读者学习数据分析的需要。

示例 2-10　从 MySQL 数据库导入数据至 Power Pivot

本示例使用 MySQL 官方演示数据库"employees"（详情可参见 https://dev.mysql.com/doc/index-other.html），按照如下步骤操作可以将"employees"数据库的部分数据导入 Excel 中，并使用 Power Pivot 创建数据透视表。

步骤① 在 Excel 中依次单击【数据】选项卡→【获取数据】下拉按钮→【自数据库】→【从 MySQL 数据库】命令，如果电脑中尚未安装 MySQL 连接器，那么将弹出【MySQL 数据库】提示对话框，单击【确定】按钮关闭对话框，如图 2-53 所示。

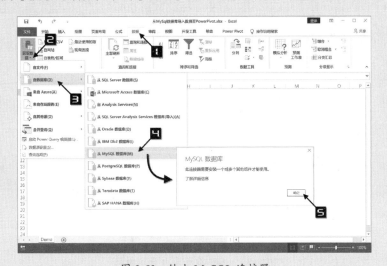

图 2-53　缺少 MySQL 连接器

打开浏览器访问 MySQL 官网，下载并安装"MySQL Connector/NET 8.0.16"（URL 为 https://dev.mysql.com/downloads/connector/net/），需要重启 Excel 才能使用 MySQL 连接器。

步骤② 在弹出的【MySQL 数据库】对话框的【服务器】文本框中输入"192.168.1.90:3306"（此处可以使用服务器名称或 IP 地址，MySQL 默认端口号为 3306，实际应用环境中可能会使用不同的端口，需询问系统管理员），在【数据库】文本框中输入"employees"。

步骤③ 单击【高级选项】左侧的展开按钮，在展开的对话框中选中【在完整层次结构中导航】复选框，单击【确定】按钮关闭对话框。

步骤④ 在弹出的【MySql 数据库】对话框中单击【数据库】选项卡，在【用户名】文本框和【密码】文本框中分别输入登录信息，单击【连接】按钮关闭对话框，如图 2-54 所示。

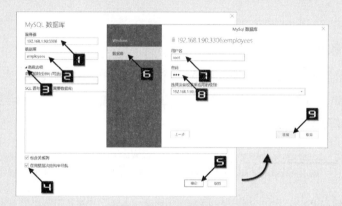

图 2-54　输入 MySQL 数据库连接信息

步骤⑤ 在弹出的【导航器】对话框中，选中【选择多项】复选框，在【显示选项】列表框中单击"employees"左侧的展开按钮，依次选中【current_dept_emp】【departments】和【salaries】复选框。

步骤⑥ 依次单击【加载】下拉按钮→【加载到...】命令，在弹出的【导入数据】对话框中选中【仅创建连接】单选按钮，选中【将此数据添加到数据模型】复选框，单击【确定】按钮关闭对话框，如图 2-55 所示。

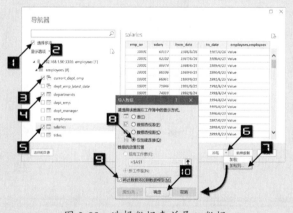

图 2-55　选择数据表并导入数据

> **提示**
> "current_dept_emp"的图标与被选中的另外两个数据表不同,该图标说明
> "current_dept_emp"是数据库视图,在此示例中无须区分视图和普通表。

如果在【MySQL 数据库】对话框中取消选中【在完整层次结构中导航】复选框,那么【导航器】对话框中的数据表展示形式如图 2-56 所示,每个表名称前增加了数据库名称作为前缀。

图 2-56 不启用"在完整层次结构中导航"

步骤⑦ 返回 Excel 窗口, 3 个查询将同时加载数据,在【查询 & 连接】窗格中将显示加载进度,其耗时取决于计算机和 MySQL 服务器之间的网络连接。

数据加载完毕后,"current_dept_emp"加载了 277,460 行数据,"departments"加载了 9 行数据,"salaries"加载了 2,844,047 行数据。Excel 2019 中单个工作表只支持 1,048,576 行,显然无法将"salaries"中的全部数据直接加载到单个工作表中,所以在步骤 6 中选择的加载方式是"仅创建连接"并启用了"将此数据添加到数据模型",这样的设置会确保数据导入数据模型中而不是工作表中,接下来可以使用 Power Pivot 基于数据模型创建数据透视表。

步骤⑧ 单击【Power Pivot】选项卡的【管理】按钮,如图 2-57 所示。

步骤⑨ 在弹出的【Power Pivot for Excel - 从 MySql 数据库导入数据至 PowerPivot.xlsx】窗口中默认使

图 2-57 查询数据加载

用"数据视图",单击【salaries】表标签,拖动滚动条可以浏览数据,如图 2-58 所示。

图 2-58　在 Power Pivot 对话框中浏览数据

拖动滚动条浏览数据时完全没有卡顿,其使用体验与在 Excel 工作表中操作几百行数据几乎没有差异,完全可以忽略庞大的数据表已加载了近 3 百万行数据。

步骤⑩ 单击【主页】选项卡的【关系图视图】按钮,将 Power Pivot 窗口切换到关系图视图,选中"salaries"表的"emp_no"字段,按住鼠标左键,拖动至"current_dept_emp"表的"emp_no"字段之上,释放鼠标创建两个表之间的关系。

步骤⑪ 使用相同的操作方法,在"current_dept_emp"表的"dept_no"字段和"departments"表的"dept_no"字段之间建立关系,如图 2-59 所示。

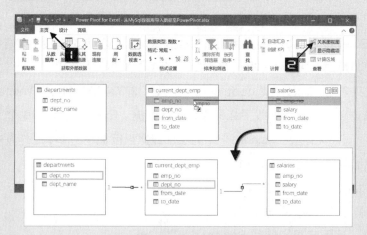

图 2-59　建立表之间的关系

单击【设计】选项卡的【管理关系】按钮可以查看已经建立的表之间的关系,如图 2-60 所示。

步骤⑫ 依次单击【主页】选项卡→【数据透视表】下拉按钮→【数据透视表】命令,在弹出的【创建数据透视表】对话框中选中【新工作表】单选按钮,单击【确定】按钮关闭对话框,如图 2-61 所示。

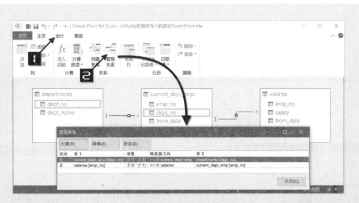

图 2-60　管理关系

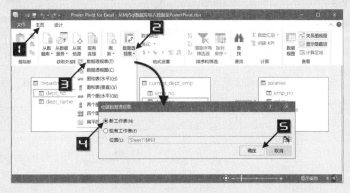

图 2-61　创建数据透视表

步骤⑬ 在 Excel 的功能区下将弹出【安全警告】提醒,单击【启用内容】按钮启用外部数据连接,如图 2-62 所示。

图 2-62　启用外部数据连接

步骤⑭ 在【数据透视表字段】窗格中,选中【dept_name】复选框将字段添加到【行】区域,选中【salary】复选框将字段添加到【值】区域。

步骤⑮ 在【值】区域中单击【以下项目的总和:salary】的下拉按钮,选择【值字段设置】命令,弹出【值字段设置】对话框。在【值字段汇总方式】列表框中选择"最小值",在【自定义名称】文本框中输入"工资最低额",单击【确定】按钮关闭对话框,如图 2-63 所示。

步骤⑯ 选中"salary"字段并拖动至【值】区域,使用相同的操作方法,设置【值字段汇总方式】为"最大值",修改【自定义名称】为"工资最高额",单击【确定】按钮关闭对话框,如图 2-64 所示。

图 2-63　调整数据透视表布局　　　　　图 2-64　修改值字段设置

Excel 中创建的数据透视表如所图 2-65 示。

图 2-65　Excel 中的数据透视表

5. SQLite 数据库

SQLite 是一种符合 ACID 超轻型的单文件数据库管理系统，它能够支持主流的操作系统（如 Windows、Linux 和 UNIX 等），也适用于嵌入式设备，并且在多数开发语言中都可以方便地操作 SQLite 数据库。2000 年 5 月发布了 SQLite 的第一个版本，目前已经发布的最新版本为 SQLite 3。

SQLite 是免费的开源软件，读者可以在 SQLite 官方网站（URL 为 https://www.sqlite.org/download.html）下载相关软件。

示例 2-11　从 SQLite 数据库导入数据 (ODBC)

Excel 2019 支持从多种数据库中获取数据，但是 SQLite 并不在默认的支持列表之中，幸运的是通过 ODBC（开放数据库连接，其全称为 Open Database Connectivity）可以实现从 SQLite 数据库导入数据。

示例 SQLite 数据库中的数据表如图 2-66 所示，可以将 SQLite 数据库的部分数据导入 Excel 中。

图 2-66　示例 SQLite 数据库

步骤① 根据读者计算机中 Office 软件的版本（32 位或 64 位），从互联网下载并安装"SQLite ODBC Driver"驱动。本书示例文件包中也提供了此驱动文件。

在 Excel 中依次单击【文件】选项卡→【账户】→【关于 Excel】按钮，在弹出的对话框中可以查看 Excel 的版本信息，如图 2-67 所示。

图 2-67　查看 Excel 的版本信息

步骤② 在 Windows 10 开始菜单的搜索框中输入"ODBC"，单击【设置 ODBC 数据源 (32 位)】命令，如图 2-68 所示。

步骤③ 在弹出的【ODBC 数据源管理程序 (32 位)】对话框中单击【添加】按钮，弹出【创建新数据源】对话框，选择【名称】列表框中的"SQLite3 ODBC Driver"作为数据源的驱动程序，单击【完成】按钮关闭【创建新数据源】对话框，如图 2-69 所示。

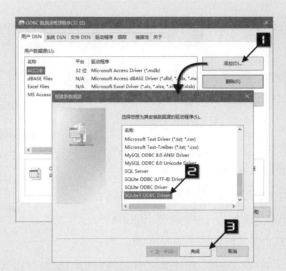

图 2-68　搜索 ODBC

图 2-69　选择数据源的驱动程序

步骤④ 在弹出的【SQLite3 ODBC DSN Configuration】对话框中设置 DSN 连接信息，在【Data Source Name】文本框中输入"SQLiteDemo3"，在【Database Name】文本框中输入"C:\Data\SQLite.db3"，或者单击右侧的【Browse…】按钮选择

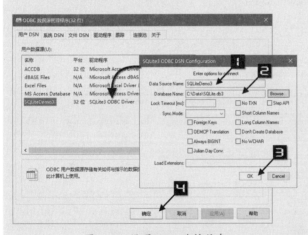

图 2-70　设置 DSN 连接信息

SQLite 数据库文件"SQLite.db3"（位于 C:\Data 目录中），单击【OK】按钮关闭【SQLite3 ODBC DSN Configuration】对话框。

步骤⑤ 返回【ODBC 数据管理程序 (32 位)】对话框，单击【确定】按钮关闭对话框，如图 2-70 所示。

步骤⑥ 在 Excel 中依次单击【数据】选项卡→【获取数据】下拉按钮→【自其他源】→【从 ODBC】命令，在弹出的【从 ODBC】对话框中，

单击【数据源名称 (DSN)】组合框的下拉按钮，在下拉列表中选择"SQLiteDemo3"，单击【确定】按钮关闭【从 ODBC】对话框，如图 2-71 所示。

步骤⑦ 在弹出的【ODBC 驱动程序】对话框中，单击【默认或自定义】选项卡，单击【连接】按钮关闭【ODBC 驱动程序】对话框，如图 2-72 所示。

步骤⑧ Excel 查询数据后将弹出【导航器】对话框，在对话框左侧单击选中【2018H1_Report】，在对话框右侧将显示相应的数据内容，依次单击【加载】下拉按钮→【加载到 ...】命令，在弹出的【导入数据】对话框中选中【表】单选按钮，单击【确定】按钮关闭对话框，如图 2-73 所示。

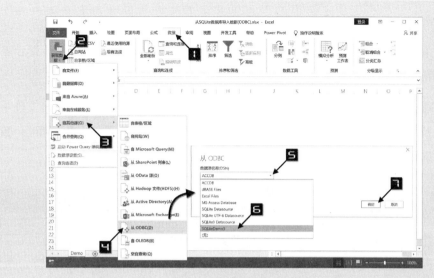

图 2-71　选择数据源名称

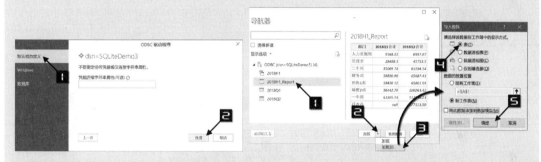

图 2-72　使用"默认或自定义"方式连接　　　　图 2-73　选择数据表并加载数据

Excel 将 SQLite 数据库中"2018H1_Report"数据视图的数据导入新建工作表中，如图 2-74 所示。

图 2-74　从 SQLite 数据库导入工作表中的数据

2.1.4　网站数据

在互联网高度发达的当代社会中，很多数据来自网站。如果需要使用 Excel 分析这类数据，最常见的操作方法是先在浏览器中访问相应的网站，然后使用鼠标选中网页中的表格并复制，最后在 Excel 工作表中粘贴内容。这种操作方式貌似简单高效，其实不然，其缺点主要有如下两个方面。

❖ Excel 中保存的是"静态"数据，无法更新，网站数据更新后，只能重复上述步骤再次复制粘贴。

❖ 由于多数网站页面格式丰富，有的网页中还有不可见的控件，复制到 Excel 文件中后，需要及时进行必要的清理，这些清理工作通常都比较花费时间。如果不清理，数据的可用性较低，而且 Excel 文件的体积会虚增，进而影响使用性能。

示例 2-12　导入网站数据并设置自动刷新

Excel 中提供的数据导入功能可以快捷地实现网站数据导入，以招商银行外汇实时汇率数据为例（网站 URL 为 http://fx.cmbchina.com/hq/ ），浏览器中的网页内容如图 2-75 所示。

图 2-75　招商银行外汇实时汇率

按照如下步骤操作可将网站数据导入工作表，并且实现自动刷新。

步骤① 单击【数据】选项卡的【自网站】按钮，在弹出的【从 Web】对话框的【URL】文本框中输入"http://fx.cmbchina.com/hq/"，单击【确定】按钮关闭【从 Web】对话框，如图 2-76 所示。

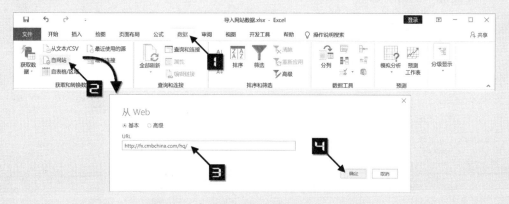

图 2-76　在【从 Web】对话框中输入 URL

步骤② Excel 查询数据之后，将弹出【导航器】对话框，在对话框左侧单击【Table 0】，在对话框右侧的【表视图】中将显示相应的数据内容。网页中数据表最后一列为"汇率走势图"超链接，此列数据无须导入 Excel 中，单击【转换数据】按钮即可进行数据加工，如图 2-77 所示。

图 2-77　在【导航器】对话框中选择表格

步骤③ 在弹出的【Table 0-Power Query 编辑器】窗口中单击"汇率走势图"列的任意一个单元格，依次单击【开始】选项卡→【删除列】下拉按钮→【删除列】命令，"汇率走势图"列将被删除，并且在右侧【查询设置】窗格的【应用的步骤】列表中增加了"删除的列"项目。单击【关闭并上载】按钮将数据加载到 Excel 工作表中，如图 2-78 所示。

Excel 工作表中导入的网站数据如图 2-79 所示。

在【查询 & 连接】窗格中显示名称为"Table 0"的查询已加载 10 行数据，将鼠标光标悬停在【Table 0】之上，将在悬浮窗口中显示此查询的相关消息，如图 2-80 所示。

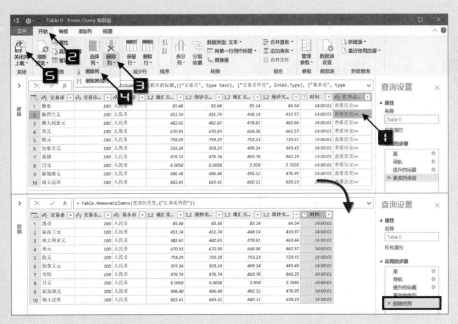

图 2-78　在【Power Query 编辑器】对话框中删除列

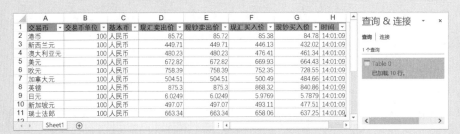

图 2-79　上载到工作表中的数据

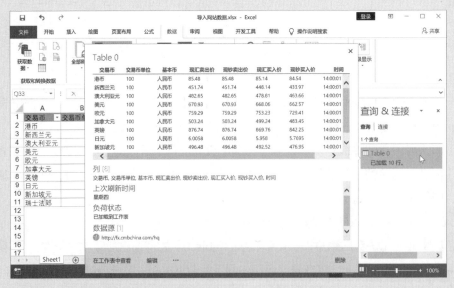

图 2-80　快速查看"查询"的相关信息

> **注意** ⟶
>
> 对比图 2-80 和图 2-79 可以发现，Excel 工作表中的数据和查询信息中的数据并不完全相同，这是由于【Power Query 编辑器】将数据上载到工作表中时，会再次进行后台数据查询刷新。

步骤④ 单击数据表中的任意一个单元格（如 A1），单击【查询】选项卡中的【刷新】按钮，Excel 将访问数据源网页刷新工作表中的数据，如图 2-81 所示。

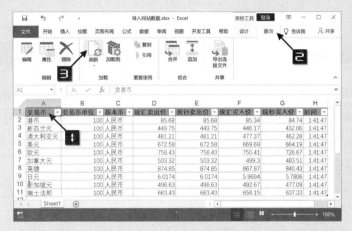

图 2-81　刷新数据

步骤⑤ 单击数据表中的任意一个单元格（如 A1），单击【查询】选项卡中的【属性】按钮，在弹出的【查询属性】对话框中选中【刷新频率】复选框，调整时间调节按钮，如设置为 5 分钟，选中【打开文件时刷新数据】复选框，单击【确定】按钮关闭【查询属性】对话框，如图 2-82 所示。

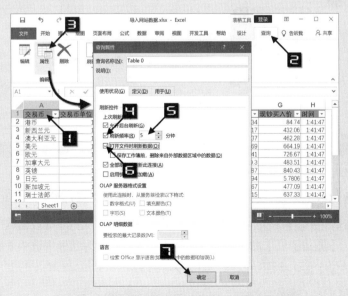

图 2-82　在【查询属性】对话框中设置自动刷新

设置完成后，每次打开示例工作簿文件时将刷新数据，并且 Excel 将每 5 分钟自动执行一次数据刷新。

2.1.5　OData 源

OData（开放数据协议，其全称为 Open Data Protocol）是一种描述如何创建和访问 Restful 服务的 OASIS 标准，它是一种用来查询和更新数据的 Web 协议。从 Excel 2013 版本开始提供了对 OData 数据馈送的支持。

示例 2-13　从 OData 源导入数据

步骤① 在 Excel 中依次单击【数据】选项卡→【获取数据】下拉按钮→【自其他源】→【从 OData 源】命令，在弹出的【OData 数据源】对话框的【URL】文本框中输入"http://services.odata.org/Northwind/Northwind.svc/"，单击【确定】按钮关闭【OData 数据源】对话框，如图 2-83 所示。

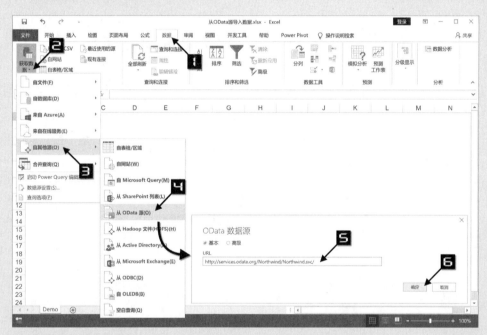

图 2-83　在【OData 数据源】对话框中输入 URL

步骤② Excel 查询数据之后，将弹出【导航器】对话框，在对话框左侧单击【Category_Sales_for_1997】选项，在对话框右侧将显示相应的数据内容，依次单击【加载】下拉按钮→【加载到...】命令，在弹出的【导入数据】对话框中选中【表】单选按钮，单击【确定】按钮关闭对话框，如图 2-84 所示。

步骤③ Excel 将 OData 数据导入新建工作表中，如图 2-85 所示。

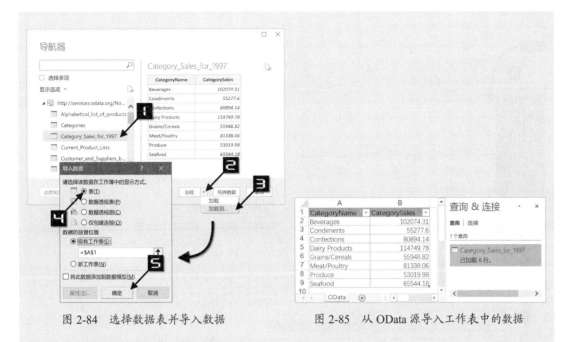

图 2-84　选择数据表并导入数据

图 2-85　从 OData 源导入工作表中的数据

2.1.6　Word 文档中的表格数据

Word 是 Office 组件中用于文字处理的应用程序，通常并不用于保存数据。但是由于种种原因，日常工作中确实也会遇到保存在 Word 中的数据表，并且很多时候无法追溯到相关数据的源头，也就无法获取其他格式的数据，这时就只能想方设法从 Word 文档中导入数据到 Excel 中。

示例 2-14　从 Word 文档中导入数据

将 Word 文档中的数据导入 Excel 中，最简单的实现方法就是在 Word 中复制，然后再粘贴到 Excel 中。但是如果 Word 中有大量数据需要导入 Excel 中，复制粘贴操作会非常耗时，而且容易出错。示例 Word 文档为外汇汇率相关数据，其中有多个表格，如图 2-86 所示。

交易币	交易币单位	基本币	现汇卖出价	现钞卖出价	现汇买入价	现钞买入价
港币	100	人民币	85.68	85.68	85.34	84.74
新西兰元	100	人民币	449.75	449.75	446.17	432.06
澳大利亚元	100	人民币	481.21	481.21	477.37	462.28
美元	100	人民币	672.58	672.58	669.69	664.19
欧元	100	人民币	756.43	756.43	750.41	726.67
加拿大元	100	人民币	503.32	503.32	499.3	483.51
英镑	100	人民币	874.85	874.85	867.87	840.43
日元	100	人民币	6.0174	6.0174	5.9694	5.7806
新加坡元	100	人民币	496.63	496.63	492.67	477.09
瑞士法郎	100	人民币	663.43	663.43	658.15	637.33

交易币	交易币单位	基本币	现汇卖出价	现钞卖出价	现汇买入价	现钞买入价
港币	100	人民币	85.73	85.73	85.39	84.79
新西兰元	100	人民币	449.88	449.88	446.3	432.18
澳大利亚元	100	人民币	480.89	480.89	477.05	461.97

图 2-86　Word 文档中的表格

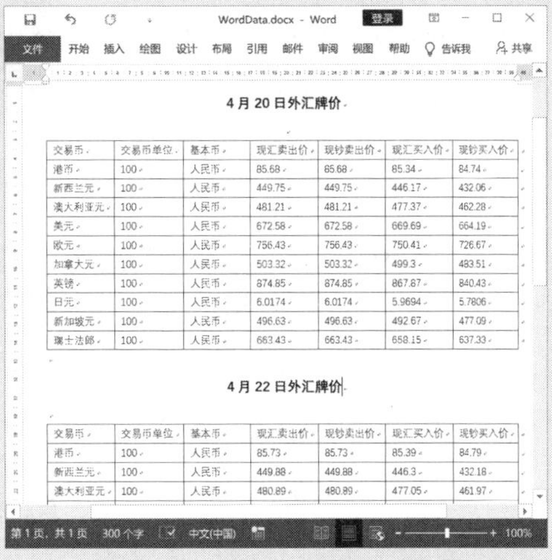

按照如下步骤操作可一次性将 Word 中多个表格导入 Excel 工作表中。

步骤 1　打开示例文件“WordData.docx”，在 Word 中依次单击【文件】选项卡→【另存为】→【浏览】命令，如图 2-87 所示。

图 2-87 在 Word 中另存文件

步骤② 在弹出的【另存为】对话框中，选择保存文件的目录"C:\Data"，在【保存类型】下拉列表中选择"网页 (*.htm; *.html)"，使用默认文件名"WordData.htm"。

步骤③ 在【另存为】对话框中依次单击【工具】下拉按钮→【Web 选项】命令，弹出的【Web 选项】对话框，在【将此文件另存为】下拉列表中选择【Unicode (UTF-8)】作为文件编码格式，单击【确定】按钮关闭【Web 选项】对话框。

步骤④ 在【另存为】对话框中单击【保存】按钮关闭对话框，如图 2-88 所示。

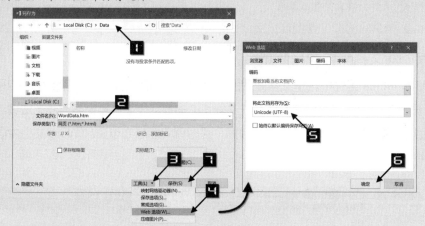

图 2-88 设置文件保存类型和编码格式

步骤⑤ 在 Excel 中单击【数据】选项卡的【自网站】按钮，在弹出的【从 Web】对话框的【URL】文本框中输入"file:\\C:\Data\WordData.htm"，单击【确定】按钮关闭【从 Web】对话框，如图 2-89 所示。

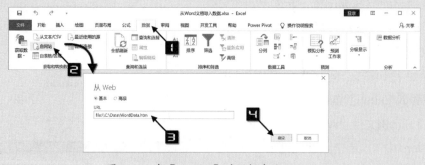

图 2-89 在【从 Web】对话框中输入 URL

02章

> **注意**
> 网站 URL 使用"/"作为分隔符，而文件 URL 使用"\"作为分隔符。

步骤⑥ 在弹出的【导航器】对话框中选中【选择多项】复选框，在【显示选项】列表框中选中【Table 0】和【Table 1】复选框。

步骤⑦ 依次单击【加载】下拉按钮→【加载到 ...】命令，在弹出的【导入数据】对话框中选中【表】单选按钮，保持默认选中的【将此数据添加到数据模型】复选框，单击【确定】按钮关闭对话框，如图 2-90 所示。

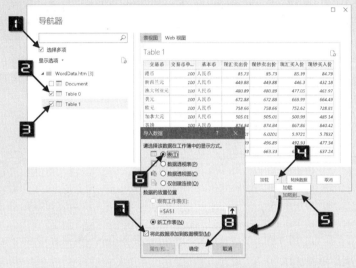

图 2-90　选择数据表并导入数据

步骤⑧ Excel 将 htm 文件中两个表格中的数据导入新建工作表中，两个工作表的名称分别为"Table0"和"Table1"，如图 2-91 所示。

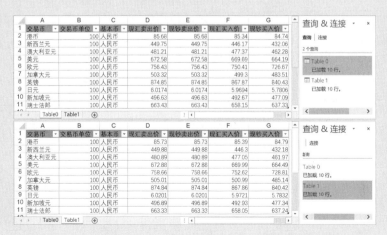

图 2-91　从 Word 文档中导入的数据

利用 VBA 可以在 Excel 中访问和控制其他 Office 应用程序，Excel 与 Word 同属于 Office 组件，利用 Excel VBA 代码可以实现一键导入 Word 表格数据。

示例 2-15　从 Word 文档中导入数据（VBA）

打开示例文件"从 Word 文档导入数据 (VBA).xlsm"，单击"Demo"工作表中的【导入数据】按钮，从 Word 文档中导入的数据如图 2-92 所示。

图 2-92　使用 VBA 从 Word 文档中导入的数据

示例文件 VBA 代码如下。

```
#001  Sub WordToExcel()
#002      Dim strFileName As String
#003      Dim strShtName As String
#004      Dim strFile As String
#005      Dim strText As String
#006      Dim objWord As Object
#007      Dim objWordApp As Object
#008      Dim intTableCnt As Integer
#009      Dim intWdRow As Integer
#010      Dim intWdCol As Integer
#011      strFileName = ThisWorkbook.Path & "\" & "WordData.docx"
#012      strFile = Dir(strFileName)
#013      If Len(strFile) = 0 Then
#014          MsgBox "无法找到指定的 Word 文件！", vbCritical, "错误"
```

```
#015            Exit Sub
#016        End If
#017        Set objWord = GetObject(strFileName)
#018        If objWord Is Nothing Then
#019            MsgBox "无法打开指定的 Word 文件! ", vbCritical, "错误"
#020            Exit Sub
#021        End If
#022        Set objWordApp = objWord.Parent
#023        'objWordApp.Visible = True
#024        If objWord.tables.Count > 0 Then
#025            Application.ScreenUpdating = False
#026            For intTableCnt = 1 To objWord.tables.Count
#027                strShtName = "Table" & intTableCnt - 1
#028                On Error Resume Next
#029                Application.DisplayAlerts = False
#030                Sheets(strShtName).Delete
#031                Application.DisplayAlerts = True
#032                On Error GoTo 0
#033                Sheets.Add.Name = strShtName
#034                ActiveWindow.DisplayGridlines = False
#035                With objWord.tables(intTableCnt)
#036                    For intWdRow = 1 To .Rows.Count
#037                        For intWdCol = 1 To .Columns.Count
#038                            strText = .Cell(intWdRow, intWdCol) _
                                            .Range.Text
#039                            ActiveSheet.Cells(intWdRow, intWdCol) _
                                      = Replace(strText, Chr$(13) & Chr$(7), "")
#040                        Next intWdCol
#041                    Next intWdRow
#042                End With
#043            Next intTableCnt
#044        Else
#045            MsgBox "Word 文件没有表格! ", vbCritical, "错误"
#046            Exit Sub
#047        End If
```

```
#048        objWord.Close False
#049        objWordApp.Quit
#050        Set objWordApp = Nothing
#051        Set objWord = Nothing
#052        Application.ScreenUpdating = True
#053  End Sub
```

代码解析：

第 12~16 行代码使用 Dir 函数检查示例文件所在目录中是否存在名称为"WordData.docx"的 Word 文档，如果不存在该文件，则结束代码的执行。

第 17 行代码使用 GetObject 函数获取 Word 应用程序的 Document 对象的引用，并赋值给 objWord 变量。

第 22 行代码将 Word 的 Application 对象的引用赋值给 objWordApp 变量。

第 23 行代码用于设置 Word 应用程序可见，对于导入数据功能来说，此行代码不是必需的。

第 24 行代码判断 Word 文档中是否包含至少一个表格。

第 26~43 行代码使用 For…Next 循环结构逐个处理 Word 文档中的表格。

第 28~32 行代码用于删除工作表，以避免第 33 行代码创建工作表时，因为已经存在同名工作表，而产生运行时错误。

第 36~41 行代码使用双重 For…Next 循环结构遍历 Word 表格中的单元格。

第 38 行代码读取 Word 表格单元格的内容。

第 39 行代码将数据写入 Excel 工作表单元格。使用 Cell().Range.Text 读取 Word 表格单元格内容时，在字符串末尾会附带单元格结束标记（Chr（13））和竖线标记（Chr（7））。因此需要使用 Replace 函数进行替换以剔除这两个字符。

注意
> 在 VBA 编程中，引用 Excel 工作表中的单元格使用 Cells(行，列)，而引用 Word 表格中的单元格则使用 Cell(行，列)，后者少一个字母 s。

第 48 行代码关闭 Word 文档。

第 49 行代码关闭 Word 应用程序。

第 50 行和第 51 行代码释放对象变量占用的系统资源。

由于本书并不是 VBA 专著，因此仅对核心 VBA 代码进行简要讲解，如果读者希望系统地学习 VBA 相关知识，建议参考 Excel Home 编著的《Excel VBA 经典代码应用大全》和《别怕，Excel VBA 其实很简单》图书。

2.1.7　PDF 文件中的表格数据

PDF（便携式文档格式，其全称为 Portable Document Format）是由 Adobe Systems

公司开发设计的一种支持跨平台使用
可移植的电子文件格式。PDF 文件
是以 PostScript 语言图形模型为基
础的，可以将字体、格式、颜色、图
形图像等封装在文件中。无论是互联
网上提供的资料，还是公司办公文档
和产品说明等，PDF 文件在越来越
多的领域中得到了广泛的应用。

示例 PDF 文件中包含两个数据
表，如图 2-93 所示。

图 2-93　PDF 文件中的数据表

1. 使用"来自 PDF"功能导出数据

示例 2-16　从 PDF 文件中导出数据（Power Query）

按照如下步骤操作，可以将 PDF 文件的中多个表格数据导入 Excel 工作表中。

步骤① 在 Excel 中依次单击【数据】选项卡→【获取数据】下拉按钮→【来自文件】→
【来自 PDF】命令，在弹出的【导入数据】对话框中选中 C 盘 Data 目录中名称为
"PDFData.pdf"的文件，单击【导入】按钮关闭【导入数据】对话框，如图 2-94 所示。

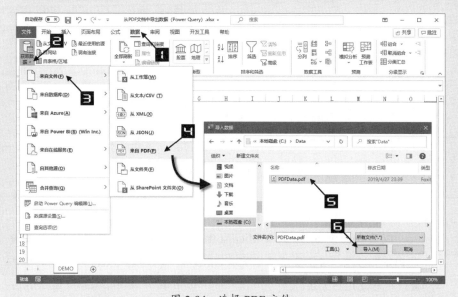

图 2-94　选择 PDF 文件

步骤② 在弹出的【导航器】对话框中选中【选择多项】复选框，在【显示选项】列表框中选中【Table001 (Page 1)】和【Table002 (Page 1)】复选框。

步骤③ 依次单击【加载】下拉按钮→【加载到 ...】命令，在弹出的【导入数据】对话框中选中【表】单选按钮，保持默认选中的【将此数据添加到数据模型】复选框，单击【确定】按钮关闭对话框，如图 2-95 所示。

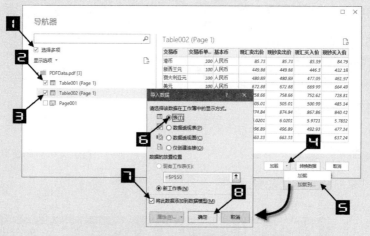

图 2-95　选择数据表并导入数据

步骤④ PDF 文件中两个表格中的数据将导入新建工作表中，如图 2-96 所示。

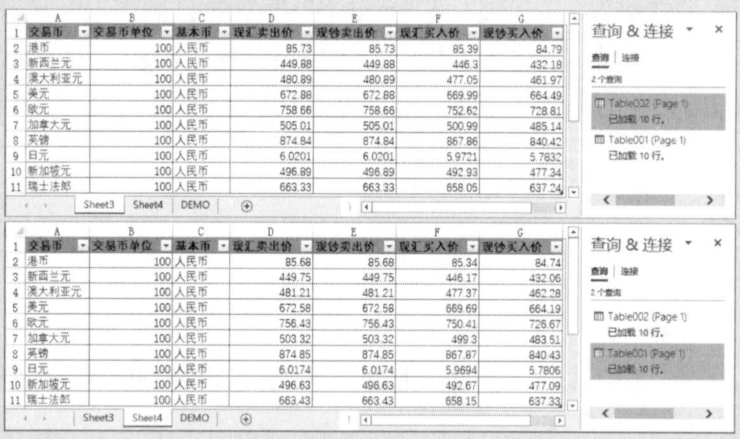

图 2-96　工作中导入的数据

注意 　　　截至 2020 年 6 月，只有 Microsoft 365（原 Office 365）中的 Excel 支持"来自 PDF"功能，对于使用其他版本 Office 软件（包括 Excel 2019）的用户，则应使用后续几种方法。

2. PDF 文件另存为网页格式导出数据

多数 PDF 阅读器软件（如 Adobe Acrobat Reader）并不具备将 PDF 文件另存为其他文件格式的功能。幸运的是使用 Microsoft Word 可以直接打开 PDF 文件，并另存为网页格式，然后借助 Power Query 就可将其中的数据导入 Excel 中，具体操作步骤请参阅 2.1.6 小节内容。

3. 使用开源软件 Tabula 导出数据

示例 2-17　从 PDF 文件中导出数据（Tabula）

Tabula 是一款值得推荐的免费开源软件，按照如下步骤操作可以提取 PDF 文件中的数据。

步骤① 在计算机中打开浏览器，访问 Tabula 的官网（URL 为 https://tabula.technology），根据计算机中的操作系统（Windows 或 Mac），选择下载相应的软件，如适用于 Windows 操作系统的软件（版本 1.2.1）下载链接为 https://github.com/tabulapdf/tabula/releases/download/v1.2.1/tabula-win-1.2.1.zip。

步骤② Tabula 软件无须安装，下载完毕后，提取压缩包文件"tabula-win-1.2.1.zip"中的"tabula"目录及其所包含的全部文件，并保存到硬盘中的任意目录中。

步骤③ 双击"tabula"目录中的文件"tabula.exe"运行软件。

步骤④ Tabula 软件将打开默认浏览器并访问"http://127.0.0.1:8080/"。

步骤⑤ 在浏览器中单击【Browse...】按钮，弹出【打开】对话框，在对话框中选中 C 盘 Data 目录中的"PDFData.pdf"文件，单击【打开】按钮关闭对话框，文件名将被写入网页中的文本框，单击【Import】按钮导入文件，如图 2-97 所示。

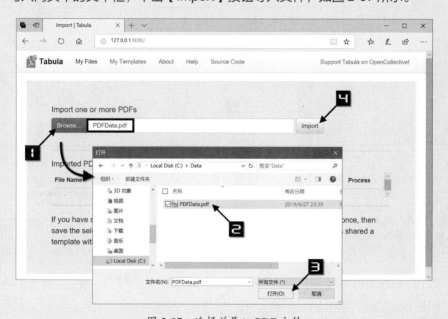

图 2-97　选择并导入 PDF 文件

步骤⑥ 单击【Autodetect Tables】按钮将自动检测 PDF 文件中的数据表格，并高亮显示数据区域，单击【Preview & Export Extracted Data】按钮进行数据预览，如图 2-98 所示。

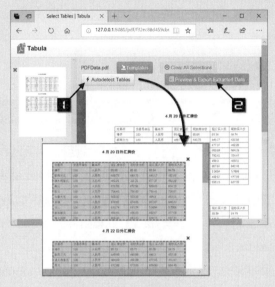

图 2-98　自动检测数据表格

　　在数据区域右上角将显示一个黑色的【x】按钮，单击该按钮可以取消选中相应的表格。

　　在浏览器窗口的右侧文档区域中，单击鼠标左键选择数据区域起始位置，按住左键拖动至数据区域的结束位置，释放左键可以实现手工选择数据区域，如图 2-99 所示。

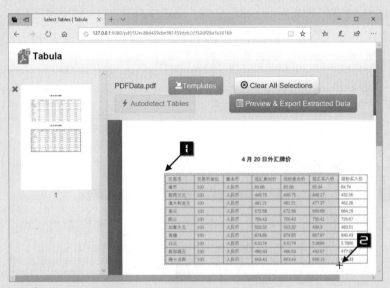

图 2-99　拖动鼠标选择数据区域

步骤⑦ 在【Export Format】组合框中选择导出文件类型，如选择"CSV"，单击【Export】按钮导出文件，如图 2-100 所示。

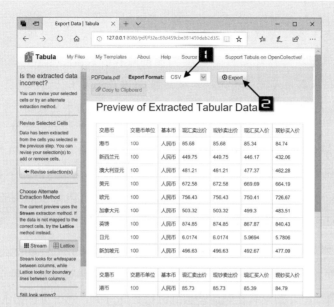

图 2-100　选择文件类型并导出数据

Tabula 软件支持导出多种文件格式，如图 2-101 所示。

图 2-101　多种文件格式

Tabula 软件导出的 CSV 文件内容如图 2-102 所示，参照示例 2-1 可以将 CSV 文件导入 Excel 中。

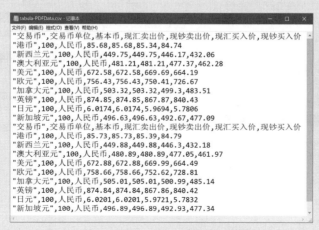

图 2-102　Tabula 软件导出的数据文件内容

注意 →

　　由于 PDF 格式可以将多种不同元素封装在文件中，所以上述 3 种方法不能确保可以正确识别所有 PDF 文件中的表格数据。例如，某些 PDF 文件中的数据表其实是一张图片，只有具备 OCR（光学字符识别，其全称为 Optical Character Recognition）功能的软件才有可能提取其中的数据。

　　运行 Tabula 软件的计算机中应具备相关的 Java 运行环境（并非 Java 开发软件环境），否则首次运行 Tabula 软件时，将打开默认浏览器并访问 Java 的官方下载网页（URL 为 https://www.java.com/zh_CN/download/win10.jsp），读者可自行下载并安装 Java 运行环境，安装完成后即可正常使用 Tabula 软件。

2.1.8　从文件夹批量导入多个文件

　　很多时候，原始数据分散保存在多个文件中（Excel 文件或文本文件），如很多部门会按月保存相关业务数据。如果需要对这些数据进行数据分析，通过【数据】选项卡的【获取数据】→【自文件】可以逐个导入文件，但是文件数量比较多时，如分析过去 5 年的历史数据，将需要逐个导入 60 个（5x12 月 / 年）文件，这将需要耗费大量的时间。在 Excel 2019 中提供了从文件夹批量导入多个文件的功能，可以轻松解决这个难题。

示例 2-18　从文件夹批量导入数据

　　在 C 盘 Data 目录中有 4 个数据文件，如图 2-103 所示。

　　"2018Q1.txt""2018Q2.txt"和"2018Q3.txt"分别为 2018 年前 3 个季度的业务数据，现在需要将这 3 个文件导入 Excel 中。"2018Q1.bak"为备份数据文件，其数据不导入 Excel，仅用于演示如何在【Power Query 编辑器】窗口中筛选数据文件。4 个数据文件内容如图 2-104 所示。

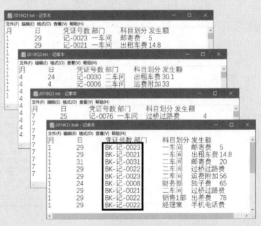

图 2-103　Data 目录中的文件　　　　　图 2-104　数据文件内容

步骤① 在 Excel 中依次单击【数据】选项卡→【获取数据】下拉按钮→【自文件】→【从文件夹】命令，在弹出的【文件夹】对话框中单击【浏览】按钮。

步骤② 在弹出的【浏览文件夹】对话框中选中 C 盘的 Data 目录，单击【确定】按钮关闭【浏览文件夹】对话框。也可以直接在【文件夹】对话框的【文件夹路径】文本框中输入 "C:\Data"。如果 "C:\Data" 目录中包含子目录，那么 Power Query 将遍历查找子目录中的文件。

步骤③ 在【文件夹】对话框中单击【确定】按钮关闭对话框，如图 2-105 所示。

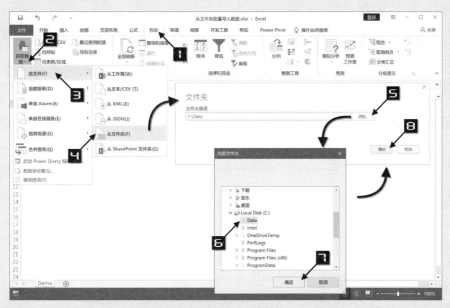

图 2-105　选择数据文件所在目录

步骤④ 在弹出的【C:\Data】对话框中可以查看该目录中数据文件的相关信息，单击【转换数据】按钮关闭对话框，如图 2-106 所示。

步骤⑤ 在【Data – Power Query 编辑器】窗口中单击 "Extension" 列标题选中整列，依

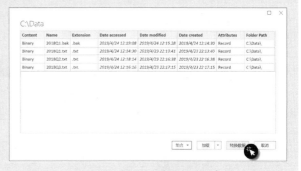

图 2-106　数据文件的相关信息

次单击【转换】选项卡→【格式】下拉按钮→【小写】命令，将 "Extension" 列转换为小写格式，以便于后续步骤筛选数据文件，如图 2-107 所示。

步骤⑥ 单击 "Extension" 列标题右侧的下拉按钮，在弹出的下拉菜单中取消选中【.bak】复选框，单击【确定】按钮关闭下拉菜单，如图 2-108 所示。此步骤实现了从数据

源中剔除备份数据文件"2018Q1.bak"。

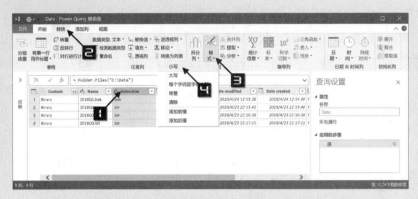

图 2-107   将"Extension"列转换为小写格式

图 2-108   筛选数据文件

> **步骤⑦** 在【Data - Power Query 编辑器】窗口中单击"Content"列标题选中整列，依次单击【开始】选项卡→【删除列】下拉按钮→【删除其他列】命令，如图 2-109 所示。

图 2-109   删除其他列

> **步骤⑧** 此时在【Data - Power Query 编辑器】窗口中只有"Content"列，单击"Content"

列标题右侧的【合并文件】按钮，在弹出的【合并文件】对话框中，保持【文件原始格式】组合框和【分隔符】组合框的默认内容，单击【确定】按钮关闭对话框，如图 2-110 所示。

图 2-110　合并文件

步骤⑨ 单击"科目划分"列标题右侧的下拉按钮，在弹出的下拉菜单中取消选中【其他】复选框，单击【确定】按钮关闭下拉菜单，如图 2-111 所示。此步骤实现了按"科目划分"列的数据内容筛选数据源，这个操作类似于 Excel 工作表中的数据筛选。

图 2-111　按"科目划分"列筛选数据源

步骤⑩ 在【Data – Power Query 编辑器】窗口中，依次单击【开始】选项卡→【关闭并上载】下拉按钮→【关闭并上载至 ...】命令，在弹出的【导入数据】对话框中选中【表】单选按钮，单击【确定】按钮关闭窗口并上载数据至 Excel 工作表中，如图 2-112 所示。

步骤⑪ 至此数据导入已经完成，由【查询 & 连接】窗格可知共导入了 680 行数据（不包括标题行），如图 2-113 所示。

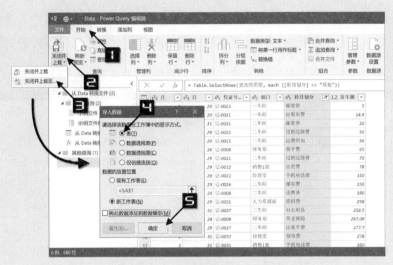

图 2-112　上载数据至 Excel 工作表

图 2-113　从文件夹中批量导入的数据

图 2-114　2018Q4 数据文件内容

此时核查工作表中"科目划分"列中的数据，既没有凭证号以"BK-"作为前缀的数据，也没有科目划分为"其他"的数据，这说明步骤 6 和步骤 9 的筛选已经生效。

步骤⑫　将 2018 年第 4 季度的数据文件"2018Q4.TXT"拷贝到 C 盘 Data 目录中，数据文件内容如图 2-114 所示。

步骤⑬　在 Excel 中单击【数据】选项卡中的【全部刷新】按钮，由【查询 & 连接】

窗格可知共导入了 1020 行数据（不包括标题行），工作表"Sheet1"中从第 682 行开始为数据文件"2018Q4"中的内容，如图 2-115 所示。

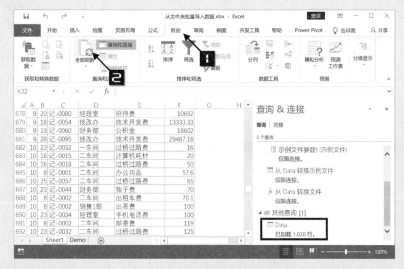

图 2-115　刷新数据

> **注意** → 　　由图 2-114 可知 2018 年第 4 季度数据文件的扩展名为大写字母"TXT"，如果缺少操作步骤 5 对于"Extension"列的转换，那么此文件将无法导入。

2.1.9　整合多种数据源创建数据集合

数据分析项目中经常会遇到多种数据源使用不同的数据格式，如需要分析师手工维护的数据表，一般会使用具有良好交互界面的 Excel 文件，然而企业信息化系统的输出文件更多须采用文本文件。借助 Excel 2019 强大的数据获取与转换功能，无须事先统一基础数据的数据文件格式，就可以完成导入和数据分析。

1. 使用 Power Query 创建数据集合

示例 2-19　使用 Power Query 创建数据集合

"科目列表"维度表（也称为码表）保存"科目划分"和"科目代码"的对应关系，维度表数据分别保存在同一个工作簿文件的两个工作表中（实际业务场景中可能隶属不同部门管辖，使用两个独立的 Excel 文件），财务明细数据为制表符分隔的文本文件，如图 2-116 所示。

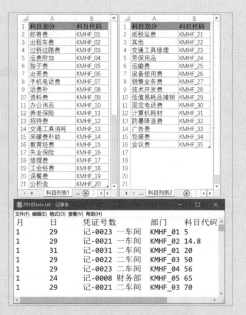

图 2-116　维度表和明细数据

按照如下步骤操作可以实现整合两种数据源创建数据集合。

步骤① 在 Excel 中依次单击【数据】选项卡→【获取数据】下拉按钮→【自文件】→【从工作簿】命令，在弹出的【导入数据】对话框中选中 C 盘 Data 目录中名称为 "Dim_ 科目列表 (分).xlsx" 的文件，单击【导入】按钮关闭【导入数据】对话框，如图 2-117 所示。

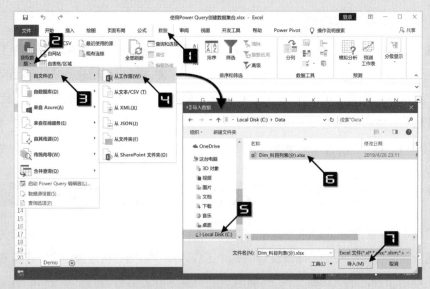

图 2-117　选择 Excel 文件

步骤② 在弹出的【导航器】对话框中，选中【选择多项】复选框，在【显示选项】列表框中选中【表 1】和【表 2】复选框。

步骤③ 依次单击【加载】下拉按钮→【加载到...】命令，在弹出的【导入数据】对话框中选中【仅创建连接】单选按钮，选中【将此数据添加到数据模型】复选框，单击【确定】按钮关闭对话框，如图 2-118 所示。

图 2-118 选择数据表并导入数据

在【导航器】对话框的【显示选项】列表框中，【表1】和【表2】对应工作表中的表格，而【科目列表1】和【科目列表2】对应 Excel 文件中的两个工作表，其列标题分别为"Cloumn1"和"Cloumn2"，和数据表是有区别的，如图 2-119 所示。

步骤④ 单击【数据】选项卡的【从文本/CSV】按钮，在弹出的【导入数据】对话框中选中 C 盘 Data 目录中名称为"2018Data.txt"的文件，单击【导入】按钮关闭【导入数据】对话框，如图 2-120 所示。

图 2-119 工作表与表格具有不同的列标题

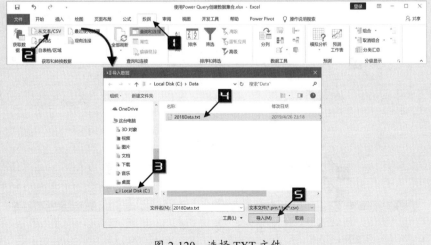

图 2-120 选择 TXT 文件

步骤⑤ 在弹出的【2018Data.txt】对话框中分别设置【文件原始格式】和【分隔符】为"936：简体中文 (GB2312)"和"制表符"。

步骤⑥ 依次单击【加载】下拉按钮→【加载到...】命令，在弹出的【导入数据】对话框中选中【仅创建连接】单选按钮，选中【将此数据添加到数据模型】复选框，单击【确定】按钮关闭对话框，如图 2-121 所示。

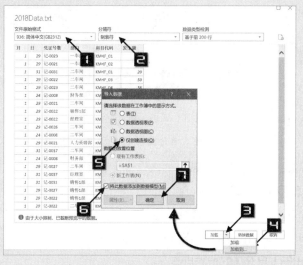

图 2-121　设置文件格式参数并导入数据

步骤⑦ 在 Excel 中依次单击【数据】选项卡→【获取数据】下拉按钮→【合并查询】→【追加】命令，在弹出的【追加】对话框的【主表】组合框中选择"表1"，【要追加到主表的表】组合框中选择"表2"，单击【确定】按钮关闭【追加】对话框，如图 2-122 所示。

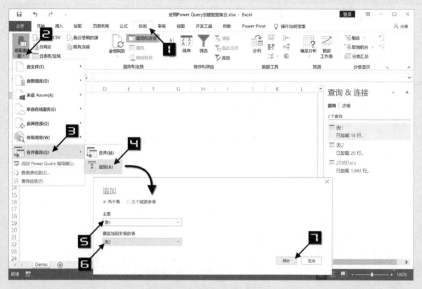

图 2-122　设置追加查询

步骤⑧ 此时将弹出【Append1 – Power Query 编辑器】窗口，在【查询设置】窗格的【名称】文本框中输入"Dim_KMHF"作为查询名称，此查询将合并"表1"和"表2"两个维度表。

步骤⑨ 依次单击【开始】选项卡→【关闭并上载】下拉按钮→【关闭并上载至...】命令，在弹出的【导入数据】对话框中选中【仅创建连接】单选按钮，选中【将此数据添加到数据模型】复选框，单击【确定】按钮关闭对话框，如图 2-123 所示。

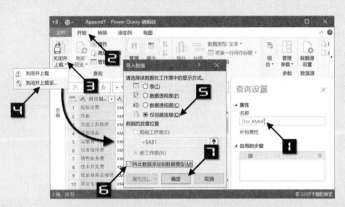

图 2-123 修改查询名称并上载数据

步骤⑩ 在 Excel 中依次单击【数据】选项卡→【获取数据】下拉按钮→【合并查询】→【合并】命令，在弹出的【合并】对话框的第一个组合框中选择"2018Data"，单击其下的【科目代码】选中整列。在第 2 个组合框中选择"Dim_KMHF"，单击其下的【科目代码】选中整列。

步骤⑪ 在【联接种类】组合框中选择"内部(仅限匹配行)"，单击【确定】按钮关闭【合并】对话框，如图 2-124 所示。

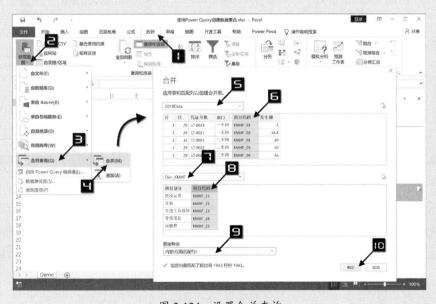

图 2-124 设置合并查询

步骤⑫ 在【Merge1 - Power Query 编辑器】窗口中单击"Dim_KMHF"列标题右侧的展开按钮，在弹出的对话框中取消选中【使用原始列名作为前缀】复选框，单击【确定】按钮展开"Dim_KMHF"列，如图 2-125 所示。

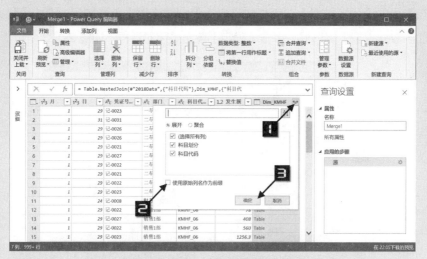

图 2-125　展开"Dim_KMHF"列

步骤⑬ 按住＜ Ctrl ＞键，分别选中第 5 列和第 8 列，依次单击【开始】选项卡→【删除列】下拉按钮→【删除列】命令，删除选中的两列，如图 2-126 所示。

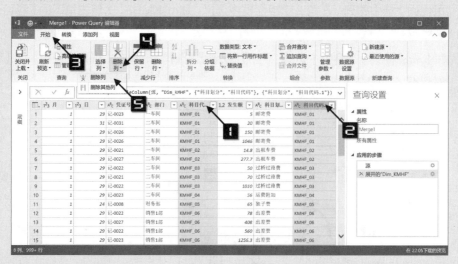

图 2-126　删除列

步骤⑭ 在【查询设置】窗格中保持默认的查询名称，依次单击【开始】选项卡→【关闭并上载】下拉按钮→【关闭并上载至 ...】命令，在弹出的【导入数据】对话框中选中【表】单选按钮，取消选中【将此数据添加到数据模型】复选框，单击【确定】按钮关闭对话框，如图 2-127 所示。

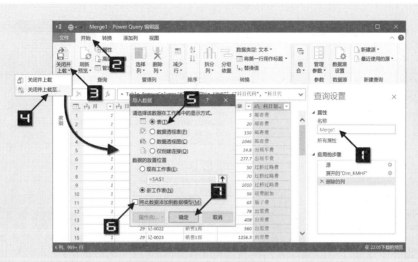

图 2-127　上载数据

整合两种数据源创建的数据集合上载到Excel新建工作表中，如图2-128所示，其中“科目代码”字段与维度表（Dim_KMHF）关联后转换为“科目划分”。

月	日	凭证号数	部门	发生额	科目划分
1	29	记-0023	一车间	5	邮寄费
1	31	记-0031	二车间	20	邮寄费
1	29	记-0026	二车间	150	邮寄费
1	29	记-0026	二车间	1046	邮寄费
1	29	记-0021	一车间	14.8	出租车费
1	29	记-0027	二车间	277.7	出租车费
1	29	记-0022	二车间	50	过桥过路费
1	29	记-0021	二车间	70	过桥过路费
1	29	记-0022	二车间	1010	过桥过路费
1	29	记-0023	二车间	56	运费附加
1	24	记-0008	财务部	65	独子费
1	29	记-0022	销售1部	78	出差费
1	29	记-0027	销售1部	408	出差费
1	29	记-0022	销售1部	560	出差费
1	29	记-0023	销售1部	1256.3	出差费
1	29	记-0025	销售1部	1328.9	出差费
1	29	记-0026	销售1部	1755	出差费

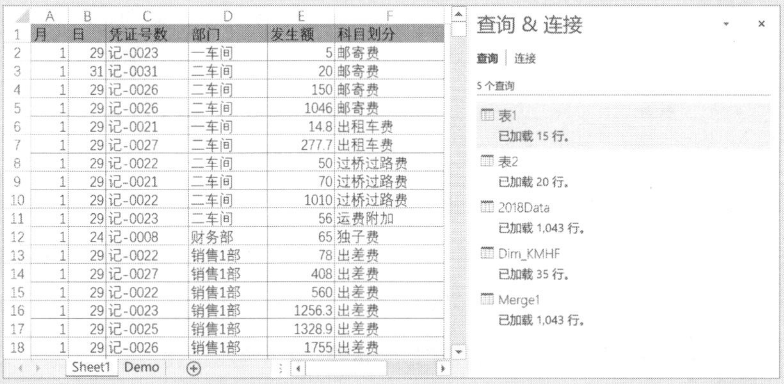

图 2-128　工作表中整合数据集合

至此，数据集合创建完毕，可以在 Excel 中轻松进行后续的数据分析操作。

2. 使用 Power Pivot 创建数据集合

除了 Power Query，用户也可以选择使用 Power Pivot 来创建数据集合。

示例 2-20 使用 Power Pivot 创建数据集合

“科目列表”维度表保存在 Excel 工作表中，财务明细数据为制表符分隔的文本文件，如图 2-129 所示。

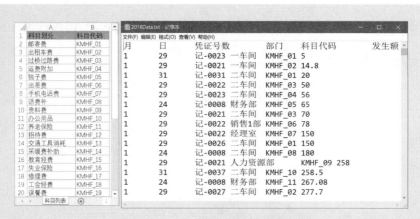

图 2-129 维度表和明细数据

按照如下步骤操作可以实现整合两种不同类型的数据源创建数据集合。

步骤① 在 Excel 中依次单击【Power Pivot】选项卡→【管理】按钮，打开 Power Pivot，如图 2-130 所示。

图 2-130 数据模型管理按钮

步骤② 在弹出的【Power Pivot for Excel - 使用 Power Pivot 创建数据集合 .xlsx】窗口中单击【主页】选项卡的【从其他源】按钮，在弹出的【表导入向导】对话框中选中"Excel 文件"，单击【下一步】按钮，如图 2-131 所示。

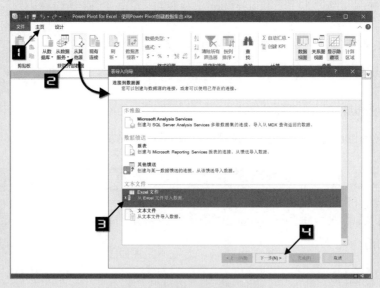

图 2-131 【表导入向导】对话框

步骤③ 在【Excel 文件路径】文本框中输入"C:\Data\ 科目列表 (总).xlsx",或单击右侧的【浏览 ...】按钮选择数据文件,选择文件后,【友好的连接名称】文本框将自动更新,用户可以自行修改连接名称。

步骤④ 选中【使用第一行作为列标题】复选框,单击【下一步】按钮,如图 2-132 所示。

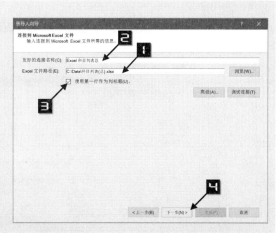

图 2-132 选择数据文件

步骤⑤ 在【表和视图】列表框中保持默认选中【科目列表 $】复选框,依次单击【完成】按钮和【关闭】按钮关闭【表导入向导】对话框,如图 2-133 所示。

图 2-133 选择表和视图

步骤⑥ 返回【Power Pivot for Excel - 使用 Power Pivot 创建数据集合 .xlsx】窗口,单击【主页】选项卡的【从其他源】按钮,在弹出的【表导入向导】对话框中选中"文本文件",单击【下一步】按钮,如图 2-134 所示。

步骤⑦ 在【表导入向导】对话框的【文件路径】文本框中输入"C:\Data\2018Data.txt",或单击右侧的【浏览 ...】按钮选择数据文件,选择文件后,【友好的连接名称】文本框将自动更新,用户可以自行修改连接名称,在【列分隔符】组合框中选择"制表符"。

步骤⑧ 选中【使用第一行作为列标题】复选框,依次单击【完成】按钮和【关闭】按钮关闭【表导入向导】对话框,如图 2-135 所示。

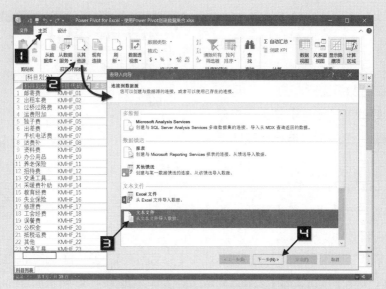

图 2-134　打开【表导入向导】对话框

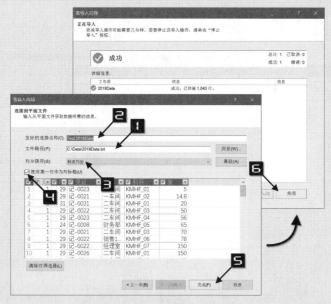

图 2-135　设置连接参数

步骤⑨ 返回【Power Pivot for Excel - 使用 Power Pivot 创建数据集合 .xlsx】窗口，单击【设计】选项卡的【创建关系】按钮，在弹出的【创建关系】对话框中选择相互关联的表和列。

步骤⑩ 在第一个组合框中选择 "2018Data"，单击其下的【科目代码】选中整列。在第 2 个组合框中选择 "科目列表"，单击其下的【科目代码】选中整列。单击【确定】按钮关闭【创建关系】对话框，如图 2-136 所示。

步骤⑪ 依次单击【主页】选项卡的【数据透视表】下拉按钮→【数据透视表】命令，在弹

出的【创建数据透视表】对话框中选中【新工作表】单选按钮，单击【确定】按钮
关闭对话框，如图 2-137 所示。

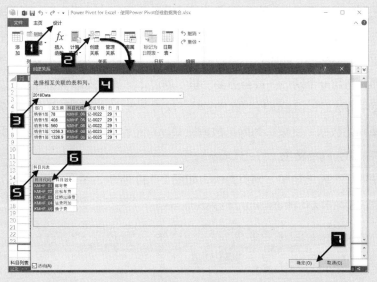

图 2-136　创建关系

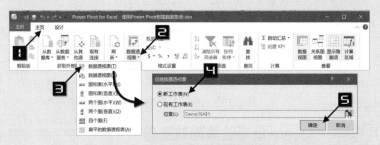

图 2-137　创建数据透视表

步骤⑫　在 Excel 的【数据透视表字段】窗格中，选中【发生额】复选框，将字段添加到【值】
　　　　区域，选中【科目划分】复选框，将字段添加到【行】区域。在 Excel 中创建的数
　　　　据透视表如图 2-138 所示。

图 2-138　调整数据透视表布局

2.2 批量收集网站数据（网抓）

在大数据时代，除了企业、公司和个人，互联网也是一个非常重要的数据来源。随着信息化社会的快速发展，互联网中可以获取的数据也越来越多，并且多数网站所提供的数据并非一两个页面所能容纳的，如股票行情数据，由于上市交易的股票数量众多，所以网站提供的数据通常都会有几十个网页，甚至更多。虽然通过【数据】选项卡的【从网站】功能可以获取单个网页中的数据，但是这样的操作显然无法胜任收集大量网页数据的任务。

批量收集网站数据，又被称为网络数据抓取，有时也被简称为"网抓"。用于网抓的工具或软件通常被称为网络爬虫（Web Crawler）。

以某网站的"个股市盈率"网页为例，如图 2-139 所示，每个页面中有 50 行数据，共有 64 个网页。本节将以 3 种不同的方式实现抓取前 5 个网页的数据。

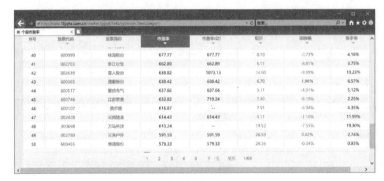

图 2-139 个股市盈率网页

2.2.1 使用 Power Query 批量收集网站数据

示例 2-21 **使用 Power Query 批量收集网站数据**

步骤① 单击【数据】选项卡的【自网站】按钮，在弹出的【从 Web】对话框的【URL】文本框中输入"http://data.10jqka.com.cn/market/ggsyl/field/syl/order/desc/page/1"，单击【确定】按钮关闭【从 Web】对话框，如图 2-140 所示。

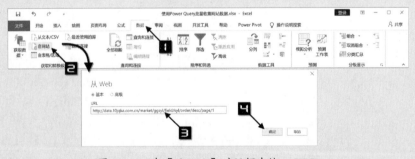

图 2-140 在【从 Web】对话框中输入 URL

步骤② Excel 查询数据之后，将弹出【导航器】对话框，在对话框左侧单击【Table 0】，在对话框右侧的【表视图】中将显示相应的数据内容，单击【转换数据】按钮，如图 2-141 所示。

02章

图 2-141　在【导航器】对话框中选择表格

步骤③ 在弹出的【Table 0 – Power Query 编辑器】窗口中，单击【开始】选项卡的【高级编辑器】按钮，在弹出的【高级编辑器】对话框中修改公式（区分字母大小写），单击【完成】按钮关闭对话框，如图 2-142 所示。

图 2-142　修改 Power Query 公式

修改后的 Power Query 公式如下。

```
(PageIndex as number) as table =>
let
    源 = Web.Page(Web.Contents("http://data.10jqka.com.cn/market/
ggsyl/field/syl/order/desc/page/" & Number.ToText(PageIndex))),
    Data0 = 源{0}[Data],
```

更改的类型 = Table.TransformColumnTypes(Data0,{{"序号", Int64.Type}, {"股票代码", Int64.Type}, {"股票简称", type text}, {"市盈率", type number}, {"市盈率(动)", type text}, {"现价", type number}, {"涨跌幅", Percentage.Type}, {"换手率", Percentage.Type}})
in
　　更改的类型

步骤④ 在【查询设置】窗格的【名称】文本框输入"GetWebPage"修改查询名称，单击【开始】选项卡的【关闭并上载】按钮关闭编辑器窗口，如图 2-143 所示。

图 2-143　修改查询名称并上载

步骤⑤ 在 Excel 的【查询 & 连接】窗格中查询名称"GetWebPage"之前显示"fx"标识，说明这是一个自定义函数。依次单击【数据】选项卡→【获取数据】下拉按钮→【自其他源】→【空白查询】命令，如图 2-144 所示。

图 2-144　新建空白查询

步骤⑥ 在弹出的【查询 1 – Power Query 编辑器】窗口的公式栏中输入"={1..5}"，按 < Enter > 键完成输入，在编辑器将新建一个列表，包含 1 到 5 的数字。

步骤⑦ 依次单击【转换】选项卡→【到表】按钮，在弹出的【到表】对话框中保持默认设置，单击【确定】按钮关闭对话框，如图 2-145 所示。

图 2-145　列表数据转换

步骤⑧ 在【查询 1 – Power Query 编辑器】窗口中单击【添加列】选项卡的【调用自定义函数】按钮，在弹出的【调用自定义函数】对话框中调整设置，在【新列名】文本框中输入"Web"作为名称，在【功能查询】组合框中选中"GetWebPage"，在【PageIndex】标签之下右侧组合框中选中"Column1"，单击【确定】按钮关闭对话框，如图 2-146 所示。

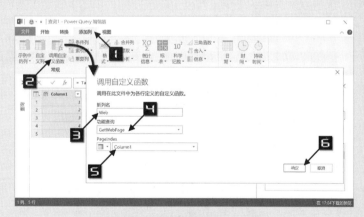

图 2-146　设置调用自定义函数

步骤⑨ 此时将弹出黄色的数据隐私提示栏，单击【继续】按钮，在弹出的【隐私级别】对话框中，选中【忽略此文件的隐私级别检查。忽略隐私级别可能会向未经授权的用户公开敏感数据或机密数据。】复选框，单击【保存】按钮关闭对话框，如图 2-147 所示。

步骤⑩ 单击"Web"列标题右侧的展开按钮，在弹出的对话框中取消选中【使用原始列名作为前缀】复选框，单击【确定】按钮展开"Web"列，如图 2-148 所示。

图 2-147　忽略隐私级别检查

图 2-148　展开"Web"列

步骤⑪ 在【查询 1 – Power Query 编辑器】窗口中依次单击【开始】选项卡→【关闭并上载】下拉按钮→【关闭并上载至 ...】命令，在弹出的【导入数据】对话框中选中【表】单选按钮，保持默认选中的【新工作表】单选按钮，单击【确定】按钮关闭对话框，如图 2-149 所示。

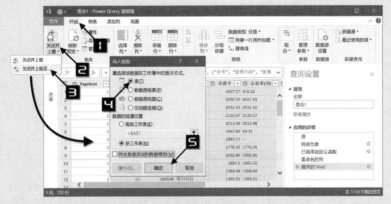

图 2-149　关闭并上载至工作表

批量采集的网站数据将上载到 Excel 新建工作表中，共有 250 行数据（5x50 行／页），如图 2-150 所示。

如果【查询 & 连接】任务窗格中显示"已加载 250 行。N 个错误"，错误的原因可能是部分指标数据未从网站上成功获取（比如该指标在网站上为空）。

PageNum	序号	股票代码	股票简称	市盈率	市盈率(动)	现价	涨跌幅	换手率
5	233	2785	万里石	192.49	192.49	10.9	-0.0154	0.013
5	234	2486	嘉麟杰	192.16	192.16	4.06	-0.0379	0.0151
5	235	2779	中坚科技	192.15	612.23	17.14	-0.0639	0.0067
5	236	600624	复旦复华	191.4	191.40	11.96	-0.0605	0.0939
5	237	300110	华仁药业	191.37	378.18	6.28	-0.0683	0.0742
5	238	600825	新华传媒	191.12	191.12	5.79	-0.0766	0.0204
5	239	601890	亚星锚链	190.84	--	6.6	-0.0678	0.0445
5	240	600898	国美通讯	190.71	--	9.4	-0.0309	0.0194
5	241	2813	路畅科技	190.42	190.42	28.96	-0.0646	0.0719
5	242	2829	星网宇达	189.93	189.93	21.9	-0.0131	0.0213
5	243	2269	美邦服饰	189.86	189.86	3.05	-0.0409	0.0036
5	244	300565	科信技术	188.67	--	15.15	-0.0998	0.1912
5	245	300278	华昌达	188.61	188.61	7.64	-0.0329	0.0501
5	246	514	渝开发	188.32	71.80	5.62	-0.0695	0.0398
5	247	603177	德创环保	187.9	187.90	11.96	-0.0462	0.126
5	248	600448	华纺股份	187.57	187.57	7.51	-0.0079	0.0191
5	249	2691	冀凯股份	186.85	470.47	8.28	-0.0871	0.0317
5	250	300022	吉峰科技	186.36	186.36	6.26	-0.0993	0.1312

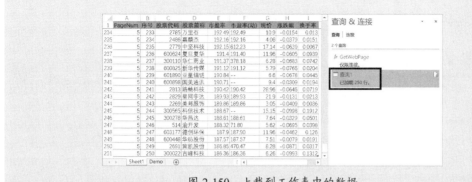

图 2-150　上载到工作表中的数据

2.2.2　使用 VBA 批量收集网站数据

使用代码批量收集网站数据时，需要具备一些相关的基础知识，读者可以在互联网上搜索相关的学习资料。

- HTTP（超文本传输协议，其全称为 HyperText Transfer Protocol）报文：请求报文和响应报文。
- HTML（超文本标记语言，其全称为 HyperText Markup Language）基本语法。
- 浏览器开发者工具的使用方法。
- 免费抓包工具软件 Fiddler 的使用方法。

VBA 虽然是一种脚本编程语言，但是 VBA 同样可以实现网抓，只是对于大型网络爬虫项目，其性能和灵活性远远不及 Python 和 R 等开发语言，如 VBA 无法实现多并发爬虫等。

示例 2-22　使用 VBA 批量收集网站数据

打开示例文件“使用 VBA 批量收集网站数据 .xlsm”，单击“Demo”工作表中的【VBA 抓取网页表格数据】按钮，批量采集的网站数据如图 2-151 所示。

序号	股票代码	股票简称	市盈率	市盈率(动)	现价	涨跌幅	换手率
1	613	大东海A	4007.27	416.32	7.19	-6.75%	3.16%
2	20	深华发A	3350.59	4921.93	11.53	-7.39%	1.12%
3	677	恒天海龙	2531.92	2531.92	3.9	-8.02%	3.03%
4	600844	丹化科技	2120.27	2120.27	4.29	-8.72%	2.19%
5	893	*ST东凌	2013.98	2013.98	8.36	-2.11%	0.71%
6	600730	中国高科	1967.83	84.31	6.15	-5.38%	1.52%
7	2213	特尔佳	1883.11	--	9.67	-7.55%	3.31%
8	996	中国中期	1776.35	1776.35	16	-7.57%	8.98%
9	601008	连云港	1692.86	1692.86	5.86	0.52%	5.79%
10	554	泰山石油	1685.5	1685.5	6.58	-4.50%	4.18%
11	600476	湘邮科技	1568.68	1568.68	15.92	-7.39%	3.88%
12	300548	博创科技	1389.51	1389.51	38.86	-4.75%	3.01%
13	300464	星徽精密	1383.02	34.97	8.89	-3.89%	1.02%
14	300489	中飞股份	1176.79	1176.79	18.07	-4.79%	2.99%

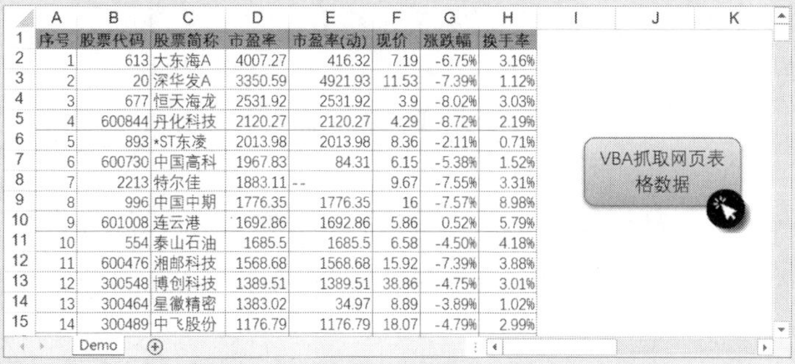

图 2-151　使用 VBA 批量收集网站数据

示例文件 VBA 代码如下。

```
#001    Sub WebQueryIETable()
#002        Dim objIE As Object
#003        Dim objIEDOM As Object
#004        Dim objTable As Object
#005        Dim objTR As Object
#006        Dim strURL As String
#007        Dim lngRow As Long
#008        Dim intTbRow As Integer
#009        Dim intCol As Integer
#010        Dim intPage As Integer
#011        strURL = "http://data.10jqka.com.cn/market/ggsyl/" & _
                    "field/syl/order/desc/page/"
#012        Set objIE = CreateObject("InternetExplorer.Application")
#013        objIE.Visible = False
#014        Cells.ClearContents
#015        For intPage = 1 To 5
#016            With objIE
#017                .navigate strURL & intPage
#018                Do Until .readyState = 4
#019                    DoEvents
#020                Loop
#021                Set objIEDOM = .document
#022            End With
#023            Set objTable = objIEDOM. _
                    getElementsByTagName("table")(1)
#024            For intTbRow = IIf(intPage = 1, 0, 1) To _
                            objTable.Rows.Length - 1
#025                Set objTR = objTable.Rows(intTbRow)
#026                lngRow = lngRow + 1
#027                For intCol = 0 To objTR.Cells.Length - 1
#028                    Cells(lngRow, intCol + 1) = _
                                objTR.Cells(intCol).innerText
#029                Next intCol
#030            Next intTbRow
```

```
#031        Next intPage
#032        objIE.Quit
#033        Set objIE = Nothing
#034        Set objIEDOM = Nothing
#035        Set objTable = Nothing
#036        Set objTR = Nothing
#037        MsgBox " 数据抓取完毕 "
#038   End Sub
```

代码解析：

第 12 行代码创建 InternetExplorer 浏览器（下文简称为 IE）对象。

第 13 行代码隐藏 IE 对象。

第 14 行代码清空用于保存数据的工作表。

第 15~31 行代码使用 For…Next 循环结构抓取前 5 个网页中的数据。

第 17 行代码使用 IE 对象的 navigate 方法访问网页，其中 "strURL & intPage" 用于构建网页的 URL。

第 18~20 行代码使用 Do…Loop 循环结构等待网页加载完毕。

第 21 行代码使用 IE 对象的 document 属性返回浏览器当前加载的文档对象，并赋值给对象变量 objIEDOM。

第 23 行代码定位网页中待抓取的数据表格。

第 24~30 行代码使用双重 For…Next 循环结构遍历网页中表格的单元格。

由于每个网页的查询结果中都有标题行，但是在工作表中保存数据时，只需要保留第一个标题行。因此第 24 行代码中循环变量的起始值会有所不同。

第 28 行代码将网页中表格单元格的 innerText 属性返回的字符写入工作表中。

第 33 行代码关闭 IE 对象。

第 34~36 行代码释放系统资源。

在 VBA 中除了使用 IE 对象收集网站数据之外，还可以使用 QueryTable 和 XMLHTTP 等多种方法，读者需要根据不同的应用场景选择合适的解决方案。例如，对于采用 AJAX（异步 JavaScript 和 XML，其全称为 Asynchronous JavaScript And XML）异步加载机制的网页，将无法使用 XMLHTTP 的 POST 方法获取相关数据。

2.2.3 使用 Python 批量收集网站数据

在网络爬虫领域，Python 相对于其他开发语言的优势在于简洁的语法和足够多的库，不仅开发效率很高，而且运行效率也不错。常见的利用 Python 实现网络爬虫的方法可以粗略地分为如下几类。

❖ 简单方式：Requests + BeautifulSoup。

❖ 并发方式：concurrent.futures + Requests + BeautifulSoup。

❖ 异步方式：aiohttp + asyncio + Requests + BeautifulSoup。

❖ 爬虫框架：Scrapy。

本书所有 Python 示例代码均在 Python 3.6 中测试通过，如果读者使用其他版本（尤其是 Python 2.x），请自行修订代码。

示例 2-23   使用 Python 批量收集网站数据

运行 Python 示例代码，批量采集的网站数据保存在"C:\Data"目录中，文件名为"Stock_By_Python.csv"，其内容如图 2-152 所示。

图 2-152　使用 Python 批量收集网站数据

示例文件 Python 代码如图 2-153 所示。

```
1    from requests_html import HTMLSession
2    import pandas as pd
3  ▾ for i in range(1,6):
4  ▾     df = pd.read_html(HTMLSession().get(\
5  ▾         r'http://data.10jqka.com.cn/market/ggsyl/field/syl/order/desc/page/{}'.\
6            format(i)).html.text)
7  ▾     df[0].to_csv(r'c:\Data\Stock_By_Python.csv', mode='a+', \
8            encoding='utf_8', header=(1 if i == 1 else 0), index=0)
```

图 2-153　Python 代码

代码解析：

第 1 行代码由 requests_html 库中导入 HTMLSession，用于访问网页连接。

第 2 行代码导入 Pandas 库，这个库提供了丰富的处理数据的函数和方法。

第 3~8 行代码使用循环结构抓取多个网页中的内容。

第 3 行代码中变量 i 的取值范围为 1 至 5，并不包含 6。

第 4~6 行代码读取指定网页内容，并将其中的表格转换为 Pandas 的 DataFrame 类型数据。

第 7~8 行代码将 DataFrame 数据按照指定编码格式保存到 CSV 文件中。

> **注意** 　　由于图书印刷页面宽度限制，此处对 Python 代码进行了手工断行，第 4~8 行代码实际为两行代码，读者可以在图书示例文件夹中找到相应的 Python 代码文件（文件扩展名为 ".py"）。

对比示例 2-22，可以看出实现同样的网站数据抓取任务，VBA 使用了 38 行代码，然而 Python 仅用区区 5 行代码，并且代码的运行效率也高于 VBA 代码。即使是简单的示例也能充分展示 Python 简洁高效的特点。

2.2.4　定制查询批量收集网站数据

互联网中的数据越来越多，可是 Excel 毕竟不是专业的数据库，它能够处理的数据有限。因此如果分析主题明确，那么在收集数据阶段适时剔除无关数据将有利于提升数据分析后续步骤的效率。

示例 2-24　定制查询批量收集网站数据

以某网站的股票历史交易数据网页为例，依次选择年份（如 2019）和季度（如一季度），单击【查询】按钮将刷新网页显示该股票指定时间段的历史交易数据，如图 2-154 所示。

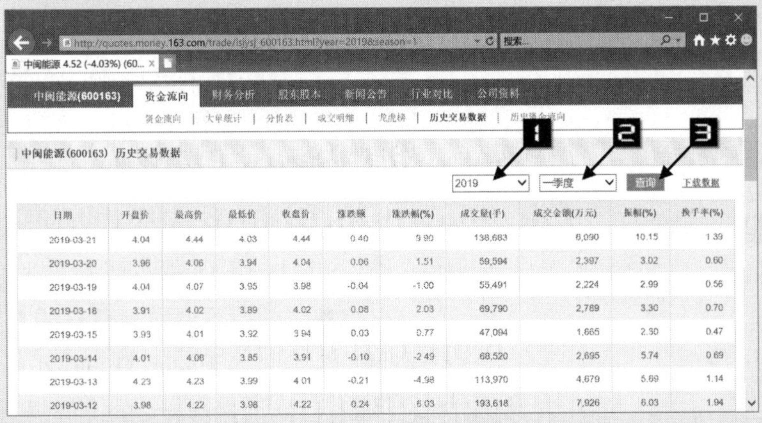

图 2-154　股票历史交易数据

步骤① 单击【数据】选项卡的【自网站】按钮，在弹出的【从 Web】对话框中单击选中【高级】单选按钮，在【URL 部分】3 个文本框中分别输入 "http://quotes.money.163.com/

trade/lsjysj_600188.html?"、"year=2019&"和"season=1",在【URL预览】文本框中将显示由"URL部分"组合而成的URL为"http://quotes.money.163.com/trade/lsjysj_600188.html? year=2019&season=1",单击【确定】按钮关闭对话框,如图2-155所示。

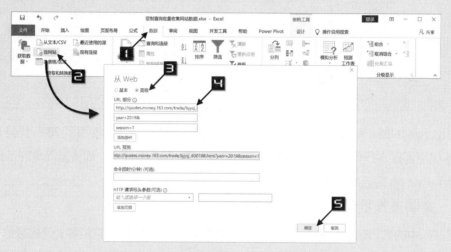

图 2-155　在【从 Web】对话框中输入 URL

> **注意** 　【从 Web】对话框中【URL 预览】文本框的内容无法直接编辑。

　　此处使用"高级"选项,只是为了展示【从 Web】对话框的另一种用法,在对话框中除了输入 URL 还可以定制"HTTP 请求标头参数"。在本示例中使用"基本"选项在【URL】文本框中输入"http://quotes.money.163.com/trade/lsjysj_600188.html? year=2019&season=1",可以实现同样的效果。

图 2-156　在【导航器】对话框中选择表格

步骤② Excel 查询数据之后,将弹出【导航器】对话框,在对话框左侧单击【Table 1】,在对话框右侧的【表视图】中将显示相应的数据内容,单击【转换数据】按钮,如图 2-156 所示。

步骤③ 在弹出的【Table 1 – Power Query 编辑器】窗口中,单击【开始】选项卡的【高级编辑器】按钮,在弹出的【高级编辑器】对话框中修改公式(区分字母大小写),单击【完成】按钮关闭对话框,如图 2-157 所示。

图 2-157　修改 Power Query 公式

修改后的 Power Query 公式如下。

```
(StockCode as number, Year as number, Season as number) as table
=>
let
    源 = Web.Page(Web.Contents("http://quotes.money.163.com/
trade/lsjysj_" & Number.ToText(StockCode) &
                            ".html?year=" & Number.
ToText(Year) & "&season=" & Number.ToText(Season))),
    Data1 = 源{1}[Data],
    更改的类型 = Table.TransformColumnTypes(Data1,{{"日期", type
date}, {"开盘价", type number}, {"最高价", type number}, {"最低价",
type number}, {"收盘价", type number}, {"涨跌额", type number},
{"涨跌幅(%)", type number}, {"成交量(手)", Int64.Type}, {"成交金
额(万元)", Int64.Type}, {"振幅(%)", type number}, {"换手率(%)",
type number}})
in
    更改的类型
```

步骤④　在【查询设置】窗格的【名称】文本框输入"GetHistoryData"作为查询名称，单击【开始】选项卡的【关闭并上载】按钮关闭编辑器窗口，如图 2-158 所示。

图 2-158　修改查询名称并上载

步骤⑤ 在 Excel 工作表的 A1:C3 单元格区域中输入默认的查询参数。

步骤⑥ 单击数据区域中的任意单元格（如 C3），按 < Ctrl+T > 组合键，在弹出的【创建表】对话框中选中【表包含标题】复选框，单击【确定】按钮关闭对话框。单击【数据】选项卡的【自表格 / 区域】按钮，如图 2-159 所示。

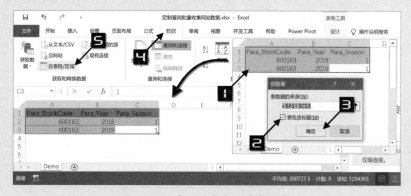

图 2-159　在工作表中创建参数表

步骤⑦ 在弹出的【表 1 – Power Query 编辑器】窗口中，单击【添加列】选项卡的【调用自定义函数】按钮。

步骤⑧ 在弹出的【调用自定义函数】对话框中，在【新列名】文本框中输入"Stock"作为新建列的名称，在【功能查询】组合框中选中"GetHistoryData"。

步骤⑨ 单击【Season】标签之下的数据类型下拉按钮，在弹出的下拉列表中选中【列名】，在右侧的组合框中选中"Para_Season"，作为查询参数"Season"的输入项。

步骤⑩ 使用类似的方式，分别设置参数"StockCode"和"Year"的输入项分别为"Para_StockCode"和"Para_Year"，单击【确定】按钮关闭【调用自定义函数】对话框，如图 2-160 所示。

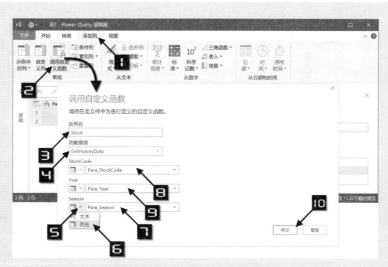

图 2-160　设置参数的输入项

Power Query 编辑器默认使用工作表中参数表的标题行作为列名（当然可以进行修改），为了便于设置参数的输入项，建议在参数表的标题行中使用有规律的命名方式，如本示例中使用"前缀（Para_）+ 参数名"的格式，在【调用自定义函数】对话框中设置参数的输入项时，对应关系会比较简单明了。

步骤⑪ 此时将弹出黄色的数据隐私提示栏，单击【继续】按钮，在弹出的【隐私级别】对话框中，选中【忽略此文件的隐私级别检查。忽略隐私级别可能会向未经授权的用户公开敏感数据或机密数据。】复选框，单击【保存】按钮关闭对话框，如图 2-161 所示。

图 2-161　忽略隐私级别检查

步骤⑫ 由于网页数据已经包含日期字段，因此可以删除参数表中的第 2 列和第 3 列。按住 < Ctrl >键，依次选中"Para_Year"和"Para_Season"列。

步骤⑬ 依次单击【开始】选项卡→【删除列】下拉按钮→【删除列】命令，删除选中的两列，如图 2-162 所示。

步骤⑭ 单击"Stock"列标题右侧的展开按钮，在弹出的对话框中取消选中【使用原始列名作为前缀】复选框，单击【确定】按钮展开"Stock"列，如图 2-163 所示。

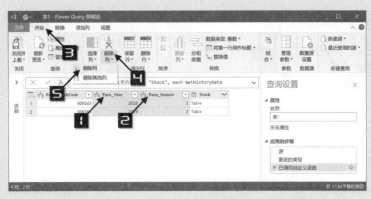

图 2-162　删除列

图 2-163　展开"Stock"列

步骤⑮ 双击第 1 列列标题，修改列名为"股票代码"。

步骤⑯ 在【表 1 - Power Query 编辑器】窗口中依次单击【开始】选项卡→【关闭并上载】

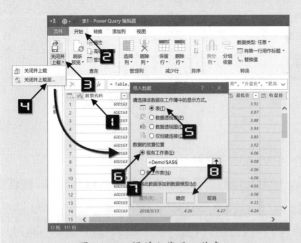

图 2-164　闭并上载至工作表

下拉按钮→【关闭并上载至 ...】命令。

步骤⑰ 在弹出的【导入数据】对话框中单击选中【表】单选按钮，单击选中【现有工作表】选项按钮，在单元格折叠框中输入"=Demo!$A$6"，或单击文本框右侧的折叠按钮，在工作表中选择单元格，单击【确定】按钮关闭对话框，如图 2-164 所示。

根据参数表批量采集的网站数据将上载到 Excel 工作表中，共有 111 行数据，如图 2-165 所示。

如果"日期"列显示的是数字而非日期值，可以重新设置单元格格式为日期。

步骤⑱ 修改 C2 单元格为"2"，在 A3: C3 单元格区域分别输入"600188""2019"和"1"，参数表将自动扩展。

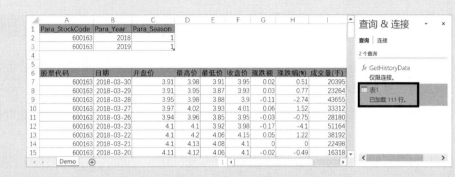

图 2-165　上载到工作表中的数据

步骤⑲ 在 Excel 中单击【数据】选项卡的【全部刷新】按钮，刷新后工作表中共加载 170 行数据，如图 2-166 所示。

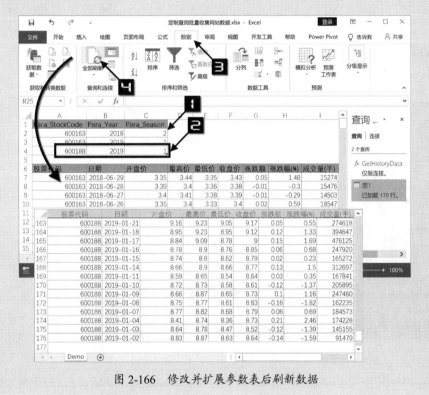

图 2-166　修改并扩展参数表后刷新数据

2.3　创建在线调查收集数据

OneDrive 是微软提供的一种网络服务（不限于网络存储），只需要注册一个微软账号，就可以通过互联网在移动设备和计算机上使用 OneDrive，即使没有安装 Office 的计算机，只需要借助浏览器也可以使用在线 Office 组件功能。

示例 2-25　使用 OneDrive 创建在线调查收集数据

　　调查问卷是收集数据阶段经常使用的方法，通常调查问卷是纸质印刷品，被调查者填写问卷后，需要将问卷人工录入计算机中，整个过程既耗费大量人力也需要大量时间，并且很容易发生人为输入错误。使用 OneDrive 可以高效地创建在线调查，并且能够实时地查看收集到的调查数据。

步骤①　打开浏览器访问"https://onedrive.live.com/about/zh-cn/"，单击【登录】按钮，输入登录账号，单击【下一步】按钮，输入密码，单击【登录】按钮，如图 2-167 所示。

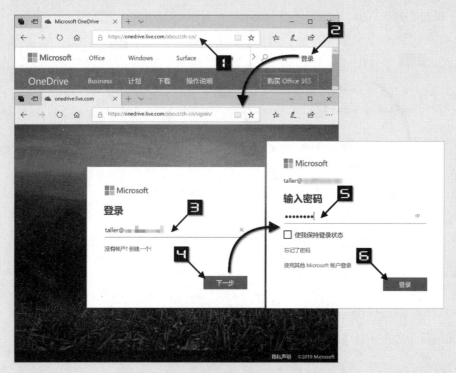

图 2-167　登录 OneDrive

步骤②　依次单击【新建】下拉按钮→【Excel 调查】命令，弹出的【编辑调查】对话框如图 2-168 所示。

步骤③　修改"调查标题"和"调查说明"。

步骤④　在【编辑问题】对话框的【问题】文本框中输入"您是否拥有驾照？"，在【响应类型】组合框中选择"是 / 否"，选中【必需】复选框，在【默认值】组合框中选择"否"，单击【完成】按钮关闭【编辑问题】对话框。

图 2-168　新建 Excel 调查

步骤⑤ 单击【添加新问题】按钮将增加一个"问题"条目，使用类似操作方法编辑另外 3 个问题，如图 2-169 所示。

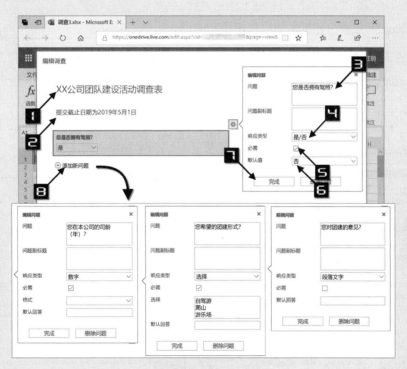

图 2-169　编辑问题

步骤⑥ 单击【共享调查】按钮，在【共享调查】对话框中拷贝共享链接（可以通过邮件或其他形式发送给被调查者），单击【关闭】按钮关闭【共享调查】对话框，如图 2-170 所示。

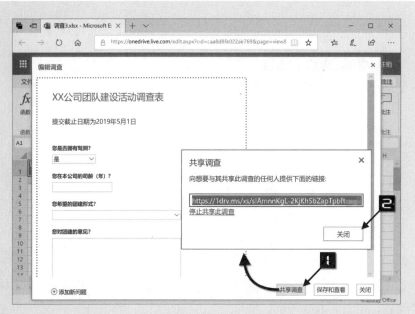

图 2-170　获取共享链接

步骤⑦ 被调查者在浏览器中访问共享链接即可填写问卷。由于第 2 个问题的"响应类型"设置为"数字"（见图 2-169），因此"三"属于非法输入值，该行将被突出显示，修改输入内容为"3"，单击【提交】按钮完成问卷调查，如图 2-171 所示。

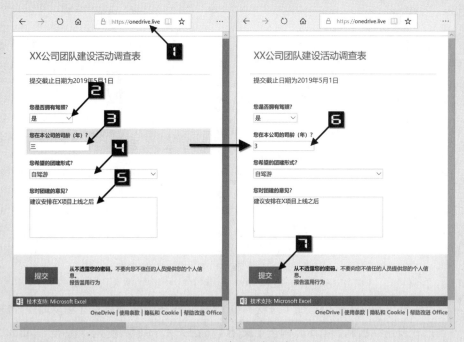

图 2-171　填写调查问卷

在 OneDrive 的工作表中立刻就可以看到用户提交的调查表数据,如图 2-172 所示。

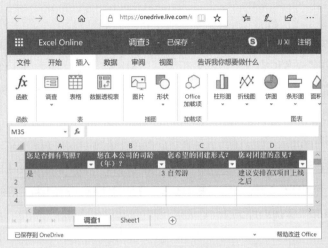

图 2-172　查看调查表数据

在 Excel Online 页面依次单击【插入】选项卡→【调查】下拉按钮→【编辑调查】命令可以编辑已经创建的调查,如图 2-173 所示。

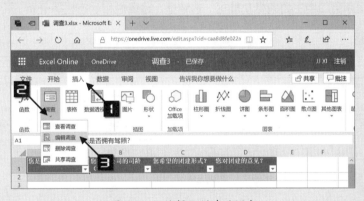

图 2-173　编辑已创建的调查

第 3 章　数据输入

Microsoft Excel 是最常用的数据分析与处理应用工具之一，也是世界上主流的电子表格软件，能帮助用户完成多种需求的数据分析、汇总及制作可视化图表等工作。而所有这些操作的基础，都需要有结构合理、输入规范的数据源为依托，并且需要用户熟悉了解电子表格的基本原理和常用功能。

> **本章学习要点**
>
> 本章重点学习 Excel 中的工作簿、工作表及行、列和单元格等基础操作，讲解 Excel 中的数据类型和数据输入的方法、技巧，介绍数字格式及自定义格式的设置方法，同时了解数据管理的原则和规范。

3.1　Excel 工作簿操作

Excel 的程序窗口中主要包括功能区、名称框、编辑栏和状态栏等元素，如图 3-1 所示。

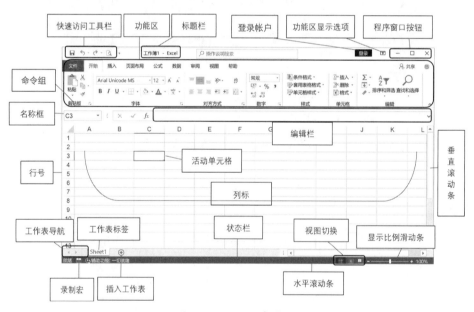

图 3-1　Excel 程序界面

3.1.1　功能区与快速访问工具栏

功能区是由一组选项卡面板组成的命令集合，单击不同的选项卡标签，可以在各选项卡之间切换，方便用户选择需要的命令按钮。每个选项卡面板中包含有多个命令组，每个命令组由一些相关的命令组成。

除了功能区中默认的选项卡之
外，在 Excel 中进行某些操作时，
还会自动显示与之有关的选项卡。
例如，单击数据透视表时，功能区
会自动显示出【数据透视表分析】
和【设计】选项卡，两个选项卡下
包含了与数据透视表有关的命令，
如图 3-2 所示。

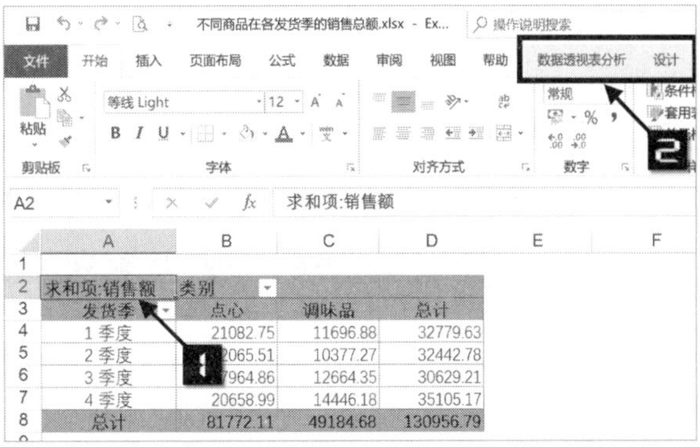

图 3-2　上下文选项卡

3.1.2　自定义功能区

Excel 允许用户根据自己的需要来设置显示 / 隐藏选项卡和命令组。

例如要在功能区中显示出【开发工具】选项卡，同时隐藏【帮助】选项卡。可以在任意
选项卡上单击鼠标右键，然后在快捷菜单中选择【自定义功能区】命令，打开【Excel 选项】
对话框并自动切换到【自定义功能区】选项卡。

在右侧的【主选项卡】列表中选中【开发工具】复选框，再取消选中【帮助】复选框，
最后单击【确定】按钮，如图 3-3 所示。

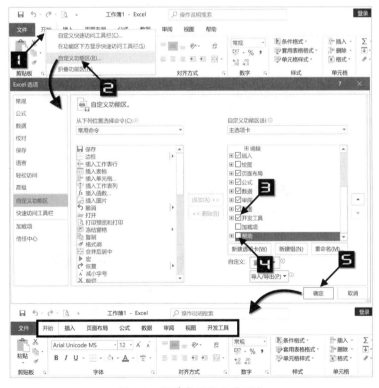

图 3-3　隐藏或显示主选项卡

在【Excel 选项】对话框的【自定义功能区】选项卡下，如果单击右侧的【新建选项卡】按钮，能够新建名为"新建选项卡（自定义）"选项卡和"新建组（自定义）"命令组，还可以根据需要对新的选项卡（组）重命名。选中"新建组"，在左侧的命令列表中选中需要添加的命令，单击【添加】按钮，即可将该命令添加到新建选项卡的命令组中，如图 3-4 所示。

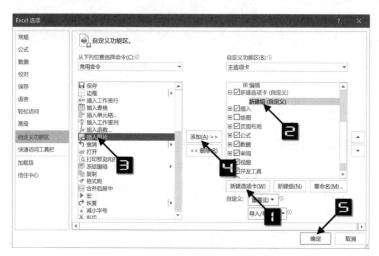

图 3-4　添加自定义选项卡和添加命令

如果需要恢复 Excel 程序默认的选项卡设置，可以单击【重置】下拉按钮，在下拉菜单中选择【重置所有自定义项】命令，然后在弹出的对话框中单击【是】按钮，最后单击【确定】按钮关闭【Excel 选项】对话框，如图 3-5 所示。

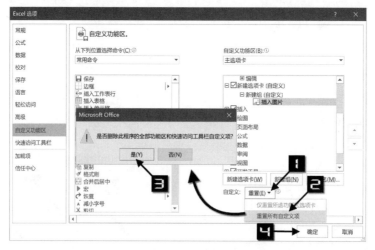

图 3-5　恢复选项卡默认设置

3.1.3　自定义快速访问工具栏

快速访问工具栏不会因为功能区选项卡的切换而隐藏，默认包含【保存】【撤销】和【恢复】三个命令按钮。单击快速访问工具栏右侧的下拉按钮，可以在扩展菜单中选择更多的常用命令，单击其中某个命令，即可将其添加到快速访问工具栏中，如图 3-6 所示。

如果需要将其他命令添加到快速访问工具栏中，操作步骤如下。

步骤① 单击快速访问工具栏右侧的下拉按钮，在下拉菜单中单击【其他命令】，弹出【Excel 选项】对话框并自动切换到【快速访问工具栏】选项卡。

步骤② 在【从下列位置选择命令】下拉列表中选择【所有命令】选项。然后在命令列表中找到常用命令并选中，再单击中间的【添加】按钮，最后单击【确定】按钮关闭【Excel 选项】对话框，如图 3-7 所示。

图 3-6　自定义快速访问工具栏

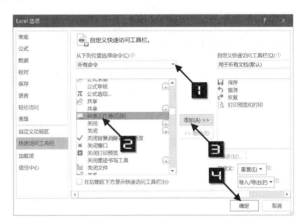

图 3-7　在快速访问工具栏上添加命令

要删除快速访问工具栏中的命令时，可以在该命令按钮上单击鼠标右键，然后在快捷菜单中单击【从快速访问工具栏删除】命令即可，如图 3-8 所示。

图 3-8　删除快速访问工具栏中的命令

3.1.4　创建与保存工作簿

Excel 文档也称为工作簿，每个工作簿包含一张或多张工作表。首次保存新建的工作簿时，在【另存为】对话框的【保存类型】下拉菜单中可以选择不同的文件类型，如图 3-9 所示。

其中的"Excel 工作簿 (.xlsx)"是 Excel 默认的工作簿格式。"Excel 启用宏的工作簿 (.xlsm)"用于保存包含宏代码的工作簿。

如果保存类型列表中没有显示文件扩展名，可以打开 Windows 资源管理器，

图 3-9　Excel 2019 可选择的文件格式

切换到【查看】选项卡下，选中【文件扩展名】复选框即可，如图 3-10 所示。

图 3-10　显示文件扩展名

1. 创建工作簿

如果从系统开始按钮或是桌面快捷方式启动 Excel，启动后的 Excel 就会自动创建一个名为"工作簿 1"的空白工作簿。如果重复启动 Excel，工作簿名称中的编号会依次增加。

也可以在已经打开的 Excel 窗口中，依次单击【文件】选项卡→【新建】命令，在新建模板列表中单击【空白工作簿】的图标创建一个新工作簿，如图 3-11 所示。

在已经打开的 Excel 窗口中，按< Ctrl+N >组合键能够快速创建一个新工作簿。

以上方法创建的工作簿在没有执行保存之前只存在于内存中，没有实体文件存在。

还有一种在系统中创建工作簿文件的方法，在 Windows 桌面或是文件夹窗口的空白处单击鼠标右键，在弹出的快捷菜单中依次单击【新建】→【Microsoft Excel 工作表】，可在当前位置创建一个新的 Excel 工作簿文件，并处于重命名状态，如图 3-12 所示。

图 3-11　创建新工作簿　　　　　图 3-12　通过快捷菜单创建工作簿

使用该命令创建的新 Excel 工作簿文件是一个存在于系统磁盘内的实体文件。

2. 保存工作簿

新建工作簿或是对已有工作簿文件重新编辑后，要经过保存才能存储到磁盘空间，用于以后的编辑和读取。在使用 Excel 过程中，必须要养成良好的保存文件习惯，经常性保存可以避免系统崩溃或是突然断电造成的损失，对于新建工作簿，一定要先保存，再编辑录入数据。

保存工作簿的方法有以下几种。

（1）单击快速访问工具栏的保存按钮 🖫 。

（2）依次单击功能区的【文件】选项卡→【保存】或【另存为】命令。

（3）按< Ctrl+S >组合键，或是按< Shift+F12 >组合键。

当工作簿被编辑修改后，未经保存就被关闭时，Excel 会弹出提示信息，询问用户是否进行保存，单击【保存】按钮就可以保存该工作簿，如图 3-13 所示。

对新建工作簿第一次保存时，会进入【另存为】界面。在界面的右侧提供了最近使用的位置，在左侧有"OneDrive""这台电脑""添加位置"及【浏览】按钮，用户可以根据需要选择存放的位置。

图 3-13　Excel 提示对话框

图 3-14　【另存为】界面

以单击【浏览】按钮为例，会弹出【另存为】对话框，在左侧列表框中选择文件存放的路径。如果单击【新建文件夹】按钮，可以在当前路径中创建一个新的文件夹。在【文件名】文本框中为工作簿命名，然后在【保存类型】对话框中选择文件保存的类型，默认为"Excel 工作簿"，即以".xlsx"为扩展名的文件，最后单击【保存】按钮关闭【另存为】对话框，如图 3-15 所示。

对于新建工作簿的首次保存，【保存】和【另存为】

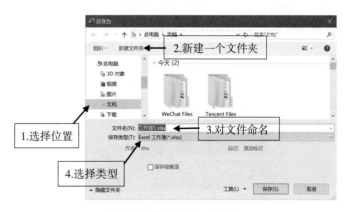

图 3-15　【另存为】对话框

命令的作用完全相同。对于之前已经保存过的工作簿，再次执行保存操作时，【保存】命令直接将编辑修改后的内容保存到当前工作簿中，工作簿的文件名和保存路径不会有任何变化。而【另存为】命令则会打开【另存为】对话框，对文件名和保存路径重新进行设置后，即可得到当前工作簿的副本。

3.1.5 工作簿保护

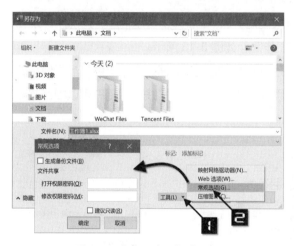

图 3-16 【常规选项】对话框

通过设置打开密码，能够保护工作簿中的信息不会被其他人查看或修改。在【另存为】对话框底部依次单击【工具】→【常规选项】命令，弹出【常规选项】对话框。在对话框中可以设置打开权限密码及修改权限密码等选项，如图 3-16 所示。

如果选中【生成备份文件】复选框，则每次重新打开编辑后，再次保存工作簿时会自动创建备份文件。Excel将上一次保存过的同名文件重命名为"xxx 的备份 .xlk"，同时将当前窗口中的工作簿保存为与原文件同名的工作簿文件。备份文件只会在保存时生成，用户能够从备份文件中获取前一次保存的文件，不能恢复到更久之前的状态。

如果选中【建议只读】复选框，当再次打开此工作簿时，会弹出如图 3-17 所示的对话框，建议用户以只读方式打开工作簿。

图 3-17 建议只读

在【打开权限密码】编辑框中如果设置了当前工作簿的打开密码，如果没有正确的密码，则无法打开该工作簿。

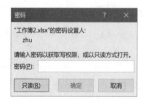

图 3-18 输入密码对话框

如果设置了【修改权限密码】，当打开该工作簿时会弹出【密码】对话框，要求输入修改密码或是仅以只读方式打开，如图 3-18 所示。在只读模式下，用户对工作簿所做的修改无法保存到原文件中。

除此之外，还可以依次单击【文件】→【信息】→【保护工作簿】→【用密码进行加密】命令，在弹出的【加密文档】对话框中输入密码，最后单击【确定】按钮，Excel 会要求重新输入密码进行确认，如图 3-19 所示。

设置密码后，工作簿下次被打开时将提示输入密码，如果不能提供正确的密码，将无法打开此工作簿。如需要解除工作簿的打开密码，可以按上述步骤再次打开【加密文档】对话框，删除现有密码即可。

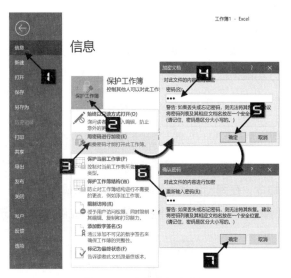

图 3-19　用密码加密文档

3.1.6　Excel 文件格式和兼容性检查

Excel 2007 - 2019 常用的文件格式如表 3-1 所示。

表 3-1　Excel 常用文件格式

后缀名	说明
.xlsx	默认工作簿文件
.xlsm	包含宏的工作簿文件
.xltx	不含宏的工作簿模板文件
.xltm	包含宏的工作簿模板文件
.xlsa	加载项文件
.xlk	备份文件

如果将工作簿保存为 Excel 97 - 2003 的默认格式 .xls，Excel 会自动运行兼容性检查器，用以检查是否会损失功能或外观上发生变化，如图3-20所示。

虽然 Excel 2007 及更高版本默认文件格式都是 .xlsx 格式，但兼容性问题也会发生在这些版本之间，一些高版本中特有的组件将无法在低版本中显示。另外，如果公式中使用了高版本中的新增函数，在低版本的 Excel 中将无

图 3-20　兼容性检查器

法正常使用，并在函数名称前自动添加"_xlfn."的前缀，如图 3-21 所示。

如果使用 Excel 2007 及更高版本打开后缀名为".xls"的文件，则会开启兼容模式，部分功能将被禁用，并且在标题栏的文件名后显示［兼容模式］字样，如图 3-22 所示。

图 3-21　在 Excel 2007 中打开的公式无法计算　　　　　图 3-22　兼容模式提示

如需将 .xls 格式的文件转换为 .xlsx 格式，可以依次单击【文件】→【信息】→【转换】命令，在弹出的提示对话框中单击【确定】按钮，此时 Excel 会再次弹出提示对话框，单击【是】按钮，完成文件格式的转换，如图 3-23 所示。

图 3-23　文件格式转换

3.2　Excel 工作表操作

如果将 Excel 工作簿看作一本图书，那么工作表就像图书中一页一页的内容。一个工作簿中可以有多张工作表，也可以只有一张工作表。用户可以根据需要添加新的工作表，也可以删除已有工作表，或者对工作表进行移动、复制及重命名和隐藏等操作。

3.2.1　添加和删除工作表

新创建的 Excel 工作簿中会自动包含一个名为"Sheet1"的工作表，如需添加新的工作表，可以使用以下几种方法。

❖ 方法 1：在【开始】选项卡中依次单击【插入】下拉按钮→【插入工作表】命令，将在当前工作表的左侧插入新工作表，如图 3-24 所示。

图 3-24　通过菜单命令插入工作表

❖ 方法 2：在工作表标签上单击鼠标右键，然后在弹出的快捷菜单中选择【插入】命令，
　　弹出【插入】对话框。在【插入】对话框中单击"工作表"图标，最后单击【确定】
　　按钮，如图 3-25 所示。

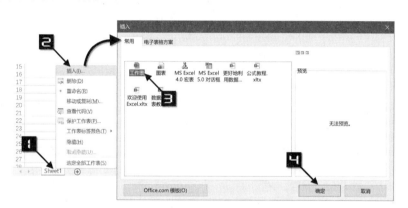

图 3-25　通过快捷菜单插入工作表

❖ 方法 3：单击工作表标签右侧的【新工作表】按
　　钮，会在工作表的末尾插入新工作表，如图 3-26
　　所示。

图 3-26　使用命令按钮插
　　入工作表

如需删除现有工作表，可以在【开始】选项卡中
依次单击【删除】→【删除工作表】命令。或在工作
表标签上单击鼠标右键，然后在弹出的快捷菜单中单
击【删除】命令。

被删除的工作表中包含有数据时，Excel 会弹出提
示对话框，在确认无误后单击【删除】按钮即可，如
图 3-27 所示。

图 3-27　Excel 提示对话框

注意

　　删除工作表无法撤销，操作时需特别注意，以免误删数据。工作簿内的
工作表不能被全部删除，至少有一张可视工作表。

3.2.2 重命名工作表

Excel 工作表标签默认为"Sheet"加数字的命名形式。实际工作中，可以根据表格中的数据主题进行命名，以便于通过工作表标签了解每张工作表的作用。

常用的重命名工作表有以下两种操作方法。

❖ 方法 1：在工作表标签上单击鼠标右键，在弹出的快捷菜单中单击【重命名】命令，此时工作表标签进入编辑状态，输入新工作表名称后，单击任意单元格完成重命名。

❖ 方法 2：双击工作表标签进入编辑状态，输入新工作表名称后，单击任意单元格即可。

3.2.3 移动或复制工作表

当工作簿中有多张工作表时，用户可以根据需要调整工作表的位置次序，或者复制某个工作表得到该工作表的副本。较为便捷的操作方法有以下两种。

❖ 方法 1：在工作表标签上单击鼠标右键，然后在弹出的快捷菜单中单击【移动或复制】

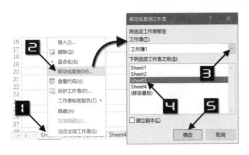

命令，弹出【移动或复制工作表】对话框。单击【工作簿】下方的下拉按钮，可以选择将工作表移至当前处于打开状态的任意工作簿或是新建工作簿中。在【下列选定工作表之前】列表框中单击目标工作表名称，最后单击【确定】按钮，将工作表移动到目标位置。如果选中"建立副本"复选框，则会对工作表进行复制，得到该工作表的副本，如图 3-28 所示。

图 3-28　移动或复制工作表

❖ 方法 2：将指针移至需要移动的工作表标签上，按住鼠标左键，拖动到目标位置时松开鼠标，即可完成工作表位置的移动。如果按住 Ctrl 键再拖动鼠标，则会执行复制工作表操作。

3.2.4 显示和隐藏工作表

日常工作中经常会有一些存放特殊数据的工作表，如客户资料、薪资标准等，为了避免误修改，可以将这些工作表隐藏。较为常用的方法是在工作表标签上单击鼠标右键，然后在弹出的快捷菜单中单击【隐藏】命令。

要取消隐藏工作表，可以在工作表标签上单击鼠标右键，在弹出的快捷菜单中单击【取消隐藏】命令，弹出【取消隐藏】对话框。单击要取消隐藏的工作表名称，最后单击【确定】按钮，如图 3-29 所示。

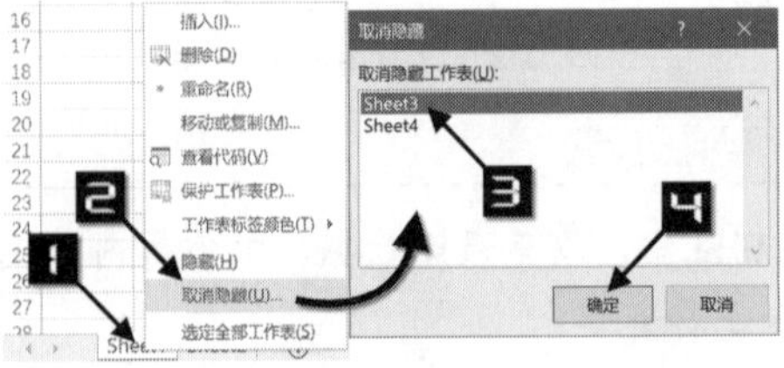

图 3-29　取消隐藏工作表

在【取消隐藏】对话框中每次只能选择一张工作表，如果有多张需要取消隐藏的工作表，则需要重复取消隐藏操作步骤。

3.2.5　多工作表同时编辑

如果希望对同一个工作簿中的多张工作表进行相同的编辑操作，可以先选中需要编辑的工作表，然后进行编辑操作。选择多张工作表的常用方法有以下几种。

❖ 方法 1：在任意工作表标签上单击鼠标右键，然后在弹出的快捷菜单中单击【选定全部工作表】命令，如图 3-30 所示。

❖ 方法 2：单击首个目标工作表标签，然后按住< Shift >键，再单击最后一个目标工作表标签，可以选取连续的工作表。

图 3-30　选定全部工作表

❖ 方法 3：单击首个工作表标签，然后按住< Ctrl >键，再依次单击其他目标工作表标签，可以选取任意多张工作表。

选中多张工作表之后，即可同时对这些工作表进行编辑操作。例如，在 A1 单元格中输入数字 1，则所有被选中的工作表 A1 单元格中都会输入数字 1。

完成批量操作后，在任意工作表标签上单击鼠标右键，然后在弹出的快捷菜单中单击【取消组合工作表】命令即可，如图 3-31 所示。

图 3-31　取消组合工作表

3.3　行、列和单元格区域操作

在 Excel 工作表编辑区域中，由横线所分隔出来的区域称为"行"，由竖线分隔出来的区域称为"列"，行、列互相交叉所形成的格子称为"单元格"，用于划分行列的横线和竖线称为"网格线"。左侧垂直方向的数字标识是行标签，顶端水平方向的字母标识是列标签，最大行号为 1048576，最大列号为 XFD 列。

3.3.1　行、列选择

鼠标单击某个行标签或列标签，可选中相应的整行或整列。如果单击某个行标签后按住鼠标左键，向上或向下拖动，可选中与此行相邻的连续多行，选中多列的方法与之类似。单击行列标签交叉处的"全选"按钮，可以同时选中工作表中的所有行和所有列，即选中整个工作表区域，如图 3-32 所示。

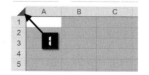

图 3-32　选中整个工作表区域

单击某个行标签后按住＜ Ctrl ＞键，再单击其他行标签，最后松开＜ Ctrl ＞键，即可完成不相邻的多行的选择。选定不相邻多列的方法与之类似。

3.3.2　设置行高和列宽

当默认的行高列宽无法满足数据展示的需要时，可以设置自定义的行高列宽。在设置行高之前，首先选中要设置行高的整行，然后在【开始】选项卡上依次单击【格式】下拉按钮→【行高】命令，在弹出的【行高】对话框中输入行高数值，最后单击【确定】按钮，如图 3-33 所示。设置列宽的方法与此类似。

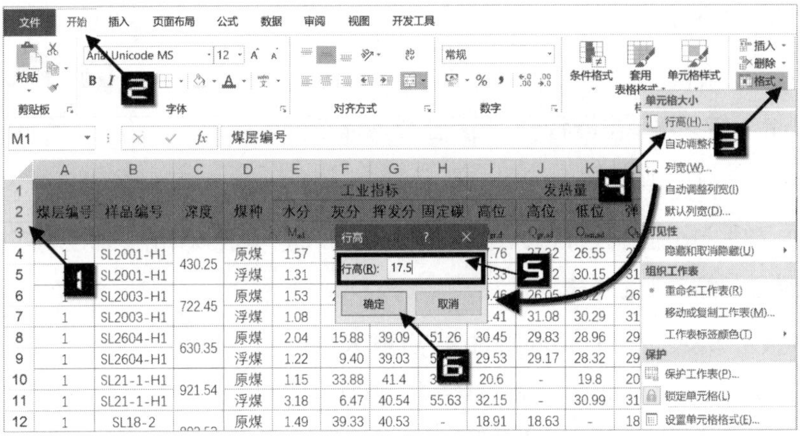

图 3-33　设置行高

也可以在选中行或列后，单击鼠标右键，在弹出的快捷菜单中选择【行高】或【列宽】命令，然后进行相应的操作，如图 3-34 所示。

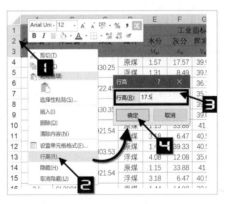

图 3-34　通过鼠标右键菜单设置行高

如果因为列宽不够而无法完整显示出单元格中的全部内容，可以将光标移动到列标签之间，待指针显示为黑色双向箭头时双击鼠标，即可实现自动调整列宽，如图 3-35 所示。如果同时选中多列，此方法可同时对多列自动调整列宽。自动调整行高的方法与之类似。

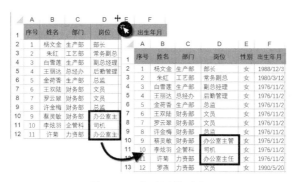

图 3-35　自动调整列宽

3.3.3　插入行与列

如果需要在现有表格内容中间再增加部分记录，可以使用插入行或插入列功能。以下几种方法都能够在选定行之前插入新行。

❖ 方法 1：先在需要插入行的位置单击行标签，然后依次单击【开始】选项卡→【插入】下拉按钮→【插入工作表行】命令，如图 3-36 所示。

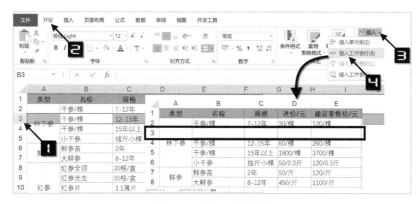

图 3-36　插入工作表行

❖ 方法 2：在需要插入行的位置单击行标签，然后单击鼠标右键，在弹出的快捷菜单中选择【插入】命令。

插入列的方法与之类似。

如果选中的是某个单元格，在快捷菜单中选择【插入】命令后将弹出【插入】对话框，单击【整行】单选按钮，最后单击【确定】按钮关闭对话框，如图 3-37 所示。

如果在插入操作之前选中的是连续多行、连

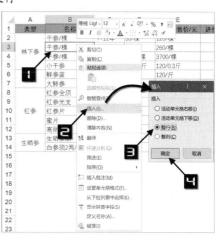

图 3-37　选定单元格时插入行的方法

续多列或是连续的多个单元格，则执行"插入"操作后，会在选定位置之前插入与选定的行、列相同数目的行或列。

如果在插入操作之前选中的是非连续的多行或多列，执行插入行、列操作后，新插入的空白行或列也是非连续的，数目与选中的行列数相同。

在执行插入行或插入列的操作过程中，Excel 本身的行、列数并没有增加，只是将当前选定位置之后的行、列连续往后移动，在当前选定位置之前腾出插入的空位，位于表格最末的空行或空列则被移除，工作表始终保持 1 048 576 行×16 384 列的规格不变。

如果表格的最后一行或最后一列不为空，则无法执行插入新行或新列的操作。如果在这种情况下选择"插入"操作，会弹出如图 3-38 所示的警告对话框，提示用户只有清空或删除最末的行、列后才能在表格中插入新的行或列。

图 3-38　无法插入行或列

3.3.4　移动和复制行与列

如果要改变行、列内容的放置位置或顺序，可以按以下步骤操作。

步骤① 选定需要移动的行，依次单击【开始】→【剪切】命令，或者是按< Ctrl+X >组合键。

步骤② 选定目标位置的下一行，依次单击【开始】→【插入】→【插入剪切的单元格】命令，或者是按< Ctrl+V >组合键，即可完成移动行的操作。

完成移动操作后，需要移动的行被调整到目标位置之前，而此行的原有位置则被自动清除。如果在步骤 1 中选定连续多行，则移动行的操作也可以同时对连续多行进行。非连续的多行无法同时执行剪切操作。移动列的操作方法与此相似。

复制行、列与移动行、列的操作方式类似，区别在于前者保留了原有对象行、列，而后者则清除了原有对象。操作步骤如下。

步骤① 选定需要复制的行，依次单击【开始】→【复制】命令，或者按< Ctrl+C >组合键。

步骤② 选定目标位置的下一行，依次单击【开始】→【插入】→【插入复制的单元格】命令。

复制列的操作方法与此类似。

3.3.5　删除行与列

如果要删除数据表中的部分行，可以先选中目标整行或多行，然后依次单击【开始】→【删除】→【删除工作表行】命令，如图 3-39 所示。

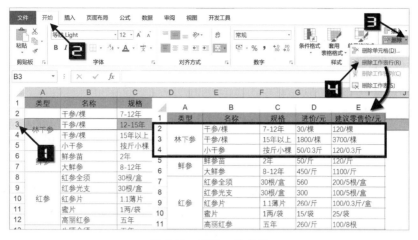

图 3-39　删除工作表行

也可以单击鼠标右键，在弹出的快捷菜单中选择【删除】命令，删除列的操作与之类似。

删除行列时，Excel 会在工作表的末尾自动加入新的空白行、列，保持行、列的总数不变。

3.3.6　隐藏和显示行、列

如果需要隐藏工作表中某些行，可以先单击目标行的行标签，然后依次单击【开始】→【格式】→【隐藏和取消隐藏】→【隐藏行】命令。操作完成后，对应的行将不再显示，如图 3-40 所示。

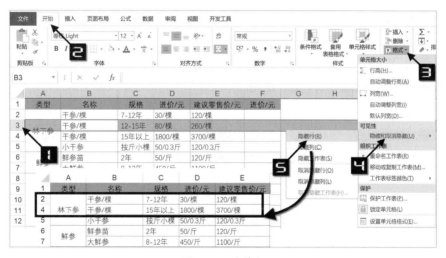

图 3-40　隐藏行

隐藏列的操作与此类似，选中目标列后，再依次单击【开始】→【格式】→【隐藏或取消隐藏】→【隐藏列】命令。也可以选中目标行列之后单击鼠标右键，在弹出的快捷菜单中选择【隐藏】命令。

如果要重新显示被隐藏的行，可以选中包含隐藏行的相邻区域，依次单击【开始】→【格式】→【隐藏和取消隐藏】→【取消隐藏行】命令。也可以选中包含隐藏行、列的相邻区域后单击鼠标右键，在弹出的快捷菜单中选择【取消隐藏】命令。

3.3.7 单元格和区域

单元格和区域是最基本的工作表构成元素和操作对象。

每个单元格都可以通过单元格地址来进行标识，单元格地址由列标和行号组成。例如，“A1”单元格就是位于 A 列第 1 行的单元格。

在当前工作表中，总有一个处于选中状态的单元格，称为活动单元格。名称框中会显示该单元格的地址，编辑栏中也会显示出该单元格的内容。如图 3-41 所示，C6 单元格即为活动单元格。

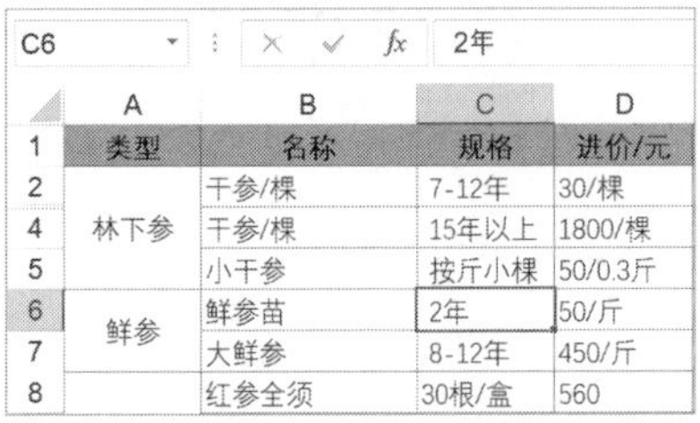

	A	B	C	D
1	类型	名称	规格	进价/元
2	林下参	干参/棵	7-12年	30/棵
4		干参/棵	15年以上	1800/棵
5		小干参	按斤小棵	50/0.3斤
6	鲜参	鲜参苗	2年	50/斤
7		大鲜参	8-12年	450/斤
8		红参全须	30根/盒	560

图 3-41　活动单元格

多个单元格构成一个单元格区域，构成单元格区域的多个单元格之间可以是相互连续的，也可以是不连续的。对于连续区域，使用左上角和右下角的单元格地址进行标识。例如，单元格区域为“C5:F11”，即表示此区域是从 C5 单元格到 F11 单元格的矩形区域，总共包括 28 个单元格。

除此之外，整行区域，如第 5 行，习惯表示为“5:5”。整列区域，如 F 列，习惯表示为“F:F”。

要选取相邻的连续区域时，可以先选中一个单元格，然后按住鼠标左键拖动。如果先选中一个单元格，再按住 < Ctrl > 键，使用鼠标左键单击或拖曳选择多个单元格，则会选中不连续的单元格区域。

选取单元格区域后，总是包含一个活动单元格，区域中的其他单元格亮度会降低，而活动单元格仍然保持正常显示，以此来标识活动单元格的位置，如图 3-42 所示，C5 就是活动单元格。

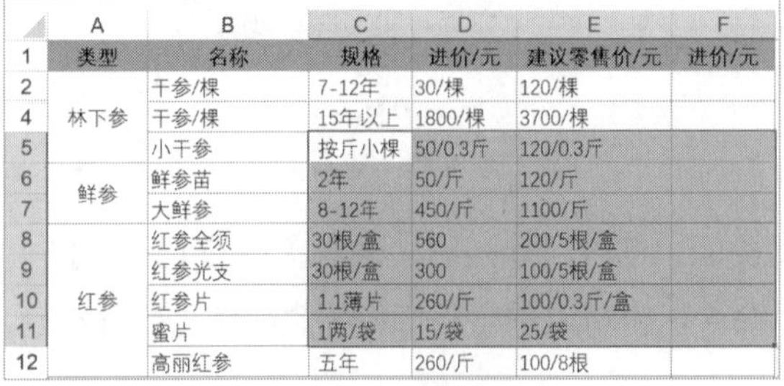

	A	B	C	D	E	F
1	类型	名称	规格	进价/元	建议零售价/元	进价/元
2	林下参	干参/棵	7-12年	30/棵	120/棵	
4		干参/棵	15年以上	1800/棵	3700/棵	
5		小干参	按斤小棵	50/0.3斤	120/0.3斤	
6	鲜参	鲜参苗	2年	50/斤	120/斤	
7		大鲜参	8-12年	450/斤	1100/斤	
8	红参	红参全须	30根/盒	560	200/5根/盒	
9		红参光支	30根/盒	300	100/5根/盒	
10		红参片	1.1薄片	260/斤	100/0.3斤/盒	
11		蜜片	1两/袋	15/袋	25/袋	
12		高丽红参	五年	260/斤	100/8根	

图 3-42　选中的单元格区域和活动单元格

3.4　数据输入

规范合理地输入数据，更便于后续的数据处理与分析。只有掌握了正确的方法，才能更高效地完成工作。

3.4.1　Excel 中的数据类型

Excel 中可识别的数据类型包括数值、日期和时间、文本、公式及逻辑值和错误值等，不同数据类型进行大小比较时按照以下顺序排列。

…，-2，-1，0，1，2，…，A~Z，FALSE，TRUE

即数值小于文本，文本小于逻辑值 FALSE，逻辑值 TRUE 最大，错误值不参与排序。

1. 数值

数值是指所有代表数量的数字形式，如企业的产值和利润、产品的销量和单价等。除了普通的数字以外，一些带有特殊符号的数字也能被 Excel 正确识别。

如果数值前带有负号（-），Excel 会将其识别为负数。如果在数值前带有正号（+）或不加任何符号，Excel 都会将其识别为正数，但不显示正号。如果在数值后加上百分比符号（%），Excel 会将其识别为百分数，并且自动应用百分比格式。在数值前加上一个系统可识别的货币符号（如￥），Excel 会将其识别为带货币单位的金额，并且自动应用相应的货币格式。

另外，如果数值中包含半角逗号或字母 E，且位置放置正确，Excel 会将其识别为千位分隔符和科学计数符号。比如8,600和"5E+5"，Excel 会分别识别为8600和5×10的5次幂，并且自动应用货币格式和科学计数法格式，而对于 86,00 和 E55 等则不会识别为数值。

Excel 可以表示和存储的数字最大精确到 15 位。对于超过 15 位的整数数字，会自动将 15 位以后的数字变为零，如 123 456 789 123 456 789（18 位），会显示为 123 456 789 123 456 000。而对于大于 15 位有效数字的小数，则会将超出 15 位的部分直接舍去。

对于超过 15 位有效数字限制的数据，可以以文本格式来保存处理。在单元格中输入身份证号码之前，先输入半角单引号"'"，或者先将单元格格式设置为文本格式后再输入身份证号码，均可使输入的身份证号码正常显示。

2. 日期和时间

在 Excel 中，日期和时间以一种特殊的数值形式"序列值"进行储存。在 Windows 操作系统上所使用的 Excel 版本中，日期系统默认为"1900 日期系统"，可表示的日期范围为 1900 年 1 月 1 日至 9999 年 12 月 31 日。以 1900 年 1 月 1 日作为基准，序列值为 1，这之后的日期均以距基准日期的天数作为其序列值，如 1900 年 1 月 15 日的序列值为 15，2019 年 9 月 1 日的序列值为 43 709。

日期序列值是一个整数，一天的数值单位为 1。一天中的每一个时刻由小数形式的序列值来表示，如中午 12：00：00 的序列值为 0.5（12/24），18：00：00 的序列值为 0.75（18/24）。

日期和时间作为一种特殊的数值形式，可以参与加减乘除等运算。例如，要计算两个日期之间的间隔天数，可以分别输入两个日期，然后再用减法运算进行求值即可。

在输入日期和时间数据时，需要以正确的格式输入。在 Windows 中文操作系统下，使用短杠（-）、斜杠（/）和中文"年、月、日"等间隔形式都可以被 Excel 识别为日期格式。系统默认设置下，不同日期输入方式与识别结果如表 3-2 所示。

表 3-2　日期输入的几种格式

单元格输入（-）	单元格输入（/）	单元格输入（中文年月日）	Excel 识别为
2019-9-13	2019/9/13	2019 年 9 月 13 日	2019 年 9 月 13 日
19-9-13	19/9/13	19 年 9 月 13 日	2019 年 9 月 13 日
79-3-2	79/3/2	79 年 3 月 2 日	1979 年 3 月 2 日
2016-9	2016/9	2016 年 9 月	2016 年 9 月 1 日
9-13	9/13	9 月 13 日	当前系统年份下的 9 月 13 日

输入日期时允许使用 4 位数字表示的年份，也可以使用两位数字表示年份。使用两位数字表示年份时，Excel 默认将 0~29 之间的数字识别为 2000 年—2029 年，将 30~99 之间的数字识别为 1930 年—1999 年。当输入的日期数据只包含 4 位年份和月份时，Excel 会自动将该月的 1 日作为天数值。当输入的日期只包含月份和天数时，Excel 会识别为系统当前年份的日期。

使用半角冒号"："和中文"时、分、秒"等间隔形式输入时间数据时，都可以被 Excel 识别为时间格式。在 Windows 中文操作系统默认设置下，不同的时间输入方式与识别结果如表 3-3 所示。

表 3-3　Excel 可识别的时间格式

单元格输入	Excel 识别为
11：30	上午 11：30
13：30：02	下午 1：30：02
11：30 上午	上午 11：30
11：30 AM	上午 11：30
11 时 34 分 25 秒	上午 11：34：25

如果需要同时输入日期和时间，可以在日期和时间之间使用半角空格进行分隔，如表3-4
所示。

表 3-4　Excel 可识别的日期时间格式

单元格输入	Excel 识别为
2019/5/7 11:30	2019 年 5 月 17 日 11:30
19/5/17 11:30	2019 年 5 月 17 日 11:30
07/7/17 0:30	2007 年 7 月 17 日 0:30
19-07-17 10:30	2019 年 7 月 17 日 10:30

如需更改系统默认的日期时间格式，可以依次单击屏幕左下角的【开始】→【设置】→
【时间和语言】，进入【时间和语言】设置界面，切换到【日期和时间】选项卡下，单击【更
改日期和时间格式】命令，如图 3-43 所示。

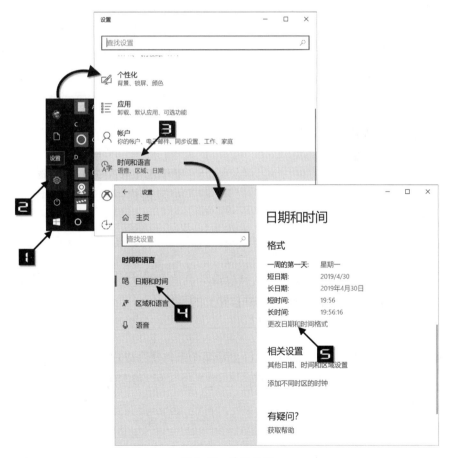

图 3-43　系统设置

图 3-44　更改日期和时间格式

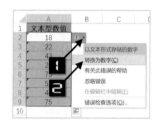

图 3-45　转换文本型数值

在弹出的【更改日期和时间格式】对话框中，对系统默认时间和日期格式进行设置即可，如图 3-44 所示。

3. 文本

文本是指文字、符号等，如企业的名称、驾校的考试科目、客户的姓名等。除此之外，一些不需要进行计算的数字内容也可以保存为文本格式，如电话号码、身份证号码等。

如果在设置了文本格式的单元格中输入数值，Excel 会将其识别为文本型的数值，并且在单元格的左上角以绿色三角形进行标记。文本型的数值无法直接使用函数进行求和汇总，如需将其转换为数值型数值，可以选中带有文本型数值的单元格区域，此时 Excel 会自动显示出【错误检查选项】按钮，单击该按钮，在下拉菜单中单击【转换为数字】命令即可，如图 3-45 所示。

4. 公式

公式用来完成 Excel 中的计算功能，特点是以等号"="开头。公式的内容可以是简单的数学公式，也可以包括内置函数或是用户自定义的函数。

5. 逻辑值

逻辑值包括 TRUE 和 FALSE 两种类型。判断某个条件是否成立，成立为真，不成立为假，对应在 Excel 中就是 TRUE 和 FALSE。例如，公式"=3 > 2"返回逻辑值 TRUE，而公式"=3 < 2"则返回逻辑值 FALSE。

6. 错误值

在 Excel 中使用公式时，经常会遇到一些错误值，Excel 中常见的错误值类型和产生原因如表 3-5 所示。

表 3-5　常见的错误值类型和产生原因

错误值类型	产生原因
#####	当列宽不够而无法显示完整数字，或是将有负数的单元格数字格式设置为日期或时间时
#VALUE!	当使用的参数类型错误时
#DIV/0!	当数字被 0 除时
#NAME?	当函数名称输入错误，或是公式中的文本字符没有添加半角双引号时
#N/A	当查询类函数找不到匹配结果时
#REF!	当删除了被引用的单元格区域或被引用的工作表时，或是引用类函数返回的区域大于工作表的实际范围时
#NUM!	当公式或函数中使用了无效数字值时

除此之外，如果数据源中本身含有错误值，公式计算结果也会返回错误值。

3.4.2　在单元格中输入数据

选中目标单元格后可以直接在单元格内输入数据，输入完毕后按 < Enter > 键，或是单击编辑栏左侧的输入按钮 "√" 确认，如图 3-46 所示。

图 3-46　在单元格中输入内容

如果要在输入过程中取消输入，可以单击编辑栏左侧的取消按钮 "×" 或是按 < Esc > 键退出输入状态。

对于已经存在数据的单元格，可以选中目标单元格后重新输入新的内容。如果只需要对其中的部分内容进行修改，可以双击带有数据的单元格或是单击目标单元格后按 < F2 > 键进入单元格编辑模式。

Excel 会对输入的数据进行分析，然后以适合的方式显示在单元格中。当单元格列宽无法完整显示数值的所有部分时，Excel 会自动以四舍五入的方式对数值的小数部分进行截取显示。如果将单元格的列宽调整得更大，显示的位数会相应增多，但是最多只能显示到保留10 位有效数字。虽然单元格的显示与实际数值不符，但是当选中此单元格时，在编辑栏中仍可以完整显示整个数值，并且在数据计算过程中，Excel 也是根据完整的数值进行计算。

1. 输入身份证号码

对于不需要进行数值计算的数字，如身份证号码、银行卡号、股票代码等，可以用文本形式来保存，以便于显示出完整的内容。

如果先输入单引号 "'" 再输入其他数据，系统会将所输入的内容自动识别为文本内容。也可以先选中目标单元格，依次单击【开始】→【数字格式】→【文本】命令，设置单元格格式为文本，然后输入数据即可，如图 3-47 所示。

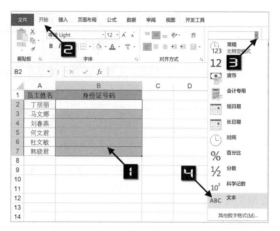

图 3-47 设置单元格格式为文本

2. 输入时间数据

时间的输入分为 12 小时制和 24 小时制两种。采用 12 小时制时，需要在输入时间后加入表示上午或下午的后缀 "AM" 或 "PM"。例如，输入 "10:21:30 AM" 会被 Excel 识别为上午 10 点 21 分 30 秒，而输入 "10:21:30 PM" 则会被 Excel 识别为夜间 10 点 21 分 30 秒。如果输入形式中不包含英文后缀，则 Excel 默认以 24 小时制来识别输入的时间。

在输入时间数据时可以省略秒的部分，但不能省略小时和分钟部分。例如，输入 "10:21" 将会被 Excel 自动识别为 "10 时 21 分 0 秒"，要表示 "0 时 21 分 35 秒" 时，则需要完整输入 "0:21:35"。

3.4.3 清除单元格内容

如果要清除单元格中内容，可以选中目标单元格后按 < Delete > 键，将单元格内原有的数据清除。但是这样操作并不能清除单元格的格式、批注、链接等项目。要彻底清除这些内容时，可以选中目标单元格后，依次单击【开始】→【清除】下拉按钮，在下拉菜单中选择不同的命令选项，如图 3-48 所示。

图 3-48 【清除】命令选项

【全部清除】命令表示清除单元格中的所有项目，包括数据、格式、批注等。而其他命令则是仅清除其中对应的一项。

3.4.4　数据输入技巧

学习和掌握一些数据输入技巧，可以简化数据输入操作过程提高工作效率。

1. 强制换行

单元格中的内容较多时，使用自动换行功能，能够使数据在同一个单元格中以多行显示，但是换行位置只能通过设置单元格的列宽调整，无法精确控制。

如果需要将文本内容按照指定位置进行换行，可以在单元格处于编辑状态时，将光标移动到需要换行的位置，按 < Alt+Enter >组合键添加换行符，操作完成后，单元格和编辑栏中都会显示强制换行后的段落结构，如图 3-49 所示。

图 3-49　强制换行后的效果

2. 多单元格同时输入

如果需要在多个单元格中输入相同的数据，可以先选中需要输入数据的单元格区域，然后在编辑栏中输入内容，最后按 < Ctrl+Enter >组合键确认，如图 3-50 所示。

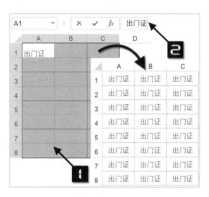

图 3-50　多单元格同时输入

3. 输入连续序号

如果数据本身包括某些顺序上的关联特性，使用 Excel 的填充功能能够快速录入数据。

假如需要得到 1~10 的连续序号，可以在 A1 和 A2 单元格内分别输入 1 和 2，然后选中 A1：A2 单元格区域，将光标移至所选区域右下角，指针形状变成黑色十字形填充柄时，按住鼠标左键向下拖动到 A10 单元格释放鼠标，如图 3-51 所示。

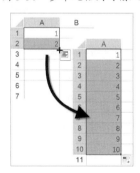

图 3-51　输入连续序号

4. 借助填充选项输入有规律的内容

拖动填充柄完成填充后，在填充区域的右下角会显示出【填充选项】按钮，单击【填充选项】下拉按钮，在下拉菜单中可显示出填充选项，用户可以根据需要选择不同的填充类型，如图 3-52 所示。

图 3-52　填充选项

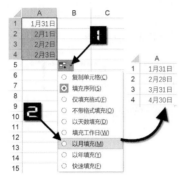

图 3-53　日期填充选项

【填充选项】扩展菜单中的选项内容，取决于所填充的数据类型。如果是日期型数据，在扩展菜单中会显示与日期有关的更多选项。如图 3-53 所示，在 A1 单元格中输入"1 月 31 日"，拖动填充柄向下填充到 A4 单元格，然后单击【填充选项】下拉按钮，在下拉菜单中选中【以月填充】单选按钮，即可得到连续的月末日期。

3.5　设置数字格式

Excel 能够对输入的数据类型进行判断，并自动按照对应的格式进行存储。如果 Excel 自动应用的格式不符合预期，可以通过设置数字格式来调整。

3.5.1　设置数字格式

示例 3-1　设置数字格式

图 3-54 展示了某公司财务部门凭证记录的部分内容，E 列的借方金额和 F 列的贷方金额使用默认的常规格式，需要将其设置为不带货币符号的会计专用格式。

	A	B	C	D	E	F
1	科目	记账日期	科目名称	凭证编号	借方金额	贷方金额
2	16010101	2018/9/1	固定资产-生产经营用-发电及供热设备	记帐-0003	50	
3	16010103	2018/9/1	固定资产-生产经营用-变电设备	记帐-0003	1178	
4	16010104	2018/9/1	固定资产-生产经营用-配电线路及设备	记帐-0003	371808	
5	16010106	2018/9/1	固定资产-生产经营用-通讯线路及设备	记帐-0003	4234	
6	122103	2018/9/8	其他应收款-往来单位	记帐-0002	2	234
7	700099					
8	500105					
9	700003					
10	5001982401					
11	700003					
12	100101					

	A	B	C	D	E	F
1	科目	记账日期	科目名称	凭证编号	借方金额	贷方金额
2	16010101	2018/9/1	固定资产-生产经营用-发电及供热设备	记帐-0003	50.00	
3	16010103	2018/9/1	固定资产-生产经营用-变电设备	记帐-0003	1,178.00	
4	16010104	2018/9/1	固定资产-生产经营用-配电线路及设备	记帐-0003	371,808.00	
5	16010106	2018/9/1	固定资产-生产经营用-通讯线路及设备	记帐-0003	4,234.00	
6	122103	2018/9/8	其他应收款-往来单位	记帐-0002	2.00	234.00
7	700099	2018/9/8	中转-期初中转	记帐-0002	386,193.67	
8	500105	2018/9/14	生产费用-材料费	记帐-0573	5,234.00	
9	700003	2018/9/14	中转-项目中转	记帐-0573		879.74
10	5001982401	2018/9/14	生产费用-其他费用-公安消防费·领用	记帐-0574	2,489.79	
11	700003	2018/9/14	中转-项目中转	记帐-0574		2,489.79
12	100101	2018/9/17	库存现金-人民币	记帐-0041		1,479.50

图 3-54　凭证记录数据优化数字格式

选中 E∶F 列数据区域，按 < Ctrl+1 > 组合键打开【设置单元格格式】对话框。在【数字】选项卡下的【分类】列表中选中【会计专用】，然后单击右侧的【货币符号】下拉按钮，在下拉列表中选择"无"，最后单击【确定】按钮完成设置，如图 3-55 所示。

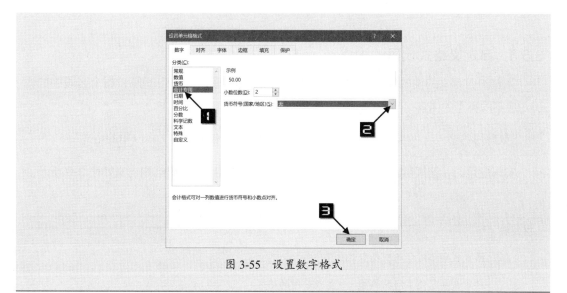

图 3-55　设置数字格式

3.5.2　创建自定义数字格式

除了 Excel 中内置的数字格式，还可以根据需要创建自定义的数字格式。在【设置单元格格式】对话框的【数字】选项卡下，选中【分类】列表中的【自定义】，在右侧的类型编辑框中会显示出活动单元格的数字格式代码，在【示例】区域中也会显示出格式预览效果，如图 3-56 所示。

要创建新的自定义数字格式，可在【类型】编辑框中输入数字格式代码，也可选择现有的格式代码，然后在【类型】编辑框中进行编辑修改。编辑完成后，【示例】区域中将显示该格式代码对应的预览效果，如果符合预期，可以单击【确定】按钮。

如果用户所编写的格式代码符合 Excel 的规则要求，即可成功创建新的自定义格式，并应用于当前所选定的单元格区域中。否则 Excel 会弹出警告窗口提示错误，如图 3-57 所示。

图 3-56　自定义数字格式代码

图 3-57　自定义格式代码错误的警告提示信息

3.5.3 自定义格式代码的构成

完整的自定义的格式代码分为四个区段，中间以半角分号";"间隔，每个区段中的代码对应不同类型的内容：

对正数应用的格式；对负数应用的格式；对零值应用的格式；对文本应用的格式

实际应用时，区段数允许少于 4 个，少于 4 个区段的格式代码结构含义如表 3-6 所示。

表 3-6　少于 4 个区段的自定义代码结构含义

区段数	代码结构含义
1	格式代码作用于所有类型的数值
2	对正数和零值应用的格式；对负数应用的格式
3	对正数的格式；对负数应用的格式；对零值应用的格式

除了以数值正负作为格式区段的分隔依据以外，还可以在格式代码的各个区段中设置简单的条件判断。在自定义格式代码中可以使用的比较运算符包括大于号" > "、小于号" < "、等于号" = "、大于等于" > = "、小于等于" < = "和不等于" < > "六种。

自定义格式代码最多只能在前两个区段中使用"比较运算符 + 数值"的形式来表示条件值，第 3 区段对应"除此以外"的其他数值，而第 4 区段"文本"仍然只对文本型数据起作用。因此，使用包含条件值的格式代码结构也可以这样来表示：

符合条件 1 时应用的格式；符合条件 2 时应用的格式；其他数值应用的格式；文本应用的格式

自定义格式常用代码字符及其含义如表 3-7 所示。

表 3-7　常用自定义格式代码符号及其含义

代码符号	符号含义及作用
G/ 通用格式	不设置任何格式，按原始输入显示。相当于"常规"格式
#	数字占位符，显示单元格中原有的数字，但是不显示无意义的零值
0	数字占位符，显示单元格中原有的数字。当数字位数少于代码的位数时，显示无意义的零值
?	数字占位符。与"0"作用类似，但以显示空格代替无意义的零值
.	小数点
%	百分数

续表

代码符号	符号含义及作用
,	千位分隔符
E	科学记数符号
"文本"	可显示双引号之间的文本
! 或 \	强制显示!或 \ 之后的一个字符
*	重复下一个字符来填充列宽
_	留出与下一个字符宽度相等的空格
@	文本占位符,显示单元格中原有的文本
[颜色]	显示相应颜色。中文版 Excel 允许使用中文颜色名称 [黑色][白色][红色][青色][蓝色][黄色][洋红] 和 [绿色]。英文版 Excel 则使用英文颜色名称 [black][white][red][cyan][blue][yellow][magenta] 和 [green]
[颜色 n]	显示以数值 n 表示的颜色,n 的范围在 1~56 之间
[条件]	设置条件。由 ">" "<" "=" ">=" "<=" "<>" 及数值所构成
[DBNum1]	显示中文小写数字,如 "123" 显示为 "一百二十三"
[DBNum2]	显示中文大写数字,如 "123" 显示为 "壹佰贰拾叁"
[DBNum3]	显示全角的阿拉伯数字与小写中文单位的结合,如 "123" 显示为 "1 百 2 十 3"

还有一些有特殊意义的格式代码,用于设置与日期时间相关的自定义数字格式,如表 3-8 所示。

表 3-8　与日期时间格式相关的代码符号

日期时间格式代码	日期时间代码符号含义及作用
aaa	使用中文简称显示星期几 ("一" ~ "日")
aaaa	使用中文全称显示星期几 ("星期一" ~ "星期日")
d	使用没有前导零的数字来显示日期 (1~31)
dd	使用有前导零的数字来显示日期 (01~31)
ddd	使用英文缩写显示星期几 (Sun~Sat)
dddd	使用英文全拼显示星期几 (Sunday~Saturday)
m	使用没有前导零的数字来显示月份或分钟 (1~12) 或 (0~59)
mm	使用有前导零的数字来显示月份或分钟 (01~12) 或 (00~59)

续表

日期时间格式代码	日期时间代码符号含义及作用
mmm	使用英文缩写显示月份 (Jan~Dec)
mmmm	使用英文全拼显示月份 (January~December)
mmmmm	使用英文首字母显示月份 (J~D)
y 或 yy	使用两位数字显示公历年份 (00~99)
yyyy	使用四位数字显示公历年份 (1900~9999)
h	使用没有前导零的数字来显示小时 (0~23)
hh	使用有前导零的数字来显示小时 (00~23)
s	使用没有前导零的数字来显示秒 (0~59)
ss	使用有前导零的数字来显示秒 (00~59)
[h]、[m]、[s]	显示超出进制的小时数、分数、秒数
AM/PM 或是 A/P	使用英文上下午显示 12 进制的时间
上午 / 下午	使用中文上下午显示 12 进制的时间

示例 3-2 使用自定义格式展示签约业绩

如图 3-58 所示，是某房地产销售公司销售签约表的部分内容，G 列中是各置业顾问对比平均签约金额的差异百分比，使用自定义格式能够使数据显示更加直观。

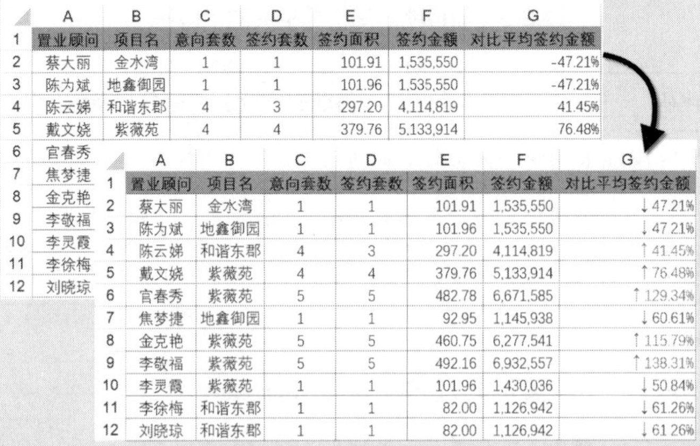

	A	B	C	D	E	F	G
1	置业顾问	项目名	意向套数	签约套数	签约面积	签约金额	对比平均签约金额
2	蔡大丽	金水湾	1	1	101.91	1,535,550	-47.21%
3	陈为斌	地鑫御园	1	1	101.96	1,535,550	-47.21%
4	陈云娣	和谐东郡	4	3	297.20	4,114,819	41.45%
5	戴文娆	紫薇苑	4	4	379.76	5,133,914	76.48%
6	宫春秀						
7	焦梦捷						
8	金克艳						
9	李敬福						
10	李灵霞						
11	李徐梅						
12	刘晓琼						

	A	B	C	D	E	F	G
1	置业顾问	项目名	意向套数	签约套数	签约面积	签约金额	对比平均签约金额
2	蔡大丽	金水湾	1	1	101.91	1,535,550	↓47.21%
3	陈为斌	地鑫御园	1	1	101.96	1,535,550	↓47.21%
4	陈云娣	和谐东郡	4	3	297.20	4,114,819	↑41.45%
5	戴文娆	紫薇苑	4	4	379.76	5,133,914	↑76.48%
6	宫春秀	紫薇苑	5	5	482.78	6,671,585	↑129.34%
7	焦梦捷	地鑫御园	1	1	92.95	1,145,938	↓60.61%
8	金克艳	紫薇苑	5	5	460.75	6,277,541	↑115.79%
9	李敬福	紫薇苑	5	5	492.16	6,932,557	↑138.31%
10	李灵霞	紫薇苑	1	1	101.96	1,430,036	↓50.84%
11	李徐梅	和谐东郡	1	1	82.00	1,126,942	↓61.26%
12	刘晓琼	和谐东郡	1	1	82.00	1,126,942	↓61.26%

图 3-58 销售签约表

选中 G 列数据区域，按< Ctrl+1 >组合键打开【设置单元格格式】对话框，在【数字】选项卡下的【分类】列表中选中【自定义】，然后在右侧的【类型】编辑框中输入以下格式代码，最后单击【确定】按钮完成设置，如图 3-59 所示。

［红色］↑ 0.00%;［蓝色］↓ 0.00%;0.00%

代码使用了三个分段，分别对应大于 0、小于 0 和等于 0 时应用的格式。其中的"［红色］↑ 0.00%"部分表示将大于 0 的数值设置为红色字体、保留两位小数的百分数，同时在百分数之前加上表示上升的符号"↑"。

"［蓝色］↓ 0.00%"部分表示将小于 0 的数值设置为蓝色字体，保留两位小数的百分数，同时在百分数之前加上表示下降的符号"↓"。

"0.00%"部分表示将等于 0 的数值设置为保留两位小数的百分数。

图 3-59　设置自定义格式

3.6　使用数据验证限制输入内容

利用数据验证功能，能够对数据输入的准确性和规范性进行限制。还可以利用下拉菜单式的输入方式，提高数据输入的效率。

3.6.1　数据验证规则

选中需要设置数据验证的单元格区域，依次单击【数据】→【数据验证】按钮打开【数据验证】对话框。在【设置】选项卡下的【验证条件】区域中单击【允许】下拉按钮，可以查看内置的 8 种数据验证类型，如图 3-60 所示。

不同数据验证类型及对应的作用如表 3-9 所示。

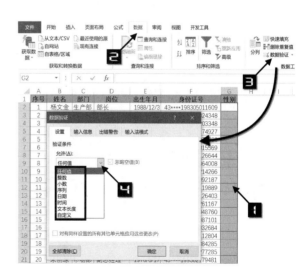

图 3-60　【数据验证】规则

表 3-9　数据验证类型作用说明

验证条件	作用说明
任何值	默认的数据验证选项，允许在单元格中输入任何值
整数	限制只能输入指定范围内的整数
小数	限制只能输入指定范围内的小数
序列	限制只能输入指定序列中的一项，序列来源可以手工输入，也可以选择单元格中的内容，或者是公式返回的引用结果
日期	限制只能输入某一范围内的日期
时间	限制只能输入某一范围内的时间
文本长度	限制输入数据的字符个数
自定义	借助公式实现较为复杂的验证条件

3.6.2　数据验证实例

示例 3-3　限制员工试用期输入范围

如图 3-61 所示，是某公司新工信息表的部分内容，需要在 H 列输入试用期月数。已知试用期月数为 1~6 个月，通过设置数据验证，能够限制试用期的输入范围。

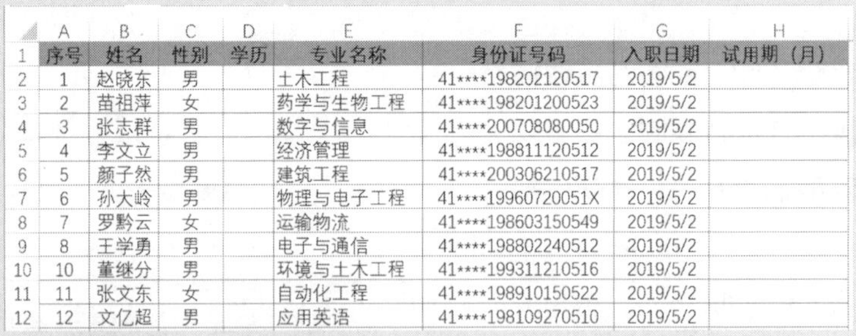

	A	B	C	D	E	F	G	H
1	序号	姓名	性别	学历	专业名称	身份证号码	入职日期	试用期（月）
2	1	赵晓东	男		土木工程	41****198202120517	2019/5/2	
3	2	苗祖萍	女		药学与生物工程	41****198201200523	2019/5/2	
4	3	张志群	男		数字与信息	41****200708080050	2019/5/2	
5	4	李文立	男		经济管理	41****198811120512	2019/5/2	
6	5	颜子然	男		建筑工程	41****200306210517	2019/5/2	
7	6	孙大岭	男		物理与电子工程	41****19960720051X	2019/5/2	
8	7	罗黔云	女		运输物流	41****198603150549	2019/5/2	
9	8	王学勇	男		电子与通信	41****198802240512	2019/5/2	
10	10	董继分	男		环境与土木工程	41****199311210516	2019/5/2	
11	11	张文东	女		自动化工程	41****198910150522	2019/5/2	
12	12	文亿超	男		应用英语	41****198109270510	2019/5/2	

图 3-61　新工信息表

操作步骤如下。

步骤① 选中 H 列需要输入试用期的数据区域，依次单击【数据】→【数据验证】命令，打开【数据验证】对话框。

步骤② 在【设置】选项卡下的【验证条件】区域中，单击【允许】下拉按钮，在下拉列表中选择“整数”。

步骤③ 单击【数据】下拉按钮，在下拉列表中选择“介于”。

步骤④ 分别在最小值和最大值编辑框中输入 1 和 6，如图 3-62 所示。

步骤⑤ 切换到【输入信息】选项卡，在【标题】编辑框中输入“提示”，在【输入信息】编辑框中输入"请输入 1~6 的数值。"，最后单击【确定】按钮关闭对话框，如图 3-63 所示。

图 3-62　限制员工试用期输入范围　　　　图 3-63　设置输入信息

当再次单击设置了数据验证的单元格时，单元格下方会出现预设的提示信息。如果输入的内容不符合预设规则，则会弹出提示对话框，禁止数据输入，如图 3-64 所示。

图 3-64　禁止输入不符合规则的数据

此时如果单击【重试】按钮，将再次进入单元格编辑状态，如果单击【取消】按钮，则取消本次输入操作。

> **提示**
> ■■■→　　　设置数据验证功能仅可以对手工输入内容进行限制，无法限制复制粘贴的内容。

使用数据验证中的【序列】功能，除了能够限制输入的内容，还可以在单元格中生成类似下拉菜单式的效果，便于数据的规范化录入。

示例 3-4　使用下拉菜单输入员工学历

仍以示例 3-3 中的数据为例，需要在 D 列输入员工学历，允许输入的学历类型包括"本科""专科"和"其他"共三类。操作步骤如下。

步骤① 选中 D 列需要输入学历的数据区域，依次单击【数据】→【数据验证】命令，打开【数据验证】对话框。

步骤② 在【设置】选项卡下的【验证条件】区域中，单击【允许】下拉按钮，在下拉列表中选择"序列"。

步骤③ 在【来源】编辑框中输入以下内容，最后单击【确定】按钮，如图 3-65 所示。

本科，专科，其他

设置完成后，再次单击 D 列设置了数据验证的单元格时，在单元格的右侧会出现下拉按钮。单击此按钮，在下拉列表中即可显示出预设的序列内容，选择其中一项即可完成输入，如图 3-66 所示。

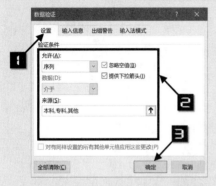

图 3-65　设置"序列"验证规则

图 3-66　使用下拉菜单输入员工学历

> 在数据验证的【来源】编辑框中直接输入序列时，不同的项目之间需要以半角逗号隔开。除此之外，也可以单击右侧的折叠按钮，再选择单行或单列的单元格区域作为序列来源。另外，还可以使用公式返回的引用作为数据来源。

使用数据验证中的【自定义】功能，能够借助公式实现较为复杂的验证条件。如果函数返回结果为逻辑值"TRUE"或是不等于 0 的其他数值时，Excel 允许输入，否则禁止输入。

示例 3-5　限制输入重复数据

如图 3-67 所示，是某公司记账凭证的部分内容，需要在 H 列中输入发票号。通过设置数据验证，能够限制录入重复发票号。

	月	日	凭证号数	摘要	借方	贷方	余额	发票号
1								
2				上年结转	-	-	54,539,985.11	
3	01	16	05-0244	交建行托收HEI-IIEN-14703/1	639,292.50	-	55,179,277.61	
4	01	16	05-0245	交工行托收HEI-YELK-14650/E	534,265.88	-	55,713,543.49	
5	01	16	05-0246	交工行托收HEI-MEEN-14676/E	270,600.00	-	55,984,143.49	
6	01	16	05-0261	交工行托收HEI-YELK-14650/2	726,053.63	-	56,710,197.12	
7	01	16	05-0262	交建行托收HEI-YELK-14650/1	719,204.06	-	57,429,401.18	
8	01	16	05-0263	交建行信用证 1993SLCPUS11214HEI	282,900.00	-	57,712,301.18	
9	01	16	05-0263	交建行信用证 1993SLCPUS11214HEI-BAJA		282,900.00	57,429,401.18	
10	01	21	05-0362	收信用证15INSU013300131HEI-FEIY-14583_	624,643.20		58,054,044.38	
11	01	21	05-0363	收信用证4PH2-11933-116HEI-GIDA-14687	1,080,958.38		59,135,002.76	
12	01	21	05-0364	收信用证15INSU013300125HEI-FEIY-14583/13	624,643.20		59,759,645.96	

图 3-67　设置"自定义"验证规则

操作步骤如下。

步骤① 选中需要输入发票号的 H2:H56 单元格区域，依次单击【数据】→【数据验证】命令，打开【数据验证】对话框。

步骤② 在【设置】选项卡下的【验证条件】区域中，单击【允许】下拉按钮，在下拉列表中选择"自定义"。

步骤③ 在【公式】编辑框中输入以下公式，最后单击【确定】按钮。

```
=COUNTIF(H:H,H2)=1
```

COUNTIF 函数用于在一个区域中，统计符合指定条件的单元格个数。第一参数表示要统计的单元格范围，第二参数是指定的统计条件。

本例中的统计范围是 H 列的整列引用，统计

图 3-68　设置"自定义"验证规则

条件是 H2 单元格中待输入的内容。当在 H2 单元格中输入数据时，COUNTIF 函数会先在 H 列中统计与之相同的单元格个数，如果统计结果等于 1，说明待输入的数据在 H 列中没有重复出现，Excel 允许输入，否则 Excel 拒绝输入。

提示
■■■■→　公式中的 H2 是所选区域的活动单元格，在数据验证中针对活动单元格设置的规则，会自动应用到所选区域的每个单元格中。

关于 COUNTIF 函数的详细用法请参阅 5.6 节内容。

3.6.3　更改和清除数据验证规则

用户可以根据实际需要，对工作表中已有的数据验证规则进行修改或是清除。

示例 3-6　　更改和清除数据验证规则

仍以示例 3-4 中的数据为例，D 列允许输入的学历类型包括"本科""专科"和"其他"共三种。现在需要将允许输入的学历类型更改为"本科""专科""研究生"和"其他"共四种。操作步骤如下。

步骤① 单击任意包含数据验证的任意单元格，依次单击【数据】→【数据验证】命令，打开【数据验证】对话框。

步骤② 将【来源】编辑框中已有的序列修改为以下内容。

本科，专科，研究生，其他

步骤③ 选中"对有同样设置的所有其他单元格应用这些更改"复选框，最后单击【确定】按钮即可，如图 3-69 所示。

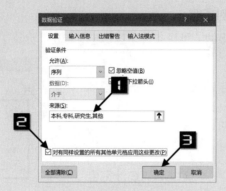

图 3-69   更改数据验证规则

如果单击【数据验证】对话框左下角的【全部清除】按钮，则可以清除已有的数据验证规则。

3.7   数据管理规范

虽然在 Excel 中输入数据是一项看似简单的基础性工作，但是必须要遵守数据管理规则。通常，录入的基础数据需要借助排序、筛选、函数与公式、数据透视表等功能进行统计和进一步的分析。

计算机领域有一句名言，叫作"垃圾进，垃圾出"。规范、准确和完善的基础数据可以大幅简化后续的数据统计与分析的难度，而不规范的基础数据则会人为增加数据处理的复杂程度。

比如在 Excel Home 技术论坛上经常出现一些看似很难处理的统计需求，求助者高呼"救命"，论坛大神们费尽心思给出神奇的答案，这些答案通常都是非常复杂的嵌套公式或是数组公式。而这些复杂公式的可读性、可维护性通常会比较差，解读起来更是困难，而且运行效率通常也会很低。其实，如果 Excel 中的基础数据比较规范，绝大多数的统计任务是无须使用复杂的公式来解决的。

当我们多了解学习高手们制作的数据表格和计算模型时，就能发现一个共同的特点：基础数据架构越规范，后续使用到的 Excel 功能越简单，而且运算效率更高。

3.7.1   数据表格分类

一般情况下，根据 Excel 表格的最终用途，表格可以分为基础数据表格和计算汇总表格及报表表格三种。

1. 基础数据表格

基础数据表格是指没有经过任何分析和处理的明细数据，如员工信息表、资产明细表等，主要用作数据分析汇总时的数据源。没有分析结果的数据虽然传达出的信息非常有限，但是基础的数据往往更容易提炼和加工。而对于已经汇总出的结果，如果再以此为数据源进行分析时，将很难得到更有深度的信息。

2. 计算汇总表格

计算汇总表格主要用于完成对数据的汇总、统计和分析等。在汇总表格中可以使用排序、筛选、操作技巧、公式、数据透视表、图表及 VBA 代码等方法对数据进行深入加工，以便从大量基础数据中提取出需要的信息或总结出变化趋势。

如图 3-70 所示，使用数据透视表功能，能够快速从基础信息表中统计出不同种类的商品在各发货季的销售总额。

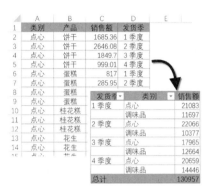

图 3-70　不同商品在各发货季的销售总额

3. 报表表格

报表表格是指经过汇总处理后的数据，如历年的销售增长率、员工离职率、店铺销售占比等，主要用作呈现分析或是汇总结果。

用于报表的表格不拘于布局形式，在主题明确、条理清晰、重点突出的前提下，可以用表格的形式逐条呈现汇总结果，也可以用控件、图表、图形的方式对汇总分析结果进行强调，如图 3-71 所示。

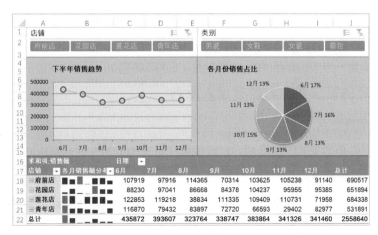

图 3-71　报表表格

3.7.2　一维表和二维表

根据表格结构的不同，还可以分为一维表和二维表。这里的维度主要是根据数据的性质进行判断，所谓一维表就是字段、记录的简单罗列，每一行都是一条完整的记录，每一列用来存放一个字段，相同属性的内容都只放在一列里面，如图 3-72 所示。

	A	B	C	D	E
1	客户名称	负责人	地址	业务代表	全年业务金额
2	百草堂药店	布学强	青年路42号	朱正涛	63,625.20
3	南芝堂大药房	刘宝发	开发区南环路东首	杨天利	9,281.60
4	百信医药公司	陈光映	花园路路西	杨天利	47,782.50
5	康众医药公司	王晶晶	腾达路32号内5	魏龙龙	156,600.72
6	泰芝堂医药房有限公司	朵朝云	榆树巷45号	赵艳杰	28,287.32
7	济康医药公司	范尧春	陵城镇花园街7号	朱正涛	22,416.10
8	为民大药房有限公司	李桂芝	安德街道	王银平	139,200.10
9	百信大药房	李红敏	兴通路43号	屈光明	11,750.76
10	祥康大药房	李剑波	将台路100号	魏龙龙	113,915.18
11	西三路康复药店	宁春红	西三路34号	王银平	14,914.70
12	博信大药房	李月米	博新路东首	杨天利	41,006.80

图 3-72　一维表样式

如果将一维表的每一条记录看作一条线，二维表中的一条记录则相当于是一张网，其特点是在多列中都有相同属性的数值，如图 3-73 所示，各月的销售金额即分散在不同列中。

	A	B	C	D	E	F	G	H	I	J
1	品类	品牌	品牌经理	Jan	Feb	Mar	Apr	May	Jun	Jul
2	母婴用品	芭比适	何文君	55,868	63,073	34,964	19,835	13,085	31,794	35,398
3	母婴用品	叶之王	宋建敏	46,028	57,789	37,750	53,740	26,090	31,043	31,003
4	母婴用品	书米奇	杨忠陈	63,320	28,782	61,796	52,196	35,111	23,278	9,749
5	母婴用品	可丽为	范俊梅	19,334	56,416	39,684	46,810	65,681	7,625	64,670
6	母婴用品	金王	郑江波	17,543	43,414	13,203	26,903	64,086	20,315	57,376
7	母婴用品	参地宝贝	蔡鸿生	21,539	54,637	64,077	33,518	30,979	30,355	10,284
8	益智玩具	粒贝亲	李成华	28,160	24,931	56,931	5,228	8,221	62,887	18,719
9	益智玩具	花篮博士	徐忠胜	38,886	39,928	28,036	56,684	65,306	42,770	25,256
10	益智玩具	NUK	董嘉锐	65,706	16,677	60,039	49,140	11,865	14,939	65,398
11	益智玩具	士得利	马云芸	59,739	7,486	41,872	43,856	46,016	59,188	37,446
12	益智玩具	利和	石疏梅	30,229	20,013	39,646	43,124	42,162	7,581	40,937
13	婴儿奶粉	美惠氏	王丽娟	16,527	15,457	15,277	58,826	48,167	49,864	15,349
14	婴儿奶粉	素兰芬	张云方	63,353	32,217	45,435	5,704	57,877	18,476	50,485

图 3-73　二维表样式

一维表的数据汇总要比二维表的数据汇总简单很多，因此基础数据要尽量采用一维表进行存储，以便对数据进行后续的加工处理。

二维表转换为一维表的详细内容，请参阅 4.5.1 节内容。

3.7.3　数据表的管理要点和数据录入原则

1. 数据表管理要点

随着日常工作中数据的不断增加，对数据表的管理也成为一项非常重要的工作内容，数据表管理应具备以下要点。

❖ 以工作表标签作为表格的标题，命名应该突出该表格中数据的主题，通过工作表标签能够了解每张工作表的作用。

❖ 每张工作表中都应该只有一个主题的数据，同一个主题的内容不要放到多张工作表内。

❖ 多张有数据关联的工作表应存放在同一个工作簿内，尽量避免跨工作簿的数据引用。

❖ 工作簿命名要明确概括出该工作簿的作用，同一项目有关的多个工作簿要存放在以项目
　　名称命名的文件夹内，便于数据的查询管理。

2. 基础数据录入原则

在 Excel 表格中录入基础数据时，应遵循以下原则。

❖ 先考虑好表格的最终用途，在设计字段分布时根据用途分清各个项目的主次级别，级别
　　高的项目应优先安排到表格最左侧。

❖ 工作表的首行应用作各列的列标题，来说明每列数据的作用和属性。

❖ 以一维表的形式记录数据，每一个记录单独一行，也就是俗称的"流水账"。

❖ 表格的同一列中存放相同属性的数据，每条记录应保持完整，各个记录之间和字段之间
　　不应有空白。

❖ 基础数据表格中不需要排序，新增加的记录只要逐一添加到现有数据区域的底端即可。

一个规范表格的样式应如图 3-74 所示。

货品ID	货品名称	货品编码	规格	订货单位	库存单位	成本单位	订货系数	成本系数	单价	所属大类	所属小类
12358	云笋	D10131	1000克*10袋/件	件	斤	g	20	500	152	原材料	半成品
12093	玉米粒	DK0004	360g*24袋/件	箱	包	g	360	360	192	原材料	半成品
12082	鸭血	DF0009	个	个	个	个	1	1	1.2	原材料	半成品
12074	小王子原味脆皮肠	DF0001	800g*10袋/件	件	袋	g	10	800	180	原材料	半成品
12088	鲜竹荪	DF0015		斤	斤	g	1	500	35	原材料	半成品
12089	鲜豆皮	DF0016		斤	斤	g	1	500	5	原材料	半成品
12090	仙草汁	DK0001	6斤/桶	桶	斤	g	6	500	30	原材料	半成品
12084	王中王黄豆皮	DF0011	11斤/件	件	斤	g	11	500	6	原材料	半成品
12079	天味中式香肠	DF0006	85g*50/件	件	包	包	50	1	330	原材料	半成品
12107	炭焙乌龙	DK0019	500g/袋	袋	袋	g	1	500	40	原材料	半成品
12102	苏打水气瓶	DK0013		个	个	个	1	1	60	原材料	半成品
12106	四季春	DK0018	500g/袋	袋	袋	g	1	500	40	原材料	半成品

图 3-74　规范表格示例

3.7.4　常见的不规范表格结构

如果 Excel 文件仅用于日常的数据记录或是用于打印后填写，其表格结构的设计可以优
先满足美观和易于阅读的需求。但是，如果是制作基础数据表格，表格结构和数据录入必须
要规范，否则后续的数据统计与分析的难度会成倍增加，甚至无法直接完成。

常见的不规范的基础数据表格主要包括以下几种。

1. 使用双行表头和合并单元格

在基础数据表中，应尽量避免使用双行表头和合并单元格。日常工作中经常可以看到类
似图 3-75 这样的表格，不仅使用了双行表头，而且还使用了很多的合并单元格。这样的表
格将无法排序和筛选，也无法进行分类汇总，如果要按型号汇总数据时，需要非常复杂的公

式才能完成。

		1月				2月			
产品型号	销售区域	销量	销售占比	VIP占比	平均折扣	销量	销售占比	VIP占比	平均折扣
A型	北京	21	21.00%	13.00%	3.00%	15	15.00%	12.00%	4.00%
	天津	32	32.00%	25.00%	2.00%	24	24.00%	20.00%	1.00%
	合肥	43	43.00%	16.00%	8.00%	12	12.00%	42.00%	2.00%
	武汉	4	4.00%	20.00%	5.00%	32	32.00%	4.00%	1.00%
B型	长沙	34	23.94%	8.00%	9.00%	11	7.75%	29.00%	3.00%
	四川	38	26.76%	34.00%	10.00%	13	9.15%	13.00%	7.00%
	重庆	34	23.94%	35.00%	7.00%	18	12.68%	19.00%	6.00%
	上海	20	14.08%	45.00%	10.00%	26	18.31%	12.00%	2.00%
	杭州	16	11.27%	35.00%	9.00%	30	21.13%	8.00%	1.00%

图 3-75　使用双行表头和合并单元格的表格

产品型号	销售区域	月份	销量	销售占比	VIP占比	平均折扣
A型	北京	1月	21	21.00%	13.00%	3.00%
A型	天津	1月	32	32.00%	25.00%	2.00%
A型	合肥	1月	43	43.00%	16.00%	8.00%
A型	武汉	1月	4	4.00%	20.00%	5.00%
B型	长沙	1月	34	23.94%	8.00%	9.00%
B型	四川	1月	38	26.76%	34.00%	10.00%
B型	重庆	1月	34	23.94%	35.00%	7.00%
B型	上海	1月	20	14.08%	45.00%	10.00%
B型	杭州	1月	16	11.27%	35.00%	9.00%
A型	北京	2月	15	15.00%	12.00%	4.00%
A型	天津	2月	24	24.00%	20.00%	1.00%
A型	合肥	2月	12	12.00%	42.00%	2.00%

图 3-76　设计正确的表格样式

设计正确的表格样式应如图 3-76 所示。

2. 首行加入数据表的名称

在工作表的第一行存放数据表名称，第二行存放数据的列标题，也是一种常见的不规范操作。这种表格布局形式会影响数据的筛选、排序等功能，增加了数据处理的难度。实际工作中，可以将工作表标签命名为数据表名称，而工作表中的第一行仅用于存放数据列标题即可。

如果有特殊需要，第一行必须使用数据表名称时，可以在第一行和实际数据区域之间插入一个空白行，并适当调整空白行的行高。数据表名称与实际数据区域隔开，即兼顾数据布局需要，同时也减少对后期数据分析处理的影响。

3. 缺少列标题

如果表格中缺少列标题，阅读者将无法知道这些数据表示什么含义。另外，在生成数据透视表时也将会弹出错误提示，无法完成操作，如图 3-77 所示。

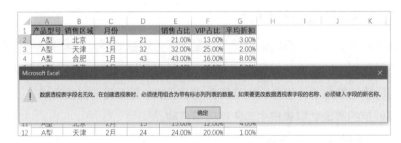

图 3-77　无法生成数据透视表

4. 使用过于复杂的单元格格式或数字格式

基础数据表只需要设置统一的字体和字号即可，数字格式要能准确地表达内容，多余的设置一概不用。

5. 手工添加汇总行

为了使工作表中体现出不同分类的汇总信息，很多人会选择在表格中手工插入小计行和总计行，如图 3-78 所示。

	A	B	C	D
1	销售人员	销售区域	销量	金额
2	曹文明	天津	50	260
3	曹文明	石家庄	750	3450
4	曹文明	北京	1950	8872.5
5	小计		2750	12582.5
6	陈化新	武汉	10425	44827.5
7	陈化新	长沙	5000	26500
8	小计		15425	71327.5
9	孔令博	西宁	7650	34807.5
10	孔令博	兰州	200	1080
11	孔令博	银川	500	2275
12	小计		8350	38162.5
13	白明山	郑州	1000	4650
14	白明山	太原	1125	5456.25
15	白明山	驻马店	1000	6400
16	小计		3125	16506.25
17	总计		29650	138578.8

图 3-78 手工添加汇总行的表格

手工添加汇总行的操作不仅浪费了大量的时间，而且会对数据的排名、排序带来影响，一旦需要在表格中添加或删除内容，就需要重新调整表格结构，重新进行计算。

要得到不同分类的汇总数据，可以通过数据透视表或是分类汇总功能完成。先单击要进行分类汇总字段中的任意单元格（如 A2），再单击【数据】选项卡下的升序或降序按钮，对数据进行排序。

接下来单击【分类汇总】按钮，在弹出的【分类汇总】对话框中依次选择分类字段和汇总方式，在“选定汇总项”区域中选中要汇总的字段名称复选框，最后单击【确定】按钮，如图 3-79 所示。

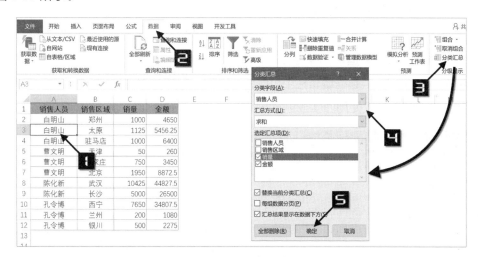

图 3-79 分类汇总

完成后的效果如图 3-80 所示。

	A	B	C	D
1	销售人员	销售区域	销量	金额
2	白明山	郑州	1000	4650
3	白明山	太原	1125	5456.25
4	白明山	驻马店	1000	6400
5	白明山 汇总		3125	16506.25
6	曹文明	天津	50	260
7	曹文明	石家庄	750	3450
8	曹文明	北京	1950	8872.5
9	曹文明 汇总		2750	12582.5
10	陈化新	武汉	10425	44827.5
11	陈化新	长沙	5000	26500
12	陈化新 汇总		15425	71327.5
13	孔令博	西宁	7650	34807.5
14	孔令博	兰州	200	1080
15	孔令博	银川	500	2275
16	孔令博 汇总		8350	38162.5
17	总计		29650	138578.8

图 3-80 分类汇总效果

如果要取消分类汇总状态，可以再次打开【分类汇总】对话框，单击底部的【全部删除】按钮即可。

6. 使用空格对齐姓名

在录入人员名单时，为了保持姓名对齐，不少人的习惯是在两个字的名字中间加上空格。在 Excel 中空格也是一个字符，所以“张三”与“张　三”会被

视作不同的内容。如图3-81所示的人员名单中，如果按< Ctrl+F >组合键查找姓名"罗燕"，
Excel 将提示找不到正在查找的数据。

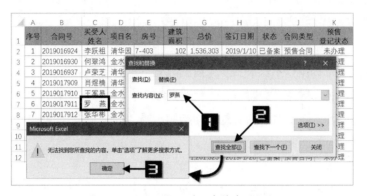

图 3-81　Excel 找不到正在搜索的数据

如果要将不同字符数的姓名进行对齐，正确的方法是设置单元格对齐方式。先选中要设
置对齐方式的 A2：A12 单元格区域，然后按< Ctrl+1 >组合键打开【设置单元格格式】对
话框。切换到【对齐】选项卡，在"文本对齐方式"区域中设置水平对齐方式为【分散对齐
（缩进）】，最后单击【确定】按钮关闭对话框，如图 3-82 所示。

设置完成后，适当调整单元格列宽，不同字符数的姓名会自动对齐，兼顾了表格美观的
同时，单元格内的实际数据也不会受影响。如图 3-83 所示，A7 单元格中的"罗燕"虽然看
起来字符距离拉宽了，但是在编辑栏中可以看到字符之间并没有空格。

另外，越来越多的人使用四字或更多字的姓名，这种方法可以一劳永逸地解决对齐问题。

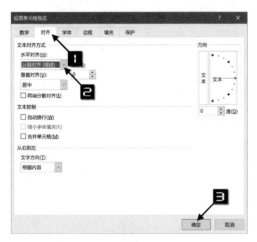

图 3-82　设置对齐方式

图 3-83　分散对齐效果

7. 不能识别的日期数据

在 Excel 中输入日期时，经常见到类似"2019.2.24"这样的输入方式，或是用 8 位数
字"20190224"来表示 2019 年 2 月 24 日。但是这样的内容无法被 Excel 识别为日期，如

果后续要按时间统计某些信息，则加大了处理的难度。

对于已经录入的不规范日期数据，需要进行必要的处理。如图 3-84 所示，要将 H 列以 "." 作为间隔符号的日期转换为真正的日期格式。

首先单击 H 列列标选中整列，然后按 < Ctrl+H >组合键调出【查找和替换】对话框。

在 "查找内容" 编辑框内输入 "."，在 "替换为" 对话框内输入 "-"，单击【全部替换】按钮。在弹出的提示框中单击【确定】按钮，最后单击【关闭】按钮关闭对话框即可，如图 3-85 所示。

03章

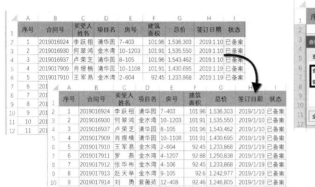

图 3-84　处理不规范日期

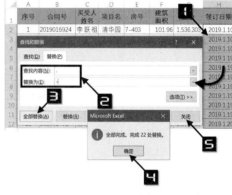

图 3-85　使用替换功能处理不规范日期

如果是用 8 位数字表示的日期，可以使用分列功能批量进行处理。

如图 3-86 所示，单击 H 列列标选中整列，然后依次单击【数据】→【分列】按钮，在弹出的【文本分列向导 – 第 1 步，共 3 步】对话框中保留默认设置，单击【下一步】按钮。

在弹出的【文本分列向导 – 第 2 步，共 3 步】对话框中保留默认设置，单击【下一步】按钮，如图 3-87 所示。

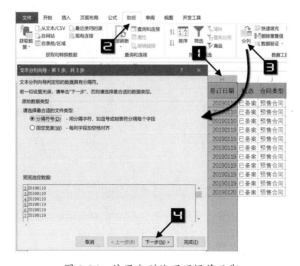

图 3-86　使用分列处理不规范日期

在弹出的【文本分列向导 – 第3步, 共3步】对话框中, 选中【列数据格式】下的【日期】单选按钮, 最后单击【完成】按钮即可, 如图 3-88 所示。

图 3-87 【文本分列向导 – 第2步, 共3步】对话框

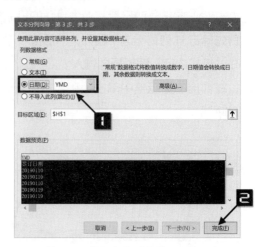

图 3-88 【文本分列向导 – 第3步, 共3步】对话框

8. 使用颜色标记特殊数据

使用手工标记颜色的方法来区分数据是否符合某项特定规则, 对于以后的数据汇总也会带来很多麻烦。一是在默认情况下, Excel 无法按照颜色进行汇总统计, 二是时间久了, 可能操作者自己都不再记得这些颜色表示的是什么意思。

可以在数据表格中添加 "备注说明" 列, 专门用来对特殊数据进行说明, 如图 3-89 所示。

	A	B	C	D	E	F	G
1	品项编号	分类编号	品项类型	品项名称	品牌名称	定价	备注说明
2	SPct0001	BPct0001	冰箱	SR-N41D	SAMPO 声宝	4,578	
3	SPct0002	BPct0001	冰箱	RSF9902E 六门真空室冰箱	HITACHI 日立	29,800	
4	SPct0003	BPct0001	冰箱	SJ-GF60X-T 六门变频对开	SHARP 夏普	17,980	618活动商品
5	SPct0004	BPct0001	冰箱	NR-C618HV 变频	Panasonic 松下	7,698	
6	SPct0005	BPct0001	冰箱	NR-B238T-SL 双	Panasonic 松下	2,680	618活动商品
7	SPct0006	BPct0001	冰箱	SR143B5 双门冰箱	SANYO 三洋	5,380	
8	SPct0007	BPct0001	冰箱	R6161XH 双门变频冰箱	TECO 东元	3,580	
9	SPct0008	BPct0001	冰箱	KR-258V01 双门电冰箱	Kolin 歌林	3,380	618活动商品
10	SPct0009	BPct0001	冰箱	GN-L305SV 双门变频冰箱	LG 乐金	2,980	
11	SPct0010	BPct0001	冰箱	GR-WG58TDZ 玻璃镜面	TOSHIBA 东芝	11,380	520活动商品
12	SPct0011	BPct0001	冰箱	MRVT42E-SL	MITSUBISHI 三菱	3,978	
13	SPct0012	BPct0001	洗衣机	NA-V130ABS	Panasonic 松下	4,118	
14	SPct0013	BPct0001	洗衣机	ES-SQ130T 超震波洗衣机	SHARP 夏普	2,780	520活动商品

图 3-89 标记特殊数据

9. 过多使用批注

在 Excel 文档中使用批注, 可以对某些特殊数据进行进一步的说明, 但是使用常规方法无法提取批注内容, 批注中的数字也无法汇总。在文档中使用过多的批注, 会影响到后续的数据管理和汇总, 如图 3-90 所示。

	A	B	C	D	E	F
1	物料名称	规格型号	单位	物料编码	入库数量	出库数量
2	10#槽钢	Q235 10#*6米	根	02002012002	15	
3	10#槽钢	304	米	02002012004	24	
4	12.9级外六角螺栓	M12*75	个	[illegible]	155	
5	1742热水泵站	国产电机+WS252+15L意大利燃油锅炉	套	[illegible]	1	
6	1784冷水泵站	西门子电机+英特ws252	套	05003002024	1	
7	1842冷水泵站	西门子电机+英特ws202	套	05003002001		2
8	1842冷水泵站	ABB电机+英特ws202	套	0500		
9	1842冷水泵站	安波7.5KW+AR RG21.25	套	0500[illegible]		1
10	1842热水泵站	西门子电机+英特ws202+1个30L加拿大燃油锅炉	套	05003001001	1	
11	1842热水泵站	ABB电机+英特ws202+1个30L加拿大燃油锅炉	套	[illegible]	1	
12	1842热水泵站	西门子电机+英特ws202+1个30L意大利燃气锅炉	套	[illegible]	1	
13	1842热水泵站	ABB电机+英特ws202+1个30L意大利燃气锅炉	套	05003001004	2	
14	1842热水泵站	西门子电机+英特ws202+1个30L意大利燃油锅炉	套	05003001005	1	
15	1842热水泵站	ABB电机+英特ws202+1个30L意大利燃油锅炉	套	05003001006	1	
16	1842热水泵站	西门子电机+英特ws202+2个21L加拿大燃油锅炉	套	050030010		
17	1842热水泵站	ABB电机+英特ws202+2个21L加拿大燃油锅炉	套	050030010		

Administrator:
还差45套

Administrator:
15日开出库单

Administrator:
无发票

Administrator:
发票名称不符

图 3-90　过多使用批注的表格

正确的处理方法是添加“备注”字段，来记录这些额外的内容。

10. 数字和单位放在同一个单元格内

一些刚刚接触 Excel 的用户，习惯将 Excel 当成 Word 使用，数字和单位都放到同一个单元格内。如图 3-91 所示，D 列的入库数量将无法直接进行汇总。

	A	B	C	D	E
1	物料名称	规格型号	物料编码	入库数量	备注
2	10#槽钢	Q235 10#*6米	02002012002	15根	
3	10#槽钢	304	02002012004	24米	
4	12.9级外六角螺栓	M12*75	02001001158	155个	
5	1742热水泵站	国产电机+WS252+15L意大利燃油锅炉	05003001087	1套	
6	1784冷水泵站	西门子电机+英特ws252	05003002024	1套	
7	1842冷水泵站	西门子电机+英特ws202	05003002001	2套	
8	1842冷水泵站	ABB电机+英特ws202	05003002002	1套	
9	1842冷水泵站	安波7.5KW+AR RG21.25	05003002023	3套	
10	1842热水泵站	西门子电机+英特ws202+1个30L加拿大燃油锅炉	05003001001	1套	
11	1842热水泵站	ABB电机+英特ws202+1个30L加拿大燃油锅炉	05003001002	1套	

图 3-91　数字和单位放在同一个单元格内

正确的输入方式是每个单元格中只存放一项内容，数量和单位一定要分开在不同的列存放。

11. 同一类数据存放到多列

如图 3-92 所示，商品名称和数量的记录分散存放在多列，如果需要按照客户名称对不同名称的商品数量进行统计，将会变得十分困难。

	A	B	C	D	E	F	G	H	I
1	客户编码	客户名称	客户类型	数量	QTY-SKU 名称	数量	QTY-SKU 名称	数量	QTY-SKU 名称
2	800105	杭州毛源昌眼镜有限公司	零售	62	易适（片）	0	半年2片装	74	半年2片装
3	800111	浙江大光明眼镜有限公司	零售	115	易适（片）	0	半年2片装	0	半年2片装
4	800115	杭州精益眼镜有限公司	TES	0	易适（片）	0	半年2片装	0	半年2片装
5	800119	宁波博士眼镜钟表有限公司	零售	0	易适（片）	0	半年2片装	0	半年2片装
6	800120	宁波钟表眼镜有限公司	零售	18	易适（片）	19	半年2片装	0	半年2片装
7	800129	温州市康视眼镜有限公司	零售	0	易适（片）	0	半年2片装	0	半年2片装
8	800134	舟山市视立眼镜钟表有限公司	零售	14	易适（片）	19	半年2片装	0	半年2片装
9	800142	苏州市光明眼镜有限公司	零售	19	易适（片）	0	半年2片装	102	半年2片装
10	800162	南京精益眼镜有限责任公司A	零售	0	易适（片）	0	半年2片装	0	半年2片装
11	800182	徐州世泰商贸有限公司	零售	0	易适（片）	0	半年2片装	0	半年2片装
12	800189	扬州高视眼镜有限公司	零售	0	易适（片）	0	半年2片装	0	半年2片装

图 3-92　同一类数据存放到多列

规范的表格结构应如图 3-93 所示。

	A	B	C	D	E
1	客户编码	客户名称	客户类型	数量	QTY-SKU名称
2	800105	杭州毛源昌眼镜有限公司	零售	62	易适（片）
3	800111	浙江大光明眼镜有限公司	零售	115	易适（片）
94	808953	苏州安琪儿眼镜有限公司	零售	0	易适（片）
95	808955	无锡市新区立国眼镜店	零售	3	易适（片）
96	808963	上海昕浪眼镜发展有限公司	零售	0	易适（片）
97	800105	杭州毛源昌眼镜有限公司	零售	0	半年2片装（横）
98	800111	浙江大光明眼镜有限公司	零售	0	半年2片装（横）
99	800115	杭州精益眼镜有限公司	TES	0	半年2片装（横）
100	800119	宁波博士眼镜钟表有限公司	零售	0	半年2片装（横）
101	800120	宁波钟表眼镜有限公司	零售	19	半年2片装（横）

图 3-93　规范的表格结构

12. 同一列中存放多种项目

在同一列中存放多种不同的项目，常见于一些从系统导出的表格中。如图 3-94 所示，要按照部门统计不同性别的人数，会让很多人无从着手。

	A	B
1	姓名	杨帆
2	性别	男
3	工号	经理22-0007
4	所属部门	女品部
5	柜台	
6	姓名	谭晓辉
7	性别	女
8	工号	经理助理22-0003
9	所属部门	女品部
10	柜台	
11	姓名	徐安飞
12	性别	男
13	工号	22-0011
14	所属部门	巴南商都女品分公司淑女二组

图 3-94　同一列中存放多种项目

可以使用公式实现数据转置，在 D2 单元格输入以下公式，将公式复制填充到 D2:H36 单元格区域，如图 3-95 所示。

```
=INDEX($B:$B,ROW(A1)*5-5+COLUMN(A1))&""
```

D2　=INDEX($B:$B,ROW(A1)*5-5+COLUMN(A1))&""

	A	B	C	D	E	F	G	H
1	姓名	杨帆		姓名	性别	工号	所属部门	柜台
2	性别	男		杨帆	男	经理22-0007	女品部	
3	工号	经理22-0007		谭晓辉	女	经理助理22-0003	女品部	
4	所属部门	女品部		徐安飞	男	22-0011	巴南商都女品分公司淑女二组	
5	柜台			张宇	女	22-885	巴南商都女品分公司淑女二组	
6	姓名	谭晓辉		李丹	女	22-C0285	女品分公司	江南布衣（JNBY）
7	性别	女		王玉婷	女	22-C0307	女品分公司	江南布衣（JNBY）
8	工号	经理助理22-0003		杨欣	女	22-C0266	女品分公司	江南布衣（JNBY）
9	所属部门	女品部		吴红	女	22-C0281	女品分公司	芙蓉天使FiorucciTeen
10	柜台			方路	女	22-C0283	女品分公司	芙蓉天使FiorucciTeen
11	姓名	徐安飞		王星	女	22-C0284	女品分公司	芙蓉天使FiorucciTeen
12	性别	男		钟利	女	22—c0257	女品分公司	芙蓉天使FiorucciTeen

图 3-95　使用公式转置表格

公式中的“ROW(A1)*5-5+COLUMN(A1)”部分，得到起始序号 1。当公式向右复制时，每增加一列序号增加 1，当公式向下复制时，每增加一行序号增加 5。最后使用 INDEX 函数，根据计算得到的序号返回 B 列中不同位置的内容。

13. 同一个单元格存放多项记录

在同一个单元格中存放多项记录，也会对数据的汇总处理带来很大影响。如图 3-96 所示，虽然左侧的表格外观看起来很整洁，但是如果要得到某个发票号码对应的金额，就会很难实现。规范的数据表效果应如右侧表格所示。

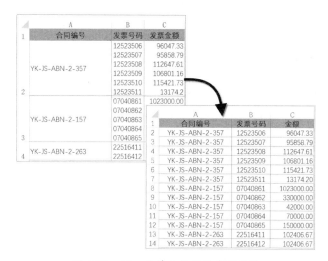

图 3-96　同一个单元格存放多项记录

14. 数据表格中有空行或空列

正常情况下，数据表中不应存在没有任何数据的空行或是空列，否则会影响数据的排序、筛选等操作。

15. 数据表缺乏唯一关键字列

如果没有唯一关键字的字段，部分数据会无法区分是否重复。比如包含姓名的数据，就应该有学生代码或是工号，否则会因为重名而无法区分。如果原始数据中缺乏可以当作唯一关键字的列，可以手工加入"序号"列。

除此之外，常见的不规范数据形式还有同一个项目前后使用多种称谓等，这些都需要在数据输入和整理时加以注意。

16. 相同类型的数据分表存储

相同类型的数据应集中存储，保持数据的连贯完整，以便于后期的筛选、排序或是其他汇总分析需求。例如，全年 12 个月的销售数据应放在同一张工作表内，而不是将每个月的数据单独存放一张工作表。

第 4 章　数据整理

数据整理是数据分析过程中必不可少的一个重要环节，是对数据进行重新审查和校验的过程，目的在于删除重复信息、处理无效值和缺失值、纠正存在的错误，并提供数据一致性。Excel 有多种功能可以胜任数据整理的工作，如定位、分列、排序和筛选、查找和替换、函数与公式、Power Query 及 VBA 编程等。

4.1　数据清洗

在数据分析过程中，使用 Excel 进行数据清洗，主要处理的是缺失值、重复值、异常值、无效值和错误值等。所谓清洗，是指对数据集通过丢弃、填充、替换、去重等操作，达到纠正错误、去除异常、补足缺失的目的。

4.1.1　缺失值处理

缺失值是指粗糙数据中由于缺少信息而造成的数据的聚类、分组、删失或截断。它指的是现有数据集中某个或某些属性的值是不完全的，其处理方法通常有删除、补全和保留等。

1. 利用定位功能删除缺失值

Excel 的定位功能是一种选中单元格的特殊方式，可以快速选取符合指定条件规则的单元格或区域，通过定位功能，用户可以快速对缺失值进行处理。

按< Ctrl+G >组合键或是按 F5 键，可以打开【定位】对话框，在对话框中单击【定位条件】按钮，即可打开【定位条件】对话框，如图 4-1 所示。

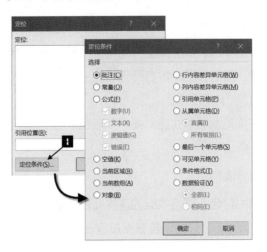

图 4-1　打开"定位条件"对话框

【定位条件】对话框中各选项的含义如表 4-1 所示。

表 4-1 【定位条件】各选项的含义

选项	含义
批注	所有包含批注的单元格
常量	所有不含公式的非空单元格，可在【公式】下方的复选框中进一步筛选常量的数据类型，包括数字、文本、逻辑值和错误值
公式	所有包含公式的单元格，可在【公式】下方的复选框中进一步筛选常量的数据类型，包括数字、文本、逻辑值和错误值
空值	所有空单元格
当前区域	当前单元格周围矩形区域内的单元格，这个区域的范围由周围非空的行、列所决定
当前数组	选中数组中的一个单元格，使用此定位条件可以选中这个数组的所有单元格
对象	当前工作表中的所有对象，包括图片、图表、自选图形等
行内容差异单元格	选中区域中，每一行的数据均以活动单元格所在行作为此行的参照数据，横向比较数据，选中与参照数据不同的单元格
列内容差异单元格	选中区域中，每一列的数据均以活动单元格所在列作为此列的参照数据，纵向比较数据，选中与参照数据不同的单元格
引用单元格	当前单元格中公式引用到的所有单元格，可在【从属单元格】下方的复选框中进一步筛选引用的级别，包括【直属】和【所有级别】
最后一个的单元格	选择工作表中含有数据或格式的区域范围中最右下角的单元格
可见单元格	当前工作表选中区域中所有的单元格
条件格式	工作表中所有运用了条件格式的单元格
数据验证	工作表中所有运用了数据验证的单元格，在【数据验证】下方的选项组中可选择定位的范围，包括【相同】（与当前单元格使用相同的条件格式规则）或【全部】

示例 4-1　利用定位功能删除缺失值

图 4-2 展示了某公司员工信息表，其中有部分记录整条缺失。

如需删除缺失记录，操作步骤如下。

步骤① 单击 A 列列标，按 < Ctrl+G > 组合键，在弹出的【定位】对话框中单击【定位条件】按钮，打开【定位条件】对话框。在对话框中选中【空值】单选按钮，并单击【确定】

按钮，选取当前选定区域中所有包含空值的单元格，如图 4-3 所示。

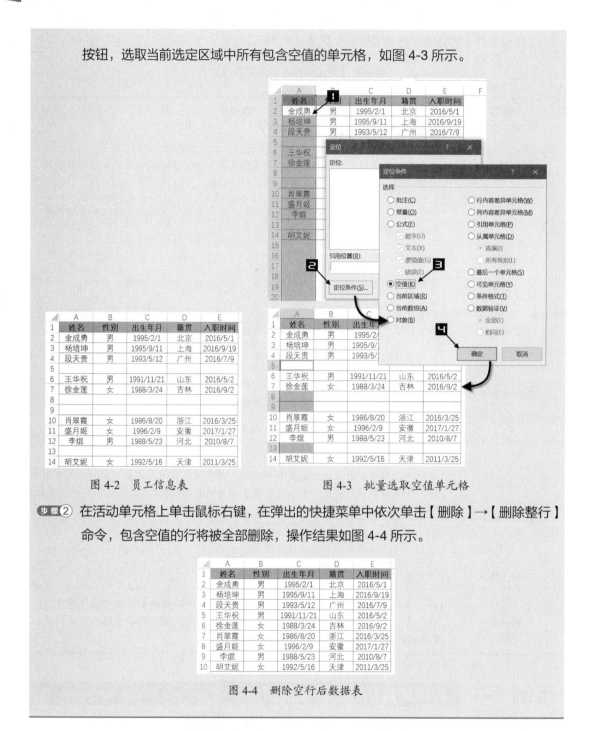

图 4-2　员工信息表　　　　　　　　　　图 4-3　批量选取空值单元格

步骤② 在活动单元格上单击鼠标右键，在弹出的快捷菜单中依次单击【删除】→【删除整行】
命令，包含空值的行将被全部删除，操作结果如图 4-4 所示。

	A	B	C	D	E
1	姓名	性别	出生年月	籍贯	入职时间
2	金成勇	男	1995/2/1	北京	2016/5/1
3	杨培坤	男	1995/9/11	上海	2016/9/19
4	段天贵	男	1993/5/12	广州	2016/7/9
5	王华祝	男	1991/11/21	山东	2016/5/2
6	徐金莲	女	1988/3/24	吉林	2016/9/2
7	肖翠霞	女	1986/8/20	浙江	2016/3/25
8	盛月姬	女	1996/2/9	安徽	2017/1/27
9	李煋	男	1988/5/23	河北	2010/8/7
10	胡艾妮	女	1992/5/16	天津	2011/3/25

图 4-4　删除空行后数据表

2. 利用定位功能补全缺失值

在数据整理过程中，应当尽量避免使用合并单元格。存在合并单元格的表格不但无法直
接排序和筛选，数据记录也存在缺失遗漏等问题。

示例 4-2　利用定位功能补全缺失值

图 4-5 展示了某公司的发票记录表，其中"合同编号"字段存在大量合并单元格。
撤销单元格合并，并补全缺失值，操作步骤如下。

步骤① 选取 A 列，在【开始】选项卡下单击【合并后居中】按钮，取消单元格合并，如图 4-6
所示。

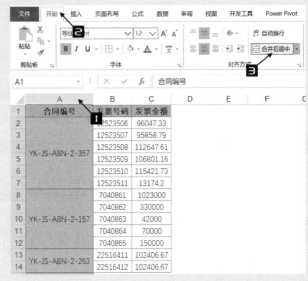

图 4-5　发票记录表　　　　　　　　　　图 4-6　撤销合并单元格

步骤② 保持选取 A 列状态不变，按 < Ctrl+G > 组
合键，在弹出的【定位】对话框中单击【定
位条件】按钮，打开【定位条件对话框】，
在对话框选中【空值】单选按钮，并单击【确
定】按钮，选取当前选定区域中所有包含空
值的单元格。

步骤③ 依次按下 < = > 键、< 向上键 >，然后按
< Ctrl+Enter > 组合键，即可将空白单元格
填充为紧邻的上一个单元格的数据。
完成后结果如图 4-7 所示。

图 4-7　定位功能补全缺失值

3. 利用查找和替换功能补全缺失值

查找和替换是 Excel 中一项常用的功能，它可以在指定范围内快速查找到指定的数据，
并进行相应的处理。

按 < Ctrl+F > 组合键可以调出【查找和替换】对话框,并自动切换到【查找】选项卡。

单击【查找和替换】对话框中的【选项】按钮,能够展开更多与查找有关的选项,除了可以选择区分大小写、单元格匹配、区分全/半角等,还可以选择范围、搜索顺序和查找的类型等,如图 4-8 所示。

图 4-8　更多查找选项

如果选中了【区分大小写】复选框,在查找字符串"Excel"时,不会在结果中出现内容为"excel"的单元格。

如果选中了【单元格匹配】复选框,在查找字符串"Excel"时,不会在结果中出现内容为"ExcelHome"的单元格。

如果选中了【区分全/半角】复选框,在查找字符串"Excel"时,不会在结果中出现内容为"Ｅｘｃｅｌ"的单元格。

在【范围】项的下拉列表中,用户可以设置查找范围为工作表或工作簿。

如果在【查找和替换】对话框中单击【查找全部】按钮,会在对话框下方显示出所有符合条件的列表,单击其中一项,可定位到该数据所在的单元格,如图 4-9 所示。

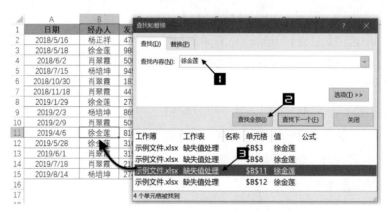

图 4-9　查找全部选项

此外,按 < Ctrl+H > 组合键可以调出【查找和替换】对话框,并自动切换到【替换】选项卡。与查找功能类似,替换功能也有多种选项供用户选择。

示例 4-3 利用查找和替换功能补全缺失值

图 4-10 展示了某公司员工考核得分数据表,部分单元格为空值,现需更正为 0。

	A	B	C	D	E
1	姓名	第一季度考核得分	第二季度考核得分	第三季度考核得分	第四季度考核得分
2	金成勇	98	87		97
3	杨培坤	84	88	87	80
4	段天贵		85	81	89
5	王华祝	91	85		79
6	徐金莲	94		81	78
7	肖翠霞	90	89	87	95
8	盛月姬		92	98	
9	李焜	80		98	88
10	胡艾妮	94	79		78

图 4-10 某公司考核得分数据表

选取 B2:E10 单元格区域,按 < Ctrl+H > 组合键调出【查找和替换】对话框,【查找内容】编辑框保持空白不变,在【替换为】编辑框中输入要替换的内容,本例为 0,单击【全部替换】按钮,即可快速将所有符合查找条件的空白单元格替换为指定的内容。

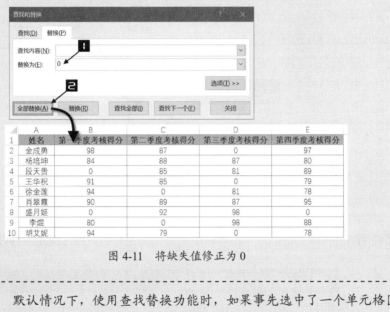

	A	B	C	D	E
1	姓名	第一季度考核得分	第二季度考核得分	第三季度考核得分	第四季度考核得分
2	金成勇	98	87	0	97
3	杨培坤	84	88	87	80
4	段天贵	0	85	81	89
5	王华祝	91	85	0	79
6	徐金莲	94	0	81	78
7	肖翠霞	90	89	87	95
8	盛月姬	0	92	98	0
9	李焜	80	0	98	88
10	胡艾妮	94	79	0	78

图 4-11 将缺失值修正为 0

提示 默认情况下,使用查找替换功能时,如果事先选中了一个单元格区域,则查找替换仅对所选范围内有效,否则将针对整个工作表有效。

4.1.2 重复值处理

"数据去重"是用户在数据整理过程中经常面临的问题,Excel 对此提供了多种解决方法,如使用条件格式快速标记重复值,利用【删除重复值】功能快速删除重复值等。

1. 判断重复值是否存在

使用 Excel 的条件格式功能,可以快速对重复值所在单元格设置背景颜色,进而判断重复值是否存在。

示例 4-4　使用条件格式标记重复值

图 4-12 展示了某公司员工名单表，现需快速判断其中是否存在重复数据。

选取 A 列整列，在【开始】选项卡中依次单击【条件格式】→【突出显示单元格规则】→【重复值】命令，在打开的【重复值】对话框左侧的下拉列表中选择"重复"选项，在右侧下拉列表中选择或设置所需的格式，比如"浅红填充色深红色文本"，最后单击【确定】按钮，如图 4-13 所示。

完成设置后的效果如图 4-14 所示。

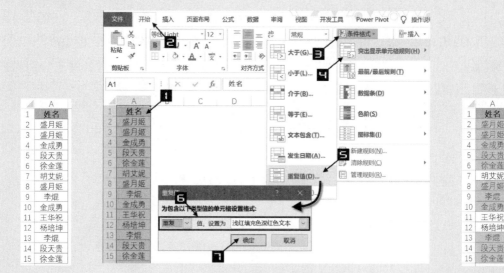

图 4-12　员工名单　　　　　图 4-13　利用条件格式标注重复值　　　　　图 4-14　条件格式标记重复值

除了使用条件格式功能以外，也可以使用公式快速判断数据区域是否存在重复值。

示例 4-5　使用函数判断重复值

依然以图 4-12 所示数据为例，在 B2 单元格输入以下公式，并复制填充至 A2:A15 单元格区域。

```
=COUNTIF(A:A,A2)
```

公式使用 COUNTIF 函数判断每个姓名在 A 列出现的次数，次数大于 1 则说明存在重复值。公式计算结果如图 4-15 所示。

图 4-15 使用 COUNTIF 函数计算姓名出现的次数

2. 提取唯一值列表

使用 Excel 的【删除重复值】功能，可以快速提取一组数据中的唯一值。

示例 4-6 **快速提取唯一值列表**

图 4-16 展示了某公司人员名单表，包含部门和姓名两个字段，需要删除两个字段均重复的数据。

操作步骤如下。

步骤① 单击数据区域中任一单元格，如 A3 单元格，在【数据】选项卡下单击【删除重复值】按钮，在弹出的【删除重复值】对话框中单击【确定】按钮，如图 4-17 所示。

图 4-16 人员名单表

图 4-17 删除重复值

步骤② 如图 4-18 所示，Excel 弹出提示对话框，显示了重复值和唯一值的数量信息，此时单击【确定】按钮关闭对话框，即可完成删除重复值的操作。

图 4-18 删除重复项结果对话框

提示 在【删除重复值】对话框的列表框中，列出了单元格区域中所有的字段标题，用户可以选中其中各字段的复选框，指定为哪些字段执行删除重复项的操作。

除了使用【删除重复值】的功能以外，也可以使用公式达到"数据去重"的目的。

示例 4-7　使用 COUNTIF 函数筛选不重复值

依然以图 4-16 所示数据为例，假如需要删除"姓名"字段重复的记录，操作步骤如下。

步骤① 在 C1 单元格输入标题："重复次数"。在 C2 单元格输入以下公式，并复制填充至 C2:C23 单元格区域。结果如图 4-19 所示。

```
=COUNTIF(B$2:B2,B2)
```

图 4-19 使用 COUNTIF 函数计算姓名重复次数

步骤② 选取 A1:C23 单元格区域，依次按下 < Alt > 键、< D > 键、< F > 键和 < F > 键，打开筛选状态。单击 C1 单元格的筛选按钮，在弹出的下拉菜单中取消选中次数为"1"的复选框，单击【确定】按钮，如图 4-20 所示。

步骤③ 选取筛选结果，按 < Ctrl+- > 组合键删除，依次按下 < Alt > 键、< D > 键、< F > 键和 < F > 键，取消数据列表的筛选状态，即可得出姓名字段唯一值列表，结果如图 4-21 所示。

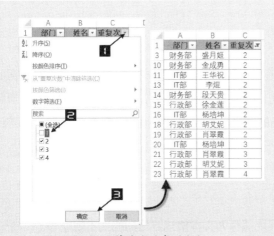

图 4-20　筛选出重复的数据　　　　　　　　图 4-21　删除重复数据后的数据表

当需要将不重复记录筛选到其他单元格区域时，可以使用高级筛选功能。

示例 4-8　使用高级筛选获取不重复记录

图 4-22 展示了将 A1:B12 单元格区域的不重复记录筛选出来，并复制到以 D1 为左上角的单元格区域中。

单击数据列表的任一单元格，如 A4 单元格，在【数据】选项卡下单击【高级】按钮，弹出【高级筛选】对话框。在对话框中选中【将筛选结果复制到其他位置】单选按钮，在【复制到】编辑框中输入 $D$1，选中【选择不重复记录】复选框，最后单击【确定】按钮，即可得到筛选结果，如图 4-23 所示。

图 4-22　高级筛选获取不重复记录

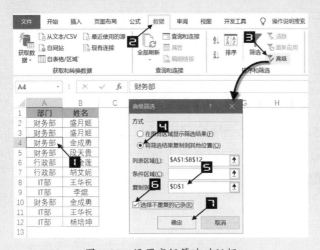

图 4-23　设置高级筛选对话框

4.1.3 错误值处理

常见的 Excel 错误值有数据类型错误、公式返回的特殊错误值等。Excel 对数据的输入并没有严格的类型要求，一列之中既可以有数值，也可以有文本值。但当数据被计算和统计分析时，Excel 对数据的类型又有严格的区分。如果数据类型不正确往往导致数据统计出现错漏。同时，公式返回的错误值也会严重阻碍数据的统计，往往导致其他统计类函数返回错误值。

1. 处理数据类型错误

常见的数据类型错误有数值被错误地储存为文本格式、日期格式不规范等。

文本型数字是 Excel 中一种比较特殊的数据类型，它的内容是数值，但作为文本类型进行储存，具有文本类型数据的特征，一般情况下，文本型数字所在单元格的左上角会显示绿色三角形符号。由于无法直接应用于统计运算，需要将文本型数字转换为数值型数据。常用的技巧有分列、剪贴板、转换为数字等。

示例 4-9 单列文本型数字转换为数值

图 4-24 所示为某公司发票登记表，C 列的金额字段数据类型为文本型数字，导致 F2 单元格的 SUM 函数求和结果为 0，无法正确统计求和。

F2 =SUM(C:C)

	A	B	C	D	E	F
1	日期	发票号码	金额	经办人		总金额
2	2018/5/16	47847089	431.51	杨正祥		0
3	2018/5/18	98046023	111.76	徐金莲		
4	2018/6/2	50644706	198.65	肖翠霞		
5	2018/7/15	94569655	954.97	杨培坤		
6	2018/10/30	18378686	994.25	肖翠霞		
7	2018/11/18	44156428	259.5	肖翠霞		
8	2019/1/29	27043188	577.37	徐金莲		
9	2019/2/3	86531507	657.66	杨培坤		
10	2019/2/9	50910416	805.73	肖翠霞		
11	2019/4/6	81057333	642.36	徐金莲		
12	2019/5/28	31662619	592.22	徐金莲		
13	2019/6/1	31539781	565.65	肖翠霞		
14	2019/7/18	21058775	404.94	肖翠霞		
15	2019/8/14	27424615	153.79	杨培坤		

图 4-24 发票登记表

选取 C 列整列，在【数据】选项卡下单击【分列】按钮，在弹出的【文本分列向导 - 第 1 步，共 3 步】对话框中，直接单击【完成】按钮关闭对话框，即可将 C 列的数据类型由文本转换为数值，如图 4-25 所示。

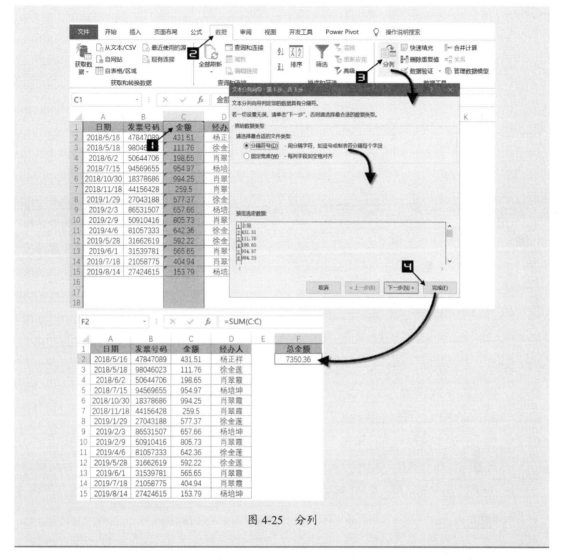

图 4-25　分列

"分列"转换数据类型简单又高效，但只适合单列数据，当需要转换类型的数据范围为多列时，可以使用"转换为数字"功能或剪贴板。

示例 4-10　多列文本型数字转换为数值

图 4-26 展示了某公司工资表，由于各项工资金额为文本型数值，导致 G 列 SUM 函数的求和结果为 0。

选中 B2:F11 单元格区域，单击 B2 单元格左侧的【错误检查选项】按钮，在弹出的选项菜单中单击【转换为数字】命令，即可将该区域的数据由文本型数值转换为数字，如图 4-27 所示。

G2			×	✓	fx	=SUM(B2:F2)	

	A	B	C	D	E	F	G
1	姓名	基本工资	岗位工资	津(补)贴	绩效工资	职称补贴	合计
2	杨正祥	1480	1100	1800	1500		0
3	徐金莲	1480	1100	1800	1500		0
4	肖翠霞	1480	1100	1600	1500		0
5	杨培坤	1480	800	1600	1400		0
6	盛月姬	1480	900	1600	1400	300	0
7	金成勇	1480	800	1600	1400		0
8	段天贵	1430	900	1800	1400	300	0
9	胡艾妮	1380	900	1500	1500		0
10	王华祝	1380	900	1500	1500	300	0
11	李焜	1380	900	1500	1500		0

图 4-26 无法正确求和金额的工资表

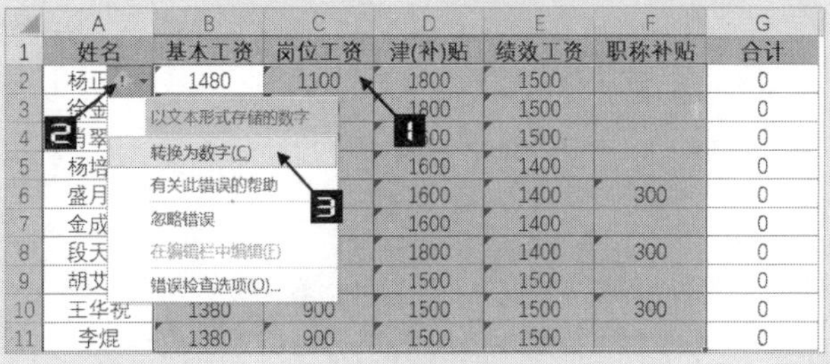

"转换为数字"功能要求所选区域的左上角单元格必须为文本型数值，否则系统不会出现【错误检查选项】按钮。此外，该功能效率偏低，当需要处理的单元格范围较大时，应避免使用。此时可以使用剪贴板完成数据类型的转换。

图 4-27 使用"转换为数字"功能

依然以图 4-26 所示的数据为例，使用剪贴板将文本型数值转换为数字的操作过程如下。

步骤① 选中 B2:F11 区域，按< Ctrl+C >复制。

步骤② 保持 B2:F11 区域的选中状态，将单元格格式设置为常规。

步骤③ 在【开始】选项卡下，单击【剪贴板】命令组右下角的【对话框启动器】按钮，打开剪贴板任务窗格，单击剪贴板中的【全部粘贴】按钮，将剪贴板中的内容粘贴到 B2:F11 单元格区域，如图 4-28 所示。

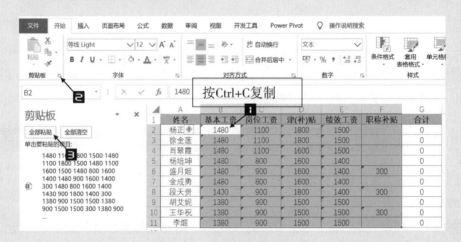

图 4-28 使用剪贴板

将工资金额从文本型数值转换为数字后，G 列 SUM 函数即可正确获取求和结果，如图 4-29 所示。

	A	B	C	D	E	F	G
G2			fx	=SUM(B2:F2)			
1	姓名	基本工资	岗位工资	津(补)贴	绩效工资	职称补贴	合计
2	杨正祥	1480	1100	1800	1500		5880
3	徐金莲	1480	1100	1800	1500		5880
4	肖翠霞	1480	1100	1600	1500		5680
5	杨培坤	1480	800	1600	1400		5280
6	盛月姬	1480	900	1600	1400	300	5680
7	金成勇	1480	800	1600	1400		5280
8	段天贵	1430	900	1800	1400	300	5830
9	胡艾妮	1380	900	1500	1500		5280
10	王华祝	1380	900	1500	1500	300	5580
11	李焜	1380	900	1500	1500		5280

图 4-29 SUM 函数正确统计求和结果

在使用 Excel 进行数据分析处理的过程中，用户会处理大量的日期型数据。由于有些日期数据的输入格式不规范，也就不属于真正的日期，不能直接用于日期计算。

示例 4-11 使用"分列"转换日期

如图 4-30 所示，A 列的"日期"格式近乎杂乱无章，如需快速将该字段修正为正确的日期格式，可以使用 Excel 的"分列"功能。

操作步骤如下。

步骤① 单击 A 列列标，在【数据】选项卡下单击【分列】按钮，在弹出的【文本分列向导 - 第 1 步，共 3 步】对话框中，单击【下一步】按钮，在弹出的【文本分列向导 - 第 2 步，共 3 步】对话框，单击【下一步】按钮。

步骤② 在【文本分列向导 - 第 3 步，共 3 步】对话框的【列数据格式】区域中选中【日期】单选按钮，并在【日期】下拉列表中选择"YMD"项，单击【完成】按钮，关闭对话框即可，如图 4-31 所示。

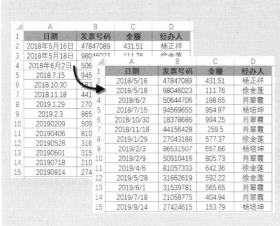

图 4-30 转换日期格式

图 4-31 【文本分列向导 - 第 3 步，共 3 步】

注意

设置单元格格式并不能对错误的日期格式转换修正，这是由于设置单元格格式只能改变值的外观，而无法修改单元格内的实际值。

2. 处理函数返回的错误值

当 Excel 公式不能正确计算结果时，会显示为错误值。错误值以“#”开头，其后包含大写的出错信息。Excel 提供了用于屏蔽错误值的 IFERROR 函数，函数的作用是：如果公式的计算结果为错误值，则返回指定的值，否则返回公式的结果。函数的第一参数是用于检查错误值的公式，第二参数是公式计算结果为错误值时要返回的值。

示例 4-12 使用 IFERROR 函数屏蔽错误值

如图 4-32 所示，F2 单元格使用销售金额除以数量计算商品单价，公式如下。

```
=E2/D2
```

由于 D3:D4 单元格区域没有填写数量，F3:F4 单元格区域公式返回错误值 #DIV/0!，此时可以使用 IFERROR 函数避免错误值的产生，使之返回字符串“数量待核”。F2 单元格公式修改如下。

```
=IFERROR(E2/D2," 数量待核 ")
```

公式计算结果如图 4-33 所示。

F2 =E2/D2

	A	B	C	D	E	F
1	销售日期	商场	品名	数量	销售金额	单价(元)
2	2019/5/22	杭州大厦	卫衣	87	30711	353
3	2019/7/1	杭州银泰	T恤		17935	#DIV/0!
4	2019/5/29	厦门哈乐福	外套		3640	#DIV/0!
5	2019/11/24	厦门万达	衬衣	96	33024	344
6	2020/1/15	厦门闽都汇	牛仔裤	8	3824	478
7	2020/1/1	成都王府井	卫衣	24	44064	1836
8	2019/10/25	南京乐百	卫衣	90	63270	703

图 4-32 含有错误值的数据表

F3 =IFERROR(E3/D3,"数量待核")

	A	B	C	D	E	F
1	销售日期	商场	品名	数量	销售金额	单价(元)
2	2019/5/22	杭州大厦	卫衣	87	30711	353
3	2019/7/1	杭州银泰	T恤		17935	数量待核
4	2019/5/29	厦门哈乐福	外套		3640	数量待核
5	2019/11/24	厦门万达	衬衣	96	33024	344
6	2020/1/15	厦门闽都汇	牛仔裤	8	3824	478
7	2020/1/1	成都王府井	卫衣	24	44064	1836
8	2019/10/25	南京乐百	卫衣	90	63270	703

图 4-33 IFERROR 函数计算结果

4.1.4 异常值检测

在统计学中，异常值是指一组测定值中与平均值的偏差超过两倍标准差的测定值，与平均值的偏差超过三倍标准差的测定值，被称为高度异常的异常值。异常值的处理有直接删除、以平均值进行修正等方式。

1. 使用散点图检测异常值

异常值又被称为离群值，而散点图可以用两组数据构成多个坐标点，考察坐标点的分布，总结坐标点的分布模式。因此使用散点图可以较为便捷地查看数据是否存在异常值。

示例 4-13　使用散点图检测异常值

图 4-34 展示了某地区月均工资调查表。使用散点图检测异常值，操作步骤如下。

选取数据列表任一单元格，如 B3 单元格，在【插入】选项卡下依次单击【插入散点图(X,Y) 或气泡图】→【散点图】，插入一个默认样式的散点图，如图 4-35 所示。

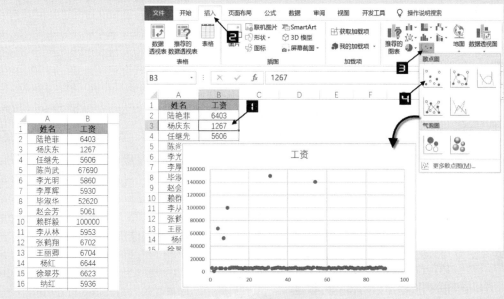

图 4-34　月均工资调查表　　　　　　　图 4-35　插入散点图

通过观察该散点图，不难发现存在个别离群值，也就是异常值。

2. 使用公式检测异常值

除了使用散点图外，也可以使用公式快速检测异常值。

示例 4-14　使用函数公式检测异常值

依然以图 4-34 展示的某地区月均工资表为例，使用公式快速检测出异常值，操作步骤如下。

在 C1 单元格输入字段名"检测是否异常值"，在 C2 单元格输入以下公式，并向下复制填充。

	A	B	C
1	姓名	工资	检测是否异常值
2	陆艳菲	6403	
3	杨庆东	1267	
4	任继先	5606	
5	陈尚武	67690	异常值
6	李光明	5860	
7	李厚辉	5930	
8	毕淑华	52620	
9	赵会芳	5061	
10	赖群毅	100000	异常值
11	李从林	5953	
12	张鹤翔	6702	
13	王丽卿	6704	
14	杨红	6644	
15	徐翠芬	6623	

图 4-36 使用公式检测异常值

```
=IF(ABS(B2-AVERAGE(B:B))>
2*STDEVP(B:B),"异常值","")
```

公式解析：

AVERAGE(B:B) 计算 B 列数值的平均值。

STDEVP(B:B) 计算 B 列数值的总体标准偏差。

当测定值与平均值的偏差超过两倍标准差时即判定为异常值。

公式返回结果如图 4-36 所示。

4.2　字符串整理

在数据分析中，特别是文本分析中，处理字符串需要耗费极大的精力，因而了解字符串处理的技巧对于数据分析而言是极其必要的。Excel 除了内置分列、查找替换、快速填充等功能外，也提供了丰富而强大的工作表函数，用于实现字符串的搜索、截取、合并、拆分、查找、替换和格式化等。

4.2.1　按分隔符拆分数据

如果一个字段包含多个信息单元的字符串，不同信息单元之间使用分隔符串联，将该字段拆分为一到多个独立的字段，将更有助于数据分析。

1. 使用分列按指定分隔符拆分数据

Excel 的分列功能可以根据分隔符号或固定宽度将目标列字段拆分为多列。

示例 4-15　按指定分隔符将数据拆分为多列

	A
1	姓名 岗位 考核分
2	陆艳菲 文员 50
3	杨庆东 文员 21
4	任继先 文员 74
5	陈尚武 文员 15
6	李光明 组长 89
7	李厚辉 组长 89
8	毕淑华 组长 86
9	赵会芳 组长 16
10	赖群毅 主管 72
11	李从林 主管 15
12	张鹤翔 主管 28

图 4-37 含有多种信息的单个字段

图 4-37 展示了 A 列数据包含了姓名、岗位、考核分等多种信息，各信息之间以空格为分隔符合并在一起。现在需要从中拆分出各项信息，具体操作步骤如下。

**步骤① ** 选取 A 列，在【数据】选项卡下单击【分列】按钮，在弹出的【文本分列向导 - 第 1 步，共 3 步】对话框中保留默认选项，单击【下一步】按钮，如图 4-38 所示。

第 4 章 数据整理

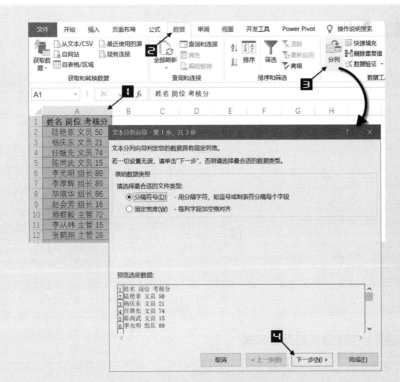

图 4-38 分列文本向导第 1 步

步骤② 在【文本分列向导 - 第 2 步，共 3 步】对话框的【分隔符号】列表框中，选中【空格】复选框，单击【下一步】按钮，如图 4-39 所示。

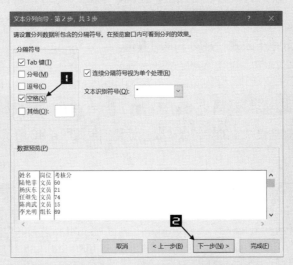

图 4-39 文本分列向导第 2 步

步骤③ 在弹出的【文本分列向导 - 第 3 步，共 3 步】对话框中，在【目标区域】编辑框输入 "=$B$1"，单击【完成】按钮，如图 4-40 所示。

结果如图 4-41 所示。

图 4-40　文本分列向导第 3 步

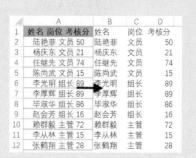

图 4-41　字段拆分后的数据表

2. 使用函数按指定分隔符拆分数据

与分列功能相比，Excel 函数在字符串处理的问题上更加灵活自由。

示例 4-16　使用函数按指定分隔符拆分数据

如图 4-42 所示，A 列的数据包含姓名、性别、年龄、职业等多种信息，各信息之间以斜杠为分隔符合并在一起。现在需要从中获取姓名信息，也就是第一个斜杠之前的字符。

在 B2 单元格输入以下公式，并向下复制填充。

```
=LEFT(A2,FIND("/",A2)-1)
```

FIND 函数获取 A2 单元格第 1 个斜杠的位置，LEFT 函数从原始字符串的左侧，截取长度为 FIND 函数的计算结果减 1 的字符数。公式计算结果如图 4-43 所示。

	A
1	数据
2	金成勇/男/25-34岁/自由职业/黑啤酒/哈尔滨啤酒
3	杨培坤/男/64岁以上/自由职业/果味啤酒/金威啤酒
4	段天贵/女/25-34岁/学生/熟啤酒/燕京啤酒
5	王华祝/男/18岁以下/自由职业/其他/雪花啤酒
6	徐金莲/男/64岁以上/自由职业/黑啤酒/燕京啤酒
7	肖翠霞/男/25-34岁/其他/黑啤酒/其他
8	盛月姬/女/25-34岁/学生/小麦啤酒/哈尔滨啤酒
9	李焜/男/55-64岁/企业白领/果味啤酒/燕京啤酒
10	胡艾妮/男/35-44岁/自由职业/纯生啤酒/黄河啤酒
11	解德培/女/25-34岁/其他/小麦啤酒/黄河啤酒
12	张晓祥/男/25-34岁/其他/黑啤酒/黄河啤酒
13	白雪花/男/35-44岁/自由职业/其他/金威啤酒
14	杨为民/男/25-34岁/自由职业/生啤酒/雪花啤酒
15	杨正祥/男/18-24岁/其他/其他/青岛啤酒

图 4-42　含有多个信息的单个字段

B2		× ✓ fx	=LEFT(A2,FIND("/",A2)-1)	

	A	B
1	数据	姓名
2	金成勇/男/25-34岁/自由职业/黑啤酒/哈尔滨啤酒	金成勇
3	杨培坤/男/64岁以上/自由职业/果味啤酒/金威啤酒	杨培坤
4	段天贵/女/25-34岁/学生/熟啤酒/燕京啤酒	段天贵
5	王华祝/男/18岁以下/自由职业/其他/雪花啤酒	王华祝
6	徐金莲/男/64岁以上/自由职业/黑啤酒/燕京啤酒	徐金莲
7	肖翠霞/男/25-34岁/其他/黑啤酒/其他	肖翠霞
8	盛月姬/女/25-34岁/学生/小麦啤酒/哈尔滨啤酒	盛月姬
9	李焜/男/55-64岁/企业白领/果味啤酒/燕京啤酒	李焜
10	胡艾妮/男/35-44岁/自由职业/纯生啤酒/黄河啤酒	胡艾妮
11	解德培/女/25-34岁/其他/小麦啤酒/黄河啤酒	解德培
12	张晓祥/男/25-34岁/其他/黑啤酒/黄河啤酒	张晓祥
13	白雪花/男/35-44岁/自由职业/其他/金啤酒	白雪花
14	杨为民/男/25-34岁/自由职业/生啤酒/雪花啤酒	杨为民
15	杨正祥/男/18-24岁/其他/其他/青岛啤酒	杨正祥
16	杨开文/男/25-34岁/学生/黑啤酒/中华啤酒	杨开文

图 4-43　获取姓名信息的计算结果

如需获取 A 列混合信息中的啤酒品牌，即最后一个斜杠后的数据，可以使用以下公式：

`=TRIM(RIGHT(SUBSTITUTE(A2,"/",REPT(" ",50)),50))`

SUBSTITUTE 函数将 A2 单元格中的斜杠全部替换为 50 个空格，将不同信息的字符串分隔到大量空格包裹之中。RIGHT 函数从原始字符串的右侧提取 50 个字符，最后使用 TRIM 函数消除多余的空格。公式计算结果如图 4-44 所示。

图 4-44　获取啤酒品牌信息的计算结果

如需获取 A 列混合信息中的职业信息，即第 3 个斜杠和第 4 个斜杠之间的数据，可以使用以下公式。

`=TRIM(MID(SUBSTITUTE(A2,"/",REPT(" ",50)),3*50,50))`

第 3 个斜杠和第 4 个斜杠之间的数据处在 150 和 200 字符之间。因此 MID 函数的第三参数取值位置为 3*50，第四参数截取字符长度为 50。公式计算结果如图 4-45 所示。

图 4-45　获取职业信息的计算结果

3. 按数据位置拆分数据

当一个字段包含多个信息单元的字符串，同时不同信息单元之间又没有使用分隔符进行分隔时，应观察能否根据字符的位置进行拆分处理。

示例 4-17　按数据的位置拆分数据

图 4-46 展示了某公司员工身份证号的信息（本例为虚拟），需要从中提取出生日期的数据，也就是第 7 位到第 15 位之间的字符。

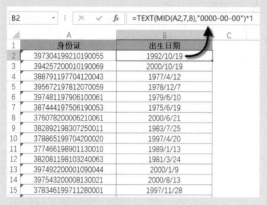

图 4-46　从身份证中获取出生日期

结果如图 4-46 所示。

在 B2 单元格输入以下公式，并向下复制填充。

`=TEXT(MID(A2,7,8),"0000-00-00")*1`

公式使用 MID 函数从 A2 单元格字符串的第 7 个字符起，提取 8 个字符，得到由年月日等信息组成的字符串"19921019"，然后使用 TEXT 函数将其格式化为"1992-10-19"，最后使用乘 1 的方式将形似日期的文本值转换为真正的日期。

将 B 列单元格格式设置为"短日期"后，

4.2.2　按数据类型拆分数据

当一个字段包含多个信息单元的字符串，同时不同信息单元之间没有使用分隔符进行分隔，字符的位置又没有规律时，可以根据数据类型等进行拆分处理。

示例 4-18　按数据类型拆分数据

	A	B	C	D
1	数据	姓名	英文名	电话号码
2	金成勇Timmy285940875	金成勇	Timmy	285940875
3	杨培坤Judd639843949	杨培坤	Judd	639843949
4	段天贵Dequan343293064	段天贵	Dequan	343293064
5	王华祝Olin508136170	王华祝	Olin	508136170
6	徐金莲Bear582347532	徐金莲	Bear	582347532
7	肖翠霞Caesar817021725	肖翠霞	Caesar	817021725
8	盛月姬Davi881291513	盛月姬	Davi	881291513
9	李煜Wisdom500820315	李煜	Wisdom	500820315
10	胡艾妮Pavel309783672	胡艾妮	Pavel	309783672
11	解德培Alain262066820	解德培	Alain	262066820
12	张晓祥Dempsey944980257	张晓祥	Dempsey	944980257
13	白雪花Calder965631012	白雪花	Calder	965631012
14	杨为民Karam643078170	杨为民	Karam	643078170

图 4-47　A 列数据含有多个信息

如图 4-47 所示，A 列的数据包含了中文名、英文名和电话号码等三个信息单元。现在需要从中分别提取出中文名、英文名和电话号码。

步骤① 获取混合信息中的中文名。

在 B2 单元格输入以下公式，并向下复制填充。

`=LEFTB(A2,SEARCHB("?",A2)-1)`

SEARCHB 函数使用通配符"?"作为查找值，用于匹配任意一个单节字符，本例中，该函数返回的结果为 A2 单元格第 1 个单字节字符"T"的位置。SEARCHB 函数将一个汉字

的字节长度计算为 2，字符 "金成勇" 的字节长度为 6。因此 SEARCHB 函数返回 "T" 的
位置为 7，在此计算结果上减去 1 个字节长度，即为 "金成勇" 的字节长度。

最后使用 LEFTB 函数从左侧提取 6 个字节的长度，即为结果 "金成勇"。

注意　→　┌───┐
　　　　　　　上述计算方法仅适用于中文操作系统下的中文版 Excel。
　　　　　　└───┘

步骤② 获取混合信息中的英文名。

在 C2 单元格输入以下数组公式，并向下复制填充。

```
=TEXTJOIN("",TRUE,IF(ISNUMBER(SEARCH(MID(A2,ROW($1:$29),1),"abcde
fghijklmnopqrstuvwxyz"))),MID(A2,ROW($1:$29),1),""))
```

公式首先判断 A2 单元格中每一个字符是否在字符串 "abcdefghijklmnopqrstuvwxyz"
中存在，如果存在，则使用 TEXTJOIN 函数合并为一个字符串。

注意　→　┌───┐
　　　　　　　TEXTJOIN 函数是 Excel 2019 新增的函数。
　　　　　　└───┘

步骤③ 获取混合信息中的数值。

在 D2 单元格输入以下公式，并向下复制填充。

```
=-LOOKUP(0,-RIGHT(A2,ROW($1:$9)))
```

公式使用 RIGHT 函数从 A2 单元格字符串的右侧分别提取 1、2、3……9 个字符，再加
上一个负号，将数值部分转换为负数，文字部分转换为错误值。

LOOKUP 函数以 0 作为查找值，在由负数和错误值构成的内存数值中返回最后一个负
数。最后对 LOOKUP 函数的结果加上负号，即得到正数结果。

4.2.3　使用快速填充处理数据

Excel 自 2013 版本开始新增了一项名为 "快速填充" 的功能。它能够让字符串处理工
作变得极其简单，如日期的拆分、字符串的分列和合并等。不过需要注意的是，快速填充只
能在数据区域的相邻列才能使用，在横向填充时不起作用。在处理缺乏明显规律性的数据时，
快速填充也可能无法得到准确的结果。

示例 4-19　使用快速填充按照数据特征提取数据

依然以图 4-47 所示的数据为例，使用 "快速填充" 的方式分别从 A 列混合信息中获取
中文名、英文名和电话号码的信息，操作步骤如下。

在 B2 单元格手工输入 A2 单元格正确的中文名，本例为 "金成勇"。选取 B3 单元格，

按 < Ctrl+E >组合键，系统便会自动获取 A 列其他单元格数据中的中文名，如图 4-48 所示。

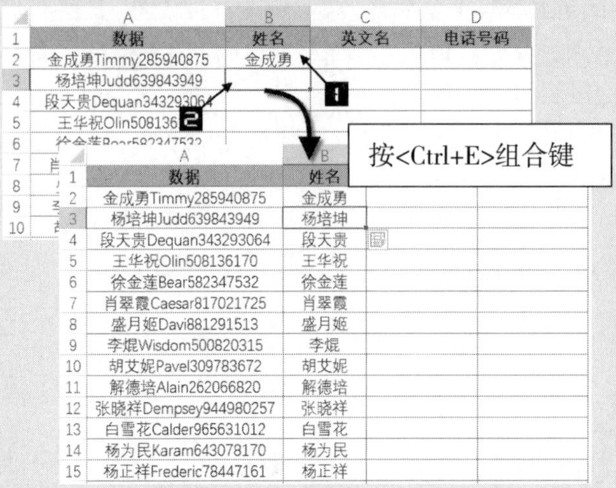

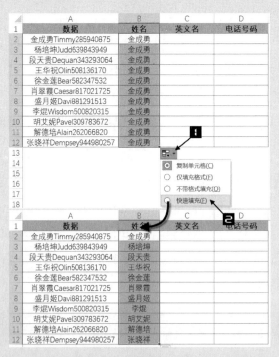

图 4-48 "快速填充"获取姓名信息

除了使用 < Ctrl+E >组合键外，也可以双击 B2 单元格右下角填充柄，当填充动作完成时，再单击填充区域右下角的【填充选项】按中，选中【快速填充】单选按钮。此时，Excel 也会自动计算并提取 A 列数据中的姓名信息，如图 4-49 所示。

图 4-49 使用【填充选项】设置【快速填充】

用同样的方式即可分别在 C 列和 D 列获取 A 列混合文本中的英文名、电话号码等信息。

快速填充也可以实现类似"分列"的功能，按分隔符对字符串进行拆分。如果原始数据中包含分隔符号，执行快速填充后，Excel 会智能地根据分隔符号的位置，提取其中相应的部分进行拆分。

示例 4-20　使用快速填充按分隔符拆分数据

依然以图 4-42 所示数据列表为例，A 列的数据包含姓名、性别、年龄、职业等多种信息，各信息之间以斜杠为分隔符合并在一起。现在需要从中获取性别信息，也就是第 1 个斜杠和第 2 个斜杠之间的数据。

在 B2 单元格输入 A2 单元格正确的结果，本例为"男"，选中 B3 单元格，按 < Ctrl+E > 组合键，系统便会自动获取 A 列其他单元格数据中的性别信息，如图 4-50 所示。

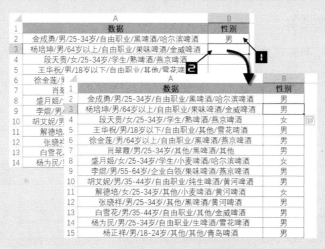

图 4-50　使用快速填充按分隔符提取数据

如果在单元格中输入的不是数据列表中某个单元格的完整内容，而只是字符串的一部分字符，当执行快速填充后，Excel 会按照其位置规律自动拆分获取数据。

示例 4-21　使用快速填充按位置拆分数据

以图 4-46 所示数据为例，需要从 A 列的身份证号信息中获取出生日期，也就是第 7 位到第 15 位之间的字符。

在 B2 单元格输入 A2 单元格正确的结果，本例为"1992/10/19"，选中 B3 单元格，按 < Ctrl+E >组合键，系统便会自动获取 A 列其他单元格数据中的出生日期的信息。结果如图 4-51 所示。

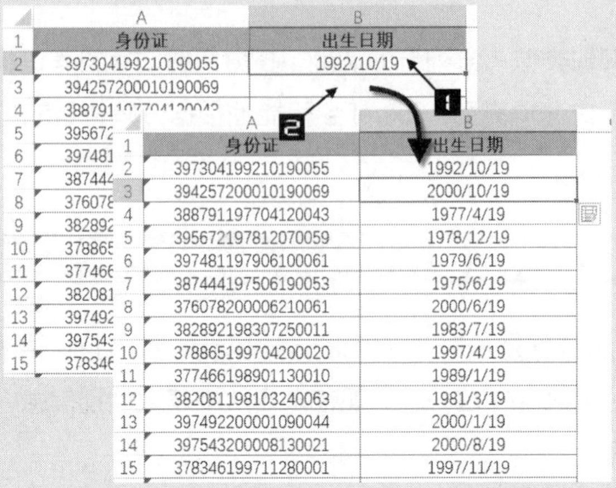

图 4-51　使用快速填充按字符位置提取数据

4.2.4　字符串的合并

在某些情况下，用户可能需要将多个字段的数据合并为一个字段，以便于数据的进一步分析处理。例如，日期型数据被拆分为年、月、日三个字段，姓名被拆成了姓和名两个字段等情况。

1. 使用“&”运算符合并字符串

“&”运算符是 Excel 中的文本连接符，可以将两个字符串合并为一个文本值。

示例 4-22　使用 & 运算符合并多个字段为一个字段

图4-52展示了某公司财务数据表，其中年月日被拆分为三个字段，现需合并为一个字段。

在 G2 单元格输入以下公式，并复制填充至 G2:G12 单元格区域。

```
=(A2&"-"&B2&"-"&C2)*1
```

公式使用文本连接符“&”将年、月、日合并为一个新的字符串，该字符串为文本类型，使用数学运算 *1 的方式使其转换为数值类型，将 G 列单元格格式设置为短日期后，结果如图 4-53 所示。

	A	B	C	D	E	F
1	年	月	日	出账	入账	结余
2	2018	1	1	5088.91	4235.26	99146.4
3	2018	1	2	4360.95	8722.23	104361
4	2018	1	8	1135.22	2292	101157
5	2018	1	23	464.54	3033.97	102569
6	2018	2	2	5725.26	9416.49	103691
7	2018	2	4	3044.15	5746.36	102702
8	2018	2	24	6045.61	2029	95983.4
9	2018	2	24	9241.39	4039.45	94798.1
10	2018	3	2	9518.22	9497.81	99979.6
11	2018	3	7	7297.9	9694.93	102397
12	2018	3	19	8256.1	4804.68	96548.6

图 4-52　财务数据表

G2　=(A2&"-"&B2&"-"&C2)*1

	A	B	C	D	E	F	G
1	年	月	日	出账	入账	结余	日期
2	2018	1	1	5088.91	4235.26	99146.4	2018/1/1
3	2018	1	2	4360.95	8722.23	104361	2018/1/2
4	2018	1	8	1135.22	2292	101157	2018/1/8
5	2018	1	23	464.54	3033.97	102569	2018/1/23
6	2018	2	2	5725.26	9416.49	103691	2018/2/2
7	2018	2	4	3044.15	5746.36	102702	2018/2/4
8	2018	2	24	6045.61	2029	95983.4	2018/2/24
9	2018	2	24	9241.39	4039.45	94798.1	2018/2/24
10	2018	3	2	9518.22	9497.81	99979.6	2018/3/2
11	2018	3	7	7297.9	9694.93	102397	2018/3/7
12	2018	3	19	8256.1	4804.68	96548.6	2018/3/19

图 4-53　多个字段合并为一个字段

除了使用文本连接符"&"，本例也可以使用以下公式，达到合并年、月、日为完整日期的目的。

```
=DATE(A2,B2,C2)
```

2. 使用 TEXTJOIN 函数合并字符串

TEXTJOIN 是 Excel 2019 新增的函数，主要作用是将多个数据，按指定分隔符合并成为一个字符串。其语法格式如下。

```
=TEXTJOIN(delimiter,ignore_empty,text1,[text2],...)
```

参数 delimiter 作为分隔符，是必备的。

参数 ignore_empty 是必备的，如果为 TRUE，则忽略空白值。

参数 text1 是必需的，指定了要加入合并的文本项。

参数 text2 是可选的，指定了要加入合并的其他文本项。

示例 4-23　使用 TEXTJOIN 函数有条件合并多个字段

图 4-54 展示了某公司销售人员数据统计表，需要在 N 列查询销售数量大于 60 的月份。

N2			fx	{=TEXTJOIN("、",TRUE,IF(B2:M2>60,B$1:M$1,""))}									
	A	B	C	D	E	F	G	H	I	J	K	L	M	N
1	月份 姓名	1月	2月	3月	4月	5月	6月	7月	8月	9月	10月	11月	12月	销售数量大于60的月份
2	盛月姬	23	73	56	67	34	50	1	73	6	21	17	17	2月、4月、8月
3	金成勇	11	38	24	38	75	15	54	18	63	58	79	14	5月、9月、11月
4	段天贵	16	51	14	12	78	34	47	31	68	78	56	42	5月、9月、10月
5	徐金莲	63	74	32	50	41	2	8	79	39	56	1	16	1月、2月、8月
6	胡艾妮	78	60	25	39	32	48	2	56	61	14	19	11	1月、9月
7	王华祝	46	45	47	5	78	41	53	53	76	37	41	24	5月、9月
8	李焜	51	6	5	8	35	59	46	16	14	19	68	71	11月、12月
9	杨培坤	51	7	41	49	59	45	7	25	18	4	8	3	

图 4-54　查询销售数量大于 60 的月份

在 N2 单元格输入以下数组公式，并复制填充至 N2:N9 单元格区域。

```
{=TEXTJOIN("、",TRUE,IF(B2:M2 > 60,B$1:M$1,""))}
```

公式使用 IF 函数判断 B2:M2 单元格区域的值是否大于 60，如果条件成立，则返回原值，否则返回假空。TEXTJOIN 函数第二参数为 TRUE，忽略第三参数返回的空值，并使用分隔符"、"将多个文本项合并为一个字符串。

4.2.5 使用易用宝处理字符串

易用宝的文本处理功能集合了常用的字符串处理解决方案，如改变字母大小写、批量添加和删除文本等，如图 4-55 所示。

图 4-55 易用宝文本处理

示例 4-24 使用易用宝删除指定类型的数据

图 4-56 展示了快速删除 A 列数据中文字符的处理结果。

选取数据范围，如 A2:A15 单元格区域，在【易用宝】选项卡下单击【文本处理】按钮，打开【Excel 易用宝 - 文本处理】对话框。在【功能】区域选中【删除特殊字符】单选按钮，在【选项】区域选中【中文字符】单选按钮，最后单击【应用】按钮，即可获取目标结果，如图 4-57 所示。

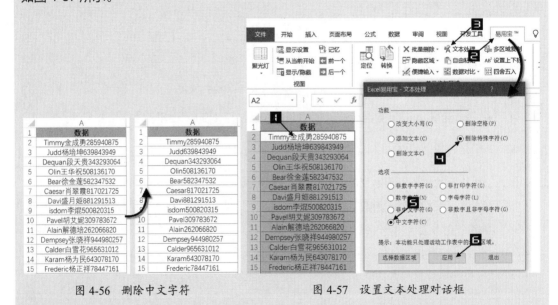

图 4-56 删除中文字符　　　　　图 4-57 设置文本处理对话框

4.3 数据排序

排序是数据整理和分析中常用的方法，为此 Excel 提供了排序功能，使用户可以根据需要对数据列表进行按行或列排序，按升序或降序排序，按单字段或多字段排序，甚至支持使用自定义规则排序。

示例 4-25 一个简单排序的例子

图 4-58 所展示的数据列表，未经排序的表格"补贴"字段的数据看上去杂乱无章，不利于查找及分析数据，而排序后的数据则一目了然。

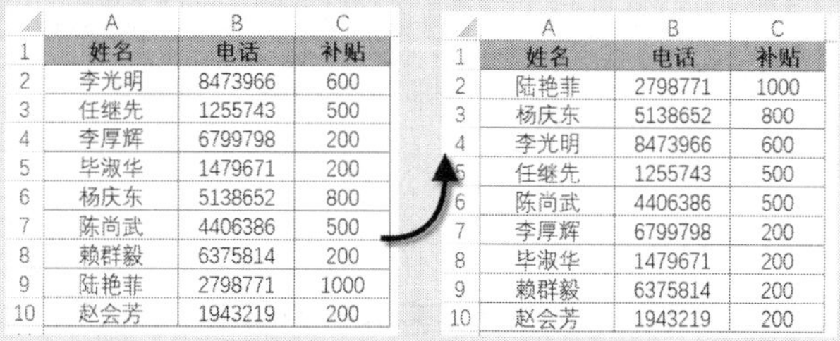

图 4-58 一个简单的排序例子

选中 C 列数据区域任一单元格（如 C3），在【数据】选项卡下单击【降序】按钮，即可以按照"补贴"为关键字对数据列表降序排序，如图 4-59 所示。

图 4-59 以"补贴"为关键字对数据列表降序排序

此外，也可以右击数据区域排序字段中任一单元格（如 C2）在弹出的快捷菜单中依次单击【排序】→【降序】命令，完成按照"补贴"为关键字对数据列表降序排序，如图 4-60 所示。

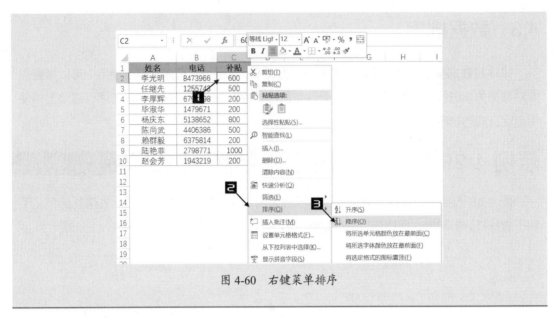

图 4-60　右键菜单排序

4.3.1　对指定数据区域排序

当用户执行排序操作时，Excel 默认的排序区域为整个数据区域。如果用户仅仅需要对数据列表中的某个特定区域排序，可以先选取该区域，再执行排序操作。

示例 4-26　对指定数据区域排序

如图 4-61 所展示的数据列表，为了使 A 列序号保持不变，仅需对 B1:D10 区域的数据按照“补贴”字段降序排列。

序号	姓名	电话	补贴
1	李光明	8473966	600
2	任继先	1255743	500
3	李厚辉	6799798	200
4	毕淑华	1479671	200
5	杨庆东	5138652	800
6	陈尚武	4406386	500
7	赖群毅	6375814	200
8	陆艳菲	2798771	1000
9	赵会芳	1943219	200

序号	姓名	电话	补贴
1	陆艳菲	2798771	1000
2	杨庆东	5138652	800
3	李光明	8473966	600
4	任继先	1255743	500
5	陈尚武	4406386	500
6	李厚辉	6799798	200
7	毕淑华	1479671	200
8	赖群毅	6375814	200
9	赵会芳	1943219	200

图 4-61　对指定数据区域降序排序

选取 B1:D10 单元格区域，在【数据】选项卡下单击【排序】按钮，在弹出的【排序】对话框中，【主要关键字】设置为“补贴”，【次序】设置为“降序”，单击【确定】按钮，关闭【排序】对话框即可。

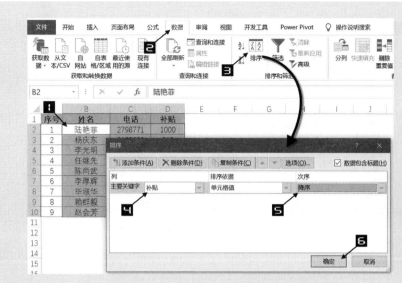

图 4-62 按"补贴"为关键字降序排序

4.3.2 多字段排序

Excel 的排序功能不但支持单字段排序,也支持多字段排序。Excel 2019 的【排序】对话框可以指定多达 64 个排序条件。

示例 4-27 多字段排序

图 4-63 展示了某公司员工考核表,需要依次按照"主管考核得分""内部考核得分""上期考核得分"对数据列表进行降序排序。当"主管考核得分"相同的情况下,按"内部考核得分"降序排列,当"内部考核得分"再次相同的情况下,按"上期考核得分"降序排列。

	A	B	C	D
1	姓名	主管考核得分	内部考核得分	上期考核得分
2	陆艳菲	96	90	90
3	杨庆东	96	93	95
4	李光明	93	95	90
5	任继先	86	91	85
6	陈尚武	100	91	96
7	李厚辉	90	99	89
8	毕淑华	92	97	99
9	赖群毅	100	98	89
10	赵会芳	100	90	91

图 4-63 员工考核得分表

操作步骤如下。

步骤① 选取数据区域任一单元格(如 B3),在【数据】选项卡下单击【排序】按钮,在弹出的【排序】对话框中,【主要关键字】设置为"主管考核得分",【次序】设置为"降序",如图 4-64 所示。

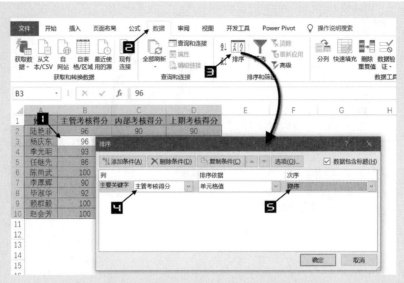

图 4-64 排序对话框设置主要关键字

步骤② 在【排序】对话框中继续设置条件，单击【添加条件】按钮，将【次要关键字】依次设置为"内部考核得分"和"上期考核得分"，【次序】均设置为"降序"，最后单击【确定】按钮，关闭【排序】对话框，即可完成对数据列表中多个字段的排序，如图 4-65 所示。

排序结果如图 4-66 所示。

图 4-65 添加多个次要关键字

	A	B	C	D
1	姓名	主管考核得分	内部考核得分	上期考核得分
2	赵会芳	100	98	91
3	赖群毅	100	98	89
4	陈尚武	100	91	96
5	杨庆东	96	93	95
6	陆艳菲	96	90	90
7	李光明	93	95	90
8	毕淑华	92	97	99
9	李厚辉	90	99	89
10	任继先	86	91	85

图 4-66 多字段排序结果

4.3.3 自定义排序

Excel 默认的排序依据包括数字的大小、英文或拼音字母顺序等，但在某些时候，用户需要按照默认排序依据范围以外的特定次序来排序。例如，公司内部职务，包括"经理""主管""业务"等，如果按照职务高低的顺序来排序，仅仅凭借 Excel 默认的排序依据是无法完成的。

实现自定义规则排序的常用方法有两种，一种是系统自带的"自定义序列"，另一种是借助公式构建辅助列。

1. 自定义序列排序

示例 4-28   自定义序列排序

图 4-67 展示了某公司员工工资表部分信息，B 列记录了员工的岗位等级，需要按照岗位等级的高低对数据列表降序排序。

	A	B	C	D	E	F	G	H	I
1	姓名	岗位等级	基本工资	岗位工资	津(补)贴	绩效工资	绩效补贴	职称补贴	合计
2	李承谦	主管二	2000	1400	2000	1700			7100
3	杨启	业务二	1600	900	1500	1500			5500
4	杨红	主管二	2000	1400	2000	1700		200	7300
5	赵会芳	经理级	3000	1400	2000	1700			8100
6	王丽卿	主管一	2500	1400	2000	1700			7600
7	张鹤翔	主管一	2500	1400	2000	1700			7600
8	李厚辉	经理级	3000	1400	2000	1700			8100
9	任继先	业务一	1800	1400	2000	1700		300	7200
10	赖群毅	主管二	2500	1400	2000	1700		300	7900
11	施文庆	业务一	1800	1400	2000	1700		200	7100
12	陆艳菲	业务二	1600	600	1100	1400	500		5200
13	陈尚武	业务二	1800	1400	2000	1700		200	7100
14	纳红	主管二	2000	1400	2000	1700			7100
15	李光明	经理级	3000	1400	2000	1700			8100

图 4-67 员工工资表

操作步骤如下。

步骤① 依次单击【文件】→【选项】命令，打开【Excel 选项】对话框，在【高级】选项卡中单击【常规】区域的【编辑自定义列表】按钮，打开【自定义序列】对话框，如图 4-68 所示。

图 4-68 编辑自定义列表

步骤② 在【自定义序列】对话框的【输入序列】编辑栏中，由大到小，按行依次输入岗位等级。单击【添加】按钮，将该序列添加到自定义序列，最后单击【确定】按钮关闭对话框，如图 4-69 所示。

图 4-69　添加自定义序列

步骤③ 选中数据区域中的任一单元格，如A1单元格，在【数据】选项卡下单击【排序】按钮，弹出【排序】对话框。在【主要关键字】列表框中选择"岗位等级"，【次序】选择"自定义序列"，弹出【自定义序列】对话框。在【自定义序列】列表中，选择相应的职务序列。最后单击【确定】按钮关闭对话框，即可完成自定义排序，如图4-70所示。

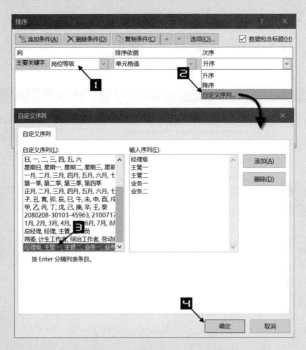

图 4-70　使用自定义序列对数据列表排序

排序结果如图 4-71 所示。

	A	B	C	D	E	F	G	H	I
1	姓名	岗位等级	基本工资	岗位工资	津(补)贴	绩效工资	绩效补贴	职称补贴	合计
2	赵会芳	经理级	3000	1400	2000	1700			8100
3	李厚辉	经理级	3000	1400	2000	1700			8100
4	李光明	经理级	3000	1400	2000	1700			8100
5	毕淑华	经理级	3000	1400	2000	1700		300	8400
6	王丽卿	主管一	2500	1400	2000	1700			7600
7	张鹤翔	主管一	2500	1400	2000	1700			7600
8	赖群毅	主管一	2500	1400	2000	1700		300	7900
9	李从林	主管一	2500	1400	2000	1700			7600
10	李承谦	主管二	2000	1400	2000	1700			7100
11	杨红	主管二	2000	1400	2000	1700		200	7300
12	纳红	主管二	2000	1400	2000	1700			7100
13	徐翠芬	主管二	2000	1400	2000	1700		200	7300
14	任继先	业务一	1800	1400	2000	1700		300	7200
15	施文庆	业务一	1800	1400	2000	1700			7100
16	陈尚武	业务一	1800	1400	2000	1700		200	7100
17	张坚	业务一	1800	1400	2000	1700		300	7200
18	杨启	业务二	1600	900	1500	1500			5500
19	陆艳菲	业务二	1600	600	1100	1400	500		5200

图 4-71　自定义排序后的数据列表

提示➡️ Excel 允许同时对多个字段使用不同的自定义次序进行排序。

2. 借助公式实现自定义规则排序

示例 4-29　借助公式实现自定义规则排序

依然以图 4-67 展示的某公司员工工资表为例，使用公式按照岗位等级的高低对数据列表降序排序的操作步骤如下。

步骤① 在 L 列以降序的方式输入正确的岗位等级，也就是依次输入经理级、主管一、主管二、业务一、业务二等，如图 4-72 所示。

步骤② 在 J1 单元格输入标题"辅助列"，在 J2 单元格输入以下公式，并向下复制填充，如图 4-73 所示。

=MATCH(B2,L:L,0)

图 4-72　岗位等级　　　　　　　图 4-73　使用函数制作辅助列

步骤③ 右击 J 列任一单元格，在弹出的快捷菜单中依次单击【排序】→【升序】命令，对数据列表以"辅助列"为关键字完成快速排序。

图 4-74　右键快捷菜单

步骤④ 删除 J 列辅助列，结果如图 4-71 所示。

4.3.4　按单元格背景颜色排序

在实际工作中，用户可能会接触到通过对单元格设置背景颜色或字体颜色来标注的比较特殊的数据。Excel 自 2007 版开始能够根据单元格背景颜色和字体颜色进行排序，从而帮助用户更加灵活地整理数据。

示例 4-30　按单元格背景颜色排序

如图 4-75 所示，数据列表的 A 列部分单元格分别填充了红色、黄色和绿色的背景颜色，需要对三种颜色进行排序整理。

步骤① 选中单元格区域任一单元格（如 C2），依次单击【数据】→【排序】按钮。在弹出的【排序】对话框中，选择【主要关键字】设置为"姓名"，【排序依据】为"单元格颜色"，【次序】为"红色"在顶端，如图 4-76 所示。

	A	B	C	D
1	姓名	主管考核得分	内部考核得分	上期考核得分
2	任继先	86	91	85
3	熊辉	89	100	85
4	李承道	99	95	88
5	赖群毅	100	98	89
6	李厚慧	90	99	89
7	陆艳菲	96	90	90
8	李光明	93	95	90
9	赵会芳	100	98	91
10	施文庆	95	90	91
11	杨庆东	96	93	95
12	任继先	100	85	95
13	陈尚武	100	91	96
14	徐豫浙	94	86	96
15	杨红	91	98	97
16	毕耀保	92	97	99

图 4-75　单元格背景填充三种颜色的数据列表

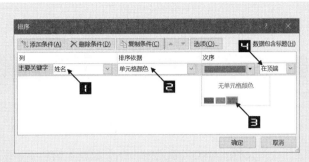

图 4-76　设置排序依据为单元格颜色

步骤② 单击【复制条件】按钮，设置"蓝色"为次级次序。重复该步骤，再设置"绿色"为次级次序。最后单击【确定】按钮，关闭【排序】对话框，完成按颜色排序，如图 4-77 所示。排序结果如图 4-78 所示。

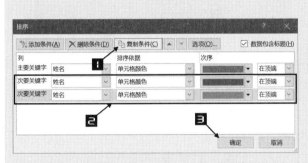

图 4-77　设置其他两种颜色的排序次序

图 4-78　三种单元格背景颜色排序结果

提示 →

除了按单元格背景颜色排序外，Excel 还能根据字体颜色和由条件格式产生的单元格图标进行排序，方法和单元格背景颜色排序相同。

4.4　数据筛选

通过数据筛选可以提高已经收集或储存的数据的可用性，更有利于数据的统计和分析，数据筛选在数据整理的过程中占有非常重要的地位。Excel 内置的"筛选"功能，可以较为便捷地处理此类需求。

4.4.1　按照数字特征对数据列表进行筛选

对于数值型字段，Excel 的筛选功能提供了丰富的【数字筛选】选项，如图 4-79 所示。既有大于、

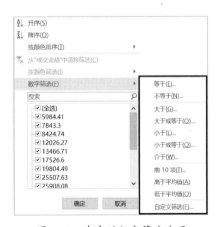

图 4-79　丰富的数字筛选选项

小于、不等于、介于等常用表达式，也有高于平均值、低于平均值、自定义筛选等。

示例 4-31　快速筛选涨幅前六名的股票

图 4-80 展示了一份股票行情表的部分数据，需要筛选出涨幅前六名的股票信息。
操作步骤如下。

步骤① 选中数据区域任一单元格，如 C2 单元格，在【数据】选项卡下单击【筛选】命令，
即可对数据列表启用筛选功能。此时，功能区中的【筛选】按钮呈现高亮显示状态，
数据列表中所有字段的标题单元格中也出现筛选按钮，如图 4-81 所示。

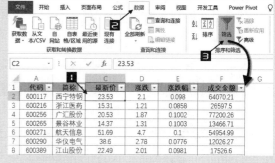

图 4-80　股票行情数据表　　　　图 4-81　选项卡功能区启用筛选功能

步骤② 单击 E1 单元格的筛选按钮，在弹出的下拉菜单中依次单击【数字筛选】→【前 10 项】
命令，弹出【自动筛选前 10 个】对话框，如图 4-82 所示。

图 4-82　打开自动筛选前 10 个对话框

步骤③ 在【自动筛选前 10 个】对话框中，分别设置【显示】为"最大""6""项"，单击【确
定】按钮关闭对话框，即可筛选出涨幅最高的前六名的股票信息，如图 4-83 所示。

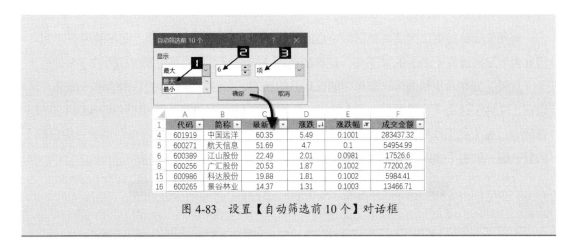

图 4-83　设置【自动筛选前 10 个】对话框

4.4.2　按照日期特征进行筛选

对于日期型数据字段，筛选下拉菜单会显示【日期筛选】的相关选项，功能十分丰富，如图 4-84 所示。

日期筛选有以下特点。

1.默认状态下，日期分组列表并没有直接显示具体的日期，而是以年、月、日分组后的分层形式显示。

2.Excel 提供了大量的预置动态筛选条件，将数据列表中的日期和当前日期的比较结果作为筛选条件。例如，昨天、明天、本周、本月、本季度等。

3.【期间所有日期】菜单下面的命令只按时间段进行筛选，而不考虑年。例如，【第 4 季度】条件表示数据列表中任何年度的第 4 季度，如图 4-85 所示。

图 4-84　日期型字段的筛选菜单

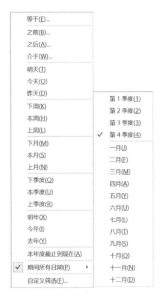

图 4-85　【期间所有日期】的扩展菜单

虽然 Excel 提供了大量有关日期特征的筛选条件，但仅能用于日期，而不能用于时间。因此也就没有类似于"上午""下午"这样的选项，Excel 筛选功能将时间仅视为数字来处理。

此外，如果希望取消筛选菜单中的日期分组状态，以便按照具体的日期值进行筛选，可以在【文件】选项卡下单击【选项】按钮，在弹出的【Excel 选项】对话框中切换到【高级】选项卡，在【此工作簿的显示选项】命令组中取消选中【使用"自动筛选"菜单分组日期】的复选框，单击【确定】按钮，如图 4-86 所示。

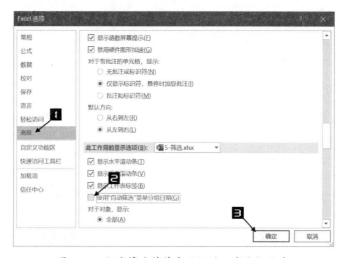

图 4-86　取消筛选菜单中默认的日期分组状态

示例 4-32　快速筛选各年度第 4 季度的销售数据

图 4-87 展示的数据列表，已经处于筛选状态。A 列为商品销售日期，包含了 2017 年、2018 年、2019 年等三个年度。现在需要筛选各个年度第 4 季度的销售数据。

	A	B	C	D	E	F
1	销售日期	商品编号	商品名称	数量	单价(元)	金额
2	2017/10/18	AB00009	荧光白板记号笔	7	6	42
3	2017/10/27	AB00012	文件柜	33	199	6567
4	2017/11/5	AB00032	浴帽	1	39	39
5	2017/11/10	AB00011	复印纸传真纸	9	23	207
6	2017/11/16	AB00010	记事本	16	2	32
7	2017/11/18	AB00025	台布	32	99	3168
8	2017/11/28	AB00019	电吹风	19	198	3762
9	2017/12/6	AB00002	资料册	32	12	384
10	2017/12/17	AB00015	台灯	26	99	2574
11	2017/12/18	AB00033	伸缩杆	26	23	598
12	2017/12/19	AB00017	吸顶灯	30	123	3690
13	2018/1/2	AB00021	餐垫	3	12	36
14	2018/1/6	AB00003	文件夹	10	34	340
15	2018/1/10	AB00014	电源插座	23	45	1035
16	2018/1/24	AB00023	隔热手套	3	56	168

图 4-87　包含不同年度数据的销售表

单击 A1 单元格的筛选按钮，在弹出的下拉菜单中依次单击【日期筛选】→【期间所有日期】→【第 4 季度（4）】命令，如图 4-88 所示。

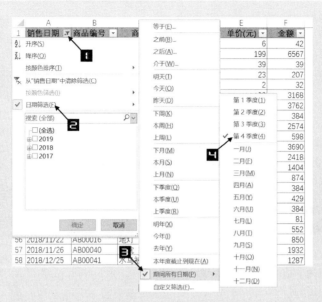

图 4-88 【期间所有日期】的第 4 季度（4）

筛选结果如图 4-89 所示。

	A	B	C	D	E	F
1	销售日期	商品编号	商品名称	数量	单价(元)	金额
2	2017/10/18	AB00009	荧光白板记号笔	7	6	42
3	2017/10/27	AB00012	文件柜	33	199	6567
4	2017/11/5	AB00032	浴帽	1	39	39
5	2017/11/10	AB00011	复印纸传真纸	9	23	207
6	2017/11/16	AB00010	记事本	16	2	32
7	2017/11/18	AB00025	台布	32	99	3168
8	2017/11/28	AB00019	电吹风	19	198	3762
9	2017/12/6	AB00002	资料册	32	12	384
10	2017/12/17	AB00015	台灯	26	99	2574
11	2017/12/18	AB00033	伸缩杆	26	23	598
12	2017/12/19	AB00017	吸顶灯	30	123	3690
48	2018/10/14	AB00024	桌椅保护垫	31	78	2418
49	2018/10/14	AB00022	围裙	18	78	1404
50	2018/10/14	AB00028	香花	23	38	874
51	2018/10/20	AB00021	餐垫	32	12	384
52	2018/10/31	AB00006	钢笔	33	13	429
53	2018/11/6	AB00029	防尘套	8	48	384
54	2018/11/10	AB00004	档案袋	9	9	81

图 4-89 筛选各年度第 4 季度销售数据

4.4.3 使用通配符进行模糊条件筛选

用于筛选数据的条件，有时并不能明确指定某一项的内容。例如，姓名中所有含有"汉"字的员工、产品编号中第 3 位是 B 的产品等。在这种情况下，可以借助通配符来进行筛选。

示例 4-33 快速筛选出产品编号第 3 位是"B"的商品

图 4-90 展示了某公司商品库存清单部分数据，已处于筛选状态，需要筛选出商品编号第 3 位是"B"的商品。

	A	B	C	D	E	F
1	仓库	商品编号	商品名称	型号	单位	数量
2	1号库	ACB8091-B	大号婴儿浴盆	2*60	个	5
3	1号库	ACD22951	活动型四方架	3*30	个	2
4	1号库	BDGB5666	三层鞋架	1*43	个	4
5	1号库	DABC9076	小型三层三脚架	1*79	个	7
6	1号库	BDE6647	平底型四方架	3*55	个	9
7	1号库	BDF3926-A	中号婴儿浴盆	1*63	个	5
8	1号库	BDB4281	31CM通用桶	4*95	个	8
9	1号库	EGAB5766-A	便利保健药箱	4*23	个	8
10	1号库	EABD0251	微波大号专用煲	1*58	个	4

图 4-90　某公司商品库存清单

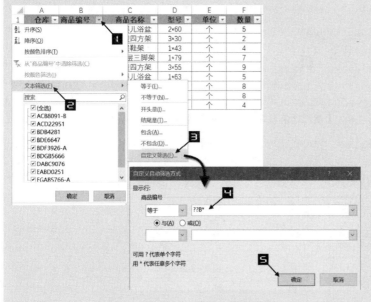

图 4-91　设置自定义自动筛选方式

单击 B1 单元格的筛选按钮，在弹出的下拉菜单中依次单击【文本筛选】→【自定义筛选】命令，弹出【自定义自动筛选方式】对话框。

在第一个条件组合框中选择"等于"，并在右侧的组合框中输入"??b*"，单击【确定】按钮关闭对话框，如图 4-91 所示。

此外，如果只是单个筛选条件，也可以直接在筛选菜单的搜索框中直接输入"??B*"，点击【确认】按钮进行筛选，如图 4-92 所示。

图 4-92　在搜索框中使用通配符进行筛选

筛选结果如图 4-93 所示。

	A	B	C	D	E	F
1	仓库	商品编号	商品名称	型号	单位	数量
2	1号库	ACB8091-B	大号婴儿浴盆	2*60	个	5
5	1号库	DABC9076	小型三层三脚架	1*79	个	7
8	1号库	BDB4281	31CM通用捅	4*95	个	8
10	1号库	EABD0251	微波大号专用煲	1*58	个	4

图 4-93　数据列表筛选结果

注意　通配符仅能作用于文本型数据，而对数值和日期型数据无效。其中星号 "*"，可以代替任意多个字符，既可以是 0 个字符，也可以是多个字符。问号 "？" 只能代替单个字符。引用星号 "*" 或问号 "？" 符号本身作为筛选条件时，需要在星号或问号前面加波形符 "~"，如 "~*"。

4.4.4　借助公式处理数据筛选

尽管 Excel 的筛选功能十分便捷，但未免不够灵活，不能处理多种复杂条件下数据筛选问题。例如，不能在单个字段同时进行多于两个条件的筛选，无法快捷筛选时间类型的数据等，此时可以使用 Excel 公式制作辅助列筛选数据。

示例 4-34　借助函数筛选迟到或早退的打卡记录

图 4-94 展示了某公司考勤表部分数据，需要筛选出迟到或早退的数据记录。当打卡时间大于早上 8：00，同时小于中午 12：00，说明上午打卡迟到或早退。当打卡时间大于下午 14：30，同时小于傍晚 18：00，说明下午打卡迟到或早退。

操作步骤如下。

步骤① 在 D2 单元格输入以下公式，并复制填充至 D2：D25 单元格区域。

	A	B	C
1	日期	时间	姓名
2	2019/8/30	7:54:00	林效先
3	2019/8/30	8:01:00	王爱华
4	2019/8/30	8:08:00	杨柳
5	2019/8/30	11:56:00	杨开文
6	2019/8/30	11:59:00	舒前银
7	2019/8/30	12:00:00	张文霞
8	2019/8/30	12:10:00	周志红
9	2019/8/30	14:36:00	张映莱
10	2019/8/30	14:40:00	冯明芳
11	2019/8/31	8:02:00	周雾雯
12	2019/8/31	11:55:00	彭淑慧
13	2019/8/31	14:20:00	刘向道
14	2019/8/31	14:27:00	郭志赞
15	2019/8/31	18:09:00	陈玉员

图 4-94　考勤表

```
=IF((B2＞"8:00"+0)*(B2＜"12:00"+0),"上午打卡
迟到或早退",IF((B2＞"14:30"+0)*(B2＜"18:00"+0),"下午打卡迟到或早退
",""))
```

公式首先判断 B2 的时间是否大于早上 8：00，同时小于 12：00，如果成立则返回字符串 "上午打卡迟到或早退"，如不成立，则继续判断 B2 的时间是否大于下午 14：30，同时小于 18：00，如果成立则返回字符串 "下午打卡迟到或早退"，否则返回假空。

公式计算结果，如图 4-95 所示。

步骤② 选中数据区域任一单元格，依次按 < ALT >键、< D >键、< F >键和< F >键，

使数据区域进入筛选状态。单击 D2 单元格筛选按钮，在弹出的下拉菜单中取消选中"（空白）"项，点击【确定】按钮进行筛选。筛选结果如图 4-96 所示。

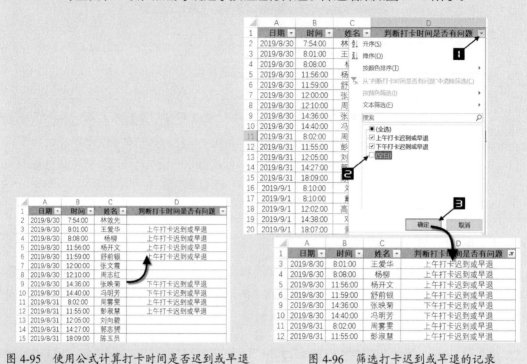

图 4-95　使用公式计算打卡时间是否迟到或早退　　　图 4-96　筛选打卡迟到或早退的记录

4.5　数据结构转换

当用户获取的数据列表的结构并不适合直接用于数据分析时，就需要对其结构进行转换。常见的类型有行列互转、二维表转换为一维表、被压缩成一列的数据转置为多行多列等。

4.5.1　二维表转换一维表

常见的二维表是一种交叉表，有行、列两个方向的标题交叉定义数据的属性。二维表在工作和生活中应用十分广泛，如课程表、工资表、人员花名册、价格表等。一维表则是每一行都是完整的记录，数据属性并不需要列标题来定义说明。相比于二维表，一维表更适合数据的储存、透视和分析。因此绝大部分数据库的数据储存方式均采用一维表。

1. 利用 Power Query 将二维表转换为一维表

示例 4-35　利用 Power Query 将二维表转换为一维表

图 4-97 展示了某公司销售数据表的部分内容。为了便于对数据进行汇总分析，需要将

二维表形式的表格转换为一维表。

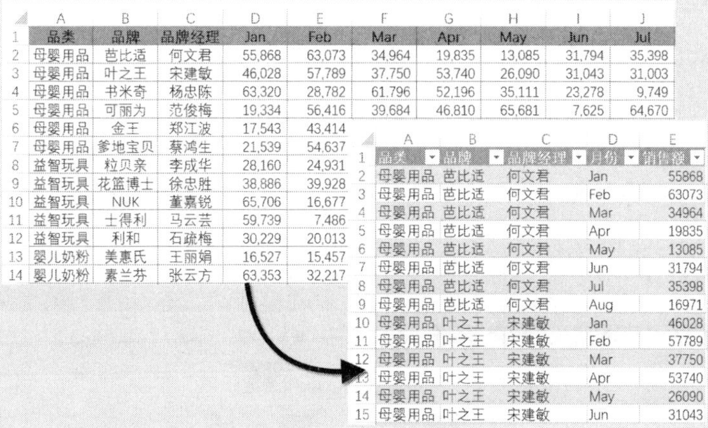

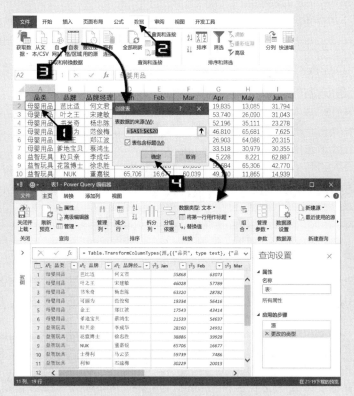

品类	品牌	品牌经理	Jan	Feb	Mar	Apr	May	Jun	Jul
母婴用品	芭比适	何文君	55,868	63,073	34,964	19,835	13,085	31,794	35,398
母婴用品	叶之王	宋建敏	46,028	57,789	37,750	53,740	26,090	31,043	31,003
母婴用品	书米奇	杨忠陈	63,320	28,782	61,796	52,196	35,111	23,278	9,749
母婴用品	可丽为	范俊梅	19,334	56,416	39,684	46,810	65,681	7,625	64,670
母婴用品	金王	郑江波	17,543	43,414					
母婴用品	爹地宝贝	蔡鸿生	21,539	54,637					
益智玩具	粒贝亲	李成华	28,160	24,931					
益智玩具	花篮博士	徐忠胜	38,886	39,928					
益智玩具	NUK	董嘉锐	65,706	16,677					
益智玩具	士得利	马云芸	59,739	7,486					
益智玩具	利和	石疏梅	30,229	20,013					
婴儿奶粉	美惠氏	王丽娟	16,527	15,457					
婴儿奶粉	素兰芬	张云方	63,353	32,217					

品类	品牌	品牌经理	月份	销售额
母婴用品	芭比适	何文君	Jan	55868
母婴用品	芭比适	何文君	Feb	63073
母婴用品	芭比适	何文君	Mar	34964
母婴用品	芭比适	何文君	Apr	19835
母婴用品	芭比适	何文君	May	13085
母婴用品	芭比适	何文君	Jun	31794
母婴用品	芭比适	何文君	Jul	35398
母婴用品	芭比适	何文君	Aug	16971
母婴用品	叶之王	宋建敏	Jan	46028
母婴用品	叶之王	宋建敏	Feb	57789
母婴用品	叶之王	宋建敏	Mar	37750
母婴用品	叶之王	宋建敏	Apr	53740
母婴用品	叶之王	宋建敏	May	26090
母婴用品	叶之王	宋建敏	Jun	31043

图 4-97 员工销售数据表

步骤 1 单击数据区域的任一单元格（如 A2），单击【数据】选项卡下的【自表格/区域】命令，在弹出的【创建表】对话框单击【确定】按钮，将数据加载到 Power Query 编辑器，如图 4-98 所示。

图 4-98 将数据加载到 Power Query

步骤② 按住 < Shift > 键，依次选取要转换一维表的主要列的列标，本例中为"品类""品牌"和"品牌经理"，单击【转换】选项卡下的【逆透视列】下拉按钮，在下拉菜单中单击【逆透视其他列】命令，如图 4-99 所示。

步骤③ 双击【属性】列的标题栏，进入编辑状态，修改为"月份"。同样的方法，将"值"修改为"销售额"。

最后单击【主页】选项卡下的【关闭并上载】按钮，将数据上载到工作表，如图 4-100 所示。

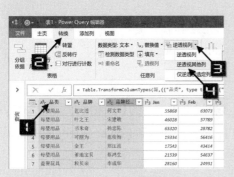

图 4-99　逆透视其他列

图 4-100　将数据上载到 Excel 工作表

此时 Excel 会自动新建一个工作表，用于存放转换后的数据。当二维表中的数据有更新或增加时，可以先按 < Ctrl+S > 组合键保存，然后在【数据】选项卡下单击【全部刷新】按钮，即可得到最新的转换结果，如图 4-101 所示。

图 4-101　全部刷新

2. 利用【多重合并计算数据区域】将二维表转换为一维表

除了使用 Power Query，也可以使用数据透视表的【多重合并计算数据区域】功能将二维表转换为一维表。

示例 4-36　利用【多重合并计算数据区域】将二维表转换为一维表

图 4-102 展示了某公司工资表部分数据，需要将其转换为一维表，以便于数据分析处理。

步骤① 按 < ALT+D+P > 组合键，打
开【数据透视表和数据透视
图向导—步骤 1（共 3 步）】
对话框，选中【多重合并计
算数据区域】单选按钮，单
击【下一步】按钮，如图 4-103
所示。

	A	B	C	D	E	F	G
1	姓名	基本工资	岗位工资	津(补)贴	绩效工资	绩效补贴	职称补贴
2	赵慧芳	3000	1400	2000	1700		
3	李厚辉	3000	1400	2000	1700		
4	李光明	3000	1400	2000	1700		
5	毕淑华	3000	1400	2000	1700		300
6	王丽卿	2500	1400	2000	1700		
7	张鹤翔	2500	1400	2000	1700		
8	赖群毅	2500	1400	2000	1700		300
9	李从林	2500	1400	2000	1700		
10	李承谦	2000	1400	2000	1700		
11	杨红	2000	1400	2000	1700		200
12	纳红	2000	1400	2000	1700		
13	徐翠芬	2000	1400	2000	1700		200
14	任继先	1800	1400	2000	1700		300

图 4-102 工资表

步骤② 在【数据透视表和数据透视图
向导—步骤 2a（共 3 步）】
对话框中保持【创建单页字段】单选按钮的选中状态，单击【下一步】按钮，出现【数
据透视表和数据透视图向导—第 2b 步，共 3 步】对话框，如图 4-104 所示。

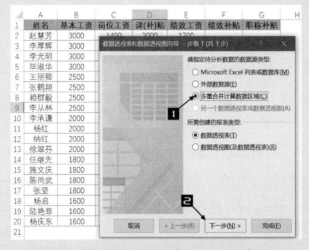

图 4-103 选中【多重合并计算数据区域】单选按钮

图 4-104 默认创建单页字段

步骤③ 单击【选定区域】文本框右侧的折叠按钮，选中工资表数据区域，关闭折叠按钮。【选

定区域】文本框中将出现待合并的数据区域，本例为"工资表!A1:G20"，单击【添加】按钮完成待合并数据区域的添加，如图 4-105 所示。

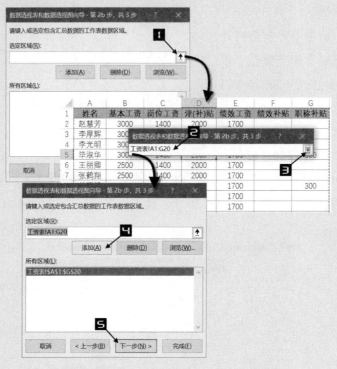

图 4-105　将选定区域添加到【所有区域】

步骤④ 单击【下一步】按钮，在弹出的【数据透视表和数据透视图向导—步骤3（共3步）】对话框中保持【新工作表】单选按钮的选中状态，单击【完成】按钮创建数据透视表，如图 4-106 所示。

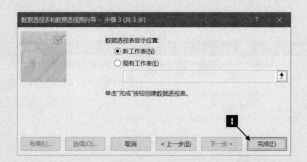

图 4-106　【数据透视表和数据透视图向导—步骤3（共3步）】

步骤⑤ 双击数据透视表的最后一个单元格，本例中为 H24 单元格，此时 Excel 会自动创建一张新工作表用来显示所有的数据明细。其中"行"字段是员工姓名，"列"字段是工资类别，"值"字段是工资金额，如图 4-107 所示。

步骤⑥ 删除 D 列数据，并修改标题内容，结果如图 4-108 所示。

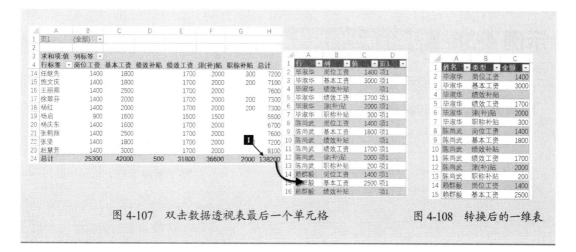

图 4-107　双击数据透视表最后一个单元格　　　图 4-108　转换后的一维表

4.5.2　单列数据转置为多行多列

将网页或其他来源的数据直接复制进 Excel，有时会遇到多个字段的数据被压缩成一列的情况，此时便需要将单列数据转换为多行多列，以便于数据统计和分析。

示例 4-37　将单列数据转换为多行多列

如图 4-109 所示，需要将 A 列的数据转换为 C1:G13 的数据列表形式。

观察 A 列数据，以 A2:A6 区域为例，不难发现 A2 单元格为序号、A3 单元格为姓名、A4：A6 单元格区域分别对应部门、入职时间和年龄等字段，其余数据是该数据结构的不断重复，也就是每 5 个单元格可以组成一条完整的数据记录。

C2 单元格输入以下公式，并复制填充至 C2:G13 区域。

图 4-109　单列数据转换为多行多列

```
=OFFSET($A$1,ROW(A1)*5-4+MOD(COLUMN(E1),5),0)
```

ROW(A1)*5-4+MOD(COLUMN(E1),5) 部分，构建了一个先横向后纵向连续递增的序列号，OFFSET 函数以 A1 单元格为基点，根据该序列号向下偏移取数。

4.5.3　多行多列数据转置为单列

当收集到的表格数据是单个维度，却呈现多行多列结构布局时，可以使用公式将其转换为单列结构，以便于数据统计和分析。

示例 4-38 将多行多列数据转换为单列

F2 =OFFSET($A$1,INT(ROW(A4)/4),MOD(ROW(A4),4))&""

	A	B	C	D	E	F	G	H
1	姓名1	姓名2	姓名3	姓名4		姓名		
2	赵慧芳	杨启	马克军	杨路春		赵慧芳		
3	李厚辉	向建荣	戴靖	韦兴台		杨启		
4	李光明	沙志昭	牟玉红	倪勇		马克军		
5	毕淑华	胡孟祥	周梅	孟雪		杨路春		
6	王丽卿	张淑珍	张映菊	陈安权		李厚辉		
7	张鹤翔	徐丽华	陈包蓉	王云芬		向建荣		
8	赖群毅	王玮	谭艺	杨荣峰		戴靖		
9						韦兴台		
10						李光明		
11						沙志昭		
12						牟玉红		
13						倪勇		
14						毕淑华		

图 4-110　多行多列数据转换为单列

图 4-110 展示了将 A:D 区域多行多列的数据转置为 F 列单列数据。

F2 单元格输入以下公式，并向下复制填充。

```
=OFFSET($A$1,INT(ROW(A4)/4),MOD(ROW(A4),4))&""
```

原表每行包含 4 个数据，使用 INT(ROW(A4)/4) 函数制作纵向每 4 个单元格增加步长为 1 的序列，作为 OFFSET 函数的第二参数；使用 MOD(ROW(A4),4)) 函数生成纵向循环序列 0、1、2、3 作为 OFFSET 的第三参数。

4.5.4　使用选择性粘贴实现行、列转置

当需要将数据列表整体行、列转置时，可以使用选择性粘贴功能。

示例 4-39 使用选择性粘贴实现行、列转置

图 4-111 展示了对数据列表进行转置，行标题成为列标题，列标题成为行标题。

	A	B	C	D	E	F
1	月份	财务部	行政部	销售部	IT部门	总经办
2	1月	41279	54996	106704	60005	121469
3	2月	47842	77041	108125	61403	125151
4	3月	42340	50263	114921	61896	115994
5	4月	59742	55199	121407	40488	109846
6	5月	45579	64543	102681	55906	108548
7	6月	40500	56292	124573	65016	129797
8	7月	50895	55176	117255	64975	114121
9	8月	57004	58452	116342	43475	121457
10	9月	39277	72836	127635	46352	111361

H	I	J	K	L	M	N	O	P	Q
月份	1月	2月	3月	4月	5月	6月	7月	8月	9月
财务部	41279	47842	42340	59742	45579	40500	50895	57004	39277
行政部	54996	77041	50263	55199	64543	56292	55176	58452	72836
销售部	106704	108125	114921	121407	102681	124573	117255	116342	127635
IT部门	60005	61403	61896	40488	55906	65016	64975	43475	46352
总经办	121469	125151	115994	109846	108548	129797	114121	121457	111361

图 4-111　行、列整体转置

选取 A1:F10 区域，按 < Ctrl+C > 组合键复制，右击 H1 单元格，在弹出的快捷菜单【粘贴选项】中单击【转置】命令即可，如图 4-112 所示。

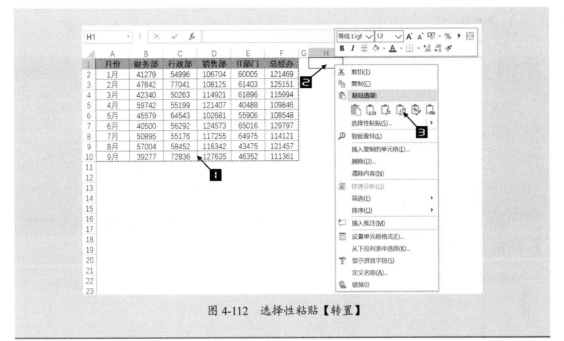

图 4-112　选择性粘贴【转置】

4.6　数据抽样

在数据分析中，抽样是指从全部数据中选择部分数据进行分析，以发掘更大规模数据集中的有用信息。在收集数据过程中，绝大多数情况下，并不采取普查的方式获取总体中所有样本的数据信息，而是以各类抽样方法抽取其中若干代表性样本来进行数据获取和分析。

抽样的常见方法有单纯随机抽样、等距抽样和分层抽样等。

4.6.1　单纯随机抽样

随机抽样是指数据集中的每一组观测值都有相同的被抽样的概率，是一种完全依照机会均等的原则进行的抽样。

其最大优点是操作简单，当根据样本资料推论总体时，可用概率的方式客观地测量推论值的可靠程度，从而使这种推论建立在科学的基础上。正因如此，随机抽样在社会调查和社会研究中应用较广泛。

单纯的随机抽样又分为重复抽样和不重复抽样。在重复抽样中，每次抽中的单位仍放回总体中，样本中的单位可能不止一次被抽中。而不重复抽样中，抽中的单位不再放回总体，样本中的单位只能被抽中一次。通常，不重复抽样应用更为广泛。

1. 不重复抽样

示例 4-40 使用 RAND 函数完成不重复抽样

图 4-113 展示了某培训机构采集到的学员年收入数据表，需要采用不重复抽样的方式，从中随机抽取 100 条记录。

步骤① 在 F1 单元格输入标题：随机字段。在 F2 单元格输入以下公式，并向下复制填充。

`=RAND()`

RAND 函数可以随机生成一个大于等于 0 且小于 1 的小数，而且产生的随机数几乎不会重复。公式运算效果如图 4-114 所示。

	A	B	C	D	E
1	序号	姓名	工作地点	参加工作年限	年收入(元)
2	1	金成勇	厦门	1	78,947.00
3	2	杨培坤	厦门	3	124,421.00
4	3	段天贵	厦门	5	175,518.00
5	4	王华祝	杭州	3	196,624.00
6	5	徐金莲	上海	2	157,036.00
7	6	肖翠霞	杭州	1	116,720.00
8	7	盛月姬	广州	1	99,802.00
9	8	李焜	郑州	3	100,245.00
10	9	胡艾妮	郑州	4	101,799.00
11	10	解德培	北京	2	118,320.00
12	11	张晓祥	济南	2	134,553.00
13	12	白雪花	上海	4	96,477.00
14	13	杨为民	广州	3	101,302.00
15	14	杨正祥	济南	2	164,979.00
16	15	杨开文	郑州	1	178,684.00
17	16	高明阳	济南	3	128,202.00

图 4-113　学员年收入采集表

	A	B	C	D	E	F
1	序号	姓名	工作地点	参加工作年限	年收入(元)	随机字段
2	1	金成勇	厦门	1	78,947.00	0.797645322
3	2	杨培坤	厦门	3	124,421.00	0.652248566
4	3	段天贵	厦门	5	175,518.00	0.831398388
5	4	王华祝	杭州	3	196,624.00	0.597175583
6	5	徐金莲	上海	2	157,036.00	0.329977716
7	6	肖翠霞	杭州	1	116,720.00	0.839861028
8	7	盛月姬	广州	1	99,802.00	0.231088948
9	8	李焜	郑州	3	100,245.00	0.142762931
10	9	胡艾妮	郑州	4	101,799.00	0.367493459
11	10	解德培	北京	2	118,320.00	0.685725187
12	11	张晓祥	济南	2	134,553.00	0.274948007
13	12	白雪花	上海	4	96,477.00	0.287327715
14	13	杨为民	广州	3	101,302.00	0.59991364
15	14	杨正祥	济南	2	164,979.00	0.626873121

图 4-114　使用 RAND 函数生成一列随机值

步骤② 依次按下 < Alt > 键、< D > 键、< F > 键和 < F > 键，使数据列表进入筛选状态。单击 F1 单元格的筛选按钮，在弹出的下拉菜单中，依次单击【数字筛选】→【前 10 项】，在弹出的【自动筛选前 10 个】对话框中分别设置【显示】为"最大""100""项"，单击【确定】按钮关闭对话框，即可获取 100 条随机抽取的记录，如图 4-115 所示。

	A	B	C	D	E	F
1	序号	姓名	工作地点	参加工作年限	年收入(元)	随机字段
8	7	盛月姬	广州	1	99,802.00	0.585872287
14	13	杨为民	广州	1	101,302.00	0.005735562
16	15	杨开文	郑州	1	178,684.00	0.592498713
19	18	赵坤	深圳	2	110,169.00	0.765736065
24	23	徐美明	上海	4	196,095.00	0.188993795
25	24	梁建邦	广州	2	87,429.00	0.648137281
28	27	冯石柱	厦门	5	79,691.00	0.547037614
30	29	戴靖	北京	3	157,587.00	0.82992467
31	30	牟玉红	广州	3	80,690.00	0.156442716
45	44	李琼华	杭州	2	141,655.00	0.812791552
52	51	吴怡	深圳	4	83,195.00	0.313407116
56	55	舒前银	郑州	5	162,462.00	0.486871603
60	59	冯明芳	北京	5	140,463.00	0.856088317
68	67	王晓燕	深圳	2	196,171.00	0.976817205

图 4-115　筛选前 100 项最大值

2. 重复抽样

示例 4-41　使用 RANDBETWEEN 函数完成重复抽样

依然以图 4-113 展示的学员年收入采集表为例，倘若需要采用重复抽样的方式获取 100 条随机记录，可以使用以下操作步骤。

步骤① 在当前工作簿，新建一张工作表，命名为“重复抽样结果表”并制作表头，如图 4-116 所示。

步骤② 在重复抽样结果表的 A2 单元格输入以下公式，并复制填充至 A2:A101 单元格区域。

```
=INDEX(学员收入采集表!A:A,RANDBETWEEN(2,COUNTA(学员收入采集表!A:A)))
```

RANDBETWEEN 函数可以生成一个大于等于第一参数，且小于等于第二参数的整数。

步骤③ 在重复抽样结果表的 B2 单元格输入以下公式，并复制填充至 B2:E101 单元格区域。

```
=VLOOKUP($A2,学员收入采集表!$A:$E,COLUMN(B1),0)
```

完成后结果如图 4-117 所示。

	A	B	C	D	E
1	序号	姓名	工作地点	参加工作年限	年收入(元)
2					
3					
4					
5					
6					
7					
8					
9					
10					

学员收入采集表　重复抽样结果表

图 4-116　新建一张工作表

	A	B	C	D	E
1	序号	姓名	工作地点	参加工作年限	年收入(元)
2	417	李瑾	厦门	2	130952
3	197	张云芳	深圳	3	97756
4	107	王美芬	北京	3	188142
5	424	高戈	郑州	5	112634
6	152	李琼仙	广州	2	106306
7	417	李瑾	厦门	2	130952
8	421	徐利红	深圳	2	130103
9	327	张发	济南	5	74858
10	387	郭艳	广州	3	163680
11	222	王飞云	郑州	1	159209
12	321	王朝品	济南	1	155410
13	313	杨槐德	北京	1	120701

图 4-117　重复抽样计算结果

4.6.2　等距抽样

等距抽样是指先将总体的全部单元按照一定顺序排列，采用简单随机抽样抽取第一个样本单元（或称为随机起点），再顺序抽取其余的样本单元的抽样方法。

等距抽样具有工作量小、操作简单、样本分布比较均匀等优点。但需要注意的是，当总体有周期或增减趋势时，易产生偏性。

示例 4-42　使用函数完成等距抽样

依然以图 4-113 展示的学员年收入采集表为例，倘若需要采用等距抽样的方式获取 50 条随机记录，可以按照以下操作步骤。

步骤① 使用以下公式计算出抽样间距。

=INT((学员收入采集表!COUNTA(A:A)-1)/50)

COUNTA 函数计算出学员收入采集表记录的总行数，减去标题行后除以目标数量，使用 INT 函数向下取整为最接近的整数，即为抽样间距，本例中该公式计算结果为 10。

步骤② 按照单纯随机抽样的方法，使用以下公式从首个间距内随机抽取一个值，假设公式返回结果为 6。

=RANDBETWEEN(1,INT((COUNTA(学员收入采集表!A:A)-1)/50))

步骤③ 新建一张工作表，命名为"等距抽样结果表"。以前两个步骤的计算结果为依据，从数据区域第 6 行开始，每隔 10 行抽取一条记录，将 6、16、26……496 等行的记录取出组成结果样本。

在重复抽样结果表的 A2 单元格输入以下公式，复制填充至 A2:E51 单元格区域。

=INDEX(学员收入采集表!A$2:A$501,6+10*ROW(A1)-10)

结果如图 4-118 所示。

	A	B	C	D	E
1	序号	姓名	工作地点	参加工作年限	年收入(元)
2	6	肖翠霞	杭州	1	116,720.00
3	16	高明阳	济南	1	128,202.00
4	26	陈玉员	深圳	1	102,380.00
5	36	陆伟	广州	1	121,315.00
6	46	王明芳	厦门	1	154,746.00
7	56	刘魁	杭州	5	92,661.00
8	66	杨丽萍	郑州	3	154,880.00
45	436	张宝	广州	3	168,619.00
46	446	胡萍	北京	1	179,853.00
47	456	单文华	厦门	4	194,154.00
48	466	苏崇德	杭州	3	150,217.00
49	476	付义俊	深圳	1	114,695.00
50	486	辛惠淑	上海	4	94,713.00
51	496	张兴祥	广州	3	118,249.00

图 4-118　等距抽样计算结果

4.6.3　分层抽样

分层抽样又被称为类型抽样，是指从一个可以分成不同子总体（或称为层）的总体中，按规定的比例从不同层中随机抽取样品（个体）的方法。其优点是样本的代表性比较好，抽样误差比较小。

示例 4-43　按性别类型进行分层抽样

图 4-119 展示了一份名为"啤酒市场调查表"的工作表，需要以性别为分类，使用分层抽样的方式从中抽取 100 条记录。

	A	B	C	D	E	F	G	H	I
1	性别	年龄	职业	频率	时间段	场次	口味	包装偏好	品牌
2	男	25-34岁	自由职业	每周1-2次	午餐（12-14时）	其他	黑啤酒	易拉罐□整箱购买	哈尔滨啤酒
3	男	64岁以上	自由职业	其他	晚餐（18-20时）	宴席聚会时	果味啤酒	易拉罐□整箱购买	金威啤酒
4	男	25-34岁	学生	每周1-2次	午餐（12-14时）	工作单位	熟啤酒	其他	燕京啤酒
5	男	18岁以下	自由职业	每周1-2次	早餐（8-10时）	宴席聚会时	其他	大玻璃瓶装（750ml）	雪花啤酒
6	男	64岁以上	自由职业	每周1-2次	晚餐（18-20时）	KTV／酒吧／咖啡店	黑啤酒	小玻璃瓶装（330ml）	燕京啤酒
7	男	25-34岁	其他	每周三次以上	晚餐（18-20时）	在家吃饭时	黑啤酒	易拉罐□整箱购买	其他
8	女	25-34岁	学生	每周1-2次	午餐（12-14时）	其他	小麦啤酒	易拉罐□整箱购买	哈尔滨啤酒
9	男	55-64岁	企业白领	每周1-2次	晚餐（18-20时）	体育馆／运动中心	果味啤酒	易拉罐□整箱购买	燕京啤酒
10	男	35-44岁	其他	每周1-2次	晚餐（18-20时）	其他	纯生啤酒	其他	黄河啤酒
11	女	25-34岁	其他	每周三次以上	晚餐（18-20时）	外出或旅游时	小麦啤酒	扎啤	黄河啤酒
12	女	25-34岁	其他	每周三次以上	早餐（8-10时）	体育馆／运动中心	黑啤酒	其他	黄河啤酒
13	男	35-44岁	自由职业	天天喝	晚餐（18-20时）	其他	其他	扎啤	金威啤酒
14	男	25-34岁	自由职业	每周1-2次	晚餐（18-20时）	KTV／酒吧／咖啡店	生啤酒	大玻璃瓶装（750ml）	雪花啤酒
15	男	18-24岁	其他	每周三次以上	晚餐（18-20时）	其他	其他	易拉罐□整箱购买	青岛啤酒

图 4-119 啤酒市场调查表

操作步骤如下。

步骤① 计算分层样本数。

使用以下公式可以计算啤酒市场调查表的记录总人数。

```
=COUNTA(啤酒市场调查表!A:A)-1
```

男性消费者人数／总人数即为男性消费者占比，公式如下。

```
=COUNTIF(啤酒市场调查表!B:B,"男")/(COUNTA(啤酒市场调查表!B:B)-1)
```

同理，以下公式可以计算女性消费者的占比。

```
=COUNTIF(啤酒市场调查表!B:B,"女")/(COUNTA(啤酒市场调查表!B:B)-1)
```

用占比 × 目标样本总数，即为各个分层应抽取的样本数。

其中男性消费者应随机抽取样本数如下。

```
=ROUND(COUNTIF(啤酒市场调查表!B:B,"男")/(COUNTA(啤酒市场调查
表!B:B)-1)*100,0)
```

本例中该公式返回结果为82。

女性消费者应随机抽取样本数如下。

```
=ROUND(COUNTIF(啤酒市场调查表!B:B,"女")/(COUNTA(啤酒市场调查
表!B:B)-1)*100,0)
```

本例中该公式返回结果为18。

步骤② 分层抽取样本。

新建一张工作表，命名为"分层抽样结果表"。

在啤酒市场调查表的 K1 单元格输入标题"随机字段"。K2 单元格输入以下公式，并向下复制填充。

```
=(B2="女")+RAND()
```

RAND 函数返回大于等于 0 且小于 1 的随机小数值。当 B 列性别为"女"时，该公式返回大于 1 的随机值，否则返回小于 1 的随机值。

公式运算效果如图 4-120 所示。

	A	B	C	D	E	F	G	H	I	J	K
	序	性别	年龄	职业	频率	时间段	场次	口味	包装偏好	品牌	随机字段
2	1	男	25-34岁	自由职业	每周1-2次	午餐（12-14时）	其他	黑啤酒	易拉罐整箱购买	哈尔滨啤酒	0.42958384
3	2	男	64岁以上	自由职业	其他	晚餐（18-20时）	宴席聚会时	果味啤酒	易拉罐整箱购买	金威啤酒	0.77334101
4	3	女	25-34岁	学生	每周1-2次	午餐（12-14时）	工作单位	熟啤酒	其他	燕京啤酒	1.1082506
5	4	男	18岁以下	自由职业	每周1-2次	早餐（8-10时）	宴席聚会时	黑啤酒	大玻璃瓶装（750ml）	雪花啤酒	0.48045565
6	5	男	64岁以上	自由职业	每周1-2次	晚餐（18-20时）	KTV／酒吧／咖啡店	黑啤酒	小玻璃瓶装（330ml）	燕京啤酒	0.10263721
7	6	男	25-34岁	其他	每周三次以上	晚餐（18-20时）	在家吃饭时	黑啤酒	易拉罐整箱购买	其他	0.80543101
8	7	女	25-34岁	学生	每周1-2次	午餐（12-14时）	KTV／酒吧／咖啡店	小麦啤酒	易拉罐整箱购买	哈尔滨啤酒	1.2578496
9	8	男	55-64岁	企业白领	每周1-2次	晚餐（18-20时）	体育馆／运动中心	果味啤酒	易拉罐整箱购买	燕京啤酒	0.78812028
10	9	男	35-44岁	自由职业	每周1-2次	晚餐（18-20时）	其他	纯生啤酒	其他	黄河啤酒	0.28095905
11	10	女	25-34岁	其他	每周三次以上	晚餐（18-20时）	外出或旅游时	小麦啤酒	扎啤	黄河啤酒	1.97280438

图 4-120　创建随机字段

依次按下＜ Alt ＞键、＜ D ＞键、＜ F ＞键和＜ F ＞键，使数据列表进入筛选状态。单击 K1 单元格的筛选按钮，在弹出的下拉菜单中，依次单击【数字筛选】→【前 10 项】命令，在弹出的【自动筛选前 10 个】对话框中分别设置【显示】为"最小""82""项"，单击【确定】按钮关闭对话框，即可获取 82 条随机抽取的男性消费者记录，如图 4-121 所示。

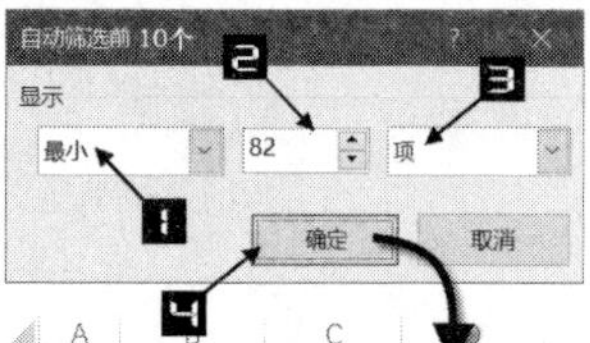

	A	B	C	D	E	F	G	H	I	J	K
	序	性别	年龄	职业	频率	时间段	场次	口味	包装偏好	品牌	随机字段
7	6	男	25-34岁	其他	每周三次以上	晚餐（18-20时）	在家吃饭时	黑啤酒	易拉罐整箱购买	其他	0.52083954
24	23	男	25-34岁	其他	其他	午餐（12-14时）	其他	全麦啤酒	扎啤	雪津啤酒	0.52989172
49	48	男	64岁以上	自由职业	每周1-2次	午餐（12-14时）	KTV／酒吧／咖啡店	黑啤酒	其他	金威啤酒	0.82681976
54	53	男	55-64岁	自由职业	每周1-2次	午餐（12-14时）	外出或旅游时	生啤酒	扎啤	哈尔滨啤酒	0.06257388
55	54	男	18岁以下	自由职业	每月少于三次	午餐（12-14时）	体育馆／运动中心	其他	易拉罐整箱购买	哈尔滨啤酒	0.87466011
56	55	男	64岁以上	其他	每周1-2次	晚餐（18-20时）	在家吃饭时	生啤酒	易拉罐整箱购买	青岛啤酒	0.86214085
71	70	男	55-64岁	公务员	每周三次以上	午餐（12-14时）	工作单位	小麦啤酒	其他	雪津啤酒	0.12439742
82	81	男	18岁以下	企业白领	其他	宵夜（21以后）	体育馆／运动中心	熟啤酒	易拉罐整箱购买	雪津啤酒	0.92502259
106	105	男	25-34岁	学生	每月少于三次	午餐（12-14时）	外出或旅游时	黑啤酒	大玻璃瓶装（750ml）	哈尔滨啤酒	0.29269278
109	108	男	55-64岁	其他	每月少于三次	宵夜（21以后）	外出或旅游时	全麦啤酒	易拉罐整箱购买	其他	0.71936235

图 4-121　随机抽取的男性消费者记录

将图 4-121 所示的筛选结果复制后粘贴到"分层抽样结果表"，完成随机抽取男性消费者记录的目的。

切换到啤酒市场调查表，单击 K1 单元格的筛选按钮，在弹出的下拉菜单中，依次单击【数字筛选】→【前 10 项】命令，在弹出的【自动筛选前 10 个】对话框中分别设置【显示】为"最大""18""项"，单击【确定】按钮关闭对话框，即可获取 18 条随机抽取的女性消费者记录。

最后将该记录复制粘贴到"分层抽样结果表"，即可完成按性别分层抽样的目的，如图 4-122 所示。

	A	B	C	D	E	F	G	H	I	J
1	序号	性别	年龄	职业	频率	时间段	场次	口味	包装偏好	品牌
2	1	男	25-34岁	自由职业	每周1-2次	午餐（12-14时）	其他	黑啤酒	易拉罐整箱购买	哈尔滨啤酒
3	4	男	18岁以下	自由职业	每周1-2次	早餐（8-10时）	宴席聚会时	其他	大玻璃瓶装（750ml）	雪花啤酒
4	13	男	25-34岁	自由职业	每周1-2次	晚餐（18-20时）	KTV／酒吧／咖啡店	生啤酒	大玻璃瓶装（750ml）	雪花啤酒
5	19	男	35-44岁	其他	每周1-2次	宵夜（21以后）	工作单位	小麦啤酒	大玻璃瓶装（750ml）	青岛啤酒
6	22	男	45-54岁	其他	每周三次以上	晚餐（18-20时）	在家吃饭时	熟啤酒	易拉罐整箱购买	青岛啤酒
7	27	男	18岁以下	自由职业	每周1-2次	宵夜（21以后）	工作单位	纯生啤酒	中玻璃瓶装（500ml）	雪花啤酒
8	32	男	18岁以下	其他	每周1-2次	宵夜（21以后）	KTV／酒吧／咖啡店	纯生啤酒	小玻璃瓶装（330ml）	雪津啤酒
9	33	男	45-54岁	自由职业	每周1-2次	晚餐（18-20时）	在家吃饭时	黑啤酒	中玻璃瓶装（500ml）	雪津啤酒
10	37	男	18-24岁	公务员	其他	午餐（12-14时）	外出或旅游时	其他	中玻璃瓶装（500ml）	黄河啤酒
11	46	男	35-44岁	学生	其他	晚餐（18-20时）	KTV／酒吧／咖啡店	熟啤酒	易拉罐整箱购买	雪津啤酒
12	57	男	45-54岁	其他	每周1-2次	午餐（12-14时）	外出或旅游时	果味啤酒	易拉罐整箱购买	哈尔滨啤酒
97	402	女	18-24岁	公务员	其他	晚餐（18-20时）	在家吃饭时	黑啤酒	小玻璃瓶装（330ml）	黄河啤酒
98	420	女	64岁以上	自由职业	每周1-2次	午餐（12-14时）	KTV／酒吧／咖啡店	黑啤酒	大玻璃瓶装（750ml）	金威啤酒
99	452	女	25-34岁	其他	每周1-2次	午餐（12-14时）	其他	生啤酒	中玻璃瓶装（500ml）	燕京啤酒
100	460	女	25-34岁	自由职业	每周三次以上	午餐（12-14时）	宴席聚会时	纯生啤酒	易拉罐整箱购买	黄河啤酒
101	473	女	45-54岁	学生	每周1-2次	宵夜（21以后）	工作单位	黑啤酒	小玻璃瓶装（330ml）	燕京啤酒

图 4-122　分层抽样结果表

当抽样的分层（类型）较多时，使用手工筛选的方式未免不够灵活高效，此时可以使用
VBA 编程完成目标。

示例 4-44　使用 VBA 代码按指定类型进行分层抽样

本示例文件包含了两张工作表，一张是"啤酒市场调查表"，一张是"分层抽样结果表"。在"分层抽样结果表"，A1 单元格指定了分类的字段名，本例为"口味"，A 列和 B 列分别指定了分类的项目和抽样的数量，如图 4-123 所示。

单击"运行宏"命令按钮，即可自动获取分层抽样的结果数据。

示例文件 VBA 代码如下。

图 4-123　"分层抽样结果表"

```
#001   Sub StratifiedSamplingByVBA()
#002       Dim aPARM As Variant, aData As Variant
#003       Dim aTemp As Variant, aResult As Variant
#004       Dim i As Long, j As Long, k As Long, lngActual As Long
#005       Dim lngGist As Long, y As Long, lngRND As Long
#006       Dim n As Long, x As Long, lngTemp As Long
#007       Dim strName As String, lngSUM As Long
#008       Dim objDic As Object
#009       Set objDic = CreateObject("scripting.dictionary")
```

```
#010    aPARM = Range("a1:b" & Cells(Rows.Count, 1).End(xlUp).
Row)
#011    For i = 2 To UBound(aPARM)
#012        strName = aPARM(i, 1)
#013        objDic(strName) = i - 1
#014        lngRND = Val(aPARM(i, 2))
#015        If lngRND < 0 Then
#016            MsgBox "抽取个数不能为负数，程序退出。"
#017            Exit Sub
#018        End If
#019        lngSUM = lngSUM + lngRND
#020    Next i
#021    If lngSUM = 0 Then MsgBox "不能所有的抽取数量均为0": Exit
Sub
#022    aData = Worksheets("啤酒市场调查表").Range("a1").
CurrentRegion
#023    ReDim aTemp(0 To UBound(aData), 1 To objDic.Count)
#024    For j = 1 To UBound(aData, 2)
#025        If aData(1, j) = aPARM(1, 1) Then lngGist = j: Exit
For
#026    Next j
#027    If lngGist = 0 Then
#028        MsgBox "未找到分类项目字段名，程序退出。"
#029        Exit Sub
#030    End If
#031    For i = 2 To UBound(aData)
#032        strName = aData(i, lngGist)
#033        If objDic.exists(strName) Then
#034            y = objDic(strName)
#035            aTemp(0, y) = aTemp(0, y) + 1
#036            aTemp(aTemp(0, y), y) = i
#037        End If
#038    Next i
#039    Randomize
```

```
#040        ReDim aResult(1 To lngSUM, 1 To UBound(aData, 2))
#041        For i = 2 To UBound(aPARM)
#042            strName = aPARM(i, 1)
#043            lngRND = Val(aPARM(i, 2))
#044            y = objDic(strName)
#045            lngActual = aTemp(0, y)
#046            If lngActual > 0 Then
#047                If lngRND > lngActual Then
#048                    aPARM(i, 2) = aPARM(i, 2) & "只存在：" _
                            & lngActual & "条记录。"
#049                    lngRND = lngActual
#050                End If
#051                For x = 1 To lngRND
#052                    n = Int(Rnd() * (lngActual - x + 1)) + x
#053                    lngTemp = aTemp(n, y)
#054                    aTemp(n, y) = aTemp(x, y)
#055                    aTemp(x, y) = lngTemp
#056                    k = k + 1
#057                    For j = 1 To UBound(aData, 2)
#058                        aResult(k, j) = aData(lngTemp, j)
#059                    Next
#060                Next
#061            Else
#062                aPARM(i, 2) = aPARM(i, 2) & "数据源不存在该类型。"
#063            End If
#064        Next
#065        ActiveSheet.UsedRange.ClearContents
#066        Range("a1").Resize(UBound(aPARM), 2) = aPARM
#067        Range("d1").Resize(1, UBound(aData, 2)) = aData
#068        Range("d2").Resize(UBound(aResult), UBound(aResult, 2))
= aResult
#069        Set objDic = Nothing
#070        Erase aData: Erase aResult: Erase aTemp: Erase aPARM
#071    End Sub
```

代码解析：

第 10 行代码将分类的项目和抽取的数量写入数组 aPARM。

第 11 行到第 21 行代码遍历数组 aPARM，判断抽取数量是否符合规则要求，即数量不能存在负数，合计数量不能为零。

第 22 行到第 23 行代码将"啤酒市场调查表"的数据读入数组 aData。

第 24 行到第 30 行代码判断分类字段名是否存在于"啤酒市场调查表"，如果存在，则将列号赋值变量 lngGist。

第 31 行到第 38 行代码遍历数组 aData，记录指定类型下各分类记录的位置和累计数量。

第 39 行到第 64 行代码按指定数量随机抽取各个分类的样本。当分类的指定抽取数量大于实际数量时，以实际数量为目标抽取数。

第 66 行到第 68 行代码将数据写入工作表。

第 70 行代码释放系统资源。

4.7 数据关联与匹配

在使用 Excel 进行数据整理的过程中，一种常见的情况是，需要整合的信息分别处于不同的工作表甚至工作簿中。例如，销售表和价格表、工资表和员工信息表等。处理这类问题常用的方法或工具有公式、Power Query 等。

4.7.1 使用公式实现数据关联与匹配

VLOOKUP 函数是 Excel 里最常用的查询引用类函数之一，可以实现数据核对、多个表格之间快速导入关联数据等功能，在工作中有非常广泛的应用。

示例 4-45 使用 VLOOKUP 函数查询商品信息表

如图 4-124 所示，一个工作簿内存在多张工作表，分别为"商品销售数据表"和"价格表"。现在需要根据两张表之间商品编码的关系，将价格表的"商品名称""价格"两个字段的数据写入商品销售数据表。

操作步骤如下。

步骤① 选取商品销售数据表，在 E1 和 F1 单元格分别输入字段名"商品名称""单价（元）"。

步骤② 在 E2 单元格输入以下公式，并复制填充至 E2:F71 单元格区域。

```
=VLOOKUP($B2,价格表!$A:$C,MATCH(E$1,价格表!$A$1:$C$1,0),0)
```

图 4-124 商品销售数据表和价格表

$B2 单元格的商品编码是查找值，价格表 !$A:$C 是查找范围。

使用 MATCH 函数，查找 E$1 单元格中的字段名在价格表 $A$1:$C$1 中的位置，返回结果为 2，表示 VLOOKUP 函数返回查找区域中第 2 列的内容。

第四参数使用 0，表示使用精确匹配的方式进行查找。

公式返回结果如图 4-125 所示。

	A	B	C	D	E	F	G
1	日期	商品编码	销售人员	数量	商品名称	单价（元）	
2	2019/7/30	EH092431	杨为民	4	电水壶	78.00	
3	2019/7/31	EH031842	祝生	4	吸尘器	298.00	
4	2019/8/1	EH037671	郎俊	4	电磁炉	244.00	
5	2019/8/1	EH037671	杨艳梅	5	电磁炉	244.00	
6	2019/8/2	EH058496	杨文兴	2	蒸气式电熨斗	142.00	
7	2019/8/3	EH053939	李平	3	台式饮水机	272.00	
8	2019/8/4	EH037671	张晓祥	4	电磁炉	244.00	
9	2019/8/5	EH040599	李春燕	4	充电式剃刀	288.00	
10	2019/8/8	EH037671	李春燕	3	电磁炉	244.00	
11	2019/8/8	EH054493	杨文兴	3	随身听	275.00	
12	2019/8/11	EH059666	李平	5	干式电熨斗	157.00	
13	2019/8/12	EH069667	白雪花	3	干电式剃须刀	265.00	
14	2019/8/13	EH058496	文德成	2	蒸气式电熨斗	142.00	
15	2019/8/13	EH059666	王爱华	2	干式电熨斗	157.00	

公式栏：=VLOOKUP($B2,价格表!$A:$C,MATCH(E$1,价格表!$A$1:$C$1,0),0)

图 4-125 VLOOKUP 关联查询结果

更多使用函数与公式实现数据关联和匹配的技巧请参阅第 4 章和第 5 章内容。

4.7.2 使用 Power Query 实现数据关联与匹配

当通过数据关联实现匹配的数据量偏大，或者数据来源于不同文件时，工作表函数的表现往往不尽如人意，使用 Power Query 效率更高，操作也较为简单。

示例 4-46 使用 Power Query 实现数据跨文件关联匹配

如图 4-126 所示，一个文件夹内存在多个工作簿，其中包含"商品销售数据表""商品价格表"等。

图 4-126 一个文件夹内两个工作簿

使用 Power Query 实现数据关联并匹配操作步骤如下。

步骤① 新建一个工作簿并打开。在【数据】选项卡下依次单击【获取数据】下拉按钮→【自文件】→【从工作簿】命令，如图 4-127 所示。

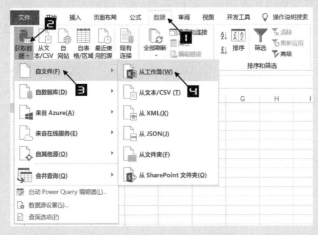

图 4-127 从文件夹获取数据

步骤② 在弹出的【导入数据】对话框中，选择目标工作簿，如"商品价格表 .xlsx"，并单击【导入】按钮。在弹出的【导航器】对话框中，单击目标工作表，如"商品价格表"，单击【转换数据】按钮，如图 4-128 所示。

步骤③ 在 Power Query 编辑器左侧的【查询】窗格空白处，单击右键，在弹出的快捷菜单中依次单击【新建查询】→【文件】→【Excel】命令。在弹出的【导入数据】对话框中，重复步骤 2，选取目标工作簿，单击【导入】按钮，在弹出的【导航器】对话框中，选中目标工作表，如"商品销售数据表"，并单击【转换数据】按钮，如图 4-129 所示。

步骤④ 在 Power Query 编辑器的【主页】选项卡下，单击【合并查询】右侧的下拉按钮，在弹出的下拉菜单中单击【将查询合并为新查询】按钮。

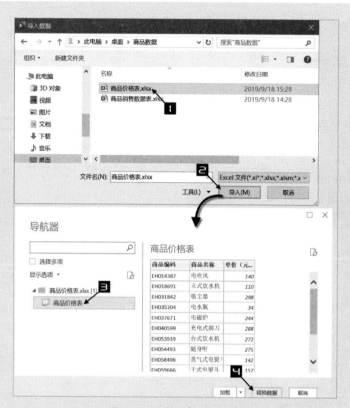

图 4-128 导入商品价格表

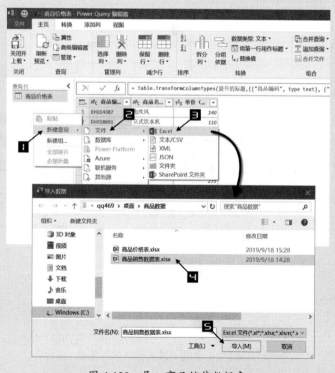

图 4-129 导入商品销售数据表

图 4-130　将查询合并为新查询

步骤⑤ 在弹出的【合并】对话框中，将主要表设置为【商品销售数据表】，匹配表设置为【商品价格表】。联接种类保持默认选项【左外部（第一个中的所有行，第二个中的匹配行）】。先后单击主要表和匹配表的"商品编码"字段，也就是将该字段作为匹配列。单击【确定】按钮，如图 4-131 所示。

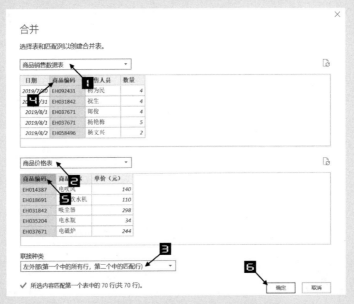

图 4-131　设置【合并】对话框

步骤⑥ 系统会自动生成一个名为"Merge1"的查询，在该查询的数据预览窗口，单击【商品价格表】字段右侧的扩展按钮，在弹出的选项菜单中取消选中【商品编码】复选框，取消选中【使用原始列名作为前缀】复选框，单击【确定】按钮，如图 4-132 所示。

图 4-132　扩展"商品价格表"字段

步骤⑦ 在 Power Query 编辑器的【主页】选项卡下，依次单击【开始】选项卡的【关闭并上载】下拉按钮→【关闭并上载至 ...】命令，在弹出的【导入数据】对话框中，选中【仅创建连接】单选按钮，单击【确定】按钮关闭对话框。如图 4-133 所示。

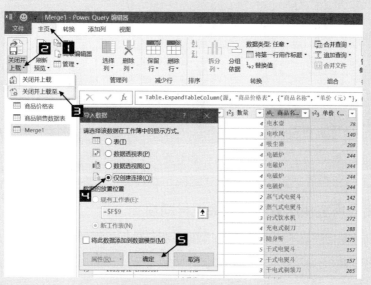

图 4-133 导入数据仅创建连接

步骤⑧ 在当前工作表的【查询 & 连接】窗格，右击名为【Merge1 仅限连接】选项，在弹出的快捷菜单中单击【加载到 ...】命令，在弹出的【导入数据】对话框中选中【表】单选按钮，在【数据的放置位置】区域选中【现有工作表】单选按钮，在【现有工作表】编辑框中输入"=A1"，最后单击【确定】按钮关闭对话框，如图 4-134 所示。

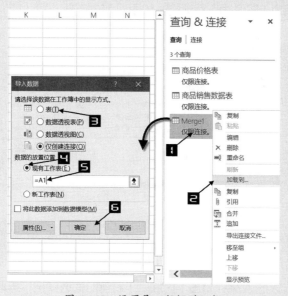

图 4-134 设置导入数据对话框

数据导入当前工作表后，如图 4-135 所示。

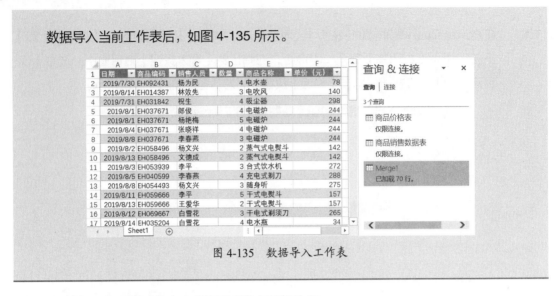

图 4-135 数据导入工作表

4.7.3 使用易用宝快速查看两列数据异同项

查看两列数据相同与不同项是 Excel 数据分析与处理过程中常见的问题，易用宝对此提供了数据对比功能。

示例 4-47　使用易用宝快速查看两列数据异同项

图 4-136 展示了两列字段名为"商品编码"的数据，需要查看相同项及不同项。

操作步骤如下。

步骤① 在【易用宝】选项卡下依次单击【数据对比】→【相同与不同项】命令，打开【Excel 易用宝 - 相同项与不同项】对话框，如图 4-137 所示。

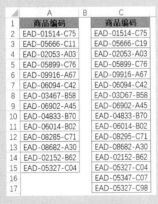

图 4-136 商品编码

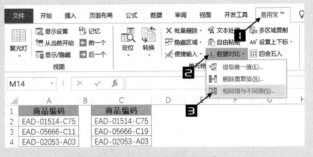

图 4-137 相同项与不同项命令

步骤② 在【Excel 易用宝 - 相同项与不同项】对话框中，单击【区域一】右侧的框选按钮，选取当前工作表的 A 列，单击【区域二】右侧的框选按钮，选取当前数据表的 C 列，最后单击【对比数据】按钮，即可获取两列数据相同及各自独有项，如图 4-138 所示。

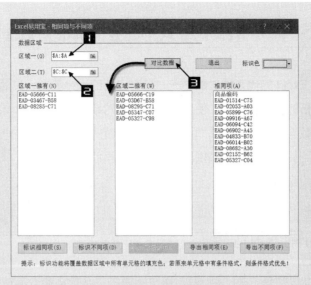

图 4-138　设置相同项与不同项对话框

步骤③ 在【Excel 易用宝 - 相同项与不同项】对话框中单击【导出相同项】按钮，在弹出的对话框中选取 E1 单元格，可以将相同项导入以 E1 单元格为首个单元格的单列区域。返回【Excel 易用宝 - 相同项与不同项】对话框，单击【导出不同项】按钮，在弹出的对话框中选取 F1 单元格，可以将不同项导入以 F1 单元格为左上角的两列区域。结果如图 4-139 所示。

图 4-139　比对结果

提示

■■■■→　　在【Excel 易用宝 - 相同项与不同项】对话框单击【标识相同项】或【标识不同项】按钮，可以对符合相关选项的单元格标记颜色。

第 5 章 借助公式快速完成统计计算

函数与公式是 Excel 的代表性功能之一，具有出色的计算能力，灵活使用函数与公式可以提高数据处理分析的能力和效率。使用函数与公式对数据汇总时，如果数据源中的数据发生变化，无须对函数与公式再次编辑即可实时得到最新的计算结果。同时也可以将已有的函数与公式快速应用到具有相同样式和相同运算规则的其他数据表格中。本章重点介绍函数与公式在统计计算中的应用。

5.1 公式的输入和复制

Excel 公式是指以等号（＝）为引导，通过运算符、函数、参数等按照一定的顺序组合进行数据运算处理的等式。下面首先介绍公式的输入方法。

在单元格中输入公式可以使用手工输入和鼠标选取单元格两种方式。

使用手工方式输入公式时，可以先激活一个单元格，然后输入等号（＝），再依次键入公式的全部组成部分。输入完成后按 < Enter >键，单元格会自动显示公式的结果。

使用鼠标选取单元格的方式输入公式时，可以通过鼠标单击来完成。例如，要在 A3 单元格输入公式"=A1+A2"时，可以先单击目标单元格 A3，再输入等号（＝），接下来单击 A1 单元格，继续输入加号（＋），然后单击 A2 单元格，最后按 < Enter >键结束公式输入。

使用以下 3 种方式都可以进入单元格编辑状态，对已有公式进行修改。

第一种方法是选中公式所在单元格，然后按 < F2 >键。

第二种方法是双击公式所在单元格，此时光标可能不会位于公式起始位置。

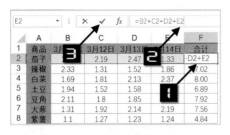

图 5-1 对已有公式进行修改

第三种方法是选中公式所在单元格，然后在编辑栏中修改内容，最后单击编辑栏左侧的输入按钮 ✓，或是按 < Enter >键结束输入，如图 5-1 所示。

当需要在多个单元格中使用相同的计算规则时，可以通过多种方法将公式复制填充到其他单元格区域，而不必逐个单元格编辑公式。

常用的公式复制填充方法有三种。

❖ 将鼠标指针靠近已有公式单元格的右下角，当鼠标指针变为黑色"＋"字型填充柄时，按住鼠标左键向下拖曳。

❖ 如果要填充公式区域的相邻单元格有其他数据，可以双击填充柄，将公式快速复制填充到连续区域的最后一行。

❖ 还可以直接使用复制粘贴的方法，将多个单元格中的公式复制粘贴到另一个同样大小的单元格范围内。

5.2 公式中的引用方式

引用方式是公式中一个非常重要的概念，如果 A1 单元格公式为"=B1"，那么 A1 就是 B1 的引用单元格，B1 就是 A1 的从属单元格。从属单元格与引用单元格之间的位置关系称为单元格引用的相对性。引用方式分为 3 种，即相对引用、绝对引用和混合引用，不同引用方式用符号"$"进行区别。

（1）相对引用。

当复制公式到其他单元格时，从属单元格与引用单元格的相对位置保持不变，称为相对引用。

例如在 B2 单元格输入公式：=A1，当向右复制公式时，将依次变为：=B1，=C1，=D1…，当向下复制公式时，将依次变为：=A2，=A3，=A4…，始终保持引用公式所在单元格的左侧 1 列、上方 1 行位置的单元格。

（2）绝对引用。

当复制公式到其他单元格时，公式所引用的单元格绝对位置保持不变，称为绝对引用。

如在 B2 单元格输入公式：=\$A\$1，当向右复制或向下复制公式时，公式始终为 =\$A\$1，保持引用 A1 单元格不变。

（3）混合引用。

当复制公式到其他单元格时，仅保持所引用单元格的行或列方向之一的绝对位置不变，而另一个方向位置发生变化，这种引用方式称为混合引用，可分为"对行绝对引用、对列相对引用"和"对行相对引用、对列绝对引用"两种。

不同引用方式的公式书写形式如表 5-1 所示。

表 5-1　不同引用方式的公式书写形式

引用方式	书写形式
相对引用	=A1
绝对引用	=\$A\$1
行绝对引用、列相对引用	=A\$1
行相对引用、列绝对引用	=\$A1

（4）切换引用方式。

在公式中输入单元格地址时，可以按< F4 >键循环切换引用方式，其顺序如下。

绝对引用→“对行绝对引用、对列相对引用”→“对行相对引用、对列绝对引用”→相对引用。

在 A1 单元格输入公式“=B2”，依次按< F4 >键，公式将显示如下。

```
=$B$2 → =B$2 → =$B2 → =B2
```

示例 5-1 计算不同利率下的应付利息

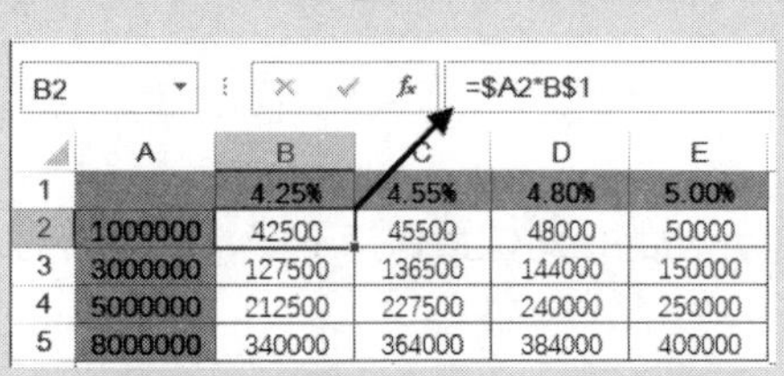
B2 =$A2*B$1

	A	B	C	D	E
1		4.25%	4.55%	4.80%	5.00%
2	1000000	42500	45500	48000	50000
3	3000000	127500	136500	144000	150000
4	5000000	212500	227500	240000	250000
5	8000000	340000	364000	384000	400000

图 5-2　计算不同利率下的应付利息

图 5-2 展示的是一份应付利息计算表，需要根据 A 列的借款额度和第一行的利率，计算在不同利率下的应付利息。

在 B2 单元格输入以下公式，将公式复制填充到 B2:E5 单元格区域。

```
=$A2*B$1
```

本例中，$A2 部分使用“对行相对引用、对列绝对引用”的引用方式，当公式在不同列中复制时，始终引用A列不变，且随着公式所在行的不同，分别引用A列不同行中的借款金额。

B$1 部分使用“对行绝对引用、对列相对引用”的引用方式，当公式在不同行中复制时，始终引用第一行不变，且随着公式所在列的不同，分别引用第一行中不同列的利率。

5.3　在公式中使用函数

Excel 函数可以看作预定义的公式，按特定的算法进行计算。Excel 函数只有唯一的名称且不区分大小写，每个函数都有特定的功能和用途。

某些简单的计算可以通过自行设计的公式完成，如对 A1:A3 单元格区域求和，可以使用公式“=A1+A2+A3”，但如果要对 A1：A100 或更多单元格区域求和，逐个单元格相加的做法将变得非常低效并且容易出错。

使用 SUM 函数则可以简化这些公式，使之更易于输入和修改，使用以下公式，即可得到 A1：A100 单元格中的数值之和。

```
=SUM(A1:A100)
```

SUM 函数的作用是对参数进行求和，公式中的"A1：A100"是需要求和的区域，表示对 A1：A100 单元格区域执行求和计算。

5.3.1　函数的构成

Excel 函数通常由函数名称、左括号、以半角逗号相间隔的参数和右括号构成，如图 5-3 所示。

大多数 Excel 函数都包含参数，这些参数主要由数值、日期、文本和单元格引用等元素组成，一般用于指定要对哪些数据执行计算及调整函数的计算方式。少量 Excel 函数没有参数，仅由函数名称和一对括号组成。

根据语法定义，Excel 函数的某些参数可以在具体使用时被省略。例如，SUM 函数最多支持 255 个参数，除了第 1 个参数为必需参数不能省略之外，第 2 个至第 255 个参数都可以省略。在函数语法中，可选参数用一对中括号"［］"括起来，如图 5-4 所示。

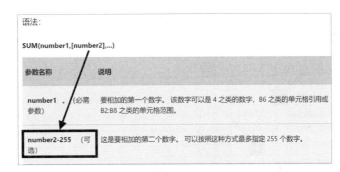

图 5-3　函数的构成

图 5-4　必需参数与可选参数

5.3.2　函数的分类

Excel 内置函数包括财务、逻辑、文本、日期和时间、查找与引用、数学和三角函数、统计、工程、多维数据集、信息和 Web 函数等多个种类。除此之外，还包括宏表函数、扩展函数和自定义函数。随着对函数功能的不断挖掘扩展，很多函数的应用不再仅仅局限于自身所属分类，而被广泛应用于处理不同类型的问题。

在【公式】选项卡下的【函数库】命令组中，用户可以根据需要插入不同类型的内置函数，还可以从【最近使用的函数】下拉列表中选取最近使用过的 10 个函数，如图 5-5 所示。

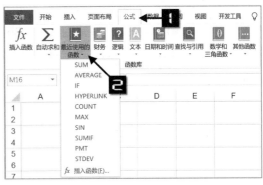

图 5-5　【函数库】命令组

5.3.3 函数的输入

1. 使用【自动求和】命令

选中需要统计的单元格范围，在【开始】选项卡或【公式】选项卡下单击【自动求和】下拉按钮，在下拉菜单中可以选择求和、平均值、计数、最大值、最小值等选项，如图 5-6 所示。

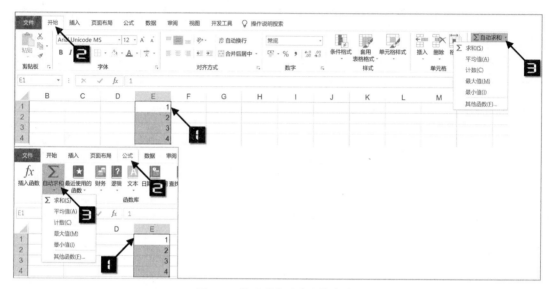

图 5-6　使用【自动求和】命令

在【自动求和】下拉菜单中单击某项命令时，Excel 将自动输入对应的函数，并根据所选取的单元格区域确定函数统计的单元格范围。

2. 使用【插入函数】向导

使用【插入函数】向导功能，能够帮助用户快速选择和输入所需函数。

单击"编辑栏"左侧的【插入函数】按钮打开【插入函数】对话框。在【搜索函数】编辑框中输入关键字，如"平均"，单击【转到】按钮，在"选择函数"列表中将显示与之有关的候选函数。

选中需要的函数后单击【确定】按钮，即可插入该函数并切换到【函数参数】对话框。依次输入函数参数，最后单击【确定】按钮完成输入，如图 5-7 所示。

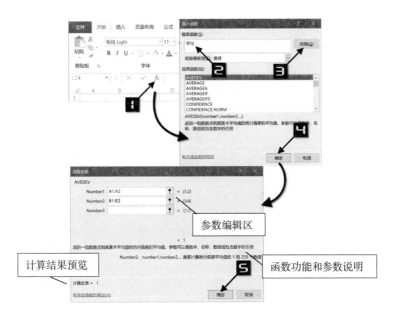

图 5-7　使用【插入函数】向导

3. 手工输入函数

Excel 默认开启"公式记忆式键入"功能，便于用户输入函数和选择参数。例如在英文输入状态下输入"=SU"后，屏幕提示中会显示所有以"SU"开头的函数，随着继续输入，屏幕提示内容也会逐渐缩小范围，如图 5-8 所示。

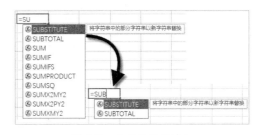

图 5-8　公式记忆式键入

通过在屏幕提示列表中移动上、下方向键或使用鼠标选择不同的函数，在右侧将显示此函数的功能提示。双击鼠标或按 < Tab > 键可将该函数添加到单元格，Excel 会自动在函数名称后添加左括号"("，同时显示函数语法的屏幕提示，并且加粗显示待输入的参数，如图 5-9 所示。

图 5-9　函数语法屏幕提示

所有参数输入完成后，输入右括号")"，最后按 < Enter > 键完成函数编辑。

5.4　条件判断

在日常数据处理过程中，经常需要根据条件对数据进行判断，如判断某项指标是否合格，或者是判断某个数据是否符合指定特征等。

5.4.1　单条件判断

要对数据表中某个字段实现非此即彼的条件判断，可以使用 IF 函数完成。

示例 5-2　判断业绩完成情况

如图 5-10 所示，某超市连锁店计划销售任务为每人 20000 元，需要根据各营业员的销售情况，判断是否完成计划，完成显示为"Y"，未完成显示为"N"。

E2	:	×	✓	fx	=IF(D2>=$G$2,"Y","N")	

	A	B	C	D	E	F	G
1	店仓	店长	营业员	成交金额	计划完成		计划任务
2	滨海店	赵婷文	张梦蕾	1965	N		20000
3	滨海店	赵婷文	肖银荧	28739	Y		
4	滨海店	赵婷文	王明芹	9987	N		
5	滨海店	赵婷文	徐婷美	21476	Y		
6	苍山店	胡奕梅	段玉莹	22452	Y		
7	苍山店	胡奕梅	杨文惠	17564	N		
8	苍山二店	高清秀	曹大静	18918	N		
9	苍山二店	高清秀	韩为娟	1431	N		

图 5-10　判断业绩完成情况

E2 单元格输入以下公式，双击 E2 单元格右下角的填充柄，将公式向下复制填充到 E9 单元格。

```
=IF(D2 > =$G$2,"Y","N")
```

IF 函数用于对条件进行逻辑判断和比较，当判断结果为逻辑值 TRUE 或不等于 0 的数值时返回一个指定内容，判断结果为 FALSE 或等于 0 时返回另一个指定内容。函数语法如下。

```
IF(logical_test,[value_if_true],[value_if_false])
```

在函数语法中，如果某个参数带有中括号，表示该参数为可选参数，否则为必须参数。

第一参数是要进行判断的条件。第二参数是在第一参数为 TRUE 或为非 0 数值时返回的结果。第三参数是在第一参数为 FALSE 或等于 0 时返回的结果。IF 函数的计算过程如图 5-11 所示。

图 5-11　IF 函数的计算过程

本例中，先判断 D2 是否大于等于 $G$2，如果符合条件，返回第二参数指定的字符"Y"，否则返回第三参数指定的字符"N"。

在公式中要使用文本字符时，需要加上一对半角双引号，否则 Excel 会无法识别而返回错误值。

公式中的"> ="表示大于等于，需要注意与数学计算中的"≥"符号的区别，常用的运算符号如表 5-2 所示。

表 5-2　公式中的运算符

符号	类型	作用	示例
-		负号	=8*-5
%		百分号	=60*5%
^	算术运算符	乘幂	=3^2
*和 /		乘和除	=3*2/4
＋和 -		加和减	=3+2-5
=、<> ＞、< ＞=、<=	比较运算符	等于、不等于、大于、小于、大于等于和小于等于	=A1=A2 判断 A1 和 A2 是否相等 =B1<>"ABC" 判断 B1 是否不等于 "ABC" =C1 ＞=5 判断 C1 大于等于 5
&	文本连接符	字符连接	="Excel"&2019 返回文本 "Excel2019"
:（冒号）	区域运算符	生成对两个单元格地址之间的单元格区域引用	=SUM(A1:B10) 引用左上角为 A1、右下角为 B10 的矩形单元格区域
（空格）	交叉运算符	生成对两个引用的共同部分的单元格引用	=SUM(A1:B5 A4:D9)　引用 A1:B5 与 A4:D9 的重叠部分，相当于 =SUM(A4:B5)
,（逗号）	联合运算符	用于不同参数的间隔	=SUM(A1:A10,C1:C10)

当公式中使用多个运算符时，Excel 将根据各个运算符的优先级顺序进行运算，括号 ( ) 的优先级大于所有运算符，对于同一级次的运算符，则按从左到右的顺序运算，如表 5-3 所示。

表 5-3　Excel 公式中的运算优先级

顺序	符号
1	:（空格）,
2	-
3	%
4	^
5	*和 /
6	＋和 -
7	&
8	=,＜,＞,＜=,＞=,<>

5.4.2 多条件判断

除了对单个字段的单一条件进行判断之外，使用 IF 函数还能够对不同字段的多个条件分别进行判断。

示例 5-3 判断是否允许一次性计入当期成本费用

根据有关法规，企业在 2018 年 1 月 1 日至 2020 年 12 月 31 日期间新购进的除房屋、建筑物以外的固定资产，单位价值不超过 500 万元的，允许一次性计入当期成本费用在计算应纳税所得额时扣除，不再分年度计算折旧。单位价值超过 500 万元的，仍按企业所得税法实施条例等相关规定执行。

图 5-12 展示了某公司固定资产表的部分内容，需要根据资产类别、购进日期及含税价三个条件，判断是否允许一次性计入当期成本费用。

	A	B	C	D	E	F	G	H	I
	I2		× ✓ fx	=IF(AND(A2="机器设备",D2>=--"2018-1-1",D2<=--"2020-12-31",H2<=5000000),"是","否")					
1	资产类别	名称	规格	购进日期	供应商	单位	数量	含税价	一次性计入当期成本费用
2	车间厂房	印刷一车间		2017/12/31	程东建筑公司	座	1	5,120,000	否
3	车间厂房	印刷二车间		2017/12/31	程东建筑公司	座	1	3,050,000	否
4	机器设备	海德堡印刷机	CD74-6 LX F	2018/5/28	粤铭进出口公司	台	1	3,580,000	是
5	机器设备	激光切割机	CMA1200	2018/5/28	联创进出口公司	台	1	48,000	是
6	机器设备	补胶机	KCM-1012	2018/5/28	科琪企业集团	台	1	38,000	是
7	机器设备	六色印刷机	SJ6600	2018/5/28	联创印刷设备公司	台	1	230,000	是
8	机器设备	台式丝印机	SY665	2018/5/28	联创印刷设备公司	台	1	18,000	是
9	机器设备	海德堡印刷机	XL75-4 C型	2018/5/28	联创印刷设备公司	台	1	3,050,000	是
10	机器设备	罗兰印刷机	对开R705	2018/5/28	联创印刷设备公司	台	1	4,600,000	是
11	机器设备	海德堡印刷机	对开XL105-5+L	2018/5/28	联创印刷设备公司	台	1	5,880,000	否

图 5-12 固定资产表

I2 单元格中输入以下公式，将公式向下复制填充到 I11 单元格。

```
=IF(AND(A2=" 机器设备 ",D2 > =--"2018-1-1",D2 < =--"2020-12-31",H2
< =5000000)," 是 "," 否 ")
```

AND 函数用于确定待测试的所有条件是否均为 TRUE。当所有条件参数的结果都为逻辑值 TRUE 时，函数结果才返回 TRUE，否则返回 FALSE。

与 AND 函数对应的是 OR 函数，用于确定多个待测试的条件之一是否为 TRUE。只要有一个参数的结果为逻辑值 TRUE，结果就返回 TRUE，否则返回 FALSE。

本例中，使用 AND 函数依次判断 A2 的资产类别是否为"机器设备"、D2 的购进日期是否大于等于 2018 年 1 月 1 日、D2 的购进日期是否小于等于 2020 年 12 月 31 日及 H2 的含税价是否小于等于 5 000 000。当以上条件全部符合时，AND 函数返回逻辑值 TRUE。

IF 函数使用 AND 函数的返回结果作为第一参数，当 AND 函数的结果为 TRUE 时，返回"是"，否则返回"否"。

在公式中直接引用一个具体的日期时，需要在日期外侧加上一对半角双引号，否则 Excel 会将日期 2018-1-1 解释为 2018 减 1 减 1。但是加上双引号的字符又会被 Excel 识别为文本。因此再加上两个减号，使字符"2018-1-1"变成 Excel 可识别的日期序列值。加上两个减号的作用相当于是计算负数的负数，也称为"减负运算"。

当 IF 函数第一参数执行多条件的判断时，还可以用乘号和加号替代 AND 函数或是 OR 函数。本例中，公式可以写成：

=IF((A2=" 机器设备 ")*(D2 ＞ =--"2018-1-1")*(D2 ＜ =--"2020-12-31")*(H2 ＜ =5000000)," 是 "," 否 ")

公式中的每组条件使用一对括号包含，分别得到逻辑值 TRUE 或是 FALSE，再将各组条件的结果相乘。在四则运算中 TURE 的作用相当于 1，FLASE 的作用相当于 0。因此只有当所有条件的对比结果都为 TRUE 时，相乘后的结果才是 1，否则结果为 0。当结果为不等于 0 的数值时，IF 函数返回第二参数指定内容，否则返回第三参数指定的内容。

如果要判断多个待测试的条件之一是否为 TRUE，则可以使用加法代替 OR 函数，其原理与本例中的计算过程相同，不再赘述。

5.4.3　多区间判断

日常工作中，经常需要对同一个数值进行多区间的判断，如判断考核成绩是合格、优秀还是良好，判断业绩完成状况是未完成、完成还是超额完成等。使用 IF 函数和 IFS 函数都可以完成多区间的判断。

示例 5-4　使用 IF 函数判断销售完成状况

图 5-13 展示了某公司销售业绩表的部分内容，需要根据 E 列的销售额判断完成状况，判断规则为 50 000 以下为未完成，50 000 至 75 000 为完成，75 000 以上为超额完成。

	A	B	C	D	E	F	G	H
							G2　=IF(E2<50000,"未完成",IF(E2<=75000,"完成","超额完成"))	
1	业务期间	业务员	所属小组	产品类别	销售额	开票情况	完成状况	
2	一季度	金绍琼	1组	跑步机	74,300	是	完成	
3	一季度	岳存友	3组	按摩椅	74,300	否	完成	
4	一季度	解文秀	1组	眼保健仪	37,000	是	未完成	
5	一季度	彭淑慧	2组	拉力器	79,300	是	超额完成	
6	一季度	杨莹妍	1组	跑步机	30,500	是	未完成	
7	一季度	周雾雯	2组	眼保健仪	59,600	是	完成	
8	一季度	杨秀明	3组	跑步机	76,200	否	超额完成	
9	一季度	刘向碧	3组	按摩椅	77,500	否	超额完成	
10	一季度	舒凡	1组	眼保健仪	47,600	是	未完成	

图 5-13　判断销售完成状况

G2 单元格输入以下公式，将公式向下复制填充到 G10 单元格。

=IF(E2＜50000,"未完成",IF(E2＜=75000,"完成","超额完成"))

本例中使用了多个 IF 函数的嵌套。

公式首先执行"E2＜50000"部分的判断,如果条件成立,返回第一个 IF 函数的第二参数"未完成",否则继续执行下一个 IF 函数的判断,即公式中的"IF(E2＜=75000,"完成","超额完成")"部分,是第一个 IF 函数的第三参数。

第二个 IF 函数,先判断"E2＜=75000"部分,如果条件成立,则表示 E2 小于等于 75 000 并且大于等于 50 000,公式返回第二个 IF 函数的第二参数"完成",否则返回第二个 IF 函数的第三参数"超额完成"。

在对同一个数值进行多区间的判断时,需要注意各个条件判断的连续性,可以从高到低依次判断,也可以从低到高依次判断。使用以下公式,也可以完成同样的判断。

=IF(E2＞75000,"超额完成",IF(E2＞=50000,"完成","未完成"))

使用 IFS 函数同样可以完成多区间的判断,而且公式书写更加简便。

示例 5-5　使用 IFS 函数判断销售完成状况

仍以图 5-13 的数据为例,G2 单元格输入以下公式,将公式向下复制填充到 G10 单元格,如图 5-14 所示。

=IFS(E2＞75000,"超额完成",E2＞=50000,"完成",TRUE,"未完成")

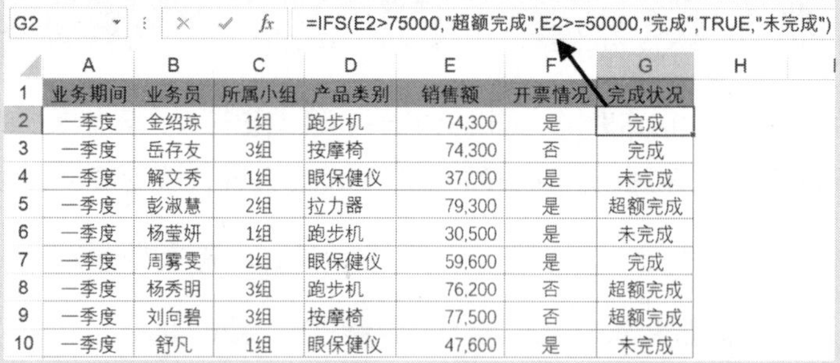

图 5-14　使用 IFS 函数判断销售完成状况

IFS 函数的语法为:

IFS(logical_test,value_if_true,...)

第一参数为逻辑判断的条件,第二参数是在判断结果为 TRUE 时返回的内容。

IFS 函数的逻辑结构与 IF 函数有所不同。IF 函数的结构可以表达为"如果……则……否则”，而 IFS 函数的条件与返回的结果需要成对出现，即“如果符合条件 1，则结果 1，如果符合条件 2，则结果 2，……”，该函数最多允许 127 个条件的判断。

将最后一组条件 / 结果设置为“TRUE, 指定内容”的形式，用于指定所有条件均不符合时返回的结果。

本例中，IFS 函数从左向右依次验证各组条件判断是否符合，当符合某个条件时返回对应的结果。如果“E2 > 75000”和“E2 > =50000”两个条件均不符合，则返回“未完成”。

5.5　求和与条件求和

如果要对某些数值或是某个单元格区域的数值相加进行求和，可以使用 SUM 函数来完成。

示例 5-6　汇总商品数量

如图 5-15 所示，需要计算不同商品四天的购买数量。

F2 单元格输入以下公式，将公式复制填充到 F8 单元格。

```
=SUM(B2:E2)
```

F2 =SUM(B2:E2)

	A	B	C	D	E	F
1	商品	3月11日	3月12日	3月13日	3月14日	合计
2	茄子	8	4	9	7	28
3	辣椒	2	7	4	3	16
4	白菜	20	15	20	22	77
5	土豆	6	7	10	8	31
6	豆角	8	2	3	5	18
7	大葱	2	4	3	2	11
8	紫薯	5	3	7	6	21

图 5-15　汇总商品数量

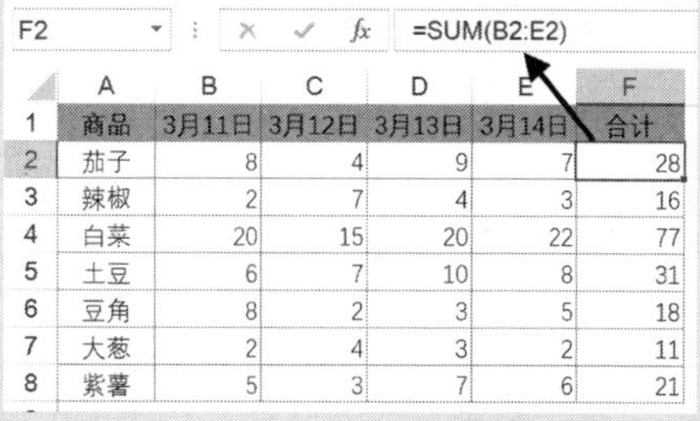

SUM 函数的作用是对所有参数进行求和，本例中 SUM 函数的参数为“B2:E2”，表示对 B2：E2 单元格区域中的所有数值相加，相当于 =B2+C2+D2+E2。

5.5.1　单条件求和

使用 SUMIF 函数能够对符合指定条件的值求和，如计算指定商品的销售数量、计算某个部门的工资金额等。

示例 5-7　计算指定物料的出库数

图 5-16 展示了某公司物料盘点表的部分内容，需要根据 H 列指定的存货名称，计算对应的出库总数。

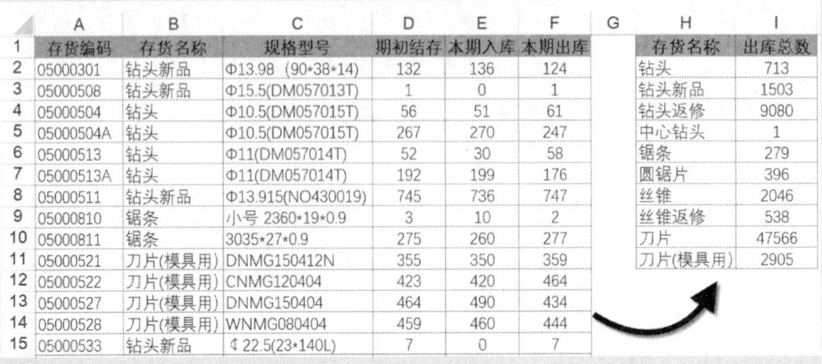

	A	B	C	D	E	F
1	存货编码	存货名称	规格型号	期初结存	本期入库	本期出库
2	05000301	钻头新品	Φ13.98 (90*38*14)	132	136	124
3	05000508	钻头新品	Φ15.5(DM057013T)	1	0	1
4	05000504	钻头	Φ10.5(DM057015T)	56	51	61
5	05000504A	钻头	Φ10.5(DM057015T)	267	270	247
6	05000513	钻头	Φ11(DM057014T)	52	30	58
7	05000513A	钻头	Φ11(DM057014T)	192	199	176
8	05000511	钻头新品	Φ13.915(NO430019)	745	736	747
9	05000810	锯条	小号 2360*19*0.9	3	10	2
10	05000811	锯条	3035*27*0.9	275	260	277
11	05000521	刀片(模具用)	DNMG150412N	355	350	359
12	05000522	刀片(模具用)	CNMG120404	423	420	464
13	05000527	刀片(模具用)	DNMG150404	464	490	434
14	05000528	刀片(模具用)	WNMG080404	459	460	444
15	05000533	钻头新品	¢ 22.5(23*140L)	7	0	7

H	I
存货名称	出库总数
钻头	713
钻头新品	1503
钻头返修	9080
中心钻头	1
锯条	279
圆锯片	396
丝锥	2046
丝锥返修	538
刀片	47566
刀片(模具用)	2905

图 5-16　物料盘点表

I2 单元格输入以下公式，将公式向下复制填充到 I11 单元格。

```
=SUMIF($B$2:$B$63,H2,$F$2:$F$63)
```

SUMIF 函数是常用的条件求和函数之一，函数语法为：

```
SUMIF(range,criteria,[sum_range])
```

第一参数用于指定条件判断的单元格区域。

第二参数用于指定求和的条件，可以是字符串、表达式，也可以是单元格的引用或是其他函数的计算结果。

第二参数使用带有比较符号的条件时，必须加上一对半角双引号，例如 ">8" 或是 "<=5"。如果要将某个单元格中的数值作为比较条件，则需要将比较符号加上一对半角双引号后，再和单元格地址进行连接，例如 "<"&A2。

第三参数是可选参数，用于指定要进行求和的单元格范围。

SUMIF 函数的用法相当于：SUMIF(条件区域 , 指定的条件 , 求和区域)。

本例中，第一参数 $B$2:$B$63 是判断条件的区域，第二参数指定的条件是 H2 单元格中的存货名称，此处使用相对引用，表示公式所在单元格左侧的单元格。第三参数 $F$2:$F$63 是求和区域。如果 $B$2:$B$63 单元格区域中的存货名称与 H2 单元格中的存货名称相同，就对 $F$2:$F$63 单元格区域中对应的出库数量求和汇总。

Excel 中的通配符包括“?”和“*”两种，其中半角问号“?”匹配任意单个字符，星号“*”匹配任意多个字符。在 SUMIF 函数的求和条件中使用通配符，能够按照部分关键字进行汇总求和。

示例 5-8　计算不同材料的领用量

图 5-17 展示了某公司材料领用表的部分内容，B 列是包含材料和型号的混合内容，需

要根据 G2 单元格中的材料名称，计算该材料的所有领用量。

H2 单元格输入以下公式，结果为 1 193。

```
=SUMIF(B2:B26,G2&"*",D2:D26)
```

	A	B	C	D	E	F	G	H
1	日期	材料/型号	领料单位	数量(Kg)	经手人		材料	数量(Kg)
2	2017/3/29	不锈钢棒-600mm	杨丽萍项目部	170	刘军		不锈钢棒	1193
3	2017/3/29	不锈钢棒-500mm	王晓燕施工队	31	谢萍			
4	2017/4/12	不锈钢棒-400mm	姜杏芳项目部	98	谢萍			
5	2017/4/13	铜棒-450mm	金绍琼施工队	38	谢萍			
6	2017/6/5	铜棒-550mm	岳存友施工队	56	谢萍			
7	2017/6/5	铜棒-650mm	解文秀项目部	136	谢萍			
8	2017/6/5	不锈钢棒-450mm	彭淑慧项目部	63	谢萍			
9	2017/8/29	铜棒-650mm	杨莹妍施工队	185	刘军			
10	2017/9/29	不锈钢棒-350mm	周雾雯项目部	145	谢萍			

图 5-17 材料领用表

公式中的"G2&"*""部分，用文本连接符"&"将 G2 单元格的材料名称和通配符"*"进行连接，以此作为 SUMIF 函数的求和条件。如果 B2:B26 单元格区域中的材料/型号以 G2 单元格指定的材料名称开头，SUMIF 就对 D2:D26 单元格区域中对应的数量进行求和。

如果省略 SUMIF 函数的第三参数，Excel 会默认将第一参数作为求和区域，主要用于数值类的条件计算。

示例 5-9　计算单笔业务 2000 元以上的总金额

图 5-18 展示了某酒店营业日报表的部分内容，需要根据 B 列的"本日实际"，计算单笔业务 2 000 元以上的总金额。

G2 单元格输入以下公式，计算结果为 12 455.2。

```
=SUMIF(B2:B12," > 2000")
```

	A	B	C	D	E	F	G
1	项目	本日实际	实际累计	预算累计	全月预算		单笔业务2000元以上的金额
2	客房收入 HSKP Revenue	56.6	4956.6	10889.451	17767		12455.2
3	洗衣 Laundry	0	200.94	7573.6451	12357		
4	西餐厅 Cultivar All Day Dining	5328.31	144632.07	200507	327143		
5	早餐 Breakfast	2877.36	87617.92	132027.322	215413		
6	西餐 Cultivar	226.42	47975.47	56642.6765	92417		
7	送餐 In Room Dining	2224.53	9038.68	11837	19313		
8	中餐厅 Chinese Restaurant	2025	250972.46	341118.645	556562		
9	宴会厅 Banquet	0	193310.38	265214.871	432719		
10	大堂吧 Lobby Lounge	1430.13	28946.89	48688.4177	79439		
11	雪霁吧 Xueji Lounge	449.94	13251.35	22771.8059	37154		
12	云顶棋牌室 Chess and Card Room	694.34	5891.51	11337.4824	18498		

图 5-18 营业日报表

本例中，SUMIF 函数省略第三参数，表示求和区域与第一参数 B2:B12 相同。如果

B2：B12 单元格区域中的数值大于 2 000，就对该数值进行求和。

5.5.2　多条件求和

使用 SUMIFS 函数能够对多个字段分别指定条件或是对同一个字段指定多个条件，然后对同时符合多个条件的对应数值进行求和，如按店铺汇总指定商品的销售数量、按月份汇总指定员工的工资金额等。

示例 5-10　按单位统计"质保金已付清"的付款金额

图 5-19 展示了某公司工程付款记录的部分内容，需要根据 B21 单元格中指定的单位名称，汇总该单位质保金已付清部分的累计付款金额。

	A	B	C	D	E	F
1	序号	合同名称	责任单位	实际结算金额	累计付款	备注
2	1	D-a区精装修工程合同	京优工程有限公司	26,536,567	26,536,567	质保金已付清
3	2	B区铝合金工程	海兴科技公司	10,489,573	10,489,573	质保金已付清
4	3	润和园一期园林景观工程	广华园林公司	31,829,674	31,829,674	质保金已付清
5	4	一期景观园林工程合同	京优工程有限公司	22,110,711	22,110,711	质保金已付清
6	5	A-1区精装修工程	京优工程有限公司	26,764,410	26,264,410	质保金已付清
7	6	浅水湾E区园林景观工程合同	广华园林公司	2,213,468	2,103,294	
8	7	住宅项目一期A区精装修工程	京优工程有限公司	32,112,728	32,112,728	质保金已付清
9	8	D-b区总承包工程合同	亚华集团有限公司	97,041,515	97,041,515	质保金已付清
10	9	昆城一期D区总承包工程合同	大华建筑公司	216,933,440	211,490,354	
11	10	展示区/A区总包合同	亚华集团有限公司	306,570,871	297,620,828	
12	11	一期A区精装修工程	深华股份公司	12,421,916	12,421,916	质保金已付清
13	12	三区样板间精装修工程	深华股份公司	39,443,532	39,443,532	质保金已付清
14	13	四期室外道路及管网工程	万华工程公司	46,912,949	46,881,181	
15	14	D区铝合金工程	海兴科技公司	9,630,561	9,149,533	
16	15	A区总承包工程合同	亚华集团有限公司	119,458,399	116,472,189	
17	16	御园度假区一期总承包工程合同	亚华集团有限公司	25,035,639	25,035,639	质保金已付清
18						
19						
20		责任单位		累计付款		
21		亚华集团有限公司		122,077,154		

图 5-19　工程付款记录

C21 单元格输入以下公式，计算结果为 122 077 154。

```
=SUMIFS(E2:E17,C2:C17,B21,F2:F17,"质保金已付清")
```

SUMIFS 函数的作用是按多个条件进行求和，函数语法为：

```
SUMIFS(sum_range,criteria_range1,criteria1,[criteria_
range2,criteria2],...)
```

第一参数指定要对哪个区域进行求和。

第二参数和第三参数分别用于指定第一组条件判断的条件区域和判断条件。

之后的其他参数为可选参数，两两一组，分别用于指定其他组条件判断的区域及其关联条件，最多可设置 127 个区域 / 条件对。

SUMIFS 函数的条件区域与求和区域必须具有相同的行列数，条件参数支持使用通配符。

SUMIFS 函数的用法相当于：

SUMIFS(求和区域, 条件区域 1, 指定的条件 1, 条件区域 2, 指定的条件 2,…)。

当多个条件同时符合时，SUMIFS 函数对求和区域中对应的数值执行求和计算。

本例中的求和区域为 E2:E17，条件区域 1 是 "C2:C17"，指定的条件 1 是 B21 中的单位名称。条件区域 2 是 "F2:F17"，指定的条件 2 是 "质保金已付清"。

如果 C2:C17 单元格区域中的责任单位等于 B21 单元格中指定的单位名称，并且 F2:F17 单元格区域中的备注内容为 "质保金已付清"，就对 E2:E17 单元格区域中对应的累计付款金额进行求和。

> SUMIFS 函数的求和区域是第一参数，而 SUMIF 函数的求和区域是第三参数，使用时应注意二者的参数设置差异。

5.5.3　用 SUMPRODUCT 函数求和计算

除了 SUMIF 和 SUMIFS 函数之外，使用 SUMPRODUCT 函数可以完成更多类型的求和汇总计算。

示例 5-11　计算物资采购总金额

图 5-20 展示了某公司物资采购记录的部分内容，需要根据 C 列的单价和 D 列的数量计算总金额。

F4 单元格中输入以下公式，结果为 1 245。

	A	B	C	D	E	F
1	供货商名称	原厂料号	单价	数量		
2	深大科技电子有限公司	0805B221K251	75	2		
3	张鹏 - 采购	0805B331K201	63	4		总金额
4	广联图发有限公司	0805B681K101	17	5		1245
5	易一发展有限公司	0805N101J201	22	4		
6	兴泰隆电子有限公司	1206B474K500	45	2		
7	睿胜技术服务有限公司	QC19030402	26	4		
8	新光联电子商务有限公司	QC19030101	37	2		
9	好丽友实业有限公司	PT844-022	46	3		
10	乐大乳业有限公司	PT827-097	66	4		

图 5-20　计算物资采购金额

```
=SUMPRODUCT(C2:C10,D2:D10)
```

SUMPRODUCT 函数用于将各数组间对应的元素相乘，并返回乘积之和。函数语法为：

```
SUMPRODUCT(array1,[array2],[array3],...)
```

该函数除第一参数为必需参数外，其他参数均为可选参数。各参数必须具有相同的行数或列数，否则将返回错误值 #VALUE!。如果数组元素中包含文本内容，将作为 0 处理。

数组是指多个同类数据元素的集合，组成数组的各个变量称为数组的元素。通常分为常量数组、区域数组和内存数组等类型。

常量数组就是由常数组成的数组，数据可以直接嵌入公式，而不需要存储在单元格中，

其典型写法为 {"a","b","c","d";1,2,3,4}。其中的半角逗号表示不同列的间隔，半角分号表示不同行的间隔，构成常量数组的元素可以是文本、数值或逻辑值等。

区域数组就是某个单元格的区域，数据存储在单元格中，在公式中必须通过引用单元格才能调用数据。而内存数组则是指某个公式的计算结果为数组，并且将公式结果直接嵌入到其他公式中继续参与后续计算。

只有一行或一列的数组称为一维数组，多行多列的数组称为二维数组。数组中的数值和逻辑值可以进行加减乘除等算术运算。

数组 {1,2,3} 与数值 1 相乘时的运算过程如图 5-21 所示。

一维数组 {1,2,3} 和同方向的一维数组 {4,5,6} 相乘时的运算过程如图 5-22 所示。

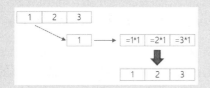

图 5-21　数组与单个数值的直接运算

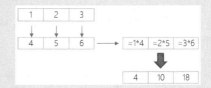

图 5-22　同方向一维数组的直接运算

垂直方向数组 {1,2,3} 与水平方向数组 {1;2;3;4} 相乘时的运算过程如图 5-23 所示。

一维数组 {1;2;3} 与二维数组 {4,7;5,8;6,9} 相乘时的运算过程如图 5-24 所示。

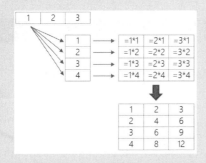

图 5-23　垂直方向数组与水平方向数组的直接运算

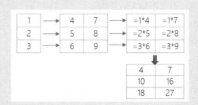

图 5-24　一维数组与二维数组的直接运算

本例中，C2:C10 和 D2:D10 都是区域数组，先将 C2:C10 与 D2:D10 中的每个元素对应相乘，再将乘积相加，计算过程如图 5-25 所示。

75	×	2	=	150	
63	×	4	=	252	
17	×	5	=	85	结果相加
22	×	4	=	88	1245
45	×	2	=	90	
26	×	4	=	104	
37	×	2	=	74	
46	×	3	=	138	
66	×	4	=	264	

数组中的元素对应相乘

图 5-25　SUMPRODUCT 函数运算过程

将 SUMPRODUCT 函数的参数用法稍加改造，即可实现条件求和与多条件求和的计算。

示例 5-12　按商户类型统计业务金额

图 5-26 展示了某银行对私账户流水账单的部分内容，需要根据 E 列的商户类型统计，统计不同商户类型的业务金额。

	A	B	C	D	E	F	G	H
1	网点名称	商户名称	商户编号	金额	商户类型		商户类型	金额
2	新华路支行	君利来五金经销处	429930350720041	5,331	家易通		家易通	2,455,331
3	花园路营业部	光联五金经销部	429930150720279	12	POS个人		POS个人	12,576,872
4	银柏路营业部	婴倍爱母婴用品店	429930551370091	26	家易通		二维码商户	11,586
5	五一路支行	明珠商贸城周磊	429930951370188	5,719	家易通			
6	北大街支行	华杰服饰销售中心	429930151372734	12,028,143	POS个人			
7	银柏路营业部	桥东口腔诊所	429930559760001	2	POS个人			
8	新华路支行	蝶恋花美容生活馆	429930259981999	71	家易通			
9	银柏路营业部	高乘机械设备经销处	429930152510056	504,435	POS个人			
10	新华路支行	爱家布艺	429930356990052	3,279	二维码商户			
11	新华路支行	市北旺龙农场	429930907800001	1,316,854	家易通			
12	南大街支行	老闫建材经销处	429930859980262	51	POS个人			

图 5-26　流水账单

H2 单元格输入以下公式，将公式向下复制填充到 H4 单元格。

```
=SUMPRODUCT((G2=$E$2:$E$33)*1,$D$2:$D$33)
```

本例中的"(G2=$E$2:$E$33)*1"部分，先用 G2 单元格中的商户类型与 $E$2:$E$33 单元格中的商户类型进行逐一对比，得到一个由逻辑值 TRUE 和 FALSE 构成的内存数组。

```
{TRUE;FALSE;TRUE;TRUE;…;TRUE;TRUE;FALSE}
```

通过 *1 的方式，将以上内存数组转换为由 1 或 0 构成的新内存数组，并以此作为 SUMPRODUCT 函数的"数组 1"参数。

```
{1;0;1;1;…;1;1;0}
```

公式中的"$D$2:$D$33"是"数组 2"参数，SUMPRODUCT 函数将 $D$2:$D$33 与内存数组的各个元素对应相乘，最后返回乘积之和。

如果对 SUMPRODUCT 函数的参数用法进一步改造，则可以实现多条件的求和计算。

示例 5-13　按条件统计各区域销售额

图 5-27 展示了某连锁公司销售日报表的部分记录，需要根据 J 列指定的所属省区和完成率两项内容，统计已完成的销售额。

图 5-27　销售日报表

J3 单元格输入以下公式，计算结果为 224 406.63。

```
=SUMPRODUCT((B2:B27=J1)*(G2:G27＞50%),F2:F27)
```

公式中的"B2:B27=J1"部分，用于判断 B 列的省区和 J1 单元格的指定的省区是否相同，得到内存数组结果为：

```
{TRUE;FALSE;FALSE;TRUE;…;TRUE;FALSE;FALSE;FALSE}
```

"G2:G27＞50%"部分，用于判断 G 列的完成率是否大于指定目标 50%，得到内存数组结果为：

```
{TRUE;TRUE;FALSE;FALSE;…;FALSE;FALSE;FALSE;FALSE}
```

接下来将两个内存数组中的元素对应相乘，当两个内存数组中的对应元素都是 TRUE 时，说明两个条件同时符合，TRUE 乘以 TRUE 结果为 1。如果两个数组中的对应元素都是 FALSE 或是其中一个元素为 FALSE 时，说明两个条件未能同时符合，TRUE 乘以 FALSE 或是 FALSE 乘以 FALSE 的结果均为 0。

两组逻辑值相乘后，得到由 1 和 0 构成的新的内存数组结果，并以此作为 SUMPRODUCT 函数的"数组 1"参数。

```
{1;0;0;0;…;0;0;0;0}
```

公式中的"F2:F27"是"数组 2"参数，SUMPRODUCT 函数将 F2:F27 与"数组 1"参数之间的各个元素对应相乘，并返回乘积之和。

SUMPRODUCT 函数多条件求和的通用写法相当于：

SUMPRODUCT(条件 1* 条件 2*…条件 *n*, 求和区域)

在多行多列的数据表中，也可以使用 SUMPRODUCT 函数完成指定条件的求和汇总。

示例 5-14　按车型计算不同养护类型的金额

图 5-28 展示了某 4S 店车辆养护报价表的部分内容，需要根据 B11 单元格中指定的车型，计算养护类型为“自店延保”和“超值延保”所需的总金额。

B14 单元格输入以下公式，计算结果为 3 060。

```
=SUMPRODUCT((A2:A8=B11)*((B1:F1=B12)+(B1:F1=C12)),B2:F8)
```

	A	B	C	D	E	F
1	车型	售后保养	超值延保	机油升级	自店延保	刹车保养
2	飞度	1280	1322	188	230	668
3	锋范	1480	1980	188	380	818
4	凌派	1480	2480	580	280	960
5	缤智	1980	2980	780	580	980
6	雅阁	3188	2480	680	580	980
7	奥德赛	3280	2570	880	680	1080
8	冠道	3580	3188	980	880	1260
9						
10						
11	车型	雅阁				
12	养护类型	自店延保	超值延保			
13						
14	金额	3060				

图 5-28　车辆养护报价表

公式中的“(B1:F1=B12)+(B1:F1=C12)”部分，分别判断 B1:F1 单元格区域的养护类型是否等于 B12 单元格和 C12 单元格中指定的养护类型。得到两个内存数组：

```
{FALSE,FALSE,FALSE,TRUE,FALSE}
{FALSE,TRUE,FALSE,FALSE,FALSE}
```

将两个内存数组中对应的元素相加，如果其中一个内存数组中的对应元素是 TRUE 时，说明两个条件符合其一。两组逻辑值相加后，得到由 1 和 0 构成的新的内存数组结果，内存数组中的间隔符号为半角逗号，表示该内存数组为 1 行 5 列的水平方向：

```
{0,1,0,1,0}
```

公式中的“A2:A8=B11”部分，用于判断 A2:A8 单元格区域中的车型是否等于 B11 单元格指定的车型，得到一个内存数组，该内存数组中的间隔符号为半角分号，表示该内存数组为 1 列 7 行的垂直方向。

```
{FALSE;FALSE;FALSE;FALSE;TRUE;FALSE;FALSE}
```

接下来将水平方向的内存数组 {0,1,0,1,0} 与之相乘，得到 7 行 5 列的新内存数组，并以此作为 SUMPRODUCT 函数的“数组 1”参数。

```
{0,0,0,0,0;0,0,0,0,0;0,0,0,0,0;0,0,0,0,0;0,1,0,1,0;0,0,0,0,0;0,0,0,0,0}
```

如果将这个内存数组放到单元格中，其结果如图 5-29 所示。

公式中的 B2:F8 是 SUMPRODUCT 函数的“数组 2”参数。最后将“数组 1”参数与“数组 2”参数中的各个元素对应相乘并返回乘积之和，计算出指定车型、不同养护类型所需的金额。

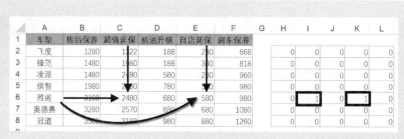

图 5-29 多行多列的内存数组

在 SUMPRODUCT 函数的参数中，两个条件相加表示二者只需符合其一，两个条件相乘则表示二者要同时符合。

> 如果 SUMPRODUCT 函数的参数是多行多列的内存数组时，需要注意各内存数组的行列数要保持一致，否则公式将返回错误值。

5.6 计数与条件计数

5.6.1 计数统计

用于计数的函数主要有 COUNTA 函数和 COUNT 函数等。

示例 5-15 计算宽带用户数

图 5-30 展示了某小区宽带用户登记表的部分内容，需要计算宽带用户数。

	A	B	C	D	E	F	G	H	I	J
1	接入号码	品牌名称	入网时间	资费名称	装机地址	联系人	宽带计费速率	宽带押金		用户数
2	F9249T3633	FTTH	20110303	沃家庭超级自由版宽带包月	85号楼3单元608	朱莲芬	下行100M，上行			32
3	F9249T4908	公众宽带	20110505	合家欢B套餐	88号楼4单元808	郇永忠	100MBPS			
4	F9249T5003	FTTH	20070109	沃家庭超级自由版宽带	6号楼4单元408	周光明	下行100M，上行			
5	F9249T5634	FTTH	20111027	智慧沃家版宽带包月0元	83号楼3单元508	舒前银	下行100M，上行	300		
6	F9249T2345	公众宽带	20110806	合家欢-IPTV0元	88号楼8单元508	刘魁	100MBPS	300		
7	F9249T3903	FTTH	20081129	沃家庭超级自由版	89号楼三单元508	江建安	下行100M，上行			
8	F9249T3335	FTTH	20110625	宽带预存700元/14个月	8号楼8单元808	马锐	下行100M，上行	300		
9	F9249T4038	公众宽带	20110806	合家欢B套餐-宽带30元(100	8号楼5单元808	冯明芳	100MBPS	300		
10	F9249T3939	FTTH	20111206	沃家庭超级自由版宽带	84号楼8单元508	金定华	下行100M，上行	300		
11	F9249T3698	公众宽带	20110705	宽带0元提速包升到100M	7号楼8单元508	李福学	20MBPS	300		
12	F9249T0869	FTTH	20110303	沃家庭超级自由版宽带	6号楼8单元408	刘军	下行100M，上行			

图 5-30 宽带用户登记表

J2 单元格输入以下公式，结果为 32。

```
=COUNTA(A2:A33)
```

COUNTA 函数用于计算指定范围中不为空的单元格的个数，函数语法为：

```
COUNTA(value1,[value2],...)
```

　　各个参数是要进行计数的数值或是单元格区域，最多可包含 255 个参数。如果单元格中包含错误值或空文本 ""，COUNTA 函数也会将其统计在内，但不会对空单元格进行计数。

　　本例中，COUNTA 函数的参数为"A2:A33"，表示统计接入号码所在的 A2:A33 单元格区域中有多少个非空单元格，结果就是宽带用户数。

　　COUNT 函数能够计算单元格区域或是数组中的数值个数，是常用的计数统计函数之一。

示例 5-16　计算宽带押金缴费户数

　　仍以图 5-30 中的数据为例，要根据 H 列的宽带押金记录，统计宽带押金缴费户数，如图 5-31 所示。

	A	B	C	D	E	F	G	H	I	J	K
1	接入号码	品牌名称	入网时间	资费名称	装机地址	联系人	宽带计费速率	宽带押金		用户数	押金缴费户数
2	F9249T3633	FTTH	20110303	沃家庭超级自由版宽带包月	85号楼3单元608	朱莲芬	下行100M，上行10M			32	13
3	F9249T4908	公众宽带	20110505	合家欢B套餐	88号楼4单元808	邹永忠	100MBPS				
4	F9249T5003	FTTH	20070109	沃家庭超级自由版宽带	6号楼4单元408	周光明	下行100M，上行10M				
5	F9249T5634	FTTH	20111027	智慧沃家版宽带包月0元	83号楼3单元508	舒前银	下行100M，上行10M	300			
6	F9249T2345	公众宽带	20110806	合家欢-IPTV0元	88号楼8单元508	刘魁	100MBPS	300			
7	F9249T3903	FTTH	20081129	沃家庭超级自由版	89号楼三单元508	江建安	下行100M，上行10M				
8	F9249T3335	FTTH	20110625	宽带预存700元/14个月	8号楼8单元808	马锐	下行100M，上行10M	300			
9	F9249T4038	公众宽带	20110806	合家欢B套餐-宽带30元(100M)	85号楼5单元808	冯明芳	100MBPS	300			
10	F9249T1206	FTTH	20111206	沃家庭超级自由版宽带	84号楼8单元508	金定华	下行100M，上行10M	300			
11	F9249T3698	公众宽带	20110705	宽带0元提速包升到100M	3号楼8单元408	李福学	20MBPS	300			
12	F9249T0869	FTTH	20110303	沃家庭超级自由版宽带	6号楼8单元408	刘军	下行100M，上行10M				

图 5-31　计算宽带押金缴费户数

　　K2 单元格输入以下公式，结果为 13。

```
=COUNT(H2:H33)
```

　　COUNT 函数用于计算包含数字的单元格及参数列表中数字的个数。函数语法为：

```
COUNT(value1,[value2],...)
```

　　各个参数是要计算数字个数的单元格引用，最多可包含 255 个参数。如果参数为空白单元格、逻辑值、文本或错误值将不计算在内。

　　本例中，COUNT 函数的参数为"H2:H33"，表示统计宽带押金记录所在的 H2:H33 单元格区域中数值的个数，结果就是宽带押金缴费户数。

5.6.2　按条件计数

　　如果要对符合某个条件的数据进行计数统计，可以使用 COUNTIF 完成。

示例 5-17　计算不同付款方式的商品房签约套数

图 5-32 展示了某房地产销售中心商品房签约记录表的部分内容，需要根据 D 列的付款方式，统计不同付款方式的商品房签约套数。

	A	B	C	D	E	F	G	H	I	J	K	L
1	房号	客户姓名	置业顾问	付款方式	面积	签约单价	认购日期	实收房款	收款比例		付款方式	签约套数
2	3-101	能学成	吴开荣	更名房	93.93	11,488.16	2018/12/24	107,909.00	10%		更名房	3
3	3-104	蒋铭铸	李伟	公积金贷款	82.55	11,853.27	2018/9/30	196,355.00	20%		公积金贷款	11
4	3-105	解坤梅	涂文杰	公积金贷款	82.55	11,853.27	2018/10/6	297,931.00	30%		拟退房	1
5	3-108	庄玉媛	闫葛伟	拟退房	93.93	13,005.55	2018/10/19	363,615.00	30%		商业贷款	14
6	3-201	肖隆建	涂文杰	商业贷款	93.93	12,358.74	2018/10/3	349,209.00	30%		分期付款	2
7	3-202	罗华/肖艳	闫葛伟	商业贷款	93.43	13,206.32	2018/10/1	1,233,866.00	100%			
8	3-203	罗朝强	李伟	商业贷款	93.43	13,206.32	2018/10/14	371,941.00	30%			
9	3-204	刘德勋	蒋宏艳	公积金贷款	82.55	13,210.77	2018/9/29	227,953.00	21%			
10	3-205	王明礼	闫葛伟	商业贷款	82.55	13,210.77	2018/9/29	1,090,549.00	100%			
11	3-206	汤智雄	刘晓燕	商业贷款	93.43	13,206.32	2018/10/10	371,941.00	30%			
12	3-207	李群书	王惠玲	公积金贷款	93.43	13,206.32	2018/10/3	716,711.00	58%			

图 5-32　商品房签约记录表

L2 单元格输入以下公式，将公式向下复制填充到 L6 单元格。

`=COUNTIF(D:D,K2)`

COUNTIF 函数用于统计符合指定条件的单元格数量，函数语法为：

`COUNTIF(range,criteria)`

第一参数指定要统计的单元格范围。第二参数指定统计条件，可以是数字、表达式、单元格引用或是文本字符串。第二参数不区分大小写，并且可以使用通配符问号"？"和星号"*"。

COUNTIF 函数的用法相当于：COUNTIF(条件区域 , 指定的条件)。

本例中，第一参数使用"D:D"，表示要在 D 列整列中统计符合条件的单元格数量。第二参数是"K2"，表示以 K2 单元格中指定的付款方式作为统计条件，最终统计出 D 列中与 K2 单元格内容相同的单元格个数，结果就是该付款方式下的签约套数。

5.6.3　多条件计数

如果要对符合多个条件的数据进行计数统计，可以使用 COUNTIFS 完成。

示例 5-18　按付款方式和收款比例统计商品房签约套数

仍以图 5-32 中的数据为例，要根据不同付款方式，统计收款比例在 40% 及以上的商品房签约套数，如图 5-33 所示。

图 5-33　按付款方式和收款比例统计商品房签约套数

L2 单元格输入以下公式，将公式向下复制填充到 L6 单元格。

=COUNTIFS(D:D,K2,I:I,"＞=40%")

COUNTIFS 函数的作用是统计符合多个指定条件的记录数，函数语法为：

COUNTIFS(criteria_range1,criteria1,[criteria_range2,criteria2],…)

第一参数和第二参数都是必需参数，分别指定要统计的第一个单元格区域及要统计的条件。之后的其他参数为可选参数，两两一组，分别用于指定其他的条件判断区域及其关联条件，最多可设置 127 个区域 / 条件对，多个区域 / 条件对之间是"与"的关系，也就是多个条件要同时符合。

设置多个条件区域时，需要注意每个区域的行数和列数必须一致，但是无须彼此相邻。条件参数的设置规则与 COUNTIF 函数的条件参数设置规则相同。

COUNTIFS 函数的用法相当于：

COUNTIFS(条件区域 1, 指定的条件 1, 条件区域 2, 指定的条件 2,…)。

本例中，COUNTIFS 函数的第一个条件区域是"D:D"，与之对应的条件 1 是 K2 单元格中指定的收款方式。第二个条件区域是"I:I"，与之对应的条件 2 是"＞=40%"，表示统计 D 列等于指定的收款方式，并且 I 列的收款比例大于等于 40%。COUNTIFS 函数最终返回同时符合两个条件的记录数。

5.7　平均值计算

日常工作中经常要用到平均值有关的计算，如计算某种地区的年平均降水量、某部门的平均工资等。用于计算平均值的函数有 AVERAGE 函数、AVERAGEIF 函数、AVERAGEIFS 函数及 TRIMMEAN 函数等。

5.7.1 平均值计算

示例 5-19 统计淘宝店铺日均访客数

	A	B	C	D	E	F	G	H	I
1	日期	浏览量	访客数	访问深度	销售额	订单数	成交数	客单价	转化率
2	2019/3/1	297	160	1.9	138	2	2	69	1.25%
3	2019/3/2	171	115	1.5	0	0	0	0	0.00%
4	2019/3/3	292	232	2	29.9	1	1	29.9	1.03%
5	2019/3/4	263	124	2.1	69.7	3	3	23.23	2.42%
6	2019/3/5	333	171	1.9	236.9	4	4	59.22	2.34%
7	2019/3/6	319	123	2.6	109.6	2	2	54.8	1.63%
8	2019/3/7	332	138	2.4	192.8	4	4	48.2	2.90%
9	2019/3/8	294	121	2.4	29.9	1	1	29.9	0.83%
10	2019/3/9	399	181	2.2	182.7	5	5	36.54	2.76%
11	2019/3/10	513	179	2.9	389.8	6	6	64.97	3.35%
12	2019/3/11	374	139	2.7	118.8	3	3	39.6	2.16%

图 5-34 销售记录

图 5-34 所示展示了某淘宝店铺销售流水表的部分内容，需要根据 C 列的每日访客数，计算出日均访客数。

在空白单元格内输入以下公式，计算结果为 162。

`=AVERAGE(C2:C93)`

AVERAGE 函数用于返回参数的算术平均值，函数语法为：

```
AVERAGE(number1,[number2],...)
```

各参数是要计算平均值的数字、单元格引用或单元格区域。如果单元格中是文本、逻辑值或是空单元格将被忽略，但不会忽略零值。

5.7.2 按条件计算平均值

如果要对数据按照某个指定的条件计算平均值，可以使用 AVERAGEIF 函数完成。

示例 5-20 统计指定监测点的平均水温

图 5-35 展示了某水文监测站监测记录表的部分内容，需要根据监测断面名称计算对应的平均水温。

	A	B	C	D	E	F	G
1	监测断面名称	监测日期	水温(℃)	记录人		监测断面名称	平均水温(℃)
2	香长公路	2019/2/6	6.9	任继先		香长公路	7.77
3	香长公路	2019/2/11	6.6	任继先		海门桥	5.50
4	香长公路	2019/2/24	9.8	任继先		东大盈白石公路桥	5.37
5	海门桥	2019/2/6	3.9	李光明		延长西路桥	5.97
6	海门桥	2019/2/12	5.1	李光明		汶水路彭公浦桥	5.53
7	海门桥	2019/2/26	7.5	李光明		共康路	7.93
8	东大盈白石公路桥	2019/2/6	4.1	毕淑华		南芦公路桥	7.23
9	东大盈白石公路桥	2019/2/12	4.7	毕淑华		沈砖公路桥	5.77
10	东大盈白石公路桥	2019/2/26	7.3	毕淑华		华田泾沪青平公路	5.67
11	延长西路桥	2019/2/7	5.2	李光明		永丰公路桥	7.07
12	延长西路桥	2019/2/13	5.5	李光明		车站北路桥	6.13

图 5-35 水文监测记录

在 G2 单元格输入以下公式，双击 G2 单元格右下角的填充柄，将公式填充到数据表最后一行。

```
=AVERAGEIF(A:A,F2,C:C)
```

AVERAGEIF 函数用于返回符合指定条件单元格的算术平均值，函数语法和使用方法均与 SUMIF 函数类似。

```
AVERAGEIF(range,criteria,[average_range])
```

第一参数是要判断条件的单元格区域。

第二参数用于确定要对哪些单元格计算平均值的条件，和 SUMIF 函数的条件参数写法相同，也支持使用通配符。

第三参数是可选参数，用于指定要进行计算平均值的单元格范围。

本例中，要判断条件的单元格区域使用 A 列的整列引用，指定的条件是 F2 单元格中的监测断面名称，要计算平均值的单元格区域使用了 C 列的整列引用。如果 A 列中的监测断面名称等于 F2 单元格中的值，就对 C 列对应的单元格计算平均值。

5.7.3　多条件计算平均值

多条件计算平均值与多条件求和的计算类似，可以使用 AVERAGEIFS 函数完成。

示例 5-21　计算指定人员类型的男性平均年龄

图 5-36 展示了某公司员工信息表的部分内容，需要根据 D 列的人员类型和 E 列的性别信息，统计人员类型为"正式"，性别为"男性"的平均年龄。

	A	B	C	D	E	F	G	H	I
1	姓名	工号	部门	人员类型	性别	年龄		人员类型	正式
2	杨洪斌	01120072	江北公司	编外	男	25		性别	男
3	曾玉琨	01120787	江北公司	编外	女	34		平均年龄	30.5
4	曾桂芬	01030230	集团公司	正式	男	23			
5	陈世巧	01120038	众城公司	临时	女	44			
6	和彦中	01120106	众城公司	临时	男	40			
7	刘晓琼	01120016	江南公司	临时	女	26			
8	能福绍	01120016	江南公司	编外	男	28			
9	段金玲	01120104	江南公司	正式	女	36			
10	郑德莉	01120016	江北公司	编外	男	33			
11	刘树芝	01120114	集团公司	正式	女	32			
12	陈云娣	01120059	众城公司	正式	男	47			

图 5-36　员工信息表

在 I3 单元格输入以下公式，计算结果为 30.5。

```
=AVERAGEIFS(F:F,D:D,I1,E:E,I2)
```

AVERAGEIFS 函数用于返回符合多个指定条件的算术平均值，函数语法和使用方法与 SUMIFS 函数类似。

```
AVERAGEIFS(average_range,criteria_range1,criteria1,[criteria_
range2,criteria2],...)
```

第一参数用于指定要进行计算平均值的单元格范围。

第二参数和第三参数分别用于指定条件判断的第一个单元格区域和对应的判断条件。

之后的其他参数为可选参数，两两一组，分别用于指定条件判断的其他区域及其关联条件，最多可设置 127 个区域 / 条件对。

AVERAGEIFS 函数的条件区域与平均值计算区域必须具有相同的行列数，条件参数支持使用通配符。当多个条件同时符合时，AVERAGEIFS 函数对第一参数中对应的数值计算平均值。

本例中，计算平均值的区域是 F 列的整列引用，"D:D,I1"是第一组条件区域和对应的条件。"E:E,I2"是第二组条件区域和对应的条件。

如果 D 列中的人员类型等于 I1 单元格中指定的类型"正式"，并且 E 列中的性别为"男"，就对 F 列中对应的年龄计算平均值。

使用平均值衡量一组数据的集中趋势时，为了避免个别特殊数据对整体计算产生的干扰，可以舍弃掉样本中最高和最低部分的数据后再进行计算。

示例 5-22 　计算员工平均工资

图 5-37 展示了某公司员工工资表的部分内容，需要计算去除最高工资和最低工资后的平均工资。

	A	B	C	D	E	F	G	H	I	J	K	L	M
1	序号	姓名	基本工资	出勤	绩效工资	奖励	代扣保险	应发工资	专项扣除	代扣个税	实发工资		修剪平均
2	1	朱丽频	13,600	31	673.20	98.35	356.00	14,651.55	0	289.55	14,362.00		3,153.82
3	2	李文标	2,360	29	408.43	34.35	356.00	2,880.53	0	0	2,880.53		
4	3	卢平英	2,660	31	502.74	38.72	356.00	3,331.46	0	0	3,331.46		
5	4	陆丽芬	5,660	31	500.08	38.72	356.00	3,308.80	0	0	6,308.80		
6	5	杨加祥	2,000	31	378.00	29.11	356.00	2,487.11	0	0	2,487.11		
7	7	李振杰	2,510	31	474.39	36.54	356.00	3,180.93	0	0	3,180.93		
8	8	杨旭伟	2,660	31	494.76	38.72	356.00	3,353.48	0	0	3,353.48		
9	9	李荷香	2,660	31	494.76	38.72	356.00	3,323.48	0	0	3,323.48		
10	10	刘云海	2,460	31	462.48	35.81	356.00	3,038.29	0	0	3,038.29		
11	11	罗文辉	2,000	31	360.00	29.11	356.00	2,519.11	0	0	2,519.11		
12	12	张廷昊	2,460	28	399.95	35.81	356.00	2,737.69	0	0	2,737.69		

图 5-37　员工工资表

在 M2 单元格输入以下公式，计算结果为 3 153.82。

```
=TRIMMEAN(K2:K22,2/COUNT(K2:K21))
```

TRIMMEAN 函数用于返回一组数据的内部平均值，也称为修剪平均值，即先在一组数据的头部和尾部排除对称数量的数据，再计算平均值。函数语法为：

```
TRIMMEAN(array,percent)
```

第一参数是需要计算修剪平均值的单元格区域。第二参数用于指定要排除的比例，范围在 0~1 之间。如果要处理的数据有 20 个，要排除的比例为 0.2，则表示从 20 个数据中要排除 20*0.2=4 个数据，即裁剪掉所有数据中较高的两个值和较低的两个值。

如果要处理的数据有 30 个，排除的比例为 0.1，30 个数据点的 10% 等于 3。为了对称，TRIMMEAN 函数会将其向下舍入到最接近的 2 的倍数，即分别裁剪掉所有数据中最高和最低的 1 个值。

如果数据区域中包含文本、逻辑值或空单元格等非数值格式的数据时，TRIMMEAN 函数将忽略非数值数据，仅使用数值的个数乘以百分比来计算要排除数据的个数。

本例中，先使用 COUNT 函数计算 K2:K21 单元格中的数值个数，结果为 20。2/20 的结果为 0.1，用来指定要排除的比例。

TRIMMEAN 函数将 K2:K21 单元格区域的数据排除一个最高值和一个最低值之后，再计算出剩余数据的平均值。

5.8　极值计算

在数据处理过程中，除了求和、计数和平均值计算之外，还经常用到和数字有关的计算，如要计算一组数值中的最大值、最小值，或是计算一组数据中的第 k 个最大值、最小值，以及一组数据的中位数和众数等。

5.8.1　最大值和最小值

MIN 函数和 MAX 函数分别用于返回一组数值中的最小值和最大值，是使用频率较高的统计类函数之一。

示例 5-23　计算最高和最低报价

图 5-38 展示了某公司五金采购报价单的部分内容，需要计算每种物品的最高报价和最低报价。

	A	B	C	D	E	F	G	H	I	J
1	名称	规格型号	标准	单位	采购数量	中诚报价	鎏金报价	江南报价	最高报价	最低报价
2	钢丝绳	φ14mm	镀锌	m	103.00	9.40	9.00	10.50	10.50	9.00
3	花篮螺栓	M16	高强度	个	3.00	15.24	8.90	25.50	25.50	8.90
4	钢丝绳卡头	配套	不锈钢	个	62.00	9.20	10.00	8.75	10.00	8.75
5	加湿器	5L	恒温恒湿	台	1.00	2,850.00	3,250.00	3,000.00	3,250.00	2,850.00
6	温湿度计	指针式		个	1.00	47.50	56.00	45.00	56.00	45.00
7	隔离开关	32A（2P）		只	10.00	10.00	85.00	30.00	85.00	10.00
8	漏电开关	32（2P）		只	10.00	45.00	35.00	34.00	45.00	34.00
9	隔离开关	63A(3P)		只	5.00	19.50	85.00	32.40	85.00	19.50
10	漏电开关	63（4P）		只	5.00	75.00	98.00	81.00	98.00	75.00
11	漏电开关	63A(3P)		只	5.00	68.00	65.00	63.45	68.00	63.45
12	铁锤	4磅		把	1.00	18.00	28.00	15.00	28.00	15.00

图 5-38　五金采购报价单

在 I2 单元格输入以下公式，计算最高报价。

```
=MAX(F2:H2)
```

在 J2 单元格输入以下公式，计算最低报价。

```
=MIN(F2:H2)
```

同时选中 I2:J2 单元格区域，双击 J2 单元格右下角的填充柄，将公式填充到最后数据表的一行。

MAX 函数用于返回一组数值中的最大值，单元格区域中的空白单元格、逻辑值或文本将被忽略。函数语法为：

```
MAX(number1,[number2],...)
```

各参数是要计算最大值的数值或是单元格区域。

MIN 函数返回一组数值中的最小值，使用方法与 MAX 函数相同。

本例中，使用 MAX 函数和 MIN 函数分别计算出 F2:H2 单元格区域中三家公司报价的最大值和最小值。

5.8.2　指定条件的最大值和最小值

如需按照指定条件计算最大值或最小值，可以使用 MAXIFS 函数和 MINIFS 函数完成。

示例 5-24　计算指定煤种的最高、最低指标

图 5-39 展示了某矿业公司煤炭质检表的部分内容，需要根据 N 列指定的煤种，计算该煤种的最高灰分值和最低灰分值。

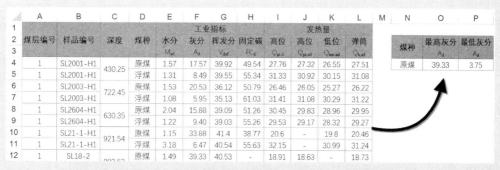

图 5-39　煤炭质检表

O4 单元格输入以下公式，计算指定煤种的最高灰分，结果为 39.33。

```
=MAXIFS(F:F,D:D,N4)
```

P4 单元格输入以下公式，计算指定煤种的最低灰分，结果为 3.75。

```
=MINIFS(F:F,D:D,N4)
```

MAXIFS 函数用于根据多个条件计算最大值，函数语法为：

```
MAXIFS(max_range,criteria_range1,criteria1,[criteria_
range2,criteria2],...)
```

MAXIFS 函数的使用方法和条件设置规则与 SUMIFS 函数类似，第一参数是必需参数，指定要计算最大值的单元格区域。第二参数和第三参数是必需参数，分别用于指定条件判断的第一个单元格区域和对应的判断条件。之后的其他参数为可选参数，两两一组，分别用于指定其他的条件判断区域及其关联条件，MAXIFS 函数最多可设置 127 个区域 / 条件对。

MINIFS 函数的作用是根据多个条件计算最小值，使用方法和条件设置规则与 MAXIFS 函数相同。

本例中，MAXIFS 函数和 MINIFS 函数的第一参数使用 F 列的整列引用，以此作为计算最大值和最小值的区域。条件区域 1 是 D 列的整列引用，指定的条件 1 是 N4 单元格中指定的煤种，如果 D 列中的煤种等于 N4 单元格中指定的煤种，就对 F 列对应的数值计算最大值或最小值。

5.8.3　第 k 个最大值和最小值

在计算第 k 个最大值或最小值时，可以使用 LARGE 函数和 SMALL 函数完成。

示例 5-25　判断是否为全年业务前 3 名的客户

图 5-40 展示了某医药公司销售记录表的部分内容，需要根据 E 列的全年业务金额判断是否为优质客户。如果全年业务金额在全部记录中处于前 3 名，则显示为"是"，否则显示为"否"。

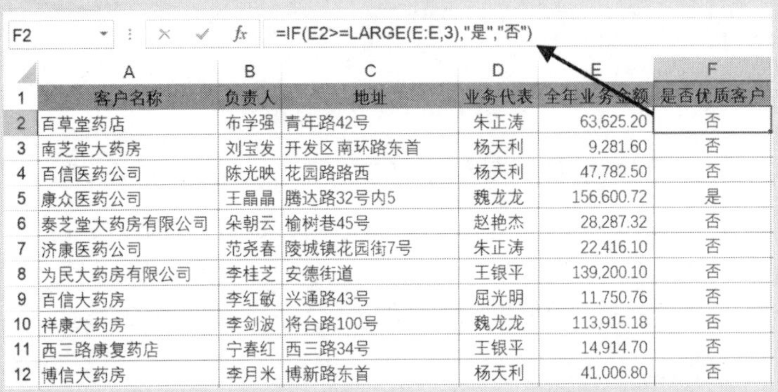

F2	▼ : × ✓ fx	=IF(E2>=LARGE(E:E,3),"是","否")			
	A	B	C	D	E	F
1	客户名称	负责人	地址	业务代表	全年业务金额	是否优质客户
2	百草堂药店	布学强	青年路42号	朱正涛	63,625.20	否
3	南芝堂大药房	刘宝发	开发区南环路东首	杨天利	9,281.60	否
4	百信医药公司	陈光映	花园路路西	杨天利	47,782.50	否
5	康众医药公司	王晶晶	腾达路32号向5	魏龙龙	156,600.72	是
6	泰芝堂大药房有限公司	朵朝春	榆树巷45号	赵艳杰	28,287.32	否
7	济康医药公司	范尧春	陵城镇花园街7号	朱正涛	22,416.10	否
8	为民大药房有限公司	李桂芝	安德街道	王银平	139,200.10	否
9	百信大药房	李红敏	兴通路43号	屈光明	11,750.76	否
10	祥康大药房	李剑波	将台路100号	魏龙龙	113,915.18	否
11	西三路康复药店	宁春红	西三路34号	王银平	14,914.70	否
12	博肖大药房	李月米	博新路东首	杨天利	41,006.80	否

图 5-40　销售记录表

F2 单元格输入以下公式，将公式向下复制填充到数据表最后一行。

```
=IF(E2 >=LARGE(E:E,3)," 是 "," 否 ")
```

LARGE 函数用于返回一组数值中的第 k 个最大值，函数语法如下。

```
LARGE(array,k)
```

第一参数指定要对哪些数据进行处理，第二参数指定要返回第几个最大值。

本例中，先使用 LARGE(E:E,3) 得到 E 列中的第三个最大值，然后与 E2 单元格的金额进行比较，如果 E2 单元格的金额大于或等于 LARGE 的计算结果，则说明该金额处于全部记录中的前 3 名，IF 函数最终返回"是"，否则返回"否"。

SMALL 函数用于返回一组数值中的第 k 个最小值，用法与 LARGE 函数相同。本例中，如果要将处于最后 3 名的客户标记为"待跟进客户"，可以使用以下公式。

```
=IF(E2 <=SMALL(E:E,3)," 待跟进客户 ","")
```

该公式的计算过程与判断是否为优质客户的公式相同。

5.8.4　计算中位数

中位数又称为中值，是指将一组数据中的各个数值按大小顺序排列后形成一个数列，处于中间位置的数值。中位数趋于一组有序数据的中间位置，不受分布数列的极大或极小值影响，从而在一定程度上提高了对分布数列的代表性。在 Excel 中，可以使用 MEDIAN 函数计算一组数值的中位数。

示例 5-26 按条件计算中位数

图 5-41 展示了某企业生产记录的部分内容，需要不同周数的产品的灭菌 - 入库周期中位数。

	A	B	C	D	E	F	G	H	I	J
	品名	成品批号	生产单号	生产单数	放行时间	灭菌接收	完工清场	周数	灭菌 - 入库周期	周期中位数
2	支架系统G9529	14B-B0797	82480633	39	2018/6/18	2018/6/16	2018/6/16	24周	2.14444	3.002
3	支架系统G9018	08B-B0850	82480603	38	2018/6/18	2018/6/15	2018/6/15	24周	3.07986	3.002
4	支架系统G2729	12B-B0687	82480590	31	2018/6/18	2018/6/15	2018/6/15	24周	3.15972	3.002
5	支架系统G2719	02B-B0249	82480583	36	2018/6/18	2018/6/15	2018/6/15	24周	3.16667	3.002
6	支架系统G9099	23B-B1216	82480629	31	2018/6/18	2018/6/16	2018/6/16	24周	2.21319	3.002
7	支架系统G9529	19B-B0704	82480638	40	2018/6/18	2018/6/16	2018/6/16	24周	2.18611	3.002
8	支架系统G9018	08B-B0855	82480608	30	2018/6/18	2018/6/16	2018/6/16	24周	2.20556	3.002
9	支架系统G4019	05B-B0172	82480641	29	2018/6/18	2018/6/16	2018/6/16	24周	2.10764	3.002
10	支架系统G2599	21B-B1107	82480573	32	2018/6/18	2018/6/15	2018/6/15	24周	3.29028	3.002
11	支架系统G9029	18B-B0984	82482028	40	2018/6/21	2018/6/19	2018/6/19	25周	2.08542	1.160
12	支架系统G9029	18B-B0979	82482023	35	2018/6/21	2018/6/19	2018/6/19	25周	1.96111	1.160

图 5-41 生产记录

J2 单元格输入以下数组公式，按 < Ctrl+ Shift+Enter > 组合键，将小数位数设置为三位小数，再将公式向下复制填充到数据表最后一行。

```
{=MEDIAN(IF(H$2:H$160=H2,I$2:I$160))}
```

MEDIAN 函数的作用是返回一组已知数字的中值，函数语法为：

```
MEDIAN(number1,[number2],...)
```

各个参数是要计算中值的数字或单元格区域。如果参数集合中包含奇数个数字，位于大小最中间的数字即是中位数，如果参数集合中包含偶数个数字，MEDIAN 函数将返回位于中间的两个数的平均值。

如果单元格引用区域中包含文本、逻辑值或是空白单元格，则这些值将被忽略，但包含零值的单元格将计算在内。

公式中的"IF(H$2:H$160=H2,I$2:I$160)"部分，IF 函数省略第三参数，先判断 H 列的周数是否等于 H2 单元格中的周数，如果符合条件，将返回 I$2:I$160 单元格中对应的"灭菌 - 入库周期"值，否则返回逻辑值 FALSE，得到一个内存数组结果。

```
{2.14444444444961;3.07986111111677;3.15972222222626;…;FALSE;FALSE;FALSE}
```

MEDIAN 函数以这个内存数组为参数，忽略其中的逻辑值进行计算，结果就是指定周数

的灭菌 - 入库周期中位数。

本例中使用了数组公式，数组公式是公式的一种特殊输入形式，输入完成后，需要同时按下 < Ctrl > 键和 < Shift > 键，再按 < Enter > 键完成编辑。作为数组公式的标识，Excel 会自动在数组公式的首尾添加上大括号 "{ }"，用来通知 Excel 计算引擎对其执行多项计算。当编辑已有的数组公式时，大括号会自动消失，需要重新按 < Ctrl+Shift+Enter > 组合键完成编辑，否则公式将无法返回正确的结果。

多项计算是对公式中有对应关系的数组元素同时分别执行相关计算的过程。按下 < Ctrl+Shift+Enter > 组合键，即表示通知 Excel 执行多项计算。

当公式的计算过程中存在多项计算，或是当公式计算结果为数组，需要在多个单元格内存放公式计算结果时，必须使用数组公式才能得到正确结果。但是并非所有执行多项计算的公式都必须以数组公式的输入方式来完成编辑，部分函数不需要使用数组公式也能自动进行多项计算，如 SUMPRODUCT 函数、LOOKUP 函数、MMULT 函数及 MODE.MULT 函数等。

数组公式能够实现一些比较复杂的计算，但是也有一定的局限性。一是数组公式较难理解，尤其是在修改由他人编辑完成的复杂数组公式时，如果不能完全理解编辑者的思路，将会非常困难。二是由于数组公式执行的是多项计算，如果使用了较多的数组公式，或是数组公式中的计算范围较大时，会显著降低工作簿重新计算的速度。

> 为便于识别，本书中所有数组公式的首尾均添加大括号 "{ }"。实际输入公式时，必须由 < Ctrl+Shift+Enter > 组合键自动生成，否则公式将无法运算。

5.9 计算余数

在数学计算中，余数是被除数与除数进行整除运算后剩余的数值，余数的绝对值小于除数的绝对值。

能被 2 整除的数是偶数，否则为奇数。在实际工作中，可以使用 MOD 函数计算数值除以 2 的余数，利用余数的大小判断数值的奇偶性。

示例 5-27 根据身份证号码判断员工性别

身份证号码中的第 17 位数字表示性别，奇数表示男性，偶数表示女性。利用 MOD 函数判断其奇偶性，可以识别男女性别。图 5-42 展示了某单位员工信息表的部分内容，需要根据 F 列的身份证号码，判断员工性别。

H2 =IF(MOD(MID(F2,17,1),2)=1,"男","女")

	A	B	C	D	E	F	G	H
1	工号	姓名	学历	部门	职务	身份证号码	联系电话	性别
2	XS001	刘文颖	本科	销售部	门市经理	210311********0041	24785625	女
3	XS002	孙小雪	本科	销售部	经理助理	210303********1214	24592468	男
4	XS003	孙源龙	大专	销售部	营业员	210111********3012	26859756	男
5	XS004	朱振华	大专	销售部	营业员	210304********0045	26895326	女
6	XS005	佟大琳	大专	销售部	营业员	152123********0631	26849752	男
7	XS006	吴春雨	大专	销售部	营业员	211322********2055	23654789	男
8	XS007	宋林良	大专	销售部	营业员	211224********5338	26584965	男
9	XS008	张一帆	大专	销售部	营业员	152801********5310	26598785	男
10	QH001	张纯华	博士	企划部	经理	120107********0611	24598738	男
11	QH002	张泽利	本科	企划部	处长	210311********0035	26587958	男
12	QH003	张家超	本科	企划部	职员	211322********0317	25478965	男

图 5-42 员工信息表

H2 单元格输入以下公式，将公式向下复制填充到数据表最后一行。

```
=IF(MOD(MID(F2,17,1),2)=1,"男","女")
```

MOD 用来返回两数相除后的余数，其结果的正负号与除数相同。函数语法为：

```
MOD(number,divisor)
```

其中 number 是被除数，divisor 是除数，两个参数都允许使用文本格式的数字。

MID 函数用于在字符串任意位置上提取指定数量的字符，函数语法为：

```
MID(text,start_num,num_chars)
```

第一参数是包含要提取字符的文本字符串，第二参数用于指定要提取字符的起始位置，第三参数指定提取字符的个数。使用 MID 函数在数值字符串中提取内容时，提取结果为文本型数字，如需将结果转换为数值，可以使用两个减号 --，即负数的负数，或是用 *1、+0 等方法完成。

本例中的“MID(F2,17,1)”部分，用 MID 函数从 F2 单元格的第 17 位开始，提取 1 个字符，结果为 4。

再使用 MOD 函数计算该结果与 2 相除的余数，结果为 0。

最后使用 IF 函数对 MOD 函数的结果进行判断，如果等于 1 返回指定内容“男”，否则返回指定内容“女”。

5.10 数值取舍计算

在对数值的处理过程中，经常会遇到进位或舍去的情况。例如，去掉某个数值的小数部分、按指定小数位数四舍五入或保留 4 位有效数字等。

Excel 中常用的取舍函数如表 5-4 所示。

表 5-4　常用取舍函数汇总

函数名称	功能描述
INT	取整函数，将数字向下舍入为最接近的整数
ROUND	将数字四舍五入到指定位数
MROUND	返回参数按指定基数进行四舍五入后的数值
ROUNDUP	将数字朝远离零的方向舍入，即向上舍入
ROUNDDOWN	将数字朝向零的方向舍入，即向下舍入
CEILING 或 CEILING.MATH	将数字向上舍入为最接近的整数，或最接近的指定基数的整数倍 CEILING.MATH 还可以指定数字的舍入方向
FLOOR 或 FLOOR.MATH	将数字向下舍入为最接近的整数，或最接近的指定基数的整数倍 FLOOR.MATH 还可以指定数字的舍入方向
EVEN	将正数向上舍入、负数向下舍入为最接近的偶数
ODD	将正数向上舍入、负数向下舍入为最接近的奇数

5.10.1　四舍五入计算

示例 5-28　对审计项目汇总金额四舍五入

图 5-43 展示了某单位审计项目统计表的部分内容，需要在 F 列中计算 C：E 列各公司的合计数据，结果保留到两位小数。

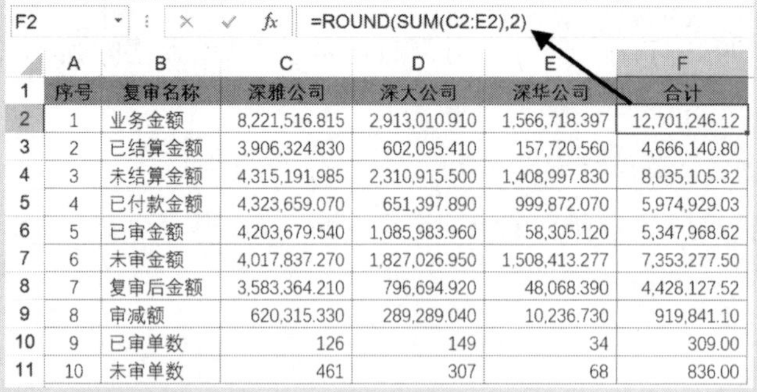

	A	B	C	D	E	F
1	序号	复审名称	深雅公司	深大公司	深华公司	合计
2	1	业务金额	8,221,516.815	2,913,010.910	1,566,718.397	12,701,246.12
3	2	已结算金额	3,906,324.830	602,095.410	157,720.560	4,666,140.80
4	3	未结算金额	4,315,191.985	2,310,915.500	1,408,997.830	8,035,105.32
5	4	已付款金额	4,323,659.070	651,397.890	999,872.070	5,974,929.03
6	5	已审金额	4,203,679.540	1,085,983.960	58,305.120	5,347,968.62
7	6	未审金额	4,017,837.270	1,827,026.950	1,508,413.277	7,353,277.50
8	7	复审后金额	3,583,364.210	796,694.920	48,068.390	4,428,127.52
9	8	审减额	620,315.330	289,289.040	10,236.730	919,841.10
10	9	已审单数	126	149	34	309.00
11	10	未审单数	461	307	68	836.00

图 5-43　审计项目统计表

F2 单元格输入以下公式，将公式向下复制填充到 F11 单元格。

```
=ROUND(SUM(C2:E2),2)
```

ROUND 函数用于将数字四舍五入到指定的位数，该函数对需要保留位数的右边 1 位数值进行判断，若小于 5 则舍弃，若大于等于 5 则进位。函数语法为：

```
ROUND(number,num_digits)
```

第一参数是要处理的数值，第二参数是指定的小数位数。第二参数如果为正数，表示对小数部分进行四舍五入，如果为负数，表示对整数部分进行四舍五入，如等于 0，则表示四舍五入到整数。

本例中，先使用 SUM 函数对 C2:E2 的数值求和，再使用 ROUND 函数将结果保留为两位小数。如果要保留到整数，可以使用以下公式。

```
=ROUND(SUM(C2:E2),0)
```

如果要保留到十位数，可以使用以下公式。

```
=ROUND(SUM(C2:E2),-1)
```

5.10.2 按指定基数四舍五入

在日常工作中，有一些需要按指定基数进行四舍五入的计算，可以使用 MROUND 函数、CEILING 函数和 FLOOR 函数完成此类计算。

示例 5-29 按特定修约方式计算图书印张

图 5-44 展示了某印刷公司印刷成本预算表的部分内容，已知 16 开书刊的印张折算系数为 0.25，需要根据 J 列的面数计算印张数。

K2		✕ ✓ fx	=MROUND(EVEN(J2)/16,0.25)							
	A	B	C	D	E	F	G	H	I	J	K
1	拟定书名	装订	覆膜	开本	书稿字数/万	正文用纸	封面用纸	总印数/册	黑白插图数/幅	黑白面数/面	黑白印张/印张
2	计算机初级教程	平装	光膜	16	30.000	70g胶版纸	200g铜版纸	3000	200	279	17.5
3	用友U10操作手册	平装	光膜	16	36.000	70g胶版纸	200g铜版纸	2000	220	355	22.25
4	VBA开发应用	平装	光膜	16	42.000	70g胶版纸	200g铜版纸	1500	242	312	19.5
5	计算机教程 第2册	平装	光膜	16	32.000	70g胶版纸	200g铜版纸	3000	200	285	18
6	PowerPoint 教程	平装	光膜	16	30.000	70g胶版纸	200g铜版纸	3000	285	282	17.75
7	Word入门教程	平装	光膜	16	33.000	70g胶版纸	200g铜版纸	2000	211	297	18.75

图 5-44 印刷成本核算表

K2 单元格输入以下公式，将公式向下复制填充到 K7 单元格。

```
=MROUND(EVEN(J2)/16,0.25)
```

MROUND 函数可将参数按指定基数进行四舍五入，函数语法为：

```
MROUND(number,multiple)
```

第一参数是要处理的数值，第二参数是指定的基数。如果数值除以基数的余数大于或等于基数的一半，则 MROUND 函数向远离零的方向舍入。

当 MROUND 函数的两个参数符号相反时，会返回错误值 #NUM!。

每一张书页由两面组成，所以本例中先使用 EVEN 函数将 J2 单元格的面数向上舍入到最接近的偶数，然后再将舍入后的结果除以开本数 16，最后使用 MROUND 函数将结果四舍五入到 0.25 的倍数。

CEILING 函数与 FLOOR 函数也是常用的取舍函数之一，两个函数不是按小数位数进行取舍，而是按指定基数的整数倍进行取舍。

示例 5-30　计算通话时长，不足一分钟的按一分钟取整

图 5-45 展示了某手机号的部分通话记录，需要根据 E 列的通话开始时间和 F 列的通话结束时间计算通话时长。根据电信部门规定，不足一分钟的按一分钟计算。

	A	B	C	D	E	F	G
1	日期	对方号码	主叫/被叫	通话类型	开始时间	结束时间	通话时长
2	2019/2/22	88881234	主叫	网内通话	16:22:43	16:23:44	0:02:00
3	2019/2/22	88285614	被叫	网内通话	17:12:25	17:12:55	0:01:00
4	2019/2/22	88804399	主叫	网内通话	17:25:16	17:28:45	0:04:00
5	2019/2/22	83256982	被叫	网内通话	19:45:02	19:45:59	0:01:00
6	2019/2/22	86881234	主叫	网内通话	7:33:01	7:34:02	0:02:00
7	2019/2/23	88329808	主叫	网内通话	8:15:01	8:18:02	0:04:00
8	2019/2/23	88329932	主叫	网内通话	8:49:01	9:04:02	0:16:00
9	2019/2/23	88321015	被叫	网内通话	9:10:11	9:10:55	0:01:00
10	2019/2/23	88345260	被叫	网内通话	9:33:26	9:37:55	0:05:00

（G2 单元格公式栏：=CEILING(F2-E2,1/1440)）

图 5-45　计算通话时长

将 G2 单元格格式设置为"时间"，然后输入以下公式，将公式向下复制填充到 G10 单元格。

```
=CEILING(F2-E2,1/1440)
```

CEILING 函数的作用是根据指定倍数向上舍入数据，函数语法为：

```
CEILING(number,[significance])
```

第一参数是要进行舍入计算的数值，第二参数是指定要向上舍入的倍数。

常规数值的 1 个单位在日期中代表 1 天，1 小时的序列值为 1/24，1 分钟的序列值为 1/1440。本例中 CEILING 函数的第二参数使用 1/1440，表示指定的舍入倍数为 1 分钟，最终将 F2-E2 的计算结果向上舍入到整数分钟。

FLOOR 函数是根据指定倍数向下舍去数据，与 CEILING 函数的取舍方向相反。

示例 5-31 按公司考勤规定计算加班时长

图 5-46 展示了某企业员工的部分考勤记录，需要根据 E 列的下班打卡时间计算加班时长。根据公司规定，超过 18:00 开始计算加班，不足 0.5 小时部分不计入加班时间。

将 G2 单元格格式设置为"时间"，然后输入以下公式，将公式向下复制填充到 G10 单元格。

`=FLOOR(F2-"18:00:00",0.5/24)`

	A	B	C	D	E	F	G
1	日期	姓名	工序	打卡机位	上班打卡	下班打卡	加班时长
2	2月22日	田一枫	包缝	1	7:21:00	19:28:02	1:00:00
3	2月22日	李春雷	包装	1	7:25:00	18:58:45	0:30:00
4	2月22日	彭红艳	裁剪	1	7:44:00	19:45:59	1:30:00
5	2月22日	段志华	钉扣	1	7:16:00	20:38:02	2:30:00
6	2月22日	李敏敏	平缝	1	7:16:00	18:23:00	0:00:00
7	2月22日	杨海波	平缝	1	7:42:00	19:12:55	1:00:00
8	2月22日	何金祥	平缝	1	7:34:00	19:38:02	1:30:00
9	2月22日	代垣浩	熨烫	1	7:34:00	19:08:02	1:00:00
10	2月22日	靳明珍	质检	1	7:21:00	20:08:02	2:00:00

图 5-46 计算加班时长

FLOOR 函数的函数语法与 CEILING 函数相同。第二参数使用 0.5/24，也就是 0.5 小时的时间序列值，将 F2-"18:00:00" 的计算结果向下舍入到 0.5 小时的整数倍，不足 0.5 小时部分被舍去。

5.11 众数和频数计算

5.11.1 众数计算

众数是在一组数据中出现次数最多的数据。众数不受分布数列的极大值或极小值的影响，从而增强了对分布数列的代表性，一组数据可以有多个众数，也可以没有众数。在总体数据较多，并且明显地集中于某个变量值时，可以使用众数代表数据的一般水平。

示例 5-32 计算债券票面利率众数

图 5-47 展示了某机构债券发行统计表的部分内容，需要根据 H 列的票面利率计算众数。

	A	B	C	D	E	F	G	H
1	交易代码	债券简称	债券全称	发行起始日	缴款日	计划发行规模(亿)	发行期限(年)	票面利率(%)
2	101880118.IB	18D市开发债	2018年D市经济技术开发区开发总公司企业债券	2018/3/5	2018/3/11	10.0000	7.0000	7.40
3	101865003.IB	18OYMTN001	QY工控集团有限公司2018年度第一期中期票据	2018/3/13	2018/3/18	5.0000	3.0000	8.50
4	071824003.IB	18G证券CP003	G证券股份有限公司2018年度第三期短期融资券	2018/3/13	2018/3/18	6.0000	0.2466	4.90
5	071823001.IB	18J证券CP001	J证券有限责任公司2018年度第一期短期融资券	2018/3/13	2018/3/18	8.0000	0.2466	5.00
6	101852005.IB	18S集MTN002	S集团公司2018年度第二期中期票据	2018/3/13	2018/3/18	23.0000	5.0000	5.75
7	011826001.IB	18HJ集SCP001	HJ集团公司2018年度第一期超短期融资券	2018/3/13	2018/3/18	20.0000	0.5014	5.10
8	011815003.IB	18LYSCP003	LY公司2018年度第三期超短期融资券	2018/3/12	2018/3/18	30.0000	0.4932	5.40
9	011810001.IB	18DLSCP001	DL投资集团公司2018年度第一期超短期融资券	2018/3/11	2018/3/18	70.0000	0.4932	4.95
10	041861006.IB	18Q投CP001	Q投资集团有限公司2018年度第一期短期融资券	2018/3/13	2018/3/18	6.0000	1.0000	6.68
11	041860018.IB	18GCP001	G实业股份有限公司2018年度第一期短期融资券	2018/3/13	2018/3/18	1.5000	1.0000	6.95
12	041860017.IB	18J铁CP001	J铁路投资集团公司2018年度第一期短期融资券	2018/3/13	2018/3/18	8.0000	1.0000	5.95

图 5-47 债券发行统计表

同时选中 Q2：Q5 单元格区域，在编辑栏输入以下数组公式，按 < Ctrl+Shift+Enter > 组合键，如图 5-48 所示。

```
{=MODE.MULT(H$2:H$45)}
```

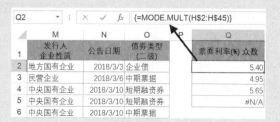

图 5-48　计算债券票面利率众数

MODE.MULT 函数和 MODE.SNGL 函数都可以返回一组数据或数据区域中出现频率最高的数值。如果有多个众数时，使用 MODE.MULT 函数将返回多个结果，函数语法为：

```
MODE.MULT(number1,[number2],…)
```

各个参数是要计算众数的数字参数，可以是一个数字也可以是一个单元格区域的引用。

如果单元格区域中包含文本、逻辑值或空白单元格，则这些值将被忽略，但包含零值的单元格将被计算在内。如果数据集中不包含重复的数据点，MODE.MULT 函数会返回错误值 #N/A。因为此函数返回数值数组，所以必须以数组公式的形式输入。

在多个单元格使用同一公式，并且按 < Ctrl+Shift+Enter > 组合键结束编辑形成的公式，称为多单元格数组公式。

使用数组公式进行多项计算后，有时返回的是一组运算结果，但在一个单元格中只能显示这一组结果中的单个元素。使用多单元格数组公式，可以在选定的范围内完全展现出数组公式运算所产生的数组结果，每个单元格分别显示数组中的一个元素。

使用多单元格数组公式时，所选择的单元格个数必须与公式最终返回的数组元素个数相同，如果所选区域单元格的个数大于公式最终返回的数组元素个数，多出部分将显示为错误值。如果所选区域单元格的个数小于公式最终返回的数组元素个数，则公式结果显示不完整。本例中共得到三个众数 5.40、4.95 和 5.65，因为事先选中的范围是 4 个单元格，所以最后一个单元格返回了错误值 #N/A。

5.11.2　频数计算

频数是指一组数据中，某范围内的数据出现的次数。在 Excel 中，可以使用 FREQUENCY 函数完成频数有关的计算。

示例 5-33　计算不同分数段的人数

如图 5-49 所示，是某公司员工信息表的部分内容，需要根据 E 列的年龄信息，统计不同年龄段的人数。

▲	A	B	C	D	E	F	G	H	I	J	K	L
1	序号	姓名	性别	出生年月	年龄	入职年月	部门	岗位类别		年龄段	间隔点	人数
2	1	杨国俊	男	1980/9/29	38	2014/8/7	生产一部	管理		小于等于25	25	3
3	2	金美会	男	1985/10/6	33	2015/9/14	生产二部	管理		大于25，且小于等于30	30	3
4	3	王志芬	男	1972/5/13	46	2013/10/27	原材料仓库	工人		大于30，且小于等于40	40	13
5	4	牛国洪	男	1995/3/29	24	2015/10/9	运输队	工人		40以上		11
6	5	陈学娜	女	1971/4/19	47	2018/7/27	维护部	工人				
7	6	何丽娜	女	1990/12/13	28	2015/8/27	生产一部	工人				
8	7	张黎雯	女	1991/9/2	27	2017/3/5	生产二部	工人				
9	8	董静华	女	1979/10/23	39	2013/8/20	原材料仓库	管理				
10	9	杨雁峰	男	1978/11/26	40	2015/4/4	运输队	工人				
11	10	干亚霄	男	1973/9/20	45	2015/10/13	维护部	管理				
12	11	李竹英	女	1987/12/22	31	2013/2/2	生产一部	工人				

L2 单元格公式：`{=FREQUENCY(E2:E31,K2:K4)}`

图 5-49　员工信息表

同时选中 L2:L5 单元格区域，在编辑栏输入以下数组公式，按 < Ctrl+Shift+Enter > 组合键。

`{=FREQUENCY(E2:E31,K2:K4)}`

FREQUENCY 函数用于计算数值在某个区域中出现的频数，然后返回一个垂直方向的数组结果。函数语法如下。

`FREQUENCY(data_array,bins_array)`

第一参数是要统计频数的一组数值，可以是一个单元格区域的引用或是一个数组。第二参数用于指定各统计区间的间隔。

FREQUENCY 函数将要统计频数的数值以指定间隔进行分组，计算数值在各个区域中出现的频数，结果按间隔点的个数划分为 $n+1$ 个区间。对于每一个间隔点，FREQUENCY 函数统计小于等于此间隔点且大于上一个间隔点的数值个数，结果生成 $n+1$ 个统计值，多出的元素表示大于最高间隔点的数值个数。

FREQUENCY 函数忽略空白单元格和文本，由于公式返回结果为数组。因此必须以数组公式的形式输入。

本例中指定的间隔点为 3 个，FREQUENCY 函数实际生成的结果比指定间隔点多一个，公式计算的各部分结果如下。

（1）年龄小于等于 25 的员工共有 3 人。

（2）年龄大于 25 且小于等于 30 的员工共有 3 人。

（3）年龄大于 30 且小于等于 40 的员工共有 13 人。

（4）年龄大于 40 的员工共有 11 人。

05章

当统计频数的数值和指定的间隔相同时，FREQUENCY 函数只对统计范围中首次出现的数字返回其统计频数，其后重复出现的数字的统计频数都为 0。利用此规律，可计算出不重复的第 k 个最大值或最小值。

示例 5-34 　计算前五项最高签约单价

图 5-50 所示，是某楼盘销售处客户签约登记表的部分内容，要根据 F 列的签约单价，统计出不重复的前五项最高签约单价。

L2			f_x	=LARGE(IF(FREQUENCY(F$2:F$32,F$2:F$32),F$2:F$32),ROW(A1))						
	A	B	C	D	E	F	G	H	I		K	L
1	房号	客户姓名	业务员	付款方式	面积	签约单价	认购日期	实收房款	收款比例		前五项	签约单价
2	3-101	能学成	吴开荣	更名房	93.93	11,488.16	2018/12/24	107,909.00	10%		1	13729.81
3	3-104	蒋铭铸	李伟	公积金贷款	82.55	11,853.27	2018/9/30	196,355.00	20%		2	13688.60
4	3-105	解坤梅	涂文杰	公积金贷款	82.55	11,853.27	2018/10/6	297,931.00	30%		3	13521.40
5	3-108	庄玉媛	闫葛伟	拟退房	93.93	13,005.55	2018/10/19	363,615.00	30%		4	13491.40
6	3-201	肖隆建	涂文杰	商业贷款	93.93	12,358.74	2018/10/3	349,209.00	30%		5	13455.11
7	3-202	罗华/肖艳	闫葛伟	商业贷款	93.43	13,206.32	2018/10/1	1,233,866.00	100%			
8	3-203	罗朝强	李伟	商业贷款	93.43	13,206.32	2018/10/14	371,941.00	30%			
9	3-204	刘德勋	蒋宏艳	公积金贷款	82.55	13,210.77	2018/9/29	227,953.00	21%			
10	3-205	王明礼	闫葛伟	商业贷款	82.55	13,210.77	2018/9/29	1,090,549.00	100%			
11	3-206	汤智雄	刘晓燕	商业贷款	93.43	13,206.32	2018/10/10	371,941.00	30%			
12	3-207	李群书	王惠玲	公积金贷款	93.43	13,206.32	2018/10/3	716,711.00	58%			

图 5-50　客户签约登记表

L2 单元格输入以下公式，向下复制填充到 L6 单元格。

```
=LARGE(IF(FREQUENCY(F$2:F$32,F$2:F$32),F$2:F$32),ROW(A1))
```

公式中的"FREQUENCY(F$2：F$32,F$2：F$32)"部分，用 FREQUENCY 函数统计 F$2：F$32 单元格区域各个签约单价的频数。本例中统计频数的数值与指定间隔两个参数相同，因此仅对统计范围中首次出现的数字返回其频数。当数字重复出现时，频数统计结果为 0，最终得到一个内存数组结果，并以此作为 IF 函数的第一参数。

{1;2;0;1;1;4;0;2;0;0;0;1;1;4;0;2;0;0;0;1;1;4;0;2;0;0;0;1;1;1;1;0}

IF 函数的第一参数如果是不为 0 的数值，相当于逻辑值 TRUE，如果等于 0，则相当于逻辑值 FALSE。

本例中 IF 函数省略第三参数，在第一参数不为 0 时，返回第二参数 F$2：F$32 单元格区域中对应的内容，否则返回逻辑值 FALSE。通过 IF 函数的计算，得到一个新的内存数组结果。

{11488.16;11853.27;FALSE;13005.55;…;FALSE;13521.4;13729.81;13491.4;12822.12;FALSE}

公式中的"ROW(A1)"部分是 LARGE 函数的第二参数，当公式向下复制填充时，依次得到从 1 开始的连续递增序号。

LARGE 函数在这个内存数组中依次提取出第 k 个最大值。

5.12 插值计算

插值法又称"内插法"，主要包括线性插
值、抛物线插值和拉格朗日插值等。其中的线
性插值法是指使用连接两个已知量的直线，来
确定在这两个已知量之间的一个未知量的值。
相当于已知坐标（$x0, y0$）与（$x1, y1$），要得
到 $x0$ 至 $x1$ 区间内某一位置 x 在直线上的值，
如图 5-51 所示。

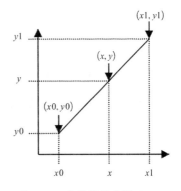

图 5-51　线性插值法图示

Excel 中的 TREND 函数和 FORECAST 函数都可以完成简单的线性插值计算。

5.12.1　简单的插值计算

示例 5-35　**线性插值法计算电阻值**

图 5-52 所示，是某物体在不同温度下测
得的电阻值，需要使用插值法预测在某个指定
温度时的电阻值。

E2 单元格输入以下公式，计算结果为
21.0562。

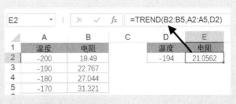

图 5-52　插值法计算电阻值

```
=TREND(B2:B5,A2:A5,D2)
```

TREND 函数的作用是根据已知 x 序列的值和 y 序列的值，构造线性回归直线方程，然
后根据构造好的直线方程，计算 x 值序列对应的 y 值序列。函数语法为：

```
TREND(known_y's,[known_x's],[new_x's],[const])
```

第一参数指定已知关系 $y=mx+b$ 中的 y 值集合。

第二参数指定已知关系 $y=mx+b$ 中的 x 值集合。

第三参数指定需要函数 TREND 返回对应 y 值的新 x 值。

第四参数是一个逻辑值，如果为 TRUE 或省略，b 将按正常计算。如果为 FALSE，b
将被设为 0（零）。

本例中，TREND 函数的 y 值集合为 B2:B5 单元格区域的电阻值，x 值集合为 A2:A5 单元格区域中的温度值，新 x 值为 D2 单元格中的温度值。TREND 函数省略第四参数，最终以线性插值法计算出温度为 –194 度时对应的电阻值。

使用以下公式也可实现相同的计算。

```
=FORECAST(D2,B2:B5,A2:A5)
```

FORECAST 函数的作用是根据现有的 x 值和 y 值，根据给定的 x 值通过线性回归来预测新的 y 值。函数语法如下。

```
FORECAST(x, known_y's, known_x's)
```

第一参数是需要进行预测的数据点。第二参数和第三参数分别对应已知的 y 值和 x 值。FORECAST 函数的计算结果与 TREND 函数的结果相同。

5.12.2 分段插值计算

在插值计算中，取样点越多，插值结果的误差越小。分段线性插值是将与插值点靠近的两个数据点使用直线连接，然后在直线上选取对应插值点的数。

示例 5-36 分段线性插值法计算热力性质

图 5-53 所示，是某热力公司热力性质对照表的部分内容，需要根据对照表中的数据，以分段线性插值法计算在指定压力下各项热力性质的指标。

	A	B	C	D	E	F	G	H	I
1	分段线性插值法计算热力性质								
2	压力	温度	饱和水比容	饱和蒸汽比容	饱和水比焓	饱和蒸汽比焓	汽化潜热	饱和水比熵	饱和蒸汽比熵
3	0.0033								
4									
5	饱和水和饱和蒸汽热力性质对照表								
6	压力	温度	饱和水比容	饱和蒸汽比容	饱和水比焓	饱和蒸汽比焓	汽化潜热	饱和水比熵	饱和蒸汽比熵
7	p	t	v'	v''	h'	h''	r	s'	s''
8	Mpa	℃	m³/kg		kJ/kg		kJ/kg	kJ/(kg·K)	
9	0.0010	6.949	0.0010001	129.1850	29.21	2513.29	2484.1	0.1056	8.9735
10	0.0015	13.975	0.0010007	87.9570	54.47	2524.36	2469.9	0.1948	8.8256
11	0.0020	17.540	0.0010014	67.0080	73.58	2532.71	2459.1	0.2611	8.7220
12	0.0025	21.101	0.0010021	54.2530	88.47	2539.20	2450.7	0.3120	8.6413
13	0.0030	24.114	0.0010028	45.6660	101.07	2544.68	2443.6	0.3456	8.5758
14	0.0035	26.671	0.0010035	39.4730	111.76	2549.32	2437.6	0.3904	8.5203

图 5-53　热力性质对照表

步骤① K3 单元格输入以下公式，根据 A3 单元格的插值点在对照表中计算出等于或靠近该插值点的位置，如图 5-54 所示。

`=MATCH(A3,A9:A179,1)`

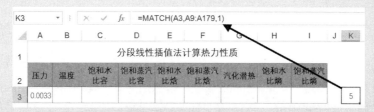

图 5-54　计算靠近该插值点的位置

MATHC 函数在 A9:A179 单元格区域中查询 A3 单元格中压力值所处的位置。A9:A179 单元格区域中的压力值是升序排列，并且 MATCH 函数第三参数设置为 1。因此在查询不到具体的值时，将以小于查询值的最接近值进行匹配，并返回其相对位置。

步骤② B3 单元格输入以下公式，向右复制填充到 I3 单元格，计算出各项热力性质指标，如图 5-55 所示。

`=IF($A3=4,B179,TREND(OFFSET(B$8,$K3,0,2),OFFSET($A$8,$K3,0,2),$A3))`

图 5-55　分段线性插值法计算热力性质

公式中用到了 OFFSET 函数，这个函数的作用是以指定的引用为参照，通过给定偏移量得到新的引用，返回的引用可以为一个单元格或单元格区域。函数语法如下。

`OFFSET(reference,rows,cols,[height],[width])`

第一参数偏移量的参照点，可以是一个单元格或是一个单元格区域的引用。

第二参数是相对于参照点要偏移的行数。如果偏移量的参照点是一个单元格区域时，则以单元格区域的左上角单元格开始计算偏移量。如果参数为正数，表示从参照点开始向下偏移。如果为负数，表示从参照点开始向上偏移。参数值为 0 或是省略参数值表示不偏移。

第三参数是相对于参照点要偏移的列数。如果偏移量的参照点是一个单元格区域时，则以单元格区域的左上角单元格开始计算偏移量。如果参数为正数，表示从参照点开始向右偏移。如果为负数，表示从参照点开始向左偏移。参数值为 0 或是省略参数值表示不偏移。

第四参数用于指定新引用区域的行数，如果省略参数时，新引用区域的行数和参照点的行数相同。

第五参数用于指定新引用区域的列数，如果省略参数时，新引用区域的列数和参照点的列数相同。

多数情况下，OFFSET 函数的计算结果会作为其他函数的参数进行进一步的计算处理。如果偏移量超出了工作表边缘，将返回错误值 #REF!。

通过以下两组图示，可以更便于理解 OFFSET 函数的偏移方式。

如图 5-56 所示，使用以下公式返回对 D5 单元格的引用。

```
=OFFSET(A1,4,3)
```

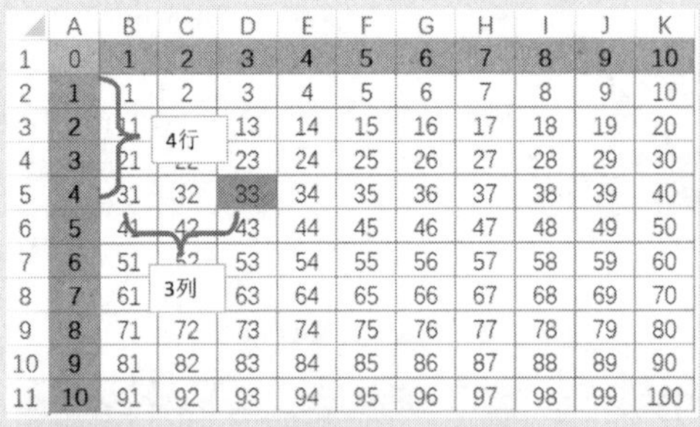

图 5-56　OFFSET 函数偏移图示 1

公式偏移过程：先确定以 A1 单元格作为偏移的参照点。

第二参数为 4，表示以 A1 为基点向下偏移 4 行，至 A5 单元格。

第三参数为 3，表示自 A5 单元格向右偏移 3 列，至 D5 单元格。

第四参数和第五参数省略，表示新引用范围的行列数和参照点的行列数相同，都为 1，即一个单元格。

如图 5-57 所示，以下公式将返回对 D5:G8 单元格区域的引用。

```
=OFFSET(A1,4,3,4,4)
```

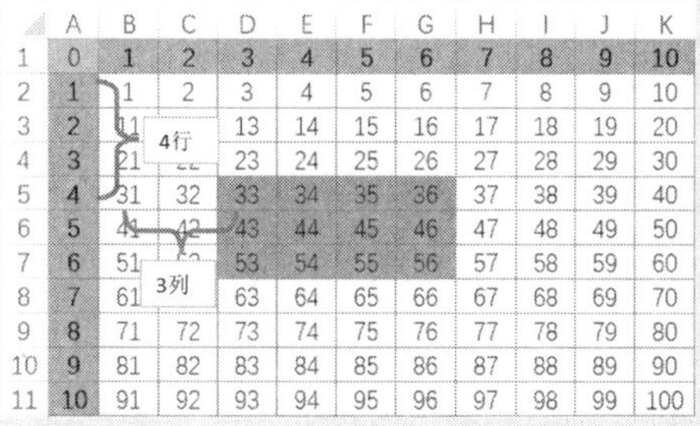

图 5-57 OFFSET 函数偏移图示 2

公式偏移过程：先确定以 A1 单元格作为偏移的参照点。第二参数为 4，表示以 A1 为基点向下偏移 4 行，至 A5 单元格。第三参数为 3，表示自 A5 单元格向右偏移 3 列，至 D5 单元格。第四参数和第五参数都为 4，表示以 D5 单元格为左上角，最终返回 4 行 4 列的引用，即 D5:G8 单元格区域。

> **提示** ➡
>
> 如果 OFFSET 函数的最终结果是返回多行多列的单元格区域引用，并且公式在一个单元格中输入时，会显示为错误值 #VALUE!。此时可以在编辑栏中选中公式，按 F9 键查看公式结果，查看完毕后按＜ Esc ＞键恢复公式原有状态。

本例中，TREND 函数的第一参数为"OFFSET(B\$8,\$K3,0,2)"返回的引用区域，作为已知关系 $y=mx+b$ 中的 y 值集合部分。

这部分公式中的 \$K3，是 MATCH 函数根据 A3 单元格的插值点在对照表中计算出的靠近或等于该插值点的位置。OFFSET 函数以 B8 单元格为参照点，根据 \$K3 单元格中的计算结果确定向下偏移的行数。偏移列数为 0，即不偏移，新引用的行数为 2，最终在 B 列得到与插值点相邻的两个单元格的引用。

TREND 函数的第二参数为"OFFSET(\$A\$8,\$K3,0,2)"返回的引用区域，作为已知关系 $y=mx+b$ 中的 x 值集合部分。这部分公式的偏移过程与第一参数的偏移过程相同，以 \$A\$8 单元格为基点，偏移后最终得到与插值点相邻的两行一列的引用。也就是等于或靠近该插值点的压力值所在单元格及随后与之相邻的一个单元格。

TREND 函数的第三参数为 \$A3 单元格中指定的压力值，作为要返回对应 y 值的新 x 值。

TREND 函数以等于或靠近插值点的两个单元格作为要计算插值的分段点，使插值计算的结果精度更高。

当公式向右复制时，"OFFSET(B\$8,\$K3,0,2)"部分分别返回不同列中的引用作为 y 值集合，"OFFSET(\$A\$8,\$K3,0,2)"部分则始终引用 A 列中的数据作为 x 值集合，从而实现了各项热力性质指标的插值计算。

对照表最后一行的压力值为 4，当 \$A3 单元格中的压力值等于该数值时，OFFSET 函数偏移后的范围会包含对照表下方的空白单元格，此时 TREND 函数会返回错误值。因此先使用 IF 函数对 \$A3 单元格的压力值进行判断，如果等于 4，则返回对照表中最后一行对应的指标。

5.13 日期有关的计算

日期是一种特殊类型的数据，可以直接进行加、减等运算。例如，要计算三天后的日期，可以使用公式 =TODAY()+3，公式中的 TODAY() 函数用于返回系统当前日期，用当前日期直接加上 3，得到 3 天后的日期。

Excel 中的常用日期函数及功能如表 5-5 所示。

表 5-5 常用日期函数

函数名称	功能
DATE 函数	根据指定的年、月、日返回日期序列值
DATEDIF 函数	计算日期之间的年数、月数或天数
DAY 函数	返回某个日期在一个月中的天数
MONTH 函数	返回日期中的月份
YEAR 函数	返回对应某个日期的年份
TODAY 函数	用于生成系统当前的日期
NOW 函数	用于生成当前日期和时间
EDATE 函数	返回指定日期之前或之后指定月份数的日期
EOMONTH 函数	返回指定日期之前或之后指定月份数的月末日期
WEEKDAY 函数	以数字形式返回指定日期是星期几
WORKDAY 函数	返回指定工作日之前或之后的日期
WORKDAY.INTL 函数	使用自定义周末参数，返回指定工作日之前或之后的日期
NETWORKDAY 函数	返回两个日期之间的完整工作日数
NETWORKDAYS.INTL 函数	使用自定义周末参数返回两个日期之间的完整工作日数
DAYS360 函数	按每年 360 天返回两个日期间相差的天数（每月 30 天）

5.13.1 年月提取

示例 5-37 根据记账日期提取会计期间

会计年度是指以年度为单位进行会计核算的时间区间，是反映单位财务状况、核算经营成果的时间界限，通常自公历 1 月 1 日起至 12 月 31 日止。会计月是会计分期中会计年度的细化，一般和公历月份相同。

图 5-58 展示了某企业会计凭证清单的部分内容，假设该企业的会计月和公历月份相同，需要根据 B 列的记账日期，计算对应的会计年度和会计月。

	A	B	C	D	E	F	G
1	科目	记账日期	科目名称	凭证编号	会计年度	会计月	借方金额
2	100101	2017/12/31	库存现金-人民币	记帐-0001	2017	12	9,647.72
3	100101	2017/12/31	库存现金-人民币	记帐-0006	2017	12	-9,647.72
4	100101	2017/12/31	库存现金-人民币	记帐-0006	2017	12	9,647.72
5	10020106	2017/12/31	银行存款-中国工商银行-德州支行（德州）	记帐-0001	2017	12	6.00
6	10020106	2017/12/31	银行存款-中国工商银行-德州支行（德州）	记帐-0006	2017	12	67.00
7	10020106	2017/12/31	银行存款-中国工商银行-德州支行（德州）	记帐-0006	2017	12	56.00
8	10020216	2017/12/31	银行存款-中国建设银行-德州基本结算户	记帐-0006	2017	12	56.00
9	10020216	2017/12/31	银行存款-中国建设银行-德州基本结算户	记帐-0006	2017	12	64.00
10	10020216	2017/12/31	银行存款-中国建设银行-德州基本结算户	记帐-0001	2017	12	908.00
11	10020217	2017/12/31	银行存款-中国建设银行-收入户（德州）	记帐-0006	2017	12	890.00
12	10020217	2017/12/31	银行存款-中国建设银行-收入户（德州）	记帐-0006	2017	12	90.00

图 5-58　会计凭证清单

在 E2 单元格输入以下公式，计算会计年度。

```
=YEAR(B2)
```

在 F2 单元格输入以下公式，计算会计月。同时选中 E2:F2 单元格区域，双击 F2 单元格右下角的填充柄，将公式填充到数据表最后一行。

```
=MONTH(B2)
```

YEAR 函数和 MONTH 函数的作用是根据 B2 单元格的已知日期返回对应的年份和月份。

05 章

5.13.2　计算日期间隔

日常工作中，经常有两个日期间隔的计算，如计算员工工龄、计算转正到期日等。常用于计算日期间隔的函数有 EDATE 函数、EOMONTH 函数及 DATEDIF 函数等。

示例 5-38　计算固定资产本期折旧月数

图 5-59 展示了某公司固定资产明细表的部分内容。已知固定资产折旧的计算规则为入账次月开始计提，使用年限到期后的当月照提折旧，固定资产会计年度为 2018 年。需要根据 D 列的资产入账日期和 H 列的使用年限，计算该固定资产的本期折旧月数。

K2　fx　=IFERROR(DATEDIF(MAX(EOMONTH(D2,0)+1,--"2018-1-1"),MIN(--"2019-1-1",EDATE(EOMONTH(D2,0)+1,H2*12)),"m"),0)

	A	B	C	D	E	F	G	H	I	J	K	L	M	N
1	资产编码	资产名称	类别	入账日期	使用部门	原值本币	残值率	使用年限	月折旧额	期末累计折旧	本期折旧月数	净值	折旧项目	
2	816474	美的冰箱	电子产品	2013/11/30	B区实验室	2564.10	5.00%	5	67.66	2435.89	11	128.21	制造费用	
3	343586	蒸汽发生器	工具	2013/12/31	B区消毒车间	19230.78	5.00%	5	304.49	18269.24	12	961.54	制造费用	
4	405232	活塞式空压机	工具	2013/1/1	B区包装车间	11880.34	5.00%	5	188.11	11286.32	1	594.02	制造费用	
5	441545	储气罐	工具	2013/2/28	B区包装车间	2393.16	5.00%	5	37.89	2273.5	2	119.66	制造费用	
6	332990	冷冻式干燥机	工具	2013/2/28	B区包装车间	5042.74	5.00%	5	79.84	4790.6	2	252.14	制造费用	
7	850599	税务开票电脑	电子产品	2013/4/30	B区财务部	5141.88	5.00%	3	135.69	4884.79	0	257.09	管理费用	
8	299799	卷帘门	工具	2013/5/31	B区灌装车间	8119.66	5.00%	5	128.56	7713.68	5	405.98	制造费用	
9	436401	半自动灌装机	工具	2013/5/31	B区灌装车间	45726.50	5.00%	5	724.00	43440.17	5	2286.33	制造费用	
10	856487	推高车	工具	2013/5/31	B区仓库部	8119.66	5.00%	5	128.56	7713.68	5	405.98	管理费用	
11	352147	洗地机	电子产品	2013/6/30	B区消毒车间	14957.26	5.00%	3	394.71	14209.4	0	747.86	制造费用	
12	985004	格力空调	电子产品	2013/6/30	B区消毒车间	74871.80	5.00%	3	1975.78	71128.21	0	3743.59	制造费用	

图 5-59　固定资产明细表

K2 单元格输入以下公式，向下复制填充到表格最后一行。

```
=IFERROR(DATEDIF(MAX(EOMONTH(D2,0)+1,--"2018-1-1"),MIN(--"2019-1-
1",EDATE(EOMONTH(D2,0)+1,H2*12)),"m"),0)
```

公式中用到了多个日期类函数的嵌套组合。

EOMONTH 函数的作用是返回指定月数之前或之后月份的最后一天的日期，函数语法如下。

```
EOMONTH(start_date,months)
```

第一参数是开始日期，第二参数是开始日期之前或之后的月份数，如果第二参数为正数，表示生成未来日期，如果为负数将生成过去日期。

EDATE 函数的作用是根据指定日期，得到相隔指定月份之前或之后的日期。函数语法与 EOMONTH 函数的语法相同。

DATEDIF 函数是一个隐藏函数，用于计算两个日期之间间隔的天数、月数或年数。函数语法如下。

```
DATEDIF(start_date,end_date,unit)
```

第一参数是要计算间隔的起始日期。第二参数是要计算间隔的结束日期，结束日期要大于起始日期，否则将返回错误值 #NUM!。第三参数用于指定返回的类型，参数不区分大小写。不同第三参数及返回的结果如表 5-6 所示。

表 5-6　DATEDIF 函数第三参数和返回的结果

unit 参数	函数返回结果
Y	时间段中的整年数
M	时间段中的整月数
D	时间段中的天数
MD	日期中天数的差。忽略日期中的月和年
YM	日期中月数的差。忽略日期中的日和年
YD	日期中天数的差。忽略日期中的年

IFERROR 函数用于屏蔽公式返回的错误值，函数语法如下。

```
IFERROR(value,value_if_error)
```

第一参数是需要屏蔽错误值的公式，第二参数用于指定当公式计算结果为错误值时要返回的内容。

在本例中，要计算本期折旧月数，首先要确定本期的折旧开始日期。如果入账日期早于固定资产会计年度，则本期的折旧开始日期为固定资产会计年度的 1 月 1 日，否则为实际的入账日期。如果入账日期加上使用年限后晚于固定资产会计年度，则本期的折旧截止日期为固定资产会计年度的 12 月 31 日，否则为实际的到期日期。

公式中的"MAX(EOMONTH(D2,0)+1,--"2018-1-1")"部分，是 DATEDIF 函数的第一参数。已知固定资产的折旧是从入账次月开始计提，因此先使用 EOMONTH(D2,0) 计算出入账当月的月末日期，加 1 后得到次月 1 日的日期。然后用 MAX 函数提取出该日期与 2018 年 1 月 1 日两者较大的一个，作为计算折旧月数的起始日期。

"MIN(--"2019-1-1",EDATE(EOMONTH(D2,0)+1,H2*12))"部分，是 DATEDIF 函数的第二参数。先使用"EOMONTH(D2,0)+1"计算出固定资产入账次月 1 日的日期，然后使用 EDATE 函数计算从此日期开始计算的折旧计提到期日期，指定的间隔月份为 H2 单元格的使用年限乘以 12 的结果。最后使用 MIN 函数提取出折旧计提到期日期与 2019 年 1 月 1 日两者较小的一个，作为计算折旧月数的结束日期。因为 DATEDIF 函数计算结果是日期间隔的整月数，所以这里的"2019-1-1"要比实际固定资产会计年度的结束日期晚一天。

DATEDIF 函数第三参数使用"M"，表示根据起始日期和结束日期计算间隔的整月数。如果固定资产的折旧计提到期日期早于 2018 年 1 月 1 日，DATEDIF 函数将返回错误值。因此使用 IFERROR 函数来屏蔽错误值，当 DATEDIF 函数结果为错误值时返回 0。

05 章

5.14　用函数查询信息

如果需要在数据表或指定的单元格范围内查找并返回特定内容，可以使用查找引用类函数完成。常用的 VLOOKUP 函数、LOOKUP 函数、INDIRECT 函数，以及 INDEX 函数、MATCH 函数和 OFFSET 函数等，都属于查找引用类函数。

5.14.1　常规数据查询

示例 5-39　查询购房人放款状态

图 5-60 展示了某房地产销售公司购房贷款台账的部分内容，需要根据 O2 单元格的姓名，在左侧的数据表中查询对应的放款状态。

O2 单元格输入以下公式，返回放款状态为"审批中"。

```
=VLOOKUP(N2,B:L,11,0)
```

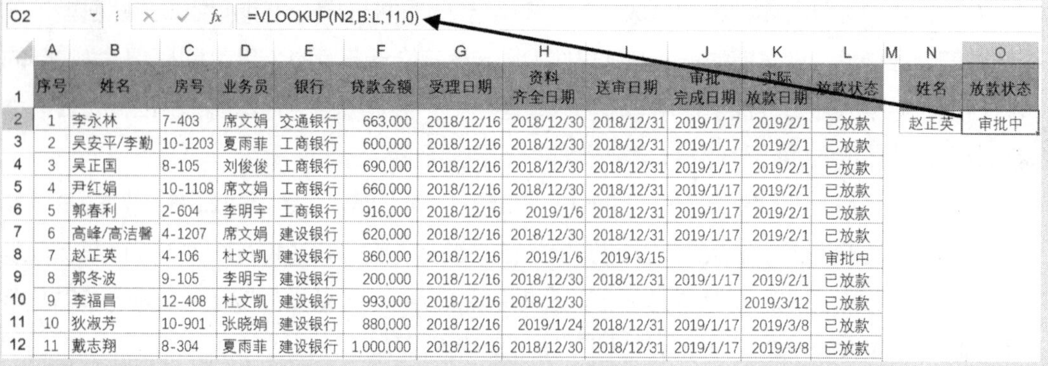

O2 =VLOOKUP(N2,B:L,11,0)

	A	B	C	D	E	F	G	H	I	J	K	L	M	N	O
1	序号	姓名	房号	业务员	银行	贷款金额	受理日期	资料齐全日期	送审日期	审批完成日期	实际放款日期	放款状态		姓名	放款状态
2	1	李永林	7-403	席文娟	交通银行	663,000	2018/12/16	2018/12/30	2018/12/31	2019/1/17	2019/2/1	已放款		赵正英	审批中
3	2	吴安平/李勤	10-1203	夏雨菲	工商银行	600,000	2018/12/16	2018/12/30	2018/12/31	2019/1/17	2019/2/1	已放款			
4	3	吴正国	8-105	刘俊俊	工商银行	690,000	2018/12/16	2018/12/30	2018/12/31	2019/1/17	2019/2/1	已放款			
5	4	尹红娟	10-1108	席文娟	工商银行	660,000	2018/12/16	2018/12/30	2018/12/31	2019/1/17	2019/2/1	已放款			
6	5	郭春利	2-604	李明宇	工商银行	916,000	2018/12/16	2019/1/6	2018/12/31	2019/1/17	2019/2/1	已放款			
7	6	高峰/高洁馨	4-1207	席文娟	建设银行	620,000	2018/12/16	2018/12/30	2018/12/31	2019/1/17	2019/2/1	已放款			
8	7	赵正英	4-106	杜文凯	建设银行	860,000	2018/12/16	2019/1/6	2019/3/15			审批中			
9	8	郭冬波	9-105	李明宇	建设银行	200,000	2018/12/16	2018/12/30	2018/12/31	2019/1/17	2019/2/1	已放款			
10	9	李福昌	12-408	杜文凯	建设银行	993,000	2018/12/16	2018/12/30			2019/3/12	已放款			
11	10	狄淑芳	10-901	张晓娟	建设银行	880,000	2018/12/16	2019/1/24	2018/12/31	2019/1/17	2019/3/8	已放款			
12	11	戴志翔	8-304	夏雨菲	建设银行	1,000,000	2018/12/16	2018/12/30	2018/12/31	2019/1/17	2019/3/8	已放款			

图 5-60　购房贷款台账

VLOOKUP 函数的作用是根据指定的查询值，在查询区域中的首列查找到该内容，并返回与之对应的其他字段的数据。函数语法如下。

```
VLOOKUP(lookup_value,table_array,col_index_num,[range_lookup])
```

第一参数是要在单元格区域或数组的第一列中查询的值。在精确匹配模式下，该参数支持使用通配符。

第二参数指定要在哪个区域中进行查询。查询区域的首列必须包含要查询的内容，否则将返回错误值。

第三参数用于指定返回查询区域中第几列的值，注意是查询区域中的第几列，而不是工作表的第几列。

第四参数用于指定查询时的匹配方式，如果为 0 或 FASLE，表示使用精确匹配方式。如果为 TRUE、1 或是直接省略该参数时，则使用近似匹配方式。近似匹配方式通常用于数值类的查询，要求查询区域的首列必须按升序排序，当找不到具体的查询值时，会以小于查询值的最接近值进行匹配。

如果有多条满足条件的记录，VLOOKUP 函数默认返回首个记录的内容。查找时不区分大小写。

本例中，查询值是 N2 单元格中的姓名，查询区域是 B : L 列的整列引用。第三参数使用 11，第四参数使用 0，表示在查询区域的首列，即 B 列找到查询的姓名，并返回 B : L 列区域中第 11 列与之对应的内容。

5.14.2　任意方向查询数据

VLOOKUP 函数要求查询区域的首列必须包含要查询的内容。因此在默认情况下，只能实现从左到右的数据查询。而使用 LOOKUP 函数或是使用 MATCH 函数与 INDEX 函数的组合，则可以实现任意方向的数据查询。

示例 5-40　根据买受人姓名查询合同号

图 5-61 展示了某房地产销售公司销售签约台账的部分记录，需要根据 M2 单元格的买
受人姓名，在左侧的数据表中查询对应的合同号。

	A	B	C	D	E	F	G	H	I	J	K	L	M	N
N2						=LOOKUP(1,0/(M2=C2:C41),B2:B41)								
1	序号	合同号	买受人姓名	项目名	房号	建筑面积	总价	签订日期	状态	合同类型	预售登记状态		买受人姓名	合同号
2	1	2019016924	李跃祖	清华园	7-403	101.96	1,536.303	2019/1/10	已备案	预售合同	未办理		张华彬	2019017912
3	2	2019016930	何翠鸿	金水湾	10-1203	101.91	1,535.550	2019/1/10	已备案	预售合同	未办理			
4	3	2019016937	卢荣芝	清华园	8-105	101.96	1,543.462	2019/1/10	已备案	预售合同	未办理			
5	4	2019017909	肖煜楠	清华园	10-1108	101.91	1,430.695	2019/1/19	已备案	预售合同	未办理			
6	5	2019017910	王军易	金水湾	2-604	92.45	1,233.868	2019/1/19	已备案	预售合同	未办理			
7	6	2019017911	马忠义/罗燕	金水湾	4-1207	92.88	1,250.838	2019/1/19	已备案	预售合同	未办理			
8	7	2019017912	张华彬	金水湾	4-106	92.45	1,233.868	2019/1/19	已备案	预售合同	未办理			
9	8	2019017913	赵天举	金水湾	9-105	92.6	1,242.977	2019/1/19	已备案	预售合同	未办理			
10	9	2019017914	杨树春	紫薇苑	12-408	92.46	1,246.805	2019/1/19	已备案	预售合同	未办理			
11	10	2019017915	杨云发	浅水湾	10-901	101.91	1,419.458	2019/1/19	已备案	预售合同	未办理			
12	11	2019017917	王承伟	清华园	8-304	92.95	1,261.323	2019/1/20	已备案	预售合同	未办理			

图 5-61　房产销售签约台账

N2 单元格输入以下公式，查询结果为"2019017912"。

=LOOKUP(1,0/(M2=C2:C41),B2:B41)

LOOKUP 函数的作用是在一行或一列的范围中查找指定的值，并返回另一行或列中对
应位置的值。函数支持忽略空值、逻辑值和错误值来进行数据查询。函数语法包括向量和数
组两种形式，分别如下。

LOOKUP(lookup_value,lookup_vector,[result_vector])
LOOKUP(lookup_value,array)

在向量语法中，第一参数是要查询的内容。第二参数是要查找的范围。第三参数是指定
要返回结果的范围，参数必须与第二参数的行（列）数相同，如果第三参数省略，将返回第
二参数中对应位置的值。

当需要查找一个不确定的值时，如查找一列或一行数据的最后一个值，LOOKUP 函数
的查找范围不需要升序排列。以下公式可返回 A 列最后一个文本。

=LOOKUP("々",A:A)

"々"通常被看作一个编码较大的字符，输入方法为按住 Alt 键，依次按数字小键盘的 4、
1、3、8、5。为了便于输入，第一参数也常使用编码较大的汉字"座"。

以下公式可返回 A 列最后一个数值。

=LOOKUP(9E+307,A:A)

9E+307 是 Excel 里的科学计数法，即 9*10^307，被认为是接近 Excel 允许键入的最大数值。

本例中，就是使用了 LOOKUP 函数的向量语法形式。公式中的"M2=C2：C41"部分，使用 M2 单元格的姓名与 C2：C14 单元格区域的姓名进行逐一对比，得到一组逻辑值构成的内存数组。

{FALSE;FALSE;FALSE;FALSE;FALSE;FALSE;TRUE;…;FALSE;FALSE}

再使用 0 除以该内存数组，相除后得到一个由 0 和错误值构成的新内存数组，以此作为 LOOKUP 函数的查询区域。其中 0 的位置，就是 C2：C14 单元格区域中等于 M2 单元格中指定姓名的位置。

{#DIV/0!;#DIV/0!;#DIV/0!;#DIV/0!;#DIV/0!;#DIV/0!;0;…
;#DIV/0!;#DIV/0!}

最后使用 1 作为查询值在这个内存数组中进行查找，由于内存数组中不包含 1，因此以小于 1 的最接近值，也就是 0 进行匹配，并返回第三参数 B2：B41 单元格区域中对应位置的内容。

LOOKUP 函数的第二参数可以是多个逻辑判断相乘组成的多条件数组，来完成多条件的数据查询，函数的常用写法如下。

=LOOKUP(1,0/((条件1)*(条件2)*…*(条件N)),目标区域或数组)

示例 5-41 使用 INDEX 函数和 MATCH 函数查询数据

图 5-62 展示了某家电公司销售记录表的部分内容，需要根据 J 列的业务流水号，在左侧的数据表中查询对应的发票凭证号。

	A	B	C	D	E	F	G	H	J	K
K2				fx	=INDEX(A:A,MATCH(J2,F:F,0))					
1	发票凭证号	开票日期	经营部	客户代码	客户名称	业务流水号	数量	产品系列	业务流水号	发票凭证号
2	6624413633	2018/7/11	北城区经营部	799090	北城区体验店换机	SN7667788	-1	M2000	SN7667228	6624326242
3	6624326022	2018/7/2	南城区经营部	317919	众城大家电销售公司	SN7667686	1	Q3T		
4	6624325615	2018/7/2	南城区经营部	317919	众城大家电销售公司	SN7662682	1	Q5N		
5	6624326030	2018/7/2	北城区经营部	799303	盛鹏物流有限公司	SN7666727	7	S1		
6	6624326031	2018/7/2	北城区经营部	799303	盛鹏物流有限公司	SN7667762	-2	Q9200		
7	6624326061	2018/7/2	北城区经营部	799303	盛鹏物流有限公司	SN7666728	-1	S1		
8	6624326060	2018/7/2	主城区经营部	799303	盛鹏物流有限公司	SN7662766	-1	Q8		
9	6624326033	2018/7/2	北城区经营部	799303	盛鹏物流有限公司	SN7616682	-2	S1		
10	6624326115	2018/7/2	主城区经营部	799303	盛鹏物流有限公司	SN7667761	-2	S1		
11	6624360150	2018/7/5	西城区分公司展厅	179739	西城区分公司展厅	SN7667687	2	F9		
12	6624326146	2018/7/2	北城区经营部	799303	盛鹏物流有限公司	SN7667666	-2	S1		

图 5-62 使用 INDEX 函数和 MATCH 函数查询数据

K2 单元格输入以下公式，查询结果为"6624326242"。

```
=INDEX(A:A,MATCH(J2,F:F,0))
```

公式中使用了 INDEX 函数和 MATCH 函数的组合。

MATCH 函数的作用是在单行或单列的查询范围中查找特定的内容，然后返回该内容在查询范围中的相对位置，计算结果常用于其他函数的参数。函数语法如下。

```
MATCH(lookup_value,lookup_array,[match_type])
```

第一参数是要查找的对象，第二参数指定要查询的范围，第三参数用数字的形式指定查询时的匹配方式。当第三参数为 0 时，表示使用精确匹配方式，如果找不到查询内容，公式将返回错误值 #N/A。

INDEX 函数的作用是在一个区域引用或数组范围中，根据指定的行号或（和）列号来返回值或引用。INDEX 函数的常用语法形式如下。

```
=INDEX(array,row_num,[column_num])
```

第一参数可以是单元格区域或是一个数组。第二参数和第三参数分别用于指定要返回第几行或（和）第几列的位置。

公式中的 MATCH(J2,F:F,0) 部分，使用 MATCH 函数查询 J2 单元格的业务流水号在 F 列中所处的位置，结果为 23。

INDEX 函数以 MATCH 函数的计算结果为参数，返回 A 列中的第 23 个元素。

> **提示**→
> MATCH 函数在使用精确匹配方式时，查询内容中可以使用通配符"*"和"?"。如果查询范围中有多个符合条件的结果，MATCH 函数仅返回查询对象第 1 次出现的位置。

5.14.3　近似查询数据

在 LOOKUP 函数的数组语法中，LOOKUP 函数在数组的第一行或第一列中查找指定的值，并返回数组最后一行或最后一列中同一位置的值，常用于数值型内容的查找。

示例 5-42　根据应知应会成绩计算对应等级

图 5-63 展示了某公司员工应知应会考核成绩表的部分内容，需要根据 E 列的员工应知应会成绩，在右侧的对照表中查询对应的等级。

F2 单元格输入以下公式，将公式向下复制到 F10 单元格。

```
=LOOKUP(E2,H$3:I$6)
```

F2				f_x	=LOOKUP(E2,H$3:I$6)			
	A	B	C	D	E	F	G	H	I
1	序号	姓名	工号	部门	应知应会	等级		对照表	
2	1	苏霞	10011	财务部	79	合格		成绩	等级
3	2	包志林	10012	财务部	95	优秀		0	不合格
4	3	林娥云	10013	销售部	59	不合格		60	合格
5	4	石少青	10014	销售部	80	良好		80	良好
6	5	于冰福	10015	销售部	90	优秀		90	优秀
7	6	姜琼芝	10016	采购部	65	合格			
8	7	刘龙飞	10017	采购部	88	良好			
9	8	毕晓智	10018	设计部	75	合格			
10	9	张金飞	10019	设计部	55	不合格			

图 5-63 员工应知应会成绩表

LOOKUP 函数在查找范围中查找一个明确的值时，查找范围必须升序排列。如果找不到查询值，则该函数会与查询区域中小于查询值的最接近值进行匹配。

本例中，以 E2 单元格的成绩作为查询值在 H$3：I$6 单元格区域中进行查询，并以等于或小于 E2 的最接近值进行匹配，最终返回第二参数最右侧列对应位置的内容。

提示——→ 如果查询区域中有多个符合条件的记录，LOOKUP 函数默认返回最后一个记录。

5.14.4 多工作表数据汇总

在多工作表的汇总、查询等工作中，经常会用到 INDIRECT 函数。

示例 5-43 多工作表汇总客户销售额

图 5-64 展示了某公司销售明细表的部分内容，不同客户的销售记录分别保存在以客户名称命名的工作表中，各工作表的结构完全相同，其中的 J 列是每笔业务的实际销售额。

	A	B	C	D	E	F	G	H	I	J
1	合同编号	发货日期	客户名称	产品名称	规格	型号	数量	单价	合同金额	实际销售额
2	DF-2018-11-09	2018/11/15	江河药用辅料公司	淀粉	0.025		32.00	2,840.00	90,880.00	90,880.00
3	DF-2018-11-09	2018/11/21	江河药用辅料公司	淀粉	0.025		32.00	2,860.00	91,520.00	91,520.00
4	DF-2018-11-16	2018/11/28	江河药用辅							
5	DF-2018-12-05	2018/12/12	江河药用辅							
6	DF-2018-12-06	2018/12/19	江河药用辅							

	A	B	C	D	E	F	G	H	I	J
1	合同编号	发货日期	客户名称	产品名称	规格	型号	数量	单价	合同金额	实际销售额
2	MD20181009001	2018/10/25	绿源饲料科技有限公司	饲料级酸	罐	0.8	30.46	4,700.00		143,162.00
3	MD20181009001	2018/11/22	绿源饲料科技有限公司	饲料级乳酸	罐	0.8	29.26	4,700.00	137,522.00	137,522.00
4	MD20181009001	2018/11/26	绿源饲料科技有限公司	饲料级乳酸	液袋	0.8	24.50	4,300.00	105,350.00	105,350.00
5	MD20181009001	2018/11/26	绿源饲料科技有限公司	饲料级乳酸	液袋	0.8	24.11	4,300.00	103,673.00	103,673.00
6	MD20181004001	2018/12/4	绿源饲料科技有限公司	饲料级乳酸	液袋	0.8	24.56	4,300.00	105,608.00	105,608.00
7	MDRS181205111	2018/12/7	绿源饲料科技有限公司	饲料级乳酸钙	0.025	1.0	20.00	7,300.00	6,975.00	146,000.00
8	MD20181009001	2018/12/10	绿源饲料科技有限公司	饲料级乳酸	液袋	0.8	24.91	4,300.00	3,979.00	107,113.00
9		2018/12/18	绿源饲料科技有限公司	饲料级乳酸	液袋	0.8	24.21	4,300.00	3,970.00	104,103.00
10										

汇总表 中信化工 轻工国贸 江河辅料 开元公司 大和牧业 益友食品 天润贸易 希望化工 个人客户 绿源饲料 福泽新材 ⊕ ···

图 5-64 销售明细表

在"汇总表"工作表中，需要汇总各客户的销售总额，如图 5-65 所示。

"汇总表"工作表 C2 单元格输入以下公式，将公式向下复制到 C11 单元格。

```
=SUM(INDIRECT(B2&"!J:J"))
```

INDIRECT 函数能够将具有引用样式的文本字符串生成具体的单元格引用，函数语法如下。

```
INDIRECT(ref_text,[a1])
```

第一参数是一个具有单元格地址样式的文本字符串，第二参数是一个逻辑值，用于指定使用 A1 引用样式还是 R1C1 引用样式。如果该参数为 TRUE 或省略，第一参数中的文本被解释为 A1 样式的引用，A1 样式是 Excel 默认的引用样式。

本例中，B2 单元格的客户名就是工作表名称。"B2&"!J:J""部分，使用连接符将 B2 单元格的工作表名称与字符串"!J:J"连接，得到具有引用样式的文本字符串"中信化工 !J:J"。此时的字符串仅具有引用样式而不是真正的引用，还不能用于后续的其他计算。

接下来使用 INDIRECT 函数，将字符串"中信化工 !J:J"变成"中信化工"工作表 J 列的整列引用，最后再使用 SUM 函数对这个引用范围进行求和，得到客户"中信化工"的销售总额。

公式中的"B2"使用了相对引用，公式向下复制时依次变成"B3""B3"⋯⋯分别与字符串"!J:J"连接后，再用 INDIRECT 函数生成不同工作表 J 列的整列引用，作为 SUM 函数的求和范围，最终实现了快速汇总多工作表数据的目的。

使用 INDIRECT 函数生成其他工作表的引用时，如果被引用的工作表名称中包含有空格等特殊符号，公式中的工作表名称前后要加上半角单引号，否则返回错误值 #REF!。例如要得到"一季度 销售"工作表 B2 单元格的引用，公式应为 =INDIRECT("' 一季度 销售 '!B2")。

> **提示**
> 如果严格按照数据管理规范，在输入基础数据的时候应该将所有同类型数据存储在同一张工作表中，规范合理的数据源更便于数据的查询与汇总。

图 5-65　汇总各客户实际销售额

5.15　常用的文本函数

Excel 中定义的"文本"，除了汉字和字母，还可以是文本型数字和空文本等。用于文本处理的函数主要包括 MID 函数、LEFT 函数、RIGHT 函数、TEXT 函数、FIND 函数和 SUBSTITUTE 函数等。

5.15.1　格式化文本

使用自定义数字格式功能，可以将单元格中的内容显示为自定义的格式，TEXT 函数也具有类似的功能。

示例 5-44　从身份证号码中提取出生日期

图 5-66 展示了某乡镇居民建立档案信息表的部分内容，需要根据 E 列的居民身份证号码（本书中的身份证号码均为虚拟，仅为举例之用），提取出该居民的出生日期。

	A	B	C	D	E	F	G
F2				fx	=TEXT(MID(E2,7,8),"0-00-00")*1		
1	序号	姓名	住址	性别	居民身份证号码	出生年月	个人档案编号
2	1	朱国民	东赵188号	男	41****19910307053X	1991/3/7	65448202
3	2	马文东	大槐树村1-214号	男	41****199704211034	1997/4/21	65859993
4	3	蔡海昆	大槐树村1-214号	男	41****20090116001X	2009/1/16	65666175
5	4	张步芳	大槐树村苍东路240号	女	41****198203151523	1982/3/15	65883566
6	5	杨雷名	大槐树村苍东路241号	男	41****198106121019	1981/6/12	65410992
7	6	郎钟海	大槐树村1-9号	男	41****199512154019	1995/12/15	65488399
8	7	张瑾瑞	东赵苍东路202号	女	41****200804040040	2008/4/4	65564533
9	8	王嘉林	大槐树村1-38号-1	女	41****198308133029	1983/8/13	65635533
10	9	郑秀苏	东赵苍东路165号	男	41****198802241531	1988/2/24	65445701
11	10	胡美芬	大槐树村2-29号	女	41****197108150547	1971/8/15	65443875
12	11	杨从华	大槐树村1-234号	女	41****199506120027	1995/6/12	65396372

图 5-66　从身份证号码中提取出生日期

将 F2 单元格数据格式设置为短日期格式，然后输入以下公式，将公式向下复制填充到数据表的最后一行。

```
=TEXT(MID(E2,7,8),"0-00-00")*1
```

TEXT 函数可以通过指定的格式代码对数字应用特定格式，进而更改数字的显示方式，函数语法如下。

```
TEXT(value,format_text)
```

第一参数是要转换格式的数字。第二参数是指定的格式代码。TEXT 函数所使用的格式代码与当前操作系统中 Excel 的单元格数字格式代码基本相同，但是不能使用有填充效果或是颜色类的格式代码。

设置单元格的格式仅仅是数字显示外观的改变，其实质仍然是数值本身。而 TEXT 函数将数值转换为带格式的内容后，其实质已经是文本，不再具有数值的特性。

本例公式中的"MID(E2,7,8)"部分，用 MID 函数从 E2 单元格的第 7 位开始，提取出 8 个字符，结果为"19910307"。

TEXT 函数使用格式代码"0-00-00"，将"19910307"转换为具有日期样式的字符串"1991-03-07"。此时的字符串仅具有了日期样式，还不是真正的日期，最后使用 *1 的方法，将其转换为日期序列值。

TEXT 函数不仅能对数字应用特定格式，还能对数字或公式结果完成简单的条件判断。

示例 5-45　计算员工入职年限

图 5-67 所示，是某公司员工信息表的部分内容，需要根据 I 列的入职日期，判断员工的入职年限。入职年限的划分依据为 5 年及以上、3 年及以上和 3 年以下，统计截止日期为 2019 年 12 月 31 日。

K2			× ✓ fx		=TEXT(DATEDIF(I2,"2019-1-1","y"),"[>=5]5年及以上;[>=3]3年及以上;3年以下")						
▲	A	B	C	D	E	F	G	H	I	J	K
1	序号	姓名	部门	岗位	性别	出生年月	身份证号	学历	入职日期	转正日期	入职年限
2	1	杨文金	生产部	部长	女	1988/12/3	43****198305011609	硕士	2014/3/1	2014/5/31	3年及以上
3	2	朱豫红	工艺部	常务副总	女	1980/3/12	43****199102024348	硕士	2009/1/1	2009/1/31	5年及以上
4	3	白雪莲	生产部	副总经理	女	1976/11/2	43****198504203348	本科	2010/4/10	2010/5/9	5年及以上
5	4	王丽达	总经办	后勤管理	女	1976/11/2	43****197710174927	中专	2018/4/11	2018/5/10	3年以下
6	5	金荷香	生产部	总监	女	1976/11/2	43****197106077866	大专	2018/4/11	2018/5/10	3年以下
7	6	王双陆	财务部	文员	女	1976/11/2	43****199112015569	大专	2018/5/1	2018/5/30	3年以下
8	7	罗云翠	财务部	文员	女	1976/11/2	43****197803126644	大专	2018/11/6	2018/12/6	3年以下
9	8	许金梅	财务部	总监	女	1976/11/2	43****199403064008	本科	2014/9/27	2014/10/25	3年及以上
10	9	蔡灵敏	财务部	办公室主管	女	1976/11/2	43****198701214266	本科	2016/9/1	2016/10/1	3年以下
11	10	李炫羽	企管科	司机	女	1976/11/2	43****198504092187	技校	2014/6/19	2014/7/18	3年及以上
12	11	许来菊	力资部	办公室主任	女	1976/11/2	43****199112119889	本科	2017/5/13	2017/6/11	3年以下

图 5-67　员工信息表

K2 单元格输入以下公式，将公式向下复制填充到数据表最后一行。

=TEXT(DATEDIF(I2,"2019-1-1","y"),"[＞=5]5 年及以上 ;[＞=3]3 年及以上 ;3 年以下 ")

完整的格式代码分为 4 个区段，各区段之间以半角分号间隔，四个区段的定义为"大于 0; 小于 0; 等于 0; 文本"。

如果省略部分区段，条件含义也会发生相应变化。如果使用三个条件区段，其含义为"大于 0; 小于 0; 等于 0"。如果使用两个条件区段，其含义为"大于等于 0; 小于 0"。使用一个条件区段时，则将格式应用于所有字符。

TEXT 函数的第二参数中，允许使用自定义的条件判断设置。

四个区段时可以表示为"［条件 1］结果 1;［条件 2］结果 2; 不符合条件的其他部分 ; 文本"。

三个区段时可以表示为"［条件 1］结果 1;［条件 2］结果 2; 不符合条件的其他部分"。

两个区段时可以表示为"［条件］结果 ; 不符合条件的其他部分"。

本例公式中的"DATEDIF(I2,"2019-1-1","y")"部分，先使用 DATEDIF 函数以 I2 单元格的入职日期为开始日期，以"2019-1-1"为结束日期，计算出员工入职的整年数。

再使用 TEXT 函数三个区段的格式代码"［＞=5］5 年及以上 ;［＞=3］3 年及以上 ;3 年以下"，对 DATEDIF 函数的计算结果进行判断。符合第一个条件＞=5 时返回"5 年及以上"，符合第二个条件＞=3 时返回"3 年及以上"，不符合条件的其他部分返回"3 年以下"。

5.15.2　字符提取与合并

在一些有规律的字符串中提取字符或是将多个字符根据条件进行合并，是数据处理过程中的一项基础性的操作，用于字符提取与合并的函数主要有 MID 函数、RIGHT 函数和 LEFT 函数等。

示例 5-46　分别提取中文物料名称和英文数字规格型号

图 5-68 展示了某公司物料明细表的部分内容，A 列是物料名称和规格型号的混合内容，需要在 B 列和 C 列分别提取出物料名称和规格型号。

	A	B	C
1	物料名称	物料名称	规格型号
2	接头式压注油杯GB/T 7940	接头式压注油杯	GB/T 7940
3	外六角螺栓GB/T 5780	外六角螺栓	GB/T 5780
4	六角头螺栓套件GB/T5780	六角头螺栓套件	GB/T5780
5	外六角螺栓全螺纹GB/T 5783	外六角螺栓全螺纹	GB/T 5783
6	六角头铰制孔用螺栓JB/T 27	六角头铰制孔用螺栓	JB/T 27
7	六角头铰制孔用螺栓XB/T 27	六角头铰制孔用螺栓	XB/T 27
8	三级管17*0.6	三级管	17*0.6
9	四级双凹管20*0.6	四级双凹管	20*0.6
10	外部挡板3/4-K337-01-6 25*2	外部挡板	3/4-K337-01-6 25*2
11	后部挡板3/4-K336-01-0 25*2	后部挡板	3/4-K336-01-0 25*2
12	外管固定套管3/4-K335-01-3 25*2	外管固定套管	3/4-K335-01-3 25*2

图 5-68　物料明细表

B2 单元格输入以下公式，提取出物料名称，将公式向下复制填充到数据表最后一行。

```
=LEFT(A2,LENB(A2)-LEN(A2))
```

C2 单元格输入以下公式，提取出规格型号，将公式向下复制填充到数据表最后一行。

```
=RIGHT(A2,LEN(A2)*2-LENB(A2))
```

LEN 函数和 LENB 函数用于统计字符长度。LEN 函数对任意单个字符都按一个长度计算。LENB 函数则将任意单个的单字节字符按一个长度计算，将任意单个的双字节字符按两个长度计算。

双字节字符又称为全角字符，是指一个字符占用两个标准字符位置的字符，所有中文字符均为双字节字符。半角字符是指一个字符占用一个标准字符位置的字符，又称为单字节字符。在英文输入法状态下输入的字符，默认就是半角字符。

LEFT 函数和 RIGHT 函数的作用是从字符串的左 / 右侧开始，提取指定数量的字符，函数语法如下。

```
LEFT(text,[num_chars])
RIGHT(text,[num_chars])
```

第一参数是要提取的字符串或单元格引用，第二参数指定要提取几个字符，如果省略第二参数时，会默认提取最左 / 右侧的一个字符。

　　字符串的提取，先要观察数据的分布规律。本例中的数据都是以中文的全角字符开头，随后是字母或是数字等半角字符，提取之前，需要先确定好全角字符和半角字符的个数。

　　已知一个全角字符的字节数等于两个半角字符的字节数，因此全角字符个数 = 字节数 - 符数。

　　半角字符个数 = 字符数 - 全角字符个数，也就是 = 字符数 -(字节数 - 字符数)，或者写成 = 字符数 + 字符数 - 字节数。继续修约，则半角字符个数的公式变成 = 字符数 *2- 字节数。

　　B2 单元格公式中先使用 "LENB(A2)-LEN(A2)" 得到全角字符的个数。再使用 LEFT 函数从 A2 单元格的左侧开始，根据计算出的全角字符个数，提取出该单元格中的物料名称。

　　C2 单元格中的公式使用 "LEN(A2)*2-LENB(A2)" 得到半角字符的个数，再使用 RIGHT 函数从 A2 单元格右侧开始，根据计算出的半角字符个数，提取出该单元格中的规格型号。

　　　　　　本例的计算方法仅适用于中文操作系统下的中文版 Excel。

　　在一些有固定间隔符号的字符中提取数字时，可以借助 FIND 函数完成。

示例 5-47　从文本中提取商品零售价数字

　　图 5-69 展示了某保健品经销商进货明细表的部分内容，E 列的零售价是数字和文字的混合内容，需要从中提取出零售价数字。

	A	B	C	D	E	F
	F2		fx	=LEFT(E2,FIND("/",E2)-1)*1		
1	类型	名称	规格	进价/元	零售价/元	零售价/元
2		干参/棵	7-12年	30/棵	120/棵	120.00
3	林下参	干参/棵	12-15年	80/棵	260/棵	260.00
4		干参/棵	15年以上	1800/棵	3700/棵	3,700.00
5		小干参	按斤小棵	50/0.3斤	120/0.3斤	120.00
6	鲜参	鲜参苗	2年	50/斤	120/斤	120.00
7		大鲜参	8-12年	450/斤	1100/斤	1,100.00
8		红参全须	30根/盒	560	200/5根/盒	200.00
9		红参光支	30根/盒	300	100/5根/盒	100.00
10	红参	红参片	1.1薄片	260/斤	100/0.3斤/盒	100.00
11		蜜片	1两/袋	15/袋	25/袋	25.00
12		高丽红参	五年	260/斤	100/8根	100.00

图 5-69　提取零售价

　　F2 单元格输入以下公式，将公式向下复制到数据表的最后一行。

```
=LEFT(E2,FIND("/",E2)-1)*1
```

　　观察 E 列的数据可以发现，零售价金额都是在最左侧，和后面的单位之间以 "/" 作为间隔符号。因此只要确定"/"的位置，然后提取出"/"左侧的数字即可。

FIND 函数能够根据指定的字符串，在另一个单元格或字符串中定位这个字符串首次出现的位置。函数语法如下。

```
FIND(find_text,within_text,[start_num])
```

第一参数是要查找的字符。第二参数用于指定要在哪些单元格或字符串中进行查找。第三参数是可选参数，用于指定从第二参数的第几个字符位置处开始查找。省略该参数时，默认为 1。无论第三参数是否为 1，FIND 函数最终返回的位置都是以第二参数的首个字符开始计算。

如果第二参数中不包含要查找的内容，结果将返回错误值 #VALUE!。

本例中，FIND 函数以"/"作为查找内容，在 E2 单元格中查找"/"首次出现的位置，返回结果为 4。

再将这个结果减去 1，作为 LEFT 函数的第二参数，最终提取出首个"/"之前的数字。

由于 LEFT 函数、RIGHT 函数等文本类函数的提取结果都是文本型内容，因此最后用乘 1 的方式，将文本型数字转换为数值

如果要检测字符中是否包含并返回某些关键字，可以使用 FIND 函数结合 LOOKUP 函数完成。

示例 5-48　根据关键字匹配判断物料所属大类

图 5-70 展示了某公司物料盘点表的部分内容，需要根据 B 列物料名称中包含的关键字，以 H 列的对照表作为参照，判断物料所属大类。

	A	B	C	D	E	F	G	H
F2		fx	=LOOKUP(1,0/FIND(H$2:H$5,B2),H$2:H$5)					
1	物料编码	物料名称	规格描述	单位	结存数量	大类		大类对照表
2	WL816474	白色磨砂PP胶片(AL-WE), 38号(厚度：0.950mm)	19"x41"	张	992	PP		PP
3	WL343586	哑白纹特幼磨砂PP胶片(S1S2), 16号(厚度：0.400mm)	31"x 14.5"	张	512	PP		APET
4	WL405232	紫色双面特幼磨砂PP胶片(PMS 2612C), 38号(厚度：0.950mm)	19"x41"	张	534	PP		PVC
5	WL441545	蓝色双面特幼磨砂PP胶片, 38号(厚度：0.950mm)	18"x40"	张	99	PP		PET
6	WL332990	PVC白色胶片, 16号(厚度：0.400mm)	15.75"x21.5"	张	719	PVC		
7	WL181625	PET胶片, 3号(厚度：0.070mm), 19.69"封, 窗口级	19.69"卷装	kg	298.4	PET		
8	WL467923	磨砂PP胶片(AL纹), 38号(厚度：0.950mm)	20.5"x41"	张	124	PP		
9	WL509599	黄色磨砂PP胶片109C(AB纹), 32号(厚度：0.800mm)	22"x41"	张	539	PP		
10	WL154340	透明双镜面PP胶片, 16号(厚度：0.400mm)	22.5"x15"	张	482	PP		
11	WL945380	透明双镜面PP胶片, 16号(厚度：0.400mm)	20.875"x14.5"	张	194	PP		
12	WL898785	环保APET胶片, 36号(厚度：0.900mm), 24"封, 折盒级	24"卷装	kg	70	PET		

图 5-70　物料盘点表

F2 单元格输入以下公式，将公式向下复制填充到数据表最后一行。

```
=LOOKUP(1,0/FIND(H$2:H$5,B2),H$2:H$5)
```

公式中的"FIND(H\$2:H\$5,B2)"部分，分别查找 H\$2:H\$5 单元格区域中每个关键词在 B2 单元格中首次出现的位置。如果 B2 单元格中包含其中的某个关键词，结果返回表示位置的数字，否则返回错误值。

{5;#VALUE!;#VALUE!;#VALUE!}

然后使用 0 除以该内存数组，使其变成由 0 和错误值构成的新内存数组。

{0;#VALUE!;#VALUE!;#VALUE!}

最后使用 LOOKUP 函数，以数值 1 作为查询值在内存数组中查找。由于找不到 1，因此以小于 1 的最接近值 0 进行匹配，并返回第三参数 H\$2:H\$5 单元格区域中对应位置的内容"PP"。

要按照分类对指定内容进行合并时，可以使用 TEXTJOIN 函数完成。

示例 5-49 合并同一分店的发票号码

图 5-71 展示了某公司下属分店的部分销售开票记录，需要按照不同的分店将发票号码合并到同一个单元格。

	A	B	C	D	E	F	G	H	I
1	发票号码	开票日期	金额	税额	价税合计	销售成本	分店代码	分店	客户名称
2	15005006	2019/2/1	617.07	104.93	722	292.30	CH011	北京创益佳店	海林公司
3	15005007	2019/2/1	19.5	3.3	22.8	9.24	CH661	北京双井店	双嘉美公司双井店
4	15005008	2019/2/1	13	2.2	15.2	6.16	CHA213	北京天通苑店	双嘉美公司天通苑店
5	15005010	2019/2/1	13	2.2	15.2	6.16	CHA218	北京慈云寺店	双嘉美公司双井店
6	15005011	2019/2/1	25.97	4.43	30.4	12.30	CHA219	北京鲁谷店	双嘉美公司鲁谷店
7	15005012	2019/2/1	16.25	2.75	19	7.70	CHA313	北京五利桥店	双嘉美公司中关村广场店
8	15005014	2019/2/1	51.98	8.82	60.8	24.62	CH581	北京中关村	双嘉美公司中关村广场店
9	15005015	2019/2/1	1718.75	292.22	2010.97	814.14	CH661	北京双井店	双嘉美公司双井店
10	15005016	2019/2/1	162.41	27.59	190	76.93	CHA211	北京望京店	双嘉美公司双井店
11	15005017	2019/2/1	13	2.2	15.2	6.16	CHA212	北京通州店	双嘉美公司通州店
12	15005018	2019/2/1	935.41	158.99	1094.4	443.09	CHA213	北京天通苑店	双嘉美有限公司天通苑店

图 5-71 销售开票记录

步骤① 复制 H 列的分店名称，粘贴到 K 列，然后单击 K 列数据区域的任意单元格（如 K2），切换到【数据】选项卡下，单击【删除重复值】按钮。在弹出的【删除重复值】对话框中保留默认设置，单击【确定】按钮，在弹出的提示对话框中再次单击【确定】按钮，完成不重复分店名称的提取，如图 5-72 所示。

步骤② 在 L1 单元格输入字段标题"发票号码"，然后在 L2 单元格输入以下数组公式，按 < Ctrl+ Shift+Enter >组合键，再将公式复制填充到数据表最后一行，如图 5-73 所示。

{=TEXTJOIN("、",TRUE,IF(H\$2:H\$184=K2,A\$2:A\$184,""))}

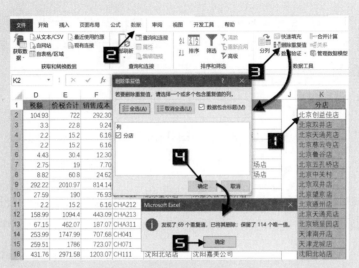

图 5-72   删除重复值

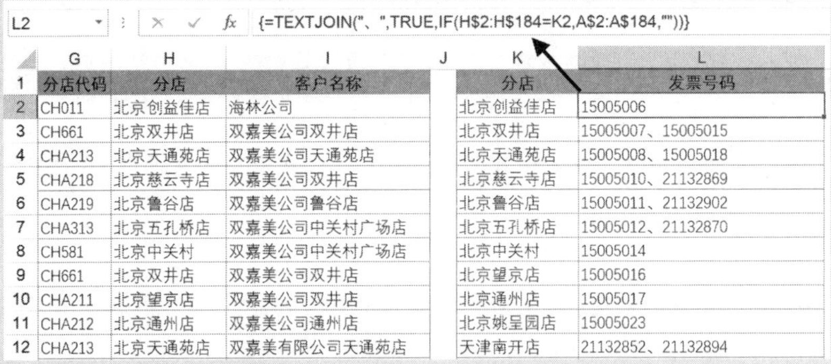

图 5-73   合并同一分店的发票号码

TEXTJOIN 函数的作用是使用指定的分隔符号，连接多个单元格或多个字符串。函数语法如下。

```
TEXTJOIN(delimiter,ignore_empty,text1,[text2],…)
```

第一参数是指定的分隔符类型。第二参数是逻辑值，用于指定是否忽略连接内容中的空单元格或空文本，选择 1 或 TURE 为忽略，选择 0 或 FALSE 为不忽略。第三参数是要连接的单元格区域或是数组。

本例中的"IF(H\$2:H\$184=K2,A\$2:A\$184,"")"部分，如果 K2 单元格的分店名称等于 H 列的分店名称，IF 函数返回 A\$2:A\$184 单元格区域中对应的发票号码，否则返回空文本 ""。得到内存数组结果为：

```
{15005006;"";"";"";"";"";"";"";……;"";"";"";"";"";""}
```

再使用 TEXTJOIN 函数连接该内存数组中的各个元素，第一参数为指定的间隔符号

"、"，第二参数使用逻辑值 TRUE，表示忽略内存数组中的空文本，最终完成同一分店下所有发票号码的连接。

5.15.3　字符替换

除了使用查找替换功能来批量替换字符，还可以使用替换类函数将字符串中的部分或全部内容替换成新的字符串。

示例 5-50　使用替换法提取科目代码和科目名称

如图 5-74 所示，A 列是一些从系统导出的内容，同一个单元格内包含有科目代码和各级科目名称，不同项目之间使用"/"间隔，需要将这些内容分别拆分到右侧各列中。

	A	B	C	D	E
1	科目代码/科目名称	科目代码	一级科目	二级科目	三级科目
2	119301/往来中转/通赔	119301	往来中转	通赔	
3	119301/往来中转/通赔	119301	往来中转	通赔	
4	11960409/系统内往来/业务往来/赔款支出	11960409	系统内往来	业务往来	赔款支出
5	119605/系统内往来/资产往来	119605	系统内往来	资产往来	
6	119607/系统内往来/中转	119607	系统内往来	中转	
7	11960901/系统内往来/ABCC资金往来/支出资金	11960901	系统内往来	ABCC资金往来	支出资金
8	119610/系统内往来/工资费用	119610	系统内往来	工资费用	
9	119690/系统内往来/其他	119690	系统内往来	其他	
10	119702/内部往来/费用往来	119702	内部往来	费用往来	
11	16010702/固定资产/电子数据处理设备/笔记本电脑	16010702	固定资产	电子数据处理设备	笔记本电脑
12	16020201/累计折旧/机器设备/电器设备	16020201	累计折旧	机器设备	电器设备

图 5-74　提取科目代码和科目名称

B2 单元格输入以下公式，将公式复制填充到 B2:E25 单元格区域。

```
=TRIM(MID(SUBSTITUTE($A2,"/",REPT(" ",99)),COLUMN(A1)*99-98,99))
```

公式中用到了多个文本类函数的组合。

REPT 函数的作用是根据指定的次数重复显示字符。

TRIM 函数的作用是清除字符中的多余空格。

COLUMN 函数的作用是返回参数的列号，如果省略参数，则返回公式所在单元格的列号。本例中的"COLUMN(A1)*99-98"部分，先使用 COLUMN 函数返回 A1 单元格的列号 1，再用 COLUMN 函数的结果乘以 99 减 98，即 1*99-98，结果仍然是 1。当公式向右复制时，COLUMN 函数会依次得到 B1、C1……的列号，再将这些列号乘以 99 减 98，即相当于 2*99-98、3*99-98……，最终得到按 99 递增的序号 1、100、199……，以此作为 MID 函数的第二参数。

SUBSTITUTE 函数的作用是将字符串中的指定字符替换为新的字符，函数语法如下。

```
SUBSTITUTE(text,old_text,new_text,[instance_num])
```

第一参数是需要替换字符的文本或单元格引用。

第二参数指定要替换哪些字符。

第三参数指定要将原有字符替换成什么内容，如该参数为空文本或仅保留参数之前的逗号时，相当于将需要替换的字符删除。

第四参数是可选参数，当第一参数中包含有多个要替换的字符时，该参数指定要替换第几个。省略该参数时，则表示全部替换。

公式中的"SUBSTITUTE($A2,"/",REPT(" ",99))"部分，先使用"REPT(" ",99)"将空格重复 99 次，最终得到 99 个空格。再使用 SUBSTITUTE 函数将 A2 单元格中的每一个分隔符"/"都替换为 99 个空格，使其变成以下样式的新字符串。

"119301   往来中转   通赔 "

接下来使用 MID 函数，从 SUBSTITUTE 函数返回的字符串中提取字符，提取的起始位置是"COLUMN(A1)*99-98"得到的序号 1，提取长度为 99 个字符，结果如下。

"119301   "

最后使用 TRIM 函数清除字符串中的多余空格，得到科目代码"119301"。

当公式向右复制时，MID 函数分别从 SUBSTITUTE 函数返回字符串中的第 1 位、第 100 位、第 199 位……依次提取出 99 个字符，并使用 TRIM 函数清除多余空格，最终得到不同的科目代码和科目名称。

提示
  公式中的 99 可以是其他一个较大的数字，目的是增加原有字符串中各个科目之间的间隔宽度，以便于 MID 函数分段截取出带空格的字符。

5.16　生成随机数

随机数是一个事先不确定的数，在随机安排顺序、随机抽奖或是生成随机测试数据时，都需要使用随机数进行处理。RAND 函数和 RANDBETWEEN 函数都能够生成随机数。

示例 5-51　从题目库中随机抽取题目

图 5-75 展示了某学校教学题库的部分内容，需要从"题库"工作表中随机抽取部分题目，对学生进行考核评测。

图 5-75　随机抽取题目

步骤①　在"题库"工作表的 C2 单元格中输入以下公式生成一组随机数，将公式向下复制填充到数据表最后一行。

=RAND()

步骤②　在"题库"工作表的 D2 单元格中输入以下公式得到随机数的排名，将公式向下复制填充到数据表最后一行。

=RANK(C2,$C$2:$C$34)

此时的效果如图 5-76 所示。

图 5-76　随机数及其排名效果

步骤③　切换到"随机题目"工作表，在 B2 单元格输入以下公式，将公式向下复制填充到 B6 单元格。

=INDEX(题库 !B:B,MATCH(ROW(A1), 题库 !D:D,0))

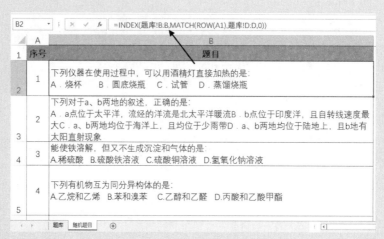

图 5-77　随机提取题目

步骤④ 在【公式】选项卡下，单击【计算选项】下拉按钮，在下拉菜单中选择【手动】命令，如图 5-78 所示。设置完成后，每按一次 < F9 > 键，即可得到不同的随机题目。

图 5-78　设置手动重算

在"题库"工作表中，使用了 RAND 和 RANK 两个函数。RAND 函数不需要参数，可以随机生成一个大于等于 0 且小于 1 的小数，而且产生的随机小数几乎不会重复。

RANK 函数的作用是返回数字在列表中的排名，函数语法如下。

```
RANK(number,ref,[order])
```

第一参数是要进行排名的数字。

第二参数是对数字列表的引用，其中的非数字值会被忽略。

第三参数可选，以数字来指定数字排位的方式。如果该参数为 0（零）或省略，表示将列表中的最大数值排名为 1。如果该参数不为零，则将列表中的最小数值排名为 1。

使用 RANK 函数排名时，如果出现相同数据，并列的数据也占用名次，比如对 5、5、4 进行降序排名，结果分别为 1、1 和 3。

本例中，先使用 RAND 函数在每一道题目后生成一个随机数，然后使用 RANK 函数计算该随机数在列表中所有随机数的排名结果，相当于给每道题目都添加了一个随机变化的序号。

"随机题目"工作表 B2 单元格使用的公式如下。

```
=INDEX( 题库 !B:B,MATCH(ROW(A1), 题库 !D:D,0))
```

公式中使用了 INDEX 函数、MATCH 函数及 ROW 函数的组合。ROW 函数的作用是返回参数的行号，函数语法如下。

```
ROW([reference])
```

ROW 函数的参数可选，用于指定要得到行号的单元格或单元格区域。如果省略参数，将返回公式所在单元格的行号。

本例"随机题目"工作表中 B2 单元格的公式中，ROW(A1) 的作用是得到 A1 的行号 1，当公式向下复制时，参数会依次变成 A2，A3，A4…最终得到从 1 开始的连续递增序号。

再以 ROW 函数得到的序号作为 MATCH 函数的查询值，在"题库"工作表 D 列中查找出该序号的位置，最后使用 INDEX 函数返回"题库"工作表对应位置的信息。

按< F9 >键的目的是刷新工作表，工作表每次刷新，RAND 函数结果都会自动变化，"题库"工作表中 D 列的排名结果也会随之变化。MATCH 函数在随机变化的排名结果中查询序号的位置，再把序号的位置信息用作 INDEX 函数的参数，从而实现随机抽取题目的效果。

使用 RANDBETWEEN 函数能够生成指定范围的随机整数。

示例 5-52　制作数学加减计算题

图 5-79 展示的是一份使用 RANDBETWEEN 函数制作的数学加减计算题，每按 一次< F9 >键，即可得到不同的随机数据。

步骤① A1 单元格输入以下公式，向下复制填充到 A9 单元格。

```
=RANDBETWEEN(IF(B1="-",C1,1),10)
```

步骤② B1 单元格输入以下公式，向下复制填充到 B9 单元格。

```
=MID("+-",RANDBETWEEN(1,2),1)
```

步骤③ C1 单元格输入以下公式，向下复制填充到 C9 单元格。

```
=RANDBETWEEN(1,10)
```

图 5-79　随机生成数学加减题

步骤④ D1 单元格输入等号 "="，向下复制填充到 D9 单元格。

步骤⑤ 在【公式】选项卡下依次单击【计算选项】→【手动】命令按钮。设置为手动计算后，可以按< F9 >键使公式重新计算。

RANDBETWEEN 函数的语法结构如下。

```
RANDBETWEEN(bottom,top)
```

两个参数分别为下限和上限，用于指定产生随机整数的范围，最终生成一个大于等于下限值且小于等于上限值的整数。

以 B1 单元格公式为例，先使用 RANDBETWEEN 函数产生 1~2 的随机数，结果作为 MID 函数的第二参数。MID 函数在字符串"+-"中，从随机位置开始提取出一个字符，结果用作算式中的运算符号。

在 A1 单元格公式中，RANDBETWEEN 函数的第一参数使用 IF(B1="-",C1,1)，如果 B1 单元格的运算符号为减号"-"，生成随机数的下限值使用 C1 单元格的数值，否则使用 1。该部分的作用是当B1运算符为减号时，能够使A1单元格的被减数不会小于C1单元格的减数。

C1 单元格公式的作用是生成 1~10 的随机数。

> 使用 RAND 函数和 RANDBETWEEN 函数生成的随机数，指的是在指定范围内的任意数字。如果使用多个公式批量生成随机数，有可能会得到重复的数字。

5.17　排名

常见的排名方式主要有美式排名、中式排名（密集型排名）和百分比排名三种。用于排名的函数包括 RANK 函数、PERCENTRANK.EXC 函数和 PERCENTRANK.INC 函数等，也可以借助其他函数来计算特定规则的排名。

5.17.1　美式排名

美式排名是使用最频繁的一种排名方式，也是大多数情况下的默认排名方式。美式排名的名次以参与排名的数据个数为依据，如果最后一名不是并列排名，其名次总是等于数据的总个数。由于并列者占用名次，因此会得到不连续名次。该排名方式可以判断出有多少数据大于当前数据，直观体现出该数据在总体中所处的位置和水平，但因为并列者占用名次，因此名次可能不连续。

比如有 10 个数据参与排名，名次可能是 1-2-2-4-5-6-7-7-7-10，也可能是 1-2-3-4-5-6-7-8-8-8。

Excel 的 RANK 函数用于美式排名计算，该函数的用法请参阅：5.16 节内容。

5.17.2　中式排名（密集型排名）

另一种排名方式为连续名次，即无论有多少并列的情况，名次本身一直是连续的自然数序列。这种排名方式被称为密集型排名，俗称"中式排名"。密集型排名的名次等于参与排名数据的不重复个数，最后一名的名次会小于或等于数据的总个数。比如有 10 个数据参与排名，名次可能是 1-2-2-3-4-5-6-7-7-7。

"中式排名"一般常用于数据量较小的排名统计，比如某个班级的成绩排名、某个团队的业绩排名等。

Excel 没有提供可以直接进行密集型排名计算的函数，需要借助其他函数组合来完成计算。

提示

"中式排名"和"美式排名"只是对名次连续和名次不连续两种不同排名方式的习惯性叫法，并不对应哪个国家。

示例 5-53　使用中式排名计算业绩名次

图 5-80 展示了某房地产销售公司销售业绩表的部分内容，需要根据 F 列的签约金额，对不同置业顾问的业绩进行中式排名（密集型排名）。

	A	B	C	D	E	F	G	H	I
G2				fx	=SUMPRODUCT((F$2:F$19>=F2)/COUNTIF(F$2:F$19,F$2:F$19))			
1	置业顾问	项目名	意向套数	签约套数	签约面积	签约金额	销售排名		
2	蔡大丽	金水湾	1	1	101.91	1,535,550	10		
3	陈为斌	地鑫御园	1	1	101.96	1,535,550	10		
4	陈云娣	和谐东郡	4	4	297.20	4,114,819	5		
5	戴文娆	紫薇苑	4	4	379.76	5,133,914	4		
6	官春秀	紫薇苑	5	5	482.78	6,671,585	2		
7	焦梦捷	地鑫御园	1	1	92.95	1,145,938	14		
8	金克艳	紫薇苑	5	5	460.75	6,277,541	3		
9	李敬福	紫薇苑	5	5	492.16	6,932,557	1		
10	李灵霞	紫薇苑	1	1	101.96	1,430,036	11		
11	李徐梅	和谐东郡	1	1	82.00	1,126,942	15		
12	刘晓琼	和谐东郡	1	1	82.00	1,126,942	15		

图 5-80　销售业绩表

G2 单元格输入以下公式，将公式向下复制到数据表的最后一行。

```
=SUMPRODUCT((F$2:F$19>=F2)/COUNTIF(F$2:F$19,F$2:F$19))
```

公式的计算过程相当于计算 F$2:F$19 单元格区域中大于等于 F2 单元格数值的不重复个数。

首先用"F$2:F$19>=F2"分别比较 F$2:F$19 每个单元格中的数值与 F2 单元格的大小，结果为：

{TRUE;TRUE;TRUE;TRUE;TRUE;FALSE;TRUE;……;FALSE;TRUE;TRUE;TRUE;TRUE}

已知逻辑值 TRUE 和 FALSE 在四则运算中分别相当于 1 和 0，因此该部分可以看作是：

{1;1;1;1;1;0;1;1;0;0;0;0;1;0;1;1;1;1}

"COUNTIF(F$2:F$19,F$2:F$19)" 部分，分别统计 F$2:F$19 单元格区域中每个元素出现的次数，计算结果为：

{2;2;1;1;1;1;1;1;1;2;2;1;1;1;1;2;2;1}

用 {1;1;1;1;1;0;1;1;0;0;0;0;1;0;1;1;1;1} 除以 COUNTIF 函数返回的内存数组，相当于如果 F$2:F$19>=F2 的条件成立，就对该数组中对应的元素取倒数。得到新的内存数组结果为：

{0.5;0.5;1;1;1;0;1;1;0;0;0;0;1;0;1;0.5;0.5;1}

将内存数组中的小数以分数表示，则相当于：

{1/2;1/2;1;1;1;0;1;1;0;0;0;0;1;0;1;1/2;1/2;1}

对照 F$2:F$19 单元格中的数值可以看出，如果小于 F2 单元格，该部分对应的计算结果为 0。如果大于等于 F2，并且仅出现一次，则该部分计算结果为 1。如果大于等于 F2，并且出现了多次，则计算出现次数的倒数。（例如 1 535 550 重复了两次，则每个 1 535 550 对应的结果是 1/2，两个 1/2 合计起来还是 1）

最后使用 SUMPRODUCT 函数求和，得到密集型排名结果

5.17.3 百分比排名

如果不知道数据总量，仅凭名次往往不能体现数据的真正水平。例如，学生张三的考试名次为第 5 名，如果参加考试的只有 5 人，其实际水平为最差。

百分比排名是对数据所占权重的一种比较方式，常用于业绩、分数等统计排名计算。这种排名方式是将当前数据与其他所有数据进行比较，最终得到一个百分数。假如该百分数为 95%，则说明当前数据高于 95% 的其他数据。因此该排名方式不需要知道数据总量，就能直观反映出当前数据的实际水平。

示例 5-54　根据百分比排名判断销售等次

仍以 1.17.1 中的数据为例，需要根据 F 列的签约金额，对不同置业顾问的业绩进行百分比排名，并返回对应的等次。等次标准为：低于 60% 的显示为 "C"，60% 至 90% 以下的显示为 "B"，90% 及以上的显示为 "A"。如图 5-81 所示。

A	B	C	D	E	F	G	H	I
置业顾问	项目名	意向套数	签约套数	签约面积	签约金额	销售等次		
蔡大丽	金水湾	1	1	101.91	1,535,550	C		
陈为斌	地鑫御园	1	1	101.96	1,535,550	C		
陈云娣	和谐东郡	4	3	297.20	4,114,819	B		
戴文娆	紫薇苑	4	4	379.76	5,133,914	B		
官春秀	紫薇苑	5	5	482.78	6,671,585	A		
焦梦捷	地鑫御园	1	1	92.95	1,145,938	C		
金克艳	紫薇苑	5	5	460.75	6,277,541	A		
李敬福	紫薇苑	5	5	492.16	6,932,557	A		
李灵霞	紫薇苑	1	1	101.96	1,430,036	C		
李徐梅	和谐东郡	1	1	82.00	1,126,942	C		
刘晓琼	和谐东郡	1	1	82.00	1,126,942	C		

公式栏：=LOOKUP(PERCENTRANK.INC(F$2:F$19,F2),{0,0.6,0.9},{"C","B","A"})

图 5-81　判断销售等次

G2 单元格输入以下公式，将公式向下复制到数据表的最后一行。

```
=LOOKUP(PERCENTRANK.INC(F$2:F$19,F2),{0,0.6,0.9},{"C","B","A"})
```

PERCENTRANK.INC 函数和 PERCENTRANK.EXC 函数都用于返回某个数值在一个数据集中的百分比排位，区别在于 PERCENTRANK.INC 函数返回的百分比值范围包含 0 和 1，而 PERCENTRANK.EXC 函数返回的百分比值范围不包含 0 和 1。两个函数的语法为：

```
PERCENTRANK.INC(array,x,[significance])
PERCENTRANK.EXC(array,x,[significance])
```

第一参数是包含排名数据的单元格区域。第二参数是需要得到百分比排名的数值。如果第二参数与第一参数中的任何一个值都不匹配，将以插值计算的形式返回百分比排位。第三参数是可选参数，用于指定返回百分比值的有效位数，省略第三参数时，函数的返回结果默认使用 3 位小数。

PERCENTRANK.INC 函数的计算过程相当于：

= 比此数据小的数据个数 /（数据总个数 –1）

PERCENTRANK.EXC 函数的计算过程相当于：

=（比此数据小的数据个数 +1）/（数据总个数 +1）

本例中，先使用 PERCENTRANK.INC 函数计算出 F2 单元格中的签约金额在所有签约金额中的百分比排名，结果为 0.352。

再使用 LOOKUP 函数在常量数组 {0,0.6,0.9} 中查找 0.352，由于常量数组中没有与之匹配的数值，因此以小于 0.352 的最接近值 0 进行匹配，并返回第三参数常量数组 {"C","B","A"} 中对应位置的字符"C"。

> **提示**　　　LOOKUP 函数的第二参数使用常量数组时，各元素要升序处理，否则公式无法返回正确结果。

第6章　借助数据透视表快速完成统计计算

Excel 数据透视表不仅综合了数据排序、筛选、组合及分类汇总等数据分析方法的优点，而且汇总的方式更灵活多变，并能以不同方式显现数据。一张"数据透视表"仅靠使用鼠标指针移动字段所处位置，即可变换出各种报表，以满足广大"表哥""表妹"的工作需求。同时，数据透视表也是解决 Excel 函数与公式速度瓶颈的重要手段之一。

> **本章学习要点**
>
> （1）数据透视表的创建与布局调整　　　　（3）数据透视表的常用高级功能介绍
> （2）数据透视表的数据美化、数据排序与筛选

6.1　创建数据透视表进行数据分析

Excel 数据透视表之所以能够成为一个强大的数据处理分析工具，其根本原因是起点低、上手快、效率高、计算准、结果美。

6.1.1　自己动手创建第一个数据透视表

图 6-1 展示了某鞋服零售公司在某时期内各零售商店的销售和成本明细数据，现在需要总结各店的综合销售情况。如果是 Excel 初学者遇到这上万行的数据，通常的做法可能是按商店名称排序，然后进行店名筛选后再选中金额整列，手工记录销售金额汇总数据，效率可想而知。如果总结报告还要求按品牌、季节、大类名称……分别呈现汇总数据呢？

其实，如果利用数据透视表完成这样的操作，可能不会超过 10 秒钟。

	A	B	C	D	E	F	G	H	I	J	K	L	M	N
1	商店名称	年	月	中类名称	风格名称	品牌名称	商品年份	季节名称	大类名称	性别名称	颜色名称	数量	销售金额	成本金额
15862	摩卡店	2019	03	单鞋	休闲	足下鞋品	2018	春	布鞋	女	黑色	1	631	394.2
15863	摩卡店	2019	03	单鞋	休闲	足下鞋品	2018	春	布鞋	女	红色	1	429	275.4
15864	摩卡店	2019	03	单鞋	休闲	足下鞋品	2018	春	布鞋	女	红色	1	780	439.2
15865	摩卡店	2019	03	单鞋	休闲	足下鞋品	2018	春	皮鞋	女	黑色	1	1079	603
15866	摩卡店	2019	03	单鞋	休闲	足下鞋品	2018	夏	皮鞋	女	米白	1	953	543.6
15867	摩卡店	2019	03	单鞋	正装	足下鞋品	2018	常年	布鞋	女	黑色	1	729	324
15868	摩卡店	2019	03	套服	休闲	风尚服装	2017	夏	套装	女	红色	1	1225	801
15869	摩卡店	2019	03	套服	休闲	风尚服装	2018	夏	套装	女	2号色	2	2364	1134
15870	摩卡店	2019	03	套裙	时尚	风尚服装	2018	春	裙装	女	红色	1	3639	2511
15871	摩卡店	2019	03	帽子	休闲	风尚服装	2018	夏	配饰	女	灰色	1	352	190.8
15872	摩卡店	2019	03	直筒裤	休闲	风尚服装	2018	春	下装	女	黑色	1	820	408.6
15873	摩卡店	2019	03	连衣裙	中式	风尚服装	2018	春	裙装	女	蓝色	1	2757	1470.6
15874	摩卡店	2019	03	长袖衬衫	休闲	风尚服装	2018	春	上装	女	2号色	1	1519	729
15875	摩卡店	2019	03	长袖衬衫	休闲	风尚服装	2018	春	上装	女	红色	2	2239	1269
15876	摩卡店	2019	03	长袖衬衫	休闲	风尚服装	2018	春	上装	女	2号色	1	1338	694.8
15877	摩卡店	2019	03	长袖衬衫	休闲	风尚服装	2018	春	上装	女	3号色	1	1274	662.4
15878	摩卡店	2019	03	长袖衬衫	休闲	风尚服装	2018	夏	上装	女	3号色	1	1119	603
15879	摩卡店	2019	03	长袖衬衫	时尚	风尚服装	2017	夏	上装	女	兰色	1	2295	1348.2
15880	摩卡店	2019	03	长袖衬衫	时尚	风尚服装	2018	春	上装	女	红色	1	2937	1720.8
15881	摩卡店	2019	03	鞋配	其他	足下鞋品	2017	常年	配饰	男	白色	1	26	12.6

图 6-1　销售明细流水账

示例 6-1　自己动手创建第一个数据透视表

步骤① 以图 6-1 所示的销售明细流水账为例，单击销售数据表中的任意一个单元格（如 A5），在【插入】选项卡中单击【数据透视表】按钮，弹出【创建数据透视表】对话框，如图 6-2 所示。

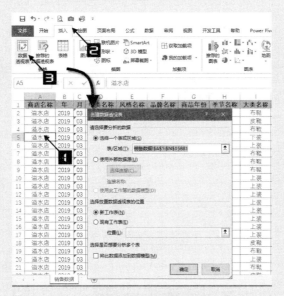

图 6-2　创建透视表

步骤② 保持【创建数据透视表】对话框内的默认设置不变，直接单击【确定】按钮，即可在新工作表中创建一张空白数据透视表，如图 6-3 所示。

图 6-3　创建好的空的数据透视表

提示 →

如果【数据透视表字段】列表中的字段项过多，无法显示完整，会对数据透视表字段布局造成困扰，虽然可以通过拖动右侧滚动条和搜索框搜索字段项的方式来选择字段，但还是会影响效率。此时，可以在【数据透视表字段】窗格依次单击【工具】的下拉按钮→【字段节和区域节并排】命令，扩大字段项显示区域，如图 6-4 所示。

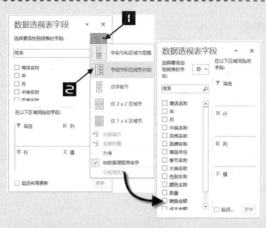

图 6-4　调整【数据透视表字段】列表字段项显示

步骤③ 在【数据透视表字段】列表框中依次勾选【商店名称】【数量】和【销售金额】字段的复选框，被添加的字段自动出现在【数据透视表字段】的【行】区域和【值】区域，同时，相应的字段也被添加到数据透视表中。创建完成的数据透视表如图 6-5 所示。

图 6-5　向数据透视表中添加字段

6.1.2　不同统计视角的数据透视表呈现

数据透视表创建完成后，如果需要对同一个数据源再创建另外一个数据透视表用于其他的数据分析，那么只需对原有的数据透视表进行复制即可，免去了重新创建数据透视表的一系列操作，提高了工作效率。

示例 6-2　满足不同分析角度的数据呈现

如果要将如图 6-6 所示的数据透视表进行复制，请参照以下步骤。

步骤①　选中数据透视表所在的 A3:C18 单元格区域，单击鼠标右键，在弹出的快捷菜单中选择【复制】命令，如图 6-7 所示。

图 6-6　复制前的数据透视表　　　图 6-7　复制数据透视表

提示
-▶

单击【数据透视表工具】的【分析】选项卡中的【选择】按钮，在弹出的下拉菜单中单击【整个数据透视表】命令，可以快速选中需要复制的数据透视表。

步骤②　在数据透视表区域以外的任意单元格上 (如 F3) 单击鼠标右键，在弹出的快捷菜单中选择【粘贴】命令即可快速复制一张数据透视表，如图 6-8 所示。

图 6-8　粘贴数据透视表

步骤③　单击复制出来的数据透视表的任意一个单元格（如 F4），在其专属的【数据透视表字段】窗格选中行区域中的【商店名称】字段，按住鼠标左键，将该字段动至字段列表区域后松开鼠标左键，将【商店名称】字段从行区域中删除，如图 6-9 所示。

步骤④ 在【数据透视表字段】列表框中勾选【季节名称】复选框，重新布局数据透视表，如图 6-10 所示。

步骤⑤ 重复操作步骤 1~4，可呈现不同分析角度的数据透视表，如图 6-11 所示。

图 6-9 删除数据透视表中的字段

图 6-10 重新布局数据透视表

A	B	C		E	F	G		I	J	K
按商店名称汇总销售金额				按季节名称汇总销售金额				按风格名称汇总销售金额		
行标签	求和项:数量	求和项:销售金额		行标签	求和项:数量	求和项:销售金额		行标签	求和项:数量	销售金额
滨海店	4124	3923536		常年	4133	4096374		休闲	12737	9271841
春江店	1736	1622124		春	7560	7118475		中式	2721	4142465
大河店	750	751810		冬	3080	2001574		时尚	1354	1644758
电商平台	3756	2402041		秋	4553	3465130		特色	216	1643965
鼎贸店	245	411701		夏	1196	1559284		中式改良	3267	1461343
东峰店	504	650842		总计	20522	18240837		正装	74	39678
嘉庆店	2070	2361939						±	43	23690
利民店	533	593215		按商品年份汇总销售金额				未定义	2	6843
摩卡店	576	533008		行标签	求和项:数量	求和项:销售金额		其他	108	6254
新百店	873	2116758		2013	1175	951412		总计	20522	18240837
新文化店	1069	812080		2014	248	788877				
兴隆店	169	376180		2015	2182	1715271		按品牌名称汇总销售金额		
淄水店	381	266306		2016	4032	1867699		行标签	求和项:数量	求和项:销售金额
折和店	3736	1419297		2017	6675	6018527		足下靴品	13893	7689783
总计	20522	18240837		2018	6210	6899051		风尚服装	6629	10551054
				总计	20522	18240837		总计	20522	18240837

图 6-11 不同分析角度的数据透视表

6.1.3　刷新数据透视表

用户创建数据透视表后，经常会遇到数据源发生变化的情况，如修改、删除和增加数据记录等。此时，数据透视表并不会同步更新，需要进行数据刷新操作。

1．手动刷新数据透视表

当数据透视表的数据源内容发生变化时，用户可以选择手动刷新数据透视表，使数据透视表中的数据同步进行更新。手动刷新数据透视表有两种方法。

示例 6-3　手动刷新数据透视表

方法 1：选中数据透视表的任意一个单元格（如 C4），单击鼠标右键，在弹出的快捷菜单中选择【刷新】命令，如图 6-12 所示。

图 6-12　手动刷新数据透视表方法 1

方法 2：单击透视表中的任意一个单元格（如 C4），在【数据透视表分析】选项卡中单击【刷新】按钮，如图 6-13 所示。

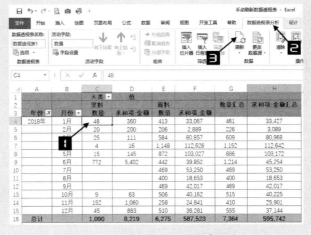

图 6-13　手动刷新数据透视表方法 2

2. 打开文件时自动刷新

用户还可以设置当工作簿文件打开时，就执行数据透视表自动刷新操作，具体操作如下。

示例 6-4　打开文件时自动刷新

步骤① 选中数据透视表中的任意一个单元格（如 A4），单击鼠标右键，在弹出的快捷菜单中选择【数据透视表选项】命令。

步骤② 在弹出的【数据透视表选项】对话框中单击【数据】选项卡，勾选【打开文件时刷新数据】复选框，单击【确定】按钮完成设置，如图 6-14 所示。

图 6-14　设置数据透视表打开时自动刷新

此后，每当用户打开该数据透视表所在的工作簿时，数据透视表都会自动进行刷新。

3. 全部刷新数据透视表

如果工作簿中包含多张数据透视表，可以单击其中任意一张数据透视表中的任意一个单元格（如 C4），在【数据透视表分析】选项卡中依次单击【刷新】→【全部刷新】命令，如图 6-15 所示。

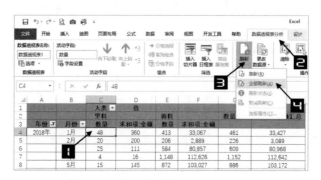

图 6-15　全部刷新数据透视表方法 1

此时，工作簿中的所有数据透视表都会执行刷新操作，达到批量刷新的效果。

此外，也可以直接在【数据】选项卡中单击【全部刷新】按钮 ，如图 6-16 所示。

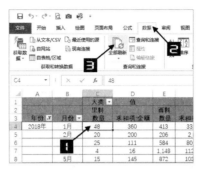

图 6-16　全部刷新数据透视表方法 2

　　　　【数据透视表分析】选项卡的【全部刷新】按钮的刷新对象是数据透视表，只能对数据透视表进行刷新。而【数据】选项卡中的【全部刷新】按钮的刷新对象既可以是数据透视表，也可以是连接，既可以刷新数据透视表，也可以刷新由外部数据连接生成的表。

6.1.4　使用"表格"，让数据透视表始终包含全部最新数据

如果用户在创建数据透视表时，是选择一个单元格区域作为数据源，当数据源中出现了新增的数据记录，或者新的字段，即使刷新数据透视表，这些新的内容仍然会被数据透视表忽略。

于是，有的用户选中工作表的连续整列作为创建数据透视表的数据源。虽然这种方式暂时可以满足数据源新增行信息的数据透视表的动态性，但是弊大于利，表现在以下几个方面。

首先，由于选择整列，会包含很多空数据，创建数据透视表以后，行、列标签中的字段都会出现一个"（空白）"数据项，为了美观一般会将这个字段隐藏，但是数据源新增数据后，还是需要在行标签中勾选上新增的数据信息，这很容易被用户遗忘，从而影响数据分析的准确性，如图 6-17 所示。

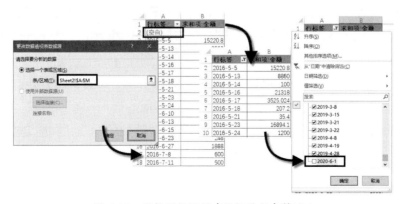

图 6-17　用整列数据创建数据透视表弊端 1

图 6-18　用整列数据创建数据透视表弊端 2

其次，由于选择整列，后期在数据源录入数据信息的时候可能会造成数据格式不一致，在使用"分组选择"功能时会出现"选定区域不能分组"的错误提示，如图 6-18 所示。事先应用过的分组也会失效。

在 Excel 中，将数据表转化为"表格"，利用"表格"的自动扩展功能可以打造自动扩展和收缩的数据源，从而可以创建动态的数据透视表。

示例 6-5　使用表格功能统计动态销售记录

图 6-19 展示了某品牌商场的销售数据，使用表格功能创建动态数据透视表方法如下。

步骤① 在"销售记录"工作表中单击任意一个单元格（如 A2），单击【插入】→【表格】按钮，弹出【创建表】对话框，勾选【表包含标题】的复选框，如图 6-20 所示。

图 6-19　某品牌商场销售数据

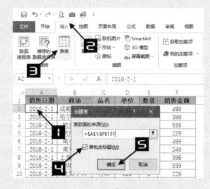

图 6-20　创建表

步骤② 单击【确定】按钮即可将当前的数据列表转换为 Excel"表格"，如图 6-21 所示。

步骤③ 单击"表格"中的任意一个单元格（如 A4），在【插入】选项卡中单击【数据透视表】按钮，弹出【创建数据透视表】对话框，单击【确定】按钮创建一张空白的数据透视表，如图 6-22 所示。

步骤④ 向空白数据透视表中添加字段，设置数据透视表布局，如图 6-23 所示。

用户可以在"表格"中添加一些新记录来检验。例如，添加一条"商场"为"天津老美华"、"品名"为"长袖衬衫"、"单价"为"699"、"数量"为"1"、"销售金额"为"699"的记录，然后刷新刚刚创建的数据透视表，即可见新增的数据，如图 6-24 所示。

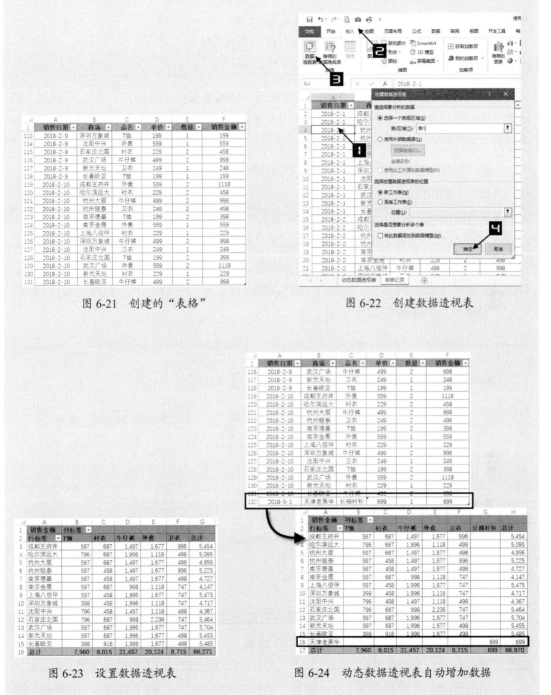

图 6-21　创建的"表格"

图 6-22　创建数据透视表

图 6-23　设置数据透视表

图 6-24　动态数据透视表自动增加数据

6.2　数据透视表的美化

数据透视表创建完成后，为了能够给阅读者提供更好的数据呈现形式，需要对数据透视表进行格式设置等美化处理，并逐渐形成自己的风格。

下面以图 6-11 所示的数据透视表为例介绍如何进行美化。

6.2.1 重命名字段名称

当用户向数据透视表的各个区域添加字段后，字段会被自动重命名。例如，"数量"变成了"求和项：数量"或"计数项：数量"，"商店名称"变成了"行标签"，这样不仅不利于理解，而且会造成列宽过宽，影响表格的美观。

下面介绍两种对字段重命名的方法，可以让数据透视表列字段标题更加简洁。

方法 1：直接修改。

这种方法是最简便易行的，操作步骤如下。

步骤① 单击数据透视表中列字段的标题单元格（如 B3）"求和项：数量"，在【编辑栏】中输入新标题"销售数量"，按下＜回车＞键，如图 6-25 所示。

步骤② 依次修改其他字段，将"求和项：销售金额"修改为"销售额"，"行标签"修改为"商店名称"，如图 6-26 所示。

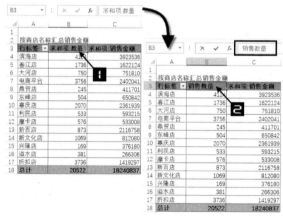

图 6-25　直接修改字段名称　　　　图 6-26　对数据透视表字段重命名

方法 2：批量替换。

如果需要修改的字段名较多，尤其是值区域里面的字段，可以采用替换的方法，以图 6-11 所示的数据透视表为例，请参照以下步骤。

步骤① 选中任意一个单元格（如 F3），按下＜Ctrl+H＞组合键调出【查找和替换】对话框，光标切换到【查找内容】文本框中，输入"求和项："，在【替换为】文本框中输入一个空格，如图 6-27 所示。

步骤② 在【查找和替换】对话框内单击【全部替换】按钮，单击【Microsoft Excel】对话框中的【确定】按钮关闭对话框，最后单击【查找和替换】对话框中的【关闭】按钮完成设置，如图 6-28 所示。

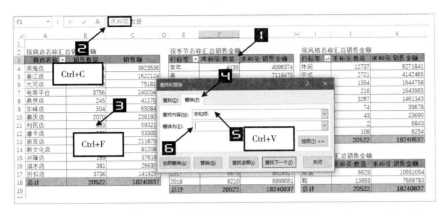

图 6-27　调出【查找和替换】对话框

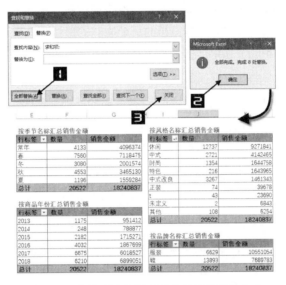

图 6-28　替换法对数据透视表数据字段重命名

 注意

数据透视表中每个字段的名称必须唯一，Excel 不接受任意两个字段具有相同的名称，即创建的数据透视表的各个字段的名称不能相同。另外，数据透视表值区域里面的字段名称与数据源的字段名称也不能相同，否则将会出现错误提示，如图 6-29 所示。

图 6-29　出现同名字段的错误提示

步骤③　最后依次将各个数据透视表的"行标签"字段名称进行修改，如图 6-30 所示。

图 6-30　修改"行标签"字段名称

6.2.2　修改数据透视表中数值型数据的格式

数据透视表中【值】区域中的数据在默认情况下显示为"常规"单元格格式，不包含任何特定的数字格式，而我们在进行数据分析时可能面对的是百万、千万的数字，呈现出来很不直观，也会对读取分析的人员形成误导，这时用户通过对【自定义】数字格式的应用，可以使数据透视表拥有更多的数据展现形式。

以图 6-30 展示的数据透视表为例，为了让数据更加直观，需要对【数量】字段进行"千分位分隔"，【销售金额】字段以万元形式显示，用户可以用自定义数字格式的方法，请参照以下步骤。

步骤①　在工作表中其中一个数据透视表的【销售金额】字段的任意一个单元格上单击鼠标右键，在弹出的快捷菜单中选择【数字格式】命令，调出【设置单元格格式】对话框。

步骤②　在弹出的【设置单元格格式】对话框中，选择【分类】列表框中的【自定义】选项，在【示例】中【类型】下方的文本框中输入"0!.0,"自定义代码，最后单击【确定】按钮完成设置，如图 6-31 所示。

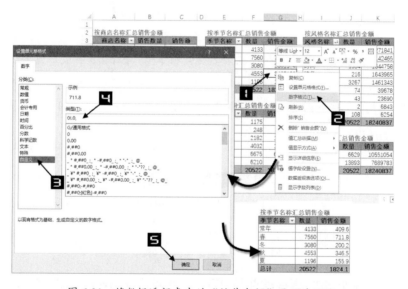

图 6-31　将数据透视表中的"销售金额"显示为万元

步骤③ 同理，在该数据透视表中值区域的【数量】字段的任意一个单元格上单击鼠标右键，在弹出的快捷菜单中选择【数字格式】命令，调出【设置单元格格式】对话框，对【数量】字段"使用千位分隔符"的设置，如图 6-32 所示。

对所有的数据透视表【数量】字段以"千分位分隔"形式显示、【销售金额】字段以万元形式显示，并且批量修改字段名称，最后结果如图 6-33 所示。

图 6-32　对"数量"字段"使用千位分隔符"的设置

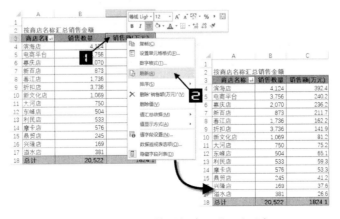

图 6-33　修改数据透视表中数值型数据的格式

6.2.3　数据透视表刷新后如何保持调整好的列宽

使用数据透视表的用户经常碰到过这样的现象，好不容易对数据透视表设置好各列的列宽，在刷新之后又变为数据透视表的默认列宽，无法保持刷新前设置好的列宽，如图 6-34 所示。

图 6-34　无法保持刷新前设置好的列宽

默认情况下，数据透视表刷新数据后，列宽会自动调整为默认的"最适合宽度"，刷新前用户设置的固定宽度也会同时失效。此时，可通过修改【数据透视表选项】对话框中的格式设置来解决此问题。

步骤① 在数据透视表中的任意一个单元格上（如 A6）单击鼠标右键，在弹出的快捷菜单中选择【数据透视表选项】命令，在弹出的【数据透视表选项】对话框中单击【布局和格式】选项卡，取消对【更新时自动调整列宽】复选框的勾选，单击【确定】按钮，如图 6-35 所示。

图 6-35 设置刷新后保持列宽

步骤② 完成设置后，用户再次对数据透视表的列设置固定列宽后，刷新数据透视表，依然会保持设置好的固定列宽。

6.2.4 数据透视表与"数据条"

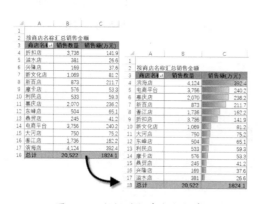

图 6-36 数据透视表与数据条

借助 Excel 的条件格式的"数据条""色阶"和"图标集"功能，可以将数据透视表的重点数据快速标识出来，增加报表的可读性。

将条件格式中"数据条"应用于数据透视表，可帮助用户更直观地查看某些项目之间的对比情况。"数据条"的长度代表单元格中值的大小，越长表示值越大，越短表示值越小。在观察、比较大量数据时，此功能尤为有用，如图 6-36 所示。

步骤① 单击数据透视表【销售额】字段下的任意一个单元格（如 C4），在【数据】选项卡中单击【降序】按钮，完成对销售额的降序排序，如图 6-37 所示。

步骤② 选中数据透视表中 C4:C17 单元格区域，在【开始】选项卡中依次单击【条件格式】→【数据条】→【渐变填充】的"红色数据条"完成设置，如图 6-38 所示，设置后的效果如图 6-36 所示。

步骤③ 重复操作步骤 1~2，对其他数据透视表也设置相应的"数据条"条件格式，如图 6-39 所示。

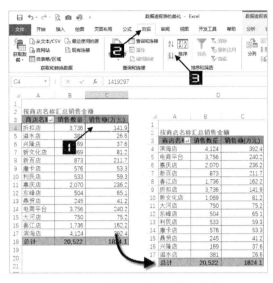

图 6-37　对数据透视表进行排序

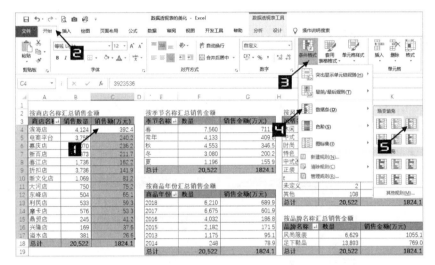

图 6-38　设置"数据条"条件格式

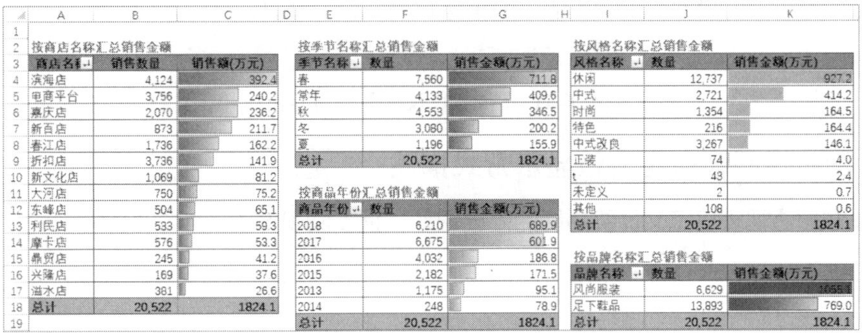

图 6-39　设置"数据条"条件格式

注意
━■━■━■➡

此种设置只应用于当前所选定的区域，如 C4:C17 单元格区域，如果数据项（商店名称）增加或减少了，则需要重新设置。而通过在【开始】选项卡中单击【条件格式】→【新建规则】命令，打开【新建格式规则】对话框，做出相应设置后，条件格式可依据商店的增加或减少而自动调整应用范围，如图 6-40 所示。

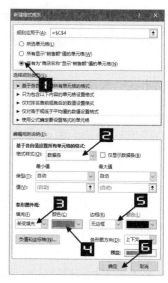

图 6-40　设置条件格式的规则

6.3　设置数据透视表的值显示方式

实际工作中，仅仅调整数据透视表值区域字段的"值汇总方式"可能无法满足用户的分析需求。其实，在"值显示方式"功能中还可以选择更多的计算方式，如图 6-41 所示。利用此功能，可以显示数据透视表的值区域中每项占同行或同列数据总和的百分比，或显示每个数值占总和的百分比等。

图 6-41　【值字段设置】对话框内

6.3.1　数据透视表自定义值显示方式描述

有关数据透视表自定义计算功能的简要说明，请参阅表 6-1。

表 6-1　自定义计算功能描述

选项	功能描述
无计算	值区域字段显示为数据透视表中的原始数据
总计的百分比	值区域字段分别显示为每个数据项占该列和行所有项总和的百分比
列汇总的百分比	值区域字段显示为每个数据项占该列所有项总和的百分比
行汇总的百分比	值区域字段显示为每个数据项占该行所有项总和的百分比
百分比	值区域显示为基本字段和基本项的百分比
父行汇总的百分比	值区域字段显示为每个数据项占该列父级项总和的百分比
父列汇总的百分比	值区域字段显示为每个数据项占该行父级项总和的百分比
父级汇总的百分比	值区域字段分别显示为每个数据项占该列和行父级项总和的百分比
差异	值区域字段与指定的基本字段和基本项的差值
差异百分比	值区域字段显示为与基本字段项的差异百分比
按某一字段汇总	值区域字段显示为基本字段项的汇总
按某一字段汇总的百分比	值区域字段显示为基本字段项的汇总百分比
升序排列	值区域字段显示为按升序排列的序号
降序排列	值区域字段显示为按降序排列的序号
指数	使用公式：((单元格的值)×(总体汇总之和))/((行汇总)×(列汇总))

6.3.2　体现数据项份额占比的值显示方式

利用"列汇总的百分比"值显示方式，可以在每列数据汇总的基础上得到各个数据项所占比重的报表。

示例 6-6　计算各地区销售总额百分比

如果希望在如图 6-42 所示数据透视表的基础上，计算各销售地区的销售构成比率，可参照以下步骤进行。

图 6-42　销售统计表

步骤① 将【数据透视表字段】列表框内的【销售金额￥】字段再次添加进【值】区域，同时，数据透视表内将会增加一个【求和项：销售金额￥】字段，如图6-43所示。

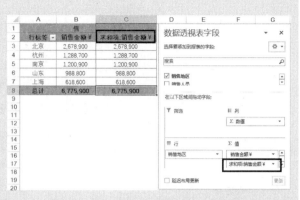

步骤② 在数据透视表【求和项：销售金额￥】字段上单击鼠标右键，在弹出的快捷菜单中选择【值字段设置】命令，在弹出的【值字段设置】对话框中单击【值显示方式】选项卡，如图6-44所示。

图6-43　向数据透视表内添加字段

步骤③ 单击【值显示方式】的下拉按钮，在下拉列表中选择"列汇总的百分比"值显示方式，单击【确定】按钮，关闭对话框，如图6-45所示。

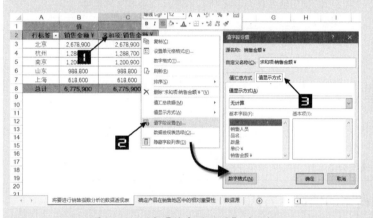

图6-44　调出【值字段设置】对话框

图6-45　设置数据透视表"列汇总的百分比"计算

图6-46　各地区销售总额百分比

步骤④ 将"求和项：销售金额￥"字段名称更改为"销售构成比率％"，完成设置后如图6-46所示。

注意→ 这样设置的目的就是要将各个销售地区的销售金额占所有销售地区的销售金额总计的百分比显示出来。例如，"北京"（39.54%）=2,678,900 / 6,775,900。

6.3.3　体现构成率报表的值显示方式

利用"父级汇总的百分比"值显示方式，可以通过某一基本字段的基本项和该字段的父级汇总项的对比，得到构成率报表。

示例 6-7 销售人员在不同销售地区的业务构成

如果希望在如图 6-47 所示的销售报表基础上，得到每位销售人员在不同地区的销售商品的构成，可参照以下步骤。

求和项:销售金额¥		销售人员						
销售地区	品名	白鼠	苏谦	赵黑黑	贾养艳	杨敬业	林书平	总计
北京	按摩椅	432,000	48,000	192,000	258,000	444,000	384,000	1,758,000
	跑步机	295,000	220,000	162,500	60,000	130,000	185,000	1,052,500
	微波炉	35,000	45,000	36,000	75,000	39,500	11,000	241,500
	显示器	52,000	10,000	3,000	72,000	127,000	27,000	291,000
	液晶电视	440,000	155,000	180,000	720,000	185,000	480,000	2,160,000
北京 汇总		1,254,000	478,000	573,500	1,185,000	925,500	1,087,000	5,503,000
杭州	按摩椅	168,000	201,000	312,000	360,000	141,000	336,000	1,518,000
	跑步机	212,500	15,000	110,000	202,500	337,500	160,000	1,037,500
	微波炉	29,000	36,000	73,500	31,000	13,000	29,000	211,500
	显示器	116,000	143,000	103,000	108,000	100,000	43,000	613,000
	液晶电视	350,000	215,000	185,000	510,000	290,000	670,000	2,220,000
杭州 汇总		875,500	610,000	783,500	1,211,500	881,500	1,238,000	5,600,000
山东	按摩椅	237,000	369,000	414,000	312,000	186,000	15,000	1,533,000
	跑步机	272,500	220,000	242,500	242,500	315,000	252,500	1,545,000
	微波炉	49,000	1,000	52,000	43,000	29,500	70,000	244,500
	显示器	41,000	68,000	34,000	69,000	73,000	20,000	305,000
	液晶电视	495,000	355,000	640,000	340,000	570,000	530,000	2,930,000
山东 汇总		1,094,500	1,013,000	1,382,500	1,006,500	1,173,500	887,500	6,557,500
总计		3,224,000	2,101,000	2,739,500	3,403,000	2,980,500	3,212,500	17,660,500

图 6-47 销售报表

步骤① 在数据透视表【值区域】的任意单元格上（如 C3）单击鼠标右键，在弹出的快捷菜单中依次选择【值显示方式】→【父级汇总的百分比】显示方式，弹出【值显示方式】对话框，如图 6-48 所示。

图 6-48 调出【值显示方式】对话框

步骤② 保持默认的基本字段【销售地区】不变，单击【值显示方式】对话框中的【确定】按钮，关闭对话框完成设置，如图 6-49 所示。

在本例中，【品名】和【销售人员】都是当前汇总计算的最末级字段，仅有【销售地区】可以被视为父级。

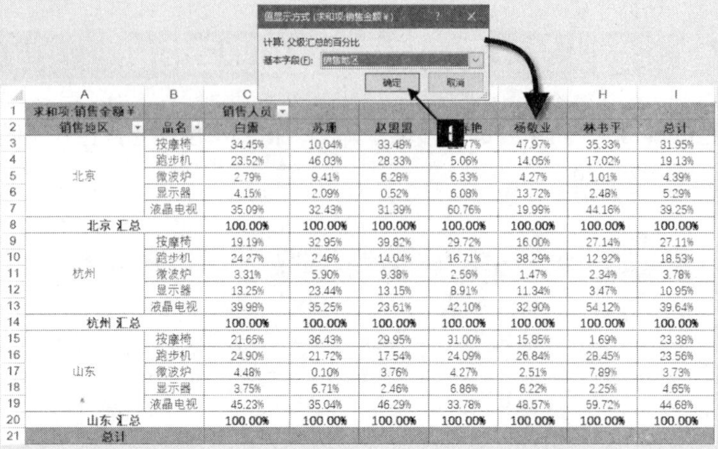

图 6-49 "父级汇总的百分比"数据显示方式

6.4 在数据透视表中排序和筛选

数据透视表与普通数据表格一样，都支持排序和筛选，可以方便地按需展示数据。

6.4.1 筛选极值数据

示例 6-8 统计各商店历史最高销售纪录

图 6-50 展示了某商业零售公司依据各商店"历史销售数据"创建的一张"销售记录"数据透视表，共有 8 个零售商店 2014 年—2019 年 1958 天的销售数据，该公司想要制定营业激励政策，以后每家商店只要突破历史单日销售纪录的，给予破纪录奖励，现在需要找到各店的历史单日销售记录，方法如下。

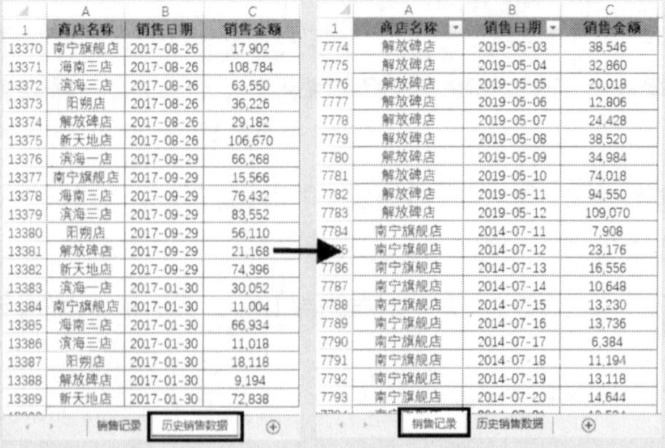

图 6-50 上半年营业额汇总数据列表

步骤① 单击【销售日期】字段标题的下拉按钮，在弹出的下拉菜单中选择【值筛选】→【前 10 项】命令，打开【前 10 个筛选（销售日期）】对话框，如图 6-51 所示。

步骤② 在【前10个筛选（销售日期）】对话框中，将【显示】的默认值10更改为1，单击【确定】按钮完成对各店单天销售历史记录的筛选，如图 6-52 所示。

图 6-51 打开【前 10 个筛选】对话框　　　　图 6-52 筛选各店单天销售历史记录

6.4.2 利用拖曳数据项对字段进行手动排序

图 6-53 展示了一张由数据透视表创建的销售汇总表。如果希望调整【区域】字段的显示顺序，将【厦门】放在最上方显示，具体操作步骤如下。

示例 6-9　利用拖曳数据项对字段进行手动排序

区域	店铺名称	短袖T恤	短袖衬衫	休闲裤	长袖T恤	长袖衬衫	总计
福州	福州东百厅				210	301	511
	福州东方厅			82	140	186	408
	福州福满店	72	37	76	172	141	498
	福州津泰店	189	84	178	174	187	812
	福州莆田国货厅	100	64	82	148	90	484
	福州新华都东街厅	53	47	49	103	270	522
	福州元洪厅		11	11	161	207	390
福州 汇总		414	243	478	1108	1382	3625
三明	三明城关店	163	72	181	156	253	825
	三明列东厅	24	35	169	174	144	546
	三明康熙店	87	96	138	214	224	759
	三明三元厅	84	48	167	135	145	579
三明 汇总		358	251	655	679	766	2709
厦门	厦门SM店		91	178	146	170	585
	厦门东方明珠店	58	22	143	134	119	476
	厦门格村华辰厅	52	140	151	87	81	511
厦门 汇总		110	253	472	367	370	1572
总计		882	747	1605	2154	2518	7906

图 6-53 排序前的数据透视表

选中【区域】字段下的【厦门】数据项的任意一个单元格（如 A16），将鼠标指针悬停在其边框线上，当出现四个方向键头形的鼠标指针时，按下鼠标左键不放，并拖动鼠标到【福州】的上边框线上，松开鼠标即可完成对【厦门】数据项的排序，如图 6-54 所示。

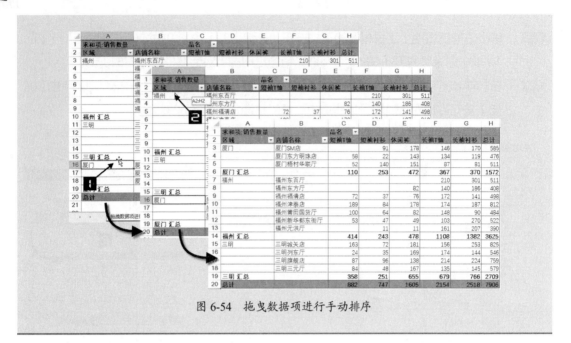

图 6-54 拖曳数据项进行手动排序

6.4.3 自动排序

示例 6-10 自动排序

1. 利用【数据透视表字段】窗格进行排序

图 6-55 展示了一张由数据透视表创建的"店铺销售统计"表，如果希望对店铺按编号进行降序排列，方法如下。

	A	B	C	D	E	F	G	H
1	求和项:销售数量		品名					
2	店铺编号	店铺名称	短袖T恤	短袖衬衫	休闲裤	长袖T恤	长袖衬衫	总计
3	F001	福州东百厅				210	301	511
4	F002	福州福清店	72	37	76	172	141	498
5	F003	福州津泰店	189	84	178	174	187	812
6	F005	福州东方厅			82	140	186	408
7	F006	福州新华都东街厅	53	47	49	103	270	522
8	F007	福州莆田国货厅	100	64	82	148	90	484
9	F008	福州元洪厅		11	11	161	207	390
10	S001	三明城关店	163	72	181	156	253	825
11	S002	三明旗舰店	87	96	138	214	224	759
12	S003	三明列东厅	24	35	169	174	144	546
13	S004	三明三元厅	84	48	167	135	145	579
14	X001	厦门东方明珠店	58	22	143	134	119	476
15	X002	厦门梧村华联厅	52	140	151	87	81	511
16	X003	厦门SM店		91	178	146	170	585
17	总计		882	747	1605	2154	2518	7906

图 6-55 店铺销售统计表

将鼠标指针悬停在【数据透视表字段】窗格中【店铺编号】字段上，单击右侧的下拉按钮，在弹出的下拉菜单中选择【降序】命令，即可完成对【店铺编号】字段的降序排序，如图 6-56 所示。

2. 利用字段的下拉列表进行排序

以图 6-55 为例，对【店铺编号】字段按降序排序，操作如下。

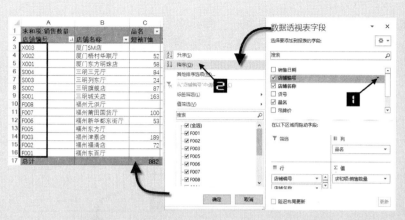

图 6-56　利用【数据透视表字段】进行自动排序

单击数据透视表【店铺编号】字段的下拉按钮，在弹出的下拉菜单中单击【降序】命令，即可完成对【店铺编号】字段的降序排序，如图 6-57 所示。

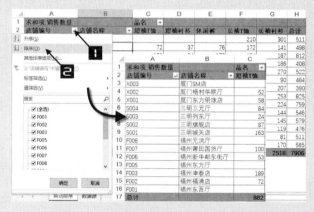

图 6-57　利用字段的下拉列表自动排序

3. 利用功能区中的排序按钮自动排序

图 6-58 展示了不同店铺各品名的销售数量，对【店铺名称】的【总计】字段进行降序排序，操作如下。

	A	B	C	D	E	F	G
1	求和项:销售数量	品名					
2	店铺名称	短袖T恤	短袖衬衫	休闲裤	长袖T恤	长袖衬衫	总计
3	三明旗舰店	87	96	138	214	224	759
4	福州东百厅				210	301	511
5	三明列东厅	24	35	169	174	144	546
6	福州津泰店	189	84	178	174	187	812
7	福州福清店	72	37	76	172	141	498
8	福州元洪厅		11	11	161	207	390
9	三明城关店	163	72	181	156	253	825
10	福州莆田国货厅	100	64	82	148	90	484
11	厦门SM店		91	178	146	170	585
12	福州东方厅			82	140	186	408
13	三明三元厅	84	48	167	135	145	579
14	厦门东方明珠店	58	22	143	134	119	476
15	福州新华都东街厅	53	47	49	103	270	522
16	厦门梧村华联厅	52	140	151	87	81	511
17	总计	882	747	1605	2154	2518	7906

图 6-58　排序前

选中需要进行排序的列里面的任意一个单元格（如 G3），单击【数据】选项卡中的降序按钮（ ），即可完成对选中字段的降序排列，如图 6-59 所示。

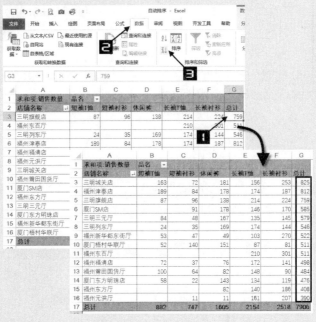

图 6-59　利用功能区命令自动排序

6.5　利用切片器和日程表分析数据

数据透视表的切片器实际上就是以一种图形化的筛选方式为数据透视表中的指定字段创建一个选取器，浮动于数据透视表之上，通过对选取器中数据项的选择，实现了比字段下拉列表筛选按钮更加方便灵活的筛选功能。

日程表是 Excel 2013 新增的功能，使用日程表控件可以对数据透视表进行交互式筛选。日程表是专门针对日期类型字段进行筛选的控件，使数据透视表中对日期的筛选更轻松便捷。

6.5.1　共享切片器实现多个数据透视表联动

图 6-60 所示的数据透视表是依据同一个数据源创建的不同分析角度的数据透视表，对筛选器字段"年份"在各个数据透视表中分别进行不同的筛选后，数据透视表显示出不同的结果。

图 6-60　不同分析角度的数据透视表

示例 6-11　多个数据透视表联动

　　通过在切片器内设置报表连接，使切片器实现共享，从而使多个数据透视表进行联动，每当筛选切片器内的某个字段项时，多个数据透视表同时刷新，显示出同一年份下的不同分析角度的数据信息，具体实现方法请参照以下步骤。

步骤① 单击任意一个数据透视表的任意单元格（如 B4），在【分析】选项卡中单击【插入切片器】按钮，在弹出的【插入切片器】对话框中勾选【年份】复选框，最后单击【确定】按钮插入【年份】字段的切片器，如图 6-61 所示。

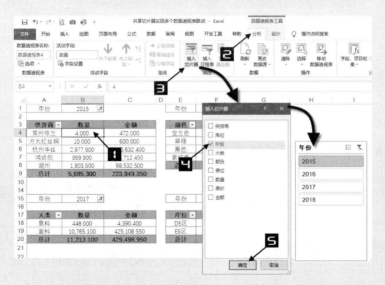

图 6-61　在其中一个数据透视表中插入切片器

步骤② 在【年份】切片器的空白区域中单击鼠标，在【切片器工具】的【选项】选项卡中单击【报表连接】按钮调出【数据透视表连接 (年份)】对话框，分别勾选【数据透视表 1】【数据透视表 2】和【数据透视表 3】的复选框，最后单击【确定】按钮完成设置，如图 6-62 所示。

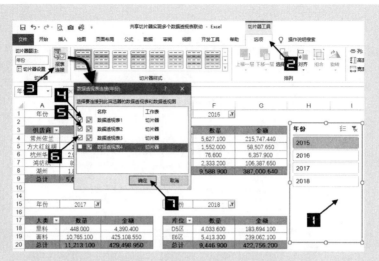

图 6-62　调出【数据透视表连接 (年份)】对话框

在【年份】切片器内选择【2018】字段项后，所有数据透视表都显示出 2018 年的数据，如图 6-63 所示。

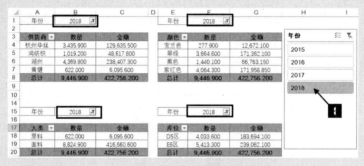

图 6-63　多个数据透视表联动

6.5.2　插入日程表对数据透视表进行按月份筛选

示例 6-12　通过日程表对数据透视表进行按月份筛选

销售数量	销售区域			
品牌	福州	泉州	厦门	总计
AD	904	1870	1565	4339
EN	1407	1080	289	2776
LI	593	773	631	1997
NI	630	1083	342	2055
PRO	344		201	545
总计	3878	4806	3028	11712

图 6-64　销售数据汇总

图 6-64 所示数据透视表为某公司对所经营品牌按销售区域进行的汇总统计，如果用户希望对数据透视表进行按月筛选，操作如下。

步骤① 选中数据透视表中的任意一个单元格（如 A1），在【数据透视表工具】的【分析】选项卡中单击【插入日程表】按钮，弹出【插入日程表】对话框，勾选【销售日期】复选框，单击【确定】按钮，插入一个【销售日期】日程表如图 6-65 所示。

步骤② 拖动日程表下方的滚动条滑块，单击【3月】日期即可查看 3 月份的销售数据，如图 6-66 所示。

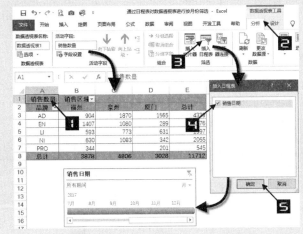

图 6-65　打开【插入日程表】对话框

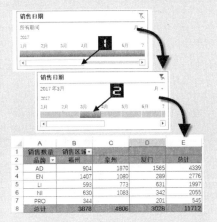

图 6-66　按月份查看销售数据

6.6　在数据透视表内执行计算

数据透视表创建完成后，不允许手工更改或移动数据透视表值区域中的任何数据，也不能在数据透视表中插入单元格或添加公式进行计算。如果需要在数据透视表中执行自定义计算，必须使用"添加计算字段"或"添加计算项"功能。在创建了自定义的字段或项之后，Excel 允许在数据透视表中使用它们，这些自定义的字段或项就像是在数据源中真实存在的数据一样。

6.6.1　在数据透视表内添加计算字段

计算字段是通过对数据透视表中现有的字段执行计算后得到的新字段。

示例 6-13　使用计算字段计算主营业务毛利率

图 6-67 中展示了一张根据主营业务收入及成本的数据列表所创建的数据透视表，在这张数据透视表的值区域中，包含【销售数量】【主营业务收入】和【主营业务成本】字段，但是没有【主营业务利润率】字段。如果希望计算出主营业务利润率，可以通过添加计算字段的方法来完成，而无须对数据源做出调整后再重新创建数据透视表。

步骤① 单击数据透视表【主营业务收入】字段标题，在【分析】选项卡中依次单击【字段、项目和集】按钮→【计算字段】命令调出【插入计算字段】对话框，如图 6-68 所示。

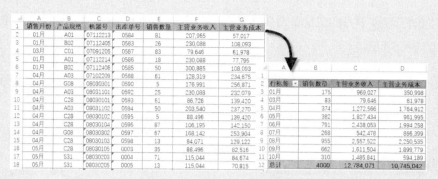

图 6-67　销售、成本及利润报表

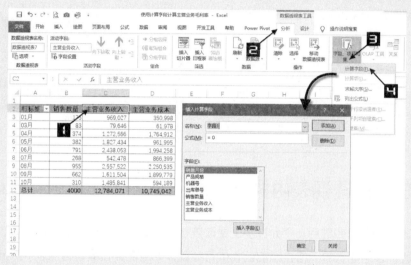

图 6-68　打开【插入计算字段】对话框

步骤② 在【插入计算字段】对话框的【名称】框内输入"主营业务利润率%"，将光标定位到【公式】框中，清除原有的数据"=0"，然后输入"=(主营业务收入 - 主营业务成本)/ 主营业务收入"，得到计算"主营业务利润率%"字段的公式，如图 6-69 所示。

步骤③ 单击【添加】按钮，最后单击【确定】按钮关闭对话框，此时数据透视表中新增一个【主营业务利润率%】字段。将新增字段的数字格式设置为"百分比"，如图 6-70 所示。

图 6-69　编辑插入的计算字段

图 6-70　添加"主营业务利润率%"计算字段后的数据透视表

6.6.2　在数据透视表内使用计算项

计算项是在数据透视表的现有字段中插入新的项，通过对该字段的其他项执行计算后得到该项的值。

示例 6-14　统计各个零售商店不同时期的销售增长率

图 6-71 中展示了一张根据商店销售额数据列表创建的数据透视表，在这张数据透视表的值区域中，包含"2017"和"2018"年份字段，如果希望得到 2018 年销售增长率，可以通过添加计算项的方法来完成。

图 6-71　需要创建自定义计算项的数据透视表

步骤① 单击数据透视表中的年份字段项"2017"或"2018"，调出【在"年份"中插入计算字段】对话框，在【名称】框中输入"2018 年销售增长率 %"，把光标定位到【公式】框中，清除原有的数据"=0"，输入"=（'2018'- '2017'）/ '2017'"得到计算"2018 年销售增长率 %"的公式，如图 6-72 所示。

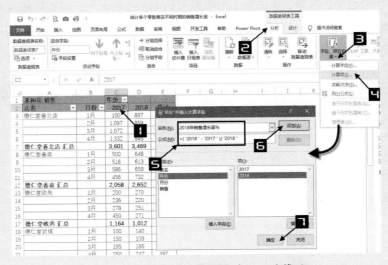

图 6-72　添加"2018 年增长率 %"计算项

步骤② 单击【添加】按钮，最后单击【确定】按钮关闭对话框。此时数据透视表中新增了一个字段【2018 年销售增长率 %】，将新增字段设置为“百分比”样式，并删除行、列“总计”，完成的数据透视表如图 6-73 所示。

	A	B	C	D	E
1	求和项:销售		年份		
2	店名	月份	2017	2018	2018年销售增长率%
3	德仁堂春北店	1月	100	897	797%
4		2月	1,097	859	-22%
5		3月	1,072	868	-19%
6		4月	1,332	845	-37%
7	**德仁堂春北店 汇总**		**3,601**	**3,469**	**720%**
8	德仁堂春南	1月	500	648	30%
9		2月	516	613	19%
10		3月	586	659	12%
11		4月	456	732	61%
12	**德仁堂春南 汇总**		**2,058**	**2,652**	**121%**
13	德仁堂欧尚	1月	200	270	35%
14		2月	236	220	-7%
15		3月	278	251	-10%
16		4月	450	271	-40%
17	**德仁堂欧尚 汇总**		**1,164**	**1,012**	**-21%**
18	德仁堂武侯	1月	100	140	40%
19		2月	150	109	-27%
20		3月	195	185	-5%
21		4月	250	247	-1%
22	**德仁堂武侯 汇总**		**695**	**681**	**6%**

图 6-73　添加“2018 年销售增长率 %”计算项后的数据透视表

注意

通过插入计算项计算的增长率指标在分类汇总和总计中只是对各分项增长率的简单求和汇总，没有实际意义。如果需要求得汇总项正确的增长率指标，需要使用其他方法。

6.7　利用 Microsoft Query 创建参数查询

“Microsoft Query”是由 Microsoft Office 提供的一个查询工具。通过将自动生成的 SQL 查询语句传递给数据源，实现在不影响原有数据源的情况下，对数据源数据进行提取、组合、创建数据源中所没有的字段，从而实现灵活多变的数据查询，甚至还可以将不同工作表，甚至不同工作簿中的多个 Excel 数据列表进行合并汇总，生成动态数据透视表。

示例 6-15　创建单一参数的精确查询

图 6-74 展示了一张某公司 2017 年—2018 年各部门原料和成品的销售明细，该数据列表保存在 D 盘根目录下的“各部门销售统计 .xlsx”文件中。

如果希望对图 6-74 所示的数据列表进行汇总分析，编制按输入的任意一个“销售部门”反映各月的销售分析表，请参照以下步骤。

步骤① 双击打开 D 盘根目录下的“各部门销售统计 .xlsx”文件，新建一张空白工作表，并将其命名为“报表”。在“报表”工作表的 A1 单元格输入查询标题“部门”，在

A2 单元格设置数据验证，提供部门的下拉选择，如图 6-75 所示。

图 6-74　某公司 2017—2018 年各部门销售明细　　　　　　图 6-75　录入数据

步骤② 在【数据】选项卡中依次单击【获取数据】下拉按钮→【自其他源】→【自 Micro-soft Query】命令，在弹出的【选择数据源】对话框【数据】选项卡列表框中选中"Excel Files*"类型的数据源，并取消【使用"查询向导"创建 / 编辑查询】复选框的勾选，如图 6-76 所示。

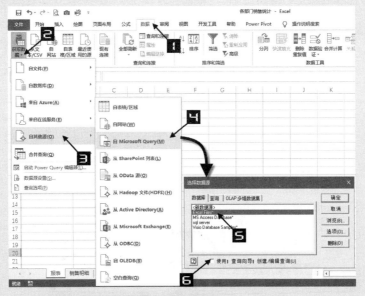

图 6-76　选择数据源

步骤③ 单击【确定】按钮，【Microsoft Query】自动启动，并弹出【选择工作簿】对话框，选择要导入的目标文件所在路径，选中"各部门销售统计 . xlsx"工作簿，单击【确定】按钮激活【添加表】对话框，如图 6-77 所示。

步骤④ 在【添加表】对话框中的【表】列表框中选中"销售明细 $"，单击【添加】按钮向【Microsoft Query】添加数据列表，如图 6-78 所示。

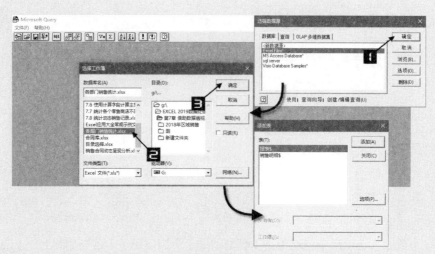

图 6-77　激活【添加表】对话框

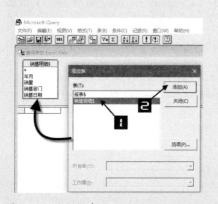

图 6-78　将数据表添加至 Microsoft Query

注意
■■■■→

如果【添加表】对话框中的【表】列表框为空，说明需要调整设置。

单击【添加表】对话框中的【选项】按钮，勾选【表选项】对话框中【系统表】的复选框，最后单击【确定】按钮，待查询的数据列表即会出现在【添加表】列表框中，如图 6-79 所示。

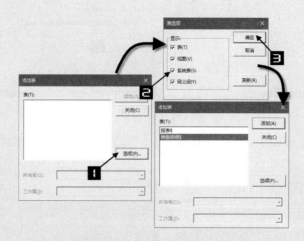

图 6-79　向【添加表】列表框内添加数据列表

步骤⑤ 单击【关闭】按钮关闭【添加表】对话框，在【销售明细$】下拉列表框中双击"*"，向数据窗格中添加所有数据，如图 6-80 所示。

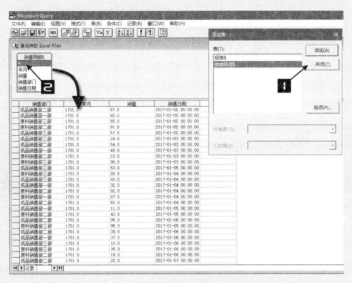

图 6-80　向数据窗格中添加所有数据

步骤⑥ 单击工具栏中的【SQL】按钮，清空【命令文本】文本框中的内容，输入以下 SQL 语句，单击【确定】按钮，如果出现提示信息，单击【确定】按钮即可，如图 6-81 所示。

SELECT * FROM [销售明细$] WHERE 销售部门 IN (SELECT 部门 FROM [报表$A:A])

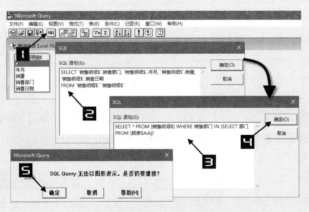

图 6-81　输入 SQL 语句

> 此句 SQL 语句用 IN 创建 (SELECT 部门 FROM [报表 $A:A]) 子查询，对主查询 SELECT * FROM [销售明细$] 的"销售部门"进行条件限定。

表示只返回"销售部门"符合在"报表"工作表的 A:A 列区域的部门标题下的条件的记录。

步骤⑦ 单击工具栏中的 按钮，将数据返回到 Excel，此时 Excel 窗口中将弹出【导入数据】对话框。选中【数据透视表】单选按钮，【数据的放置位置】选择【现有工作表】

中的"$E$1",单击【确定】按钮生成一张空白数据透视表,如图 6-82 所示。

图 6-82 导入数据生成空白数据透视表

步骤⑧ 完成数据透视表的创建、布局和美化,如图 6-83 所示。

	求和项:销量	列标签	
部门	行标签	成品销售部二部	总计
成品销售部二部	1707	1872	1872
	1708	1693	1693
	1709	1510	1510
	1710	1487	1487
	1711	1685	1685
	1712	1751	1751
	1801	1358	1358
	1802	1458	1458
	1803	1963	1963
	1804	1567	1567
	1805	1678	1678
	1806	1346	1346
	1807	1534	1534
	1808	1732	1732
	1809	1641	1641
	1810	1624	1624
	1811	1721	1721
	1812	1835	1835
	总计	38302	38302

图 6-83 完成后的数据透视表

将查询参数"成品销售部二部"更改为"原料销售部三部"或"成品销售部一部"后,刷新数据透视表即可呈现查询汇总数据,如图 6-84 所示。

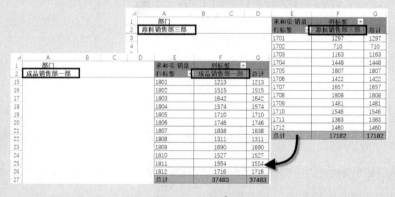

图 6-84 切换参数

6.8 数据透视表高级应用案例

6.8.1 利用数据透视表进行销售综合分析

示例 6-16 **多角度的销售分析表和销售分析图**

图 6-85 展示的"历史销售数据"工作表中记录了某公司一定时期内的销售及成本明细数据。

	A	B	C	D	E	F	G	H	I	J	K	L	M	N
1	商店名称	年	月	中类名称	风格名称	品牌名称	商品年份	季节名称	大类名称	性别名称	颜色名称	数量	销售金额	成本金额
15862	摩卡店	2019	03	单鞋	休闲	百大鞋业	2018	春	布鞋	女	黑色	1	631	394.2
15863	摩卡店	2019	03	单鞋	休闲	百大鞋业	2018	春	布鞋	女	红色	1	429	275.4
15864	摩卡店	2019	03	单鞋	休闲	百大鞋业	2018	春	布鞋	女	红色	1	780	439.2
15865	摩卡店	2019	03	单鞋	休闲	百大鞋业	2018	春	皮鞋	女	黑色	1	1079	603
15866	摩卡店	2019	03	单鞋	休闲	百大鞋业	2018	夏	皮鞋	女	米白	1	953	543.6
15867	摩卡店	2019	03	单鞋	正装	百大鞋业	2018	常年	布鞋	女	黑色	1	729	324
15868	摩卡店	2019	03	套服	休闲	翔泰服装	2017	夏	套装	女	红色	1	1225	801
15869	摩卡店	2019	03	套服	休闲	翔泰服装	2018	夏	套装	女	2号色	2	2364	1134
15870	摩卡店	2019	03	套裙	时尚	翔泰服装	2018	春	裙套	女	红色	1	3639	2511
15871	摩卡店	2019	03	帽子	休闲	翔泰服装	2018	夏	配饰	女	灰色	1	352	190.8
15872	摩卡店	2019	03	直筒裤	休闲	翔泰服装	2018	夏	下装	女	黑色	1	820	408.6
15873	摩卡店	2019	03	连衣裙	中式	翔泰服装	2018	春	裙装	女	蓝色	1	2757	1470.6
15874	摩卡店	2019	03	长袖衬衫	休闲	翔泰服装	2018	春	上装	女	2号色	1	1519	729
15875	摩卡店	2019	03	长袖衬衫	休闲	翔泰服装	2018	春	上装	女	红色	2	2239	1269
15876	摩卡店	2019	03	长袖衬衫	休闲	翔泰服装	2018	春	上装	女	2号色	1	1338	694.8
15877	摩卡店	2019	03	长袖衬衫	休闲	翔泰服装	2018	春	上装	女	3号色	1	1274	662.4
15878	摩卡店	2019	03	长袖衬衫	休闲	翔泰服装	2018	夏	上装	女	3号色	1	1119	603
15879	摩卡店	2019	03	长袖衬衫	时尚	翔泰服装	2017	夏	上装	女	兰色	1	2295	1348.2
15880	摩卡店	2019	03	长袖衬衫	时尚	翔泰服装	2018	春	上装	女	红色	1	2937	1720.8
15881	摩卡店	2019	03	鞋配	其他	百大鞋业	2017	常年	配饰	男	白色	1	26	12.6

图 6-85 历史销售数据明细表

对这样一个庞大而且经常增加记录的数据列表进行数据分析，首先需要创建动态的数据透视表，并通过对数据透视表的重新布局得到按"商品年份""商店名称"和"季节名称"等不同角度的分类汇总分析表，再通过不同的数据透视表生成相应的数据透视图得到一系列的分析报表，具体请参照以下步骤。

步骤① 新建一个 Excel 工作簿，将其命名为"多角度的销售分析表和销售分析图 .xlsx"，打开该工作簿，将 Sheet1 工作表改名为"销售分析"。

步骤② 在【数据】选项卡中单击【现有连接】按钮，在弹出【现有连接】的对话框中单击【浏览更多】按钮，打开【选取数据源】对话框，选择要导入的目标文件的所在路径，双击"销售分析数据源 .xlsx"，打开【选择表格】对话框，如图 6-86 所示。

步骤③ 保持【选择表格】对话框中对名称的默认选择，单击【确定】按钮，激活【导入数据】对话框，单击【数据透视表】选项按钮，指定【数据的放置位置】为现有工作表的"$A$1"，单击【确定】按钮生成一张空白的数据透视表，如图 6-87 所示。

步骤④ 向数据透视表中添加相关字段，并在数据透视表中插入计算字段"毛利"，如图 6-88 所示。

计算公式为"毛利 = 销售金额 – 成本金额"。

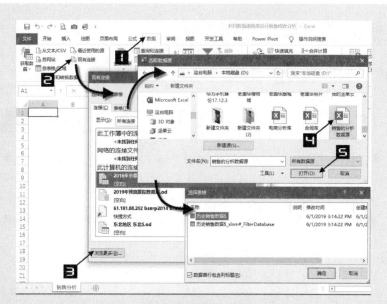

图 6-86 激活【选取数据源】对话框

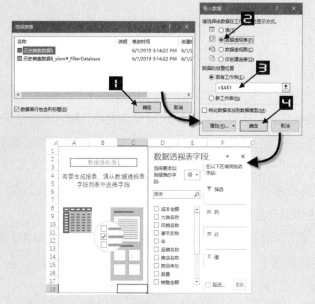

图 6-87 生成空白的数据透视表

商品年份	销售金额	成本金额	毛利
2013	951,412	608,684	342,728
2014	788,877	326,425	462,452
2015	1,715,271	1,924,952	-209,681
2016	1,867,699	2,158,717	-291,018
2017	6,018,527	3,840,709	2,177,818
2018	6,899,051	3,755,137	3,143,914
总计	18,240,837	12,614,623	5,626,214

图 6-88 按商品年份汇总的数据透视表

步骤⑤ 单击数据透视表中的任意一个单元格（如 A2），在【数据透视表工具】的【分析】选项卡中单击【数据透视图】按钮，在弹出的【插入图表】对话框中选择【折线图】选项卡中的"折线图"图表类型，单击【确定】按钮创建数据透视图，如图 6-89 所示。

步骤⑥ 对数据透视图进行格式美化后如图 6-90 所示。

步骤⑦ 复制图 6-88 所示的数据透视表，对数据透视表重新布局，创建数据透视图，图表类型选择"饼图"，得到按不同季节的销售金额汇总表和销售占比图，如图 6-91 所示。

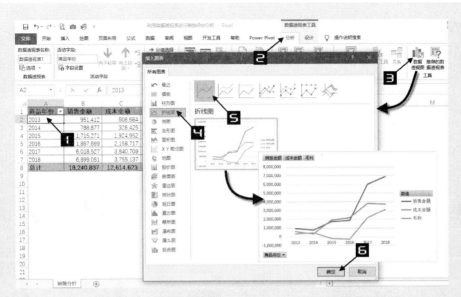

图 6-89　按商品年份的收入及成本利润走势分析图

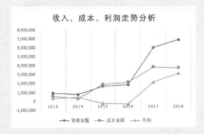

图 6-90　美化数据透视图

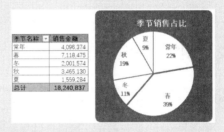

图 6-91　不同季节销售占比分析图

步骤 ⑧ 再次复制图 6-88 所示的数据透视表，对数据透视表重新布局，创建数据透视图，图
表类型选择"堆积柱形图"，得到按销售部门反映的收入及成本利润汇总表和不同
门店的对比分析图，如图 6-92 所示。

图 6-92　门店销售分析图

本例通过对同一个数据透视表的不同布局得到各种不同角度的销售分析汇总表，并通过

创建数据透视图来进行销售走势、销售占比和门店对比等各种图表分析，完成图文并茂的多角度动态销售分析报表，如图 6-93 所示。

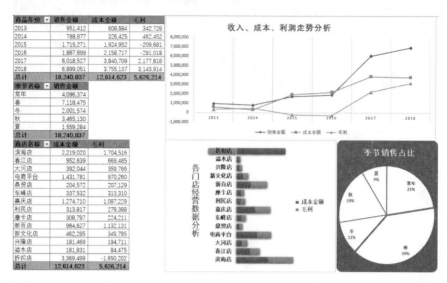

图 6-93　图文并茂的多角度动态销售分析报表

6.8.2　制作物料动态进销存模板

示例 6-17 **根据多工作表数据统计进销存且支持自适应路径及文件名更改**

图 6-94 展示了某企业的物料进销存模板，模板中包含了期初、入库、出库和进销存四张工作表，分别放置了期初、入库和出库数据，进销存表中则是按物料编码统计进销存信息的数据透视表。为了便于不同部门的人员查看数据，还需要具有文件所在路径及文件名更改时，不影响数据透视表的跨表提取数据的功能。

本案例的关键解决思路：

❖ 利用 SQL 语句创建数据透视表实现从多工作表提取数据。

❖ 创建计算字段统计期末结存的数量和金额。

❖ 利用 VBA 使数据透视表支持自适应路径及文件名更改后的统计。

具体操作步骤如下。

步骤① 打开"根据多工作表数据统计进销存且支持自适应路径及文件名更改"工作表，选中"进销存"工作表的 A1 单元格，在【数据】选项卡中单击【现有连接】按钮，在弹出的【现有连接】对话框中单击【浏览更多】按钮，在弹出的【选取数据源】对话框中选择文件所在位置（如桌面），选择目标文件，单击【打开】按钮，在弹出的【选择表格】对话框中选中"入库 $"数据源表，如图 6-95 所示。

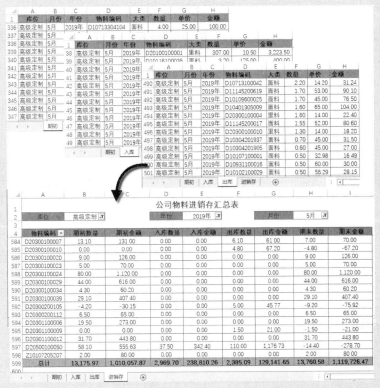

图 6-94　根据多工作表数据统计进销存且支持自适应路径及文件名更改

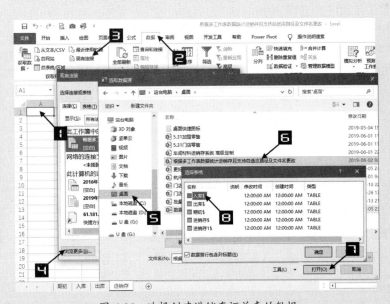

图 6-95　选择创建进销存汇总表的数据

步骤② 在【选择表格】对话框中单击【确定】按钮，在弹出的【导入数据】对话框中选中【数据透视表】单选按钮，单击【属性】按钮，在弹出的【连接属性】对话框中单击【定义】

选项卡，清空命令文本中的内容并输入 SQL 代码，单击【确定】按钮，最后返回【导入数据】对话框，再次单击【确定】按钮，如图 6-96 所示。

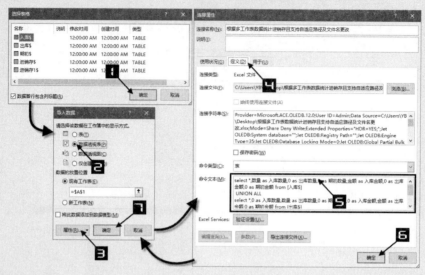

图 6-96　输入 SQL 语句

SQL 代码如下：

select *,数量 as 入库数量,0 as 出库数量,0 as 期初数量,金额 as 入库金额,0 as 出库金额,0 as 期初金额 from [入库$]

UNION ALL

select *,0 as 入库数量,数量 as 出库数量,0 as 期初数量,0 as 入库金额,金额 as 出库金额,0 as 期初金额 from [出库$]

UNION ALL

select *,0 AS 入库数量,0 as 出库数量,数量 as 期初数量,0 as 入库金额,0 as 出库金额,金额 as 期初金额 from [期初$]

提示

此 SQL 语句的含义如下。

先使用子查询语句 UNION ALL 将所有工作表的数据列表记录汇总。

由于不同工作表下相同字段名代表的含义不同，如字段名"数量"在期初、入库和出库表中的数量分别代表期初数量、入库数量和出库数量，所以用 as 别名标识符对字段重命名为易于识别的名称。

Excel 工作表在引用时需要将其包含在方括号内"[]"，同时需要在其工作表名称后面加上"$"符号，如 select * from [期初$]

步骤③ 在创建的空白数据透视表中进行字段布局，如图 6-97 所示。

步骤④ 在数据透视表中插入【期末数量】和【期末金额】计算字段，按照期初、入库、出库和结存的显示顺序调整数据透视表的字段，并美化数据透视表，如图 6-98 所示。

期末数量 = 期初数量 + 入库数量 − 出库数量

期末金额 = 期初金额 + 入库金额 − 出库金额

图 6-97　设置数据透视表的字段布局　　　　图 6-98　美化后的进销存汇总表

步骤⑤ 为了使数据透视表支持自适应路径及文件名更改，添加 VBA 代码。单击【开发工具】选项卡下的【Visual Basic】按钮，在弹出的【Microsoft Visual Basic for Applications】对话框中，单击【插入】→【模块】命令，如图 6-99 所示。

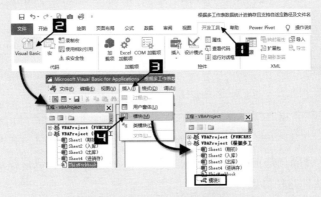

图 6-99　在 VBE 界面添加模块

步骤⑥ 双击【模块 1】，在代码框中输入以下代码，如图 6-100 所示。

```
Sub SQL 自适应路径和文件名更改 ()
    Dim strCon As String, iPath As String '定义变量
```

```
Dim iT As Integer, jT As Integer, iFlag As String, iStr As String
Dim sht As Worksheet
iPath = ThisWorkbook.FullName    '获取本工作簿的完全路径
On Error Resume Next                  '防错语句, 当执行代码遇到错误时继续
```
运行后面的代码
```
For Each sht In ThisWorkbook.Worksheets
                                    '遍历工作簿中的每张工作表
    iT = sht.PivotTables.Count  '统计数据透视表的个数
    If iT > 0 Then
        For jT = 1 To iT          '遍历工作簿中的每张工作表
            strCon = sht.PivotTables(jT).PivotCache.
```
Connection   '将数据透视表中缓存连接信息赋值给变
量 strCon
```
            Select Case Left(strCon, 5)     '利用 select case
```
语句判断缓存连接信息中的数据连接方式是 ODBC 还是 OLEDB, 判断方法为从 strCon 变
量左侧截取 5 个字符
```
                Case "ODBC;"                        '判断缓存连接信息中的
```
数据连接方式, 如果是 ODBC 方式
```
                    iFlag = "DBQ="                  '将 "DBQ=" 赋值给变
```
量 iFlag
```
                Case "OLEDB"                        '判断缓存连接信息中的
```
数据连接方式, 如果是 OLEDB 方式
```
                    iFlag = "Source="              '将 "Source=" 赋值
```
给变量 iFlag
```
                Case Else                            '没有引入外部数据或其
```
他方式, 不予处理
```
                    Exit Sub
            End Select
            iStr = Split(Split(strCon, iFlag)(1), ";")(0)   '利
```
用 split 函数, 分隔符分别取 iFlag 变量和 ";" 为分隔符取得数据源和路径在变量
strCon 中截取文件路径信息
```
            With sht.PivotTables(jT).PivotCache       '替换据透
```
视表缓存信息中的文件完全路径
```
                .Connection = VBA.Replace(strCon, iStr,
```

iPath)　　'利用 Connection 属性把连接属性里前面的文件夹路径设置成当前工作簿的路径

　　　　　　　.CommandText = VBA.Replace(.CommandText,

iStr, iPath)　　'利用 CommandText 属性修改 SQL 语句的文件路径为当前工作簿

的文件路径

　　　　　　　End With

　　　　　　Next

　　　　End If

　　Next

End Sub

图 6-100　编辑模块中的 VBA 代码

步骤⑦ 双击【ThisWorkbook】，输入以下代码，如图 6-101 所示。

Private Sub Workbook_Open()

　　Call SQL 自适应路径和文件名更改

End Sub

图 6-101　编辑 ThisWorkbook 的 VBA 代码

提示

　　　　如果用户发现当输入 VBA 代码后，Excel 文件无法保存，请将文件另存为 "Excel 启用宏的工作簿 (*.xlsm)" 类型。

　　至此，实现了数据透视表根据多工作表数据统计进销存且支持自适应路径及文件名更改的需求。为了使 VBA 代码能够顺利执行，当开启文件时遇到 "安全警告　部分活动内容已被禁用。单击此处了解详细信息" 时，需要单击【启用内容】按钮。

第 7 章　基础统计分析

当一份规范、完整的数据呈现在面前时，要怎样才能够获取到数据传递的信息呢，这时需要统计学知识帮助描述、理解数据结果。

本章及以后的统计分析会大量应用 Excel 的分析工具库，默认情况打开 Excel 应用程序并不加载分析工具库。在 Excel 中手工加载此加载项的操作步骤如下。

步骤① 依次单击【文件】→【选项】命令，如图 7-1 所示，打开【Excel 选项】对话框。

步骤② 在【Excel 选项】对话框中切换到【加载项】选项卡，单击【管理】组合框右侧的下拉按钮，在菜单中选择"Excel 加载项"选项，然后单击【转到】按钮。在弹出的【加载项】对话框中选中【分析工具库】复选框，最后单击【确定】按钮关闭对话框，如图 7-2 所示。

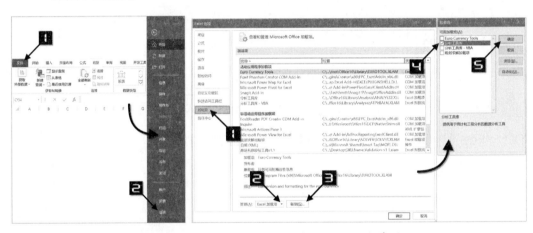

图 7-1　打开【Excel 选项】对话框　　　　图 7-2　Excel 加载项

此时，在【数据】选项卡下将新增【数据分析】按钮。单击此按钮，将弹出【数据分析】对话框，在【数据分析】列表框中选中需要启用的分析工具，单击【确定】按钮，Excel 将弹出所选分析工具的对话框，如图 7-3 所示。

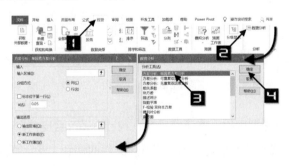

图 7-3　打开【数据分析】对话框

7.1 借助直方图观察数据特征

北京和天津是相邻的直辖市，如果需要研究两个城市的个人收入情况有何差异，通常的做法是在每个城市各选取相同数量具有代表性的家庭，在每年的固定时间，统计这些家庭一年内的收入情况。假设每个城市选取 5 万个家庭，每年就会有 10 万个家庭的收入数据，这些数据必须用某种方式加以概括，否则谁都无法在 10 万个数据中看出什么结果。为了概括数据，统计学家经常使用一种叫做直方图的图表。直方图与大多数图像不同的是，它没有纵向的刻度，只考虑水平刻度即可。

7.1.1 直方图

某学校学生的体重数据如图 7-4 所示。

图 7-4　学生体重数据（单位：kg）

如果将这些数据绘制成散点图，其中每个点代表一个学生的体重，如图 7-5 所示。

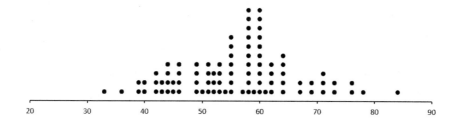

图 7-5　学生体重分布图（单位：kg）

从散点图中可以看出，体重在 55kg 至 65kg 的学生最多。如果将体重分成若干组，组距是取值范围，每个组距包含 5 个值，如第一组 30~34，包含 30、31、32、33 和 34 共 5 个值；组中值是组距的中间值，第一组的组中值是 32；频数是每组的学生人数，如图 7-6 所示。

该频数分布表也可以用柱形图表示，如图 7-7 所示。

	A	B	C
1	组距	组中值	频数
2	30-34	32	1
3	35-39	37	3
4	40-44	42	11
5	45-49	47	10
6	50-54	52	13
7	55-59	57	19
8	60-64	62	20
9	65-69	67	4
10	70-74	72	5
11	75-79	77	3
12	80-85	82	1

图 7-6　频数分布表

图 7-7 中的柱形图是以每组的组中值为中心，组距为宽度，频数为高度的图形，这样的图被称为直方图。

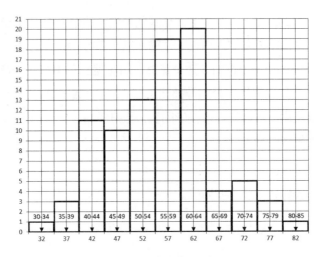

图 7-7　频数柱形图

7.1.2　在 Excel 中生成直方图

制作直方图最重要的环节是确定分组的数量和组距，每组的组距可以相同也可以不同，常用的是等组距分组。做数据分析时常用的分组数量是 5 至 20 个，这是比较容易得出分析结果的分组方式。如果一组数据的最小值是 20，最大值是 150，需要分成 10 个组，组距就是（150–20）/10=13。

示例 7-1　制作直方图判断贷款人资质

B 渠道向 A 银行推荐了一批贷款客户，共 40 人，A 银行用芝麻分判断贷款人资质，如果这批客户的芝麻分分布和 A 银行的客户芝麻分分布接近即可接收。A 银行全部用户的芝麻分分布直方图如图 7-8 所示。

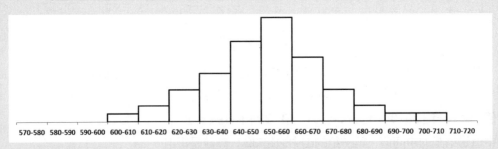

图 7-8　A 银行全部客户的芝麻分分布直方图

B 渠道推荐的这批客户的芝麻分信息如图 7-9 所示。

由图 7-8 可知 A 银行全部客户的分布是按照最小值 570、最大值 720、组距为 10 的方法分组，为了方便对比，将 B 渠道推荐客户也按照同样的方法分组，分组节点如图 7-10 所示。

图 7-9　40 个客户芝麻分信息　　　　　　　　图 7-10　芝麻分分段点

按照以下步骤，在 Excel 中生成 B 渠道客户的芝麻分频数分布直方图。

步骤① 依次单击【数据】→【数据分析】按钮，在打开的【数据分析】对话框中的【分析工具】列表框中选择【直方图】选项，单击【确定】按钮关闭【数据分析】对话框打开【直方图】对话框。

步骤② 在【直方图】对话框中设置参数。

（1）单击【输入区域】编辑框右侧的折叠按钮，选择芝麻分数据所在的 B2:B41 单元格区域。

（2）单击【接收区域】编辑框右侧的折叠按钮，选择组距分组点所在的 D2:D15 单元格区域。

（3）在【输出选项】区域下单击【输出区域】编辑框右侧的折叠按钮，选择输出结果的存放起始位置 F1 单元格。

（4）选中【图表输出】复选框。

（5）最后单击【确定】按钮关闭对话框，如图 7-11 所示。

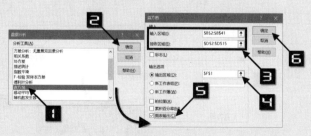

图 7-11　设置直方图参数

此时在工作表中将生成频数统计表和直方图，如图 7-12 所示。

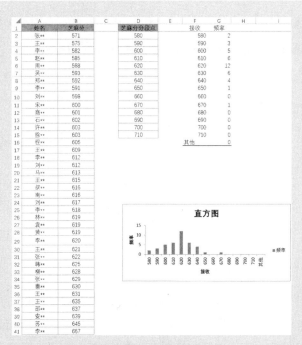

图 7-12　直方图输出结果

将图 7-12 的直方图调整至图 7-9 相同的形式。首先，按照如下步骤调整坐标轴范围。

步骤① 选中直方图，在【图表工具】的【设计】选项卡中单击【选择数据】按钮，打开【选择数据源】对话框。

步骤② 单击【选择数据源】对话框右侧"水平（分类）轴标签"下的【编辑】按钮，打开【轴标签】对话框，设置轴标签区域为 A2:A16 单元格区域。

步骤③ 单击【确定】按钮关闭对话框，为横坐标重新设置标签，如图 7-13 所示。

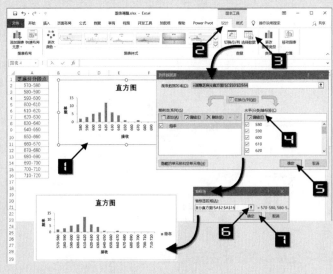

图 7-13　将 B 渠道客户直方图的坐标轴与 A 银行统一

其次，按照如下步骤操作对柱形图的样式做调整。

步骤① 双击直方图，打开【设置数据系列格式】窗格，切换到【填充与线条】选项卡，选中【无填充】单选按钮。

步骤② 切换到【系列选项】选项卡，在【间隙宽度】文本框中输入"0%"，完成样式设计，如图 7-14 所示。

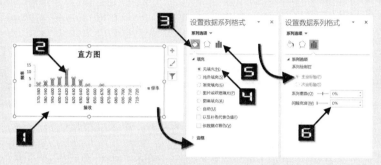

图 7-14 将 B 渠道客户直方图的样式与 A 银行统一

经过调整后的 B 渠道推荐客户直方图样式如图 7-15 所示。

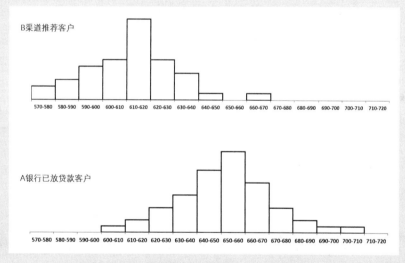

图 7-15 B 渠道推荐客户与 A 银行已放贷款客户对比图

由图 7-15 可以看出，A 银行的客户是以 650 ~ 660 分为中心的分布，B 渠道推荐客户在 610 ~ 620 分最多，其直方图的整体分布相比 A 银行客户向左偏移（芝麻分较低），这说明 B 渠道推荐的客户要比 A 银行的整体客户资质差，A 银行由此决定拒绝这批客户的贷款申请。

7.2 集中趋势

直方图有很多种形态，如图 7-16 所示。

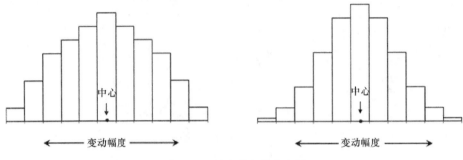

图 7-16 不同形态的直方图

无论何种形态，都可以用如下两个特征来进行描述：中心点和围绕该中心点的变动幅度。这两个特点也是每个计量数据都有的特征。从直方图转换到数据组，这两个特征分别对应的就是集中趋势和离散趋势。

集中趋势也称为平均数，最常见的三种形式是：均值（又称：算数平均数）、中位数和众数。平均数（average）和均值（mean）是不同的概念，均值是平均数的表现形式之一。

离散趋势的形式包括极差、方差和标准差等，该部分内容在下一节中会进行讲解。

7.2.1 均值

从平均成绩、平均身高、平均产量、平均价格到生活中的方方面面，人们都经常用均值来衡量某一组数据的中心点特征。均值是最常见的数据指标，也称为算数平均数，它的重要性不言而喻。人人都会计算均值，但使用中需要注意以下几点。

1. 均值的统计学意义

	A	B	C	D
1	数据	数值与平均数相减	均值偏差	公式
2	1	1-2	-1	=A2-2
3	2	2-2	0	=A3-2
4	3	3-2	1	=A4-2

图 7-17 计算均值偏差

假设有一组数据包含 3 个数值 1、2、3，这组数据的均值是 2，每个数值与均值相减得到的值是均值偏差，如图 7-17 所示。

将所有的均值偏差相加得到：-1+0+1=0，这就是均值在统计学中的意义，均值是数据组中令所有均值偏差总和为 0 的那个数值。

2. 和均值相关的两个重要符号

❖ $\sum$：英文发音"Sigma"，中文发音"西格玛"，$\sum x_1, x_2, \cdots, x_i, \cdots$ 代表 $x_1 + x_2 + \cdots + x_i + \cdots$，就是将 $\sum$ 后面的所有数值相加。

❖ $\overline{X}$：读音" X 拔"，表示数据组的均值。

3. 均值的局限性

均值能非常直观地描述一组数据，但是它对极值非常敏感，如果数据组中出现差异很大的极值，均值的准确性会下降。例如，有 9 个人围坐在一起交流每个人的年收入，经过计算得出，这 9 个人的年均收入为 12 万美金，此时比尔·盖茨突然走了过来，加上比尔·盖茨后的年均收入达到了上千万美金，但是这个均值无法代表 90% 的大多数人，只是由于异常值存在，导致均值出现了极大的偏差。

如果不希望受异常值的干扰，那么中位数是一个很好的选择。

7.2.2　中位数

中位数是另一种对中心点的描述方法。

某服装公司有 5 个销售渠道，每个渠道 2018 年的净利润如图 7-18 所示。

图 7-18 中 5 个销售渠道在 2018 年的净利润数据，按照净利润从小到大的排列，位于中间位置的是第 3 个渠道京东商城，年利润 7 万元，7 就是该组数据的中位数。中位数就是一组数据从小到大排列以后，在中心位置的数。这组数据有 5 个渠道，数据项数是 5，由于 5 是个奇数，很容易找到中间位置（第 3 个数据），如果数据项数是个偶数，则需要换一种方法。

该服装公司在 2019 年又增加了拼多多的渠道，净利润如图 7-19 所示。

	A	B
1	渠道线	2018年净利润（单位：万元）
2	其他线上平台	2
3	唯品会	3
4	京东商城	7
5	天猫商城	8
6	线下专卖店	100

图 7-18　5 个销售渠道在 2018 年的净利润

	A	B
1	渠道线	2019年净利润（单位：万元）
2	拼多多	2
3	其他线上平台	3
4	唯品会	4
5	京东商城	8
6	天猫商城	9
7	线下专卖店	105

图 7-19　6 个销售渠道在 2019 年的净利润

数据组的项数增加到 6 项，中心点位于唯品会和京东商城之间，也就是在 4 万元和 8 万元之间，这种情况下，中位数是 6 万元（4 和 8 的均值）。

对于偶数项数据组，中位数是紧挨中心点左右的两个数值的均值。从计算方法中可以很容易看出中位数的优点，它不受极值的影响。在图 7-18 中，线下专卖店 100 万元与其他渠道差异很大，可以认为是一个极值，净利润的均值是 24 万元，中位数是 7 万元。

一个能代表数据组的中心点的数应该具备此特征：约有一半的数值比它小，约有一半的数值比它大。均值 24 万元是该组数据中第二大的数值 8 万的 3 倍，很显然它不能代表数据的中心点。但是中位数可以满足该特征，无论是去年的 7 万元，还是今年的 6 万元，都是处在数据组的中心位置。

正是这个原因，特定场景的数据集中趋势都是使用中位数，而不是均值，一瓶水在全国各地的售价，如果用均值，会受到少数特殊场景的售价影响，如景区的天价水等，而使用中位数则可以较准确地体现真实售价。

7.2.3 众数

图 7-20 报名人数分布

众数是数据组中出现次数最多的数值。计算方法是找出所有数值的频数，频数最高即为众数。

有 10 个学生，每个人可以报一个特长班，如图 7-20 所示。

A1:B11 区域是报名详情表，D1:E4 区域是报班统计结果。从报班统计结果看，声乐是报名人数最多的课程，所以所有特长班的众数是声乐。

注意

众数不一定是个数值，也有可能是某种事物、属性、类别等，由于大家的惯性思维，通常会认为众数是 5，其实众数应该是声乐。另外，众数有可能有多个，例如舞蹈 2 人，朗诵和声乐分别是 4 人，那么众数就是朗诵和声乐；众数也有可能不存在，如果三个特长班的报名人数完全相等时。现实生活中，绝大多数用到众数的场景都是事物的属性和类别，遇到数值类的数据组，通常用均值和中位数。

在没有极端值影响的前提下，均值是最能表达数据集中趋势的形式，因为均值是运用了全部的数据组信息，是最精确的表达。但是由于均值对极端值很敏感，这时可以用中位数来表达。如果该数据组不是数值型的，是事物属性的组合，则需要用众数来表达集中趋势。

7.2.4 在 Excel 中计算数据组的均值、中位数、众数

1. 均值、中位数

图 7-21 所示是北京某连锁超市在国庆当天的营业额，需要在 Excel 中计算国庆当天 6 家店的营业额均值和中位数。

各分店	国庆当天营业额（单位：元）		结果	公式
大望路店	58,325	营业额均值	73,443	=AVERAGE(B2:B7)
知春路店	67,980	营业额中位数	70,038	=MEDIAN(B2:B7)
双井店	109,837			
青年路店	72,095			
大兴店	93,085			
顺义店	39,334			

图 7-21 计算均值、中位数的函数

在 E2 单元格输入以下公式，计算营业额均值，结果为 73 443。

```
=AVERAGE(B2:B7)
```

在 E3 单元格输入以下公式，计算营业额中位数，结果为 70 038。

```
=MEDIAN(B2:B7)
```

2. 众数

某服装店在冬季即将结束之前举办了一场短时促销，共有 3 个款式大衣参与此次活动，时间是从 10 点至 14 点，在 4 个小时内共售出 20 件大衣，销售记录如图 7-22 所示。

如果需要快速计算出哪一款大衣销量最高，可用 Excel 计算，如图 7-23 所示。

	A	B
1	销售时间	款式
2	10:05	A款
3	10:25	B款
4	11:16	B款
5	11:22	B款
6	11:37	C款
7	11:59	A款
8	12:10	C款
9	12:10	B款
10	12:35	B款
11	12:38	C款
12	13:01	B款
13	13:08	B款
14	13:15	A款
15	13:17	C款
16	13:19	A款
17	13:21	B款
18	13:26	B款
19	13:45	C款
20	13:49	B款
21	13:55	C款

图 7-22　某服装店促销销售单

E1：`=INDEX(B2:B21,MODE(MATCH(B2:B21,B2:B21,)))`

	A	B	C	D	E
1	销售时间	款式		众数（销量最高单品）	B款
2	10:05	A款			
3	10:25	B款			
4	11:16	B款			
5	11:22	B款			
6	11:37	C款			
7	11:59	A款			
8	12:10	C款			
9	12:10	B款			
10	12:35	B款			
11	12:38	C款			
12	13:01	B款			
13	13:08	B款			
14	13:15	A款			
15	13:17	C款			
16	13:19	A款			
17	13:21	B款			
18	13:26	B款			
19	13:45	C款			
20	13:49	B款			
21	13:55	C款			

图 7-23　用 Excel 计算销售最高的单品（众数）

在 E1 单元格输入以下公式，得到众数（销量最高的单品），结果是 B 款。

```
=INDEX(B2:B21,MODE(MATCH(B2:B21,B2:B21,)))
```

再一次看到，众数不一定是"数"，在本例中众数是个商品。众数在商业领域应用最广泛的场景是寻找热销单品；如果是统计投票结果，众数就是高票当选的人；如果是在研究高考报考专业时，众数就是当年最热门的专业。

07章

7.3　离散趋势

集中趋势只是数据组特征的一方面，而另一方面是离散趋势，也就是围绕中心点（平均值）的变动幅度。例如，图 7-24 所示的这些学生的体重都是 45kg，均值是 45kg，每个人的体重都没有变动趋势，直方图就是一个窄长条，如图 7-25 所示。

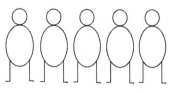

图 7-24　体重相同的学生

如果这些学生的体重是图 7-26 所示的情况，直方图就会变成图 7-27 所示的形态。

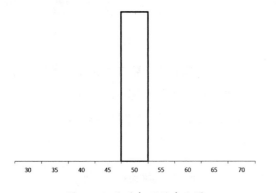

图 7-25　体重相同的直方图

图 7-26　体重差异大的学生

量化描述数据这种分散状态的是方差和标准差。

假设有如图 7-28 所示的 3 组数据，这 3 组数据的均值虽然都是 50，但是 B 组的变动幅度最大，A 组较小，C 组完全没有变动幅度。

量化描述这种变动幅度的是极差。

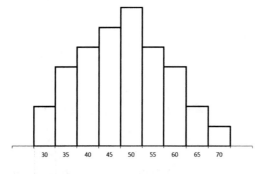

图 7-27　体重差异大的直方图

	A	B	C
1	A组	B组	C组
2	48	30	50
3	49	40	50
4	50	50	50
5	51	60	50
6	52	70	50

图 7-28　3 组数据

本节重点讨论的是离散趋势的 3 个描述方法，分别是极差、方差和标准差。另外，四分位差也是描述数据离散趋势的常用方法。

7.3.1　极差

极差是 3 个概念中最简单、最笼统的指标，即数据组中最大值和最小值之差，在图 7-28 中，A 组的极差是 4，B 组的极差是 40，C 组的极差是 0，计算方法如图 7-29 所示。

	A	B	C	D	E	F	G	H
1	A组	B组	C组			A组	B组	C组
2	48	30	50		极差	4	40	0
3	49	40	50		公式	=MAX(A2:A6)-MIN(A2:A6)	=MAX(B2:B6)-MIN(B2:B6)	=MAX(C2:C6)-MIN(C2:C6)
4	50	50	50					
5	51	60	50					
6	52	70	50					

图 7-29　极差计算方法

极差可以直观看到数据组的范围，但是不够精确。

7.3.2　方差和标准差

1. 方差和标准差的实际意义

方差和标准差如何来度量分散程度呢，现有一组人群的体重数据如图 7-30 所示。

这组体重数据的均值是 38.7，每一个数据相对平均值都有一定的变动幅度。

如图 7-31 所示，图中每个点代表一个人的体重，右边的垂线是平均值所在的平均线，左边的垂线是其中一个数据点所在直线，两条垂线间的距离是数据点到平均线的距离，方差是所有数据点到平均线距离的平方的均值。

	A	B
1	姓名	体重（单位 kg）
2	卢迪致	25
3	霍淼	28
4	武高菲	30
5	危雨渊	30
6	田裹渝	30
7	杨仰隆	31
8	欧烨玉	32
9	蒲瑁昇	34
10	严裔祥	35
11	吴执松	35
12	梅全聚	46
13	郭僚轮	35
14	丁经少	37
15	邱中继	37
16	宁成林	40
17	凌献满	42
18	霍滔帅	45
19	危傲鸿	45
20	潘茂玑	46
21	任淦京	60
22	张雪望	49
23	童心芹	60

图 7-30　体重数据

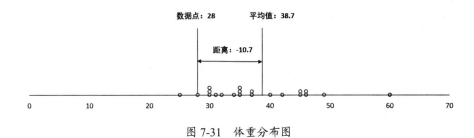

图 7-31　体重分布图

图 7-32 展示了方差的计算过程：

	A	B	C
1	数值	平均值	数值与平均值间的距离的平方
2	25	38.7	(25-38.7)*(25-38.7)=187.69
3	30	38.7	(30-38.7)*(30-38.7)=75.69
4	.	.	
5	45	38.7	(45-38.7)*(45-38.7)=39.69
6			
7			所有平方的总和：1911

图 7-32　距离平方的计算步骤

借助这个表中得到的总和，可以求得距离的均值：1911/21=91，这个结果就是方差，将 91 开方后得到 9.5 就是标准差。

注意

由于统计总体和样本的差异，计算均值时用的数值个数不是 22 个，而是 22-1，即 n-1 个（请参阅 10.1.1 节内容）。

方差已经足够描述数值与均值的偏离程度，为什么又要计算标准差呢？虽然方差可以很好地描述数据与均值的变动幅度，但是方差与要描述的数据的单位是不一致的，这样的处理结果并不符合人们的直观思维习惯，而标准差与真实数据的单位是相同的。因此很多场合大家更倾向于使用标准差。

例如一个班级有 50 名学生，经过统计数学平均分是 80 分，标准差是 10，其实际意义是每个学生的分数与平均分的平均差距是 10 分；方差是 100，是标准差的平方，没有单位，即每个学生的分数与平均分的平均差距的平方是 100，这个解释没有任何实际意义，通常使用标准差进行描述更具有实际意义也更容易理解。从这一点来说，方差只是一个中间的计算过程，它的目的是平方运算后去掉负号，再开方得到原单位偏差值。当然，方差的作用绝不仅限于此，在数据分析中它有很多重要的用途。

标准差的性质：

（1）标准差是以均值为中心的变动幅度测量，如果是以中位数为中心，标准差是无效的。

（2）如果数据组的所有数据都相等，标准差为 0，否则必然是大于 0 的数值，而且数据越分散标准差越大，越集中标准差越小。

标准差在描述数据中有极其重要的作用，希望每一位读者能深入体会其实际意义。

2. 在 Excel 中计算数据组的方差和标准差

某公司的销售部门在月底统计每个销售人员的业绩，如图 7-33 所示。

计算标准差和方差如图 7-34 所示。

图 7-33　某公司销售人员业绩　　图 7-34　计算销售人员业绩的标准差与方差

在 D2 单元格输入以下公式，得到标准差为 10 185。

```
=STDEV.P(B2:B12)
```

在 E2 单元格输入以下公式，得到方差为 103 740 510。

```
=POWER(D2,2)
```

或

```
=D2^2
```

注意，Excel 中的标准差函数有两个，分别是 STDEV.P 和 STDEV.S。STDEV.P 计算的是总体标准差，STDEV.S 计算的是样本标准差（请参阅 8.1.1 节）。计算方法的差别在于，总体标准差用的数值个数是 n，样本标准差用的数值个数是 $n-1$。

本例中，全部销售人员是一个总体，所以用 STDEV.P 计算标准差。从计算结果可以知道，每个销售人员的业绩与全体员工业绩均值的平均差距是 10 185 元，均值是 21 692 元，标准差大约是均值的一半，说明整个销售部门的员工销售能力差距较大。

7.3.3　四分位间距

1. 四分位数

标准差是以均值为中心的变动幅度测量，如果以中位数的变动幅度测量需要借助四分位间距。

四分位间距也称为四分位差，基本原理是把数据组内的数值从小到大排序，按照数值个数等分成 4 组，然后再继续观察变动幅度，具体等分方法如下。

（1）图 7-35 中是 23 名学生的语文成绩，按从小到大排列。首先在中位数处将数据组分成高低分两组，由于中位数恰好是其中的一个数值 80，而不是某个中间位置，目的是将整个数据组等分，无论将中位数划分到哪个组都不再相等，所以划分原则是将中位数既分配给高分组也分配给低分组，这样所有学生的成绩就分成了两组，每组数值个数为 12。

（2）低分组的中位数是 72，称作第一四分位数，也称为下四分位数，通常记作 Q1。高分组的中位数是 83，称作第三四分位数，也称为上四分位数，通常记作 Q3。原数据组的中位数 80 也称为第二四分位数，记作 Q2。

（3）Q3 与 Q1 距离称为四分位间距，记作 IQR。在本例中，IQR= Q3-Q1=83-72=11。

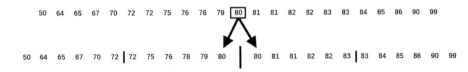

图 7-35　确定四分位数

IQR 展示的是中间一半数据的离散程度，数值越大越分散，反之数值越小越集中。同时 IQR 处在数据中段且不受极端值的影响，能在一定程度上表现整体数据的离散程度。

2. 箱形图

箱形图是由著名统计学家 John W. Tukey 发明的，借助箱形图可以更直观地观察四分位数。以图 7-35 中的数据为例来说明。

找出 Q1、Q3 和中位数的位置，以 Q1 和 Q3 为两边画一个矩形，以中位数的位置在矩形中画一条直线，如图 7-36 所示。

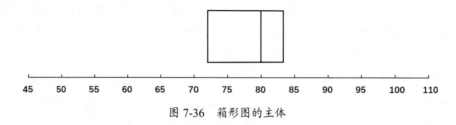

图 7-36　箱形图的主体

　　从矩形两侧分别延长出两条线，延长线的长度为 1.5 倍的 IQR，如图 7-37 所示。左端点和右端点分别称作下限和上限，需要注意的是，此处上限和下限并不是数据组的最大值和最小值，而是人为规定的一个界限，在界限以内的值是正常值，超过界限以外的是异常值。图 7-37 中最左侧的点是该组数据中唯一没有落在上下限以内的点，是异常值。

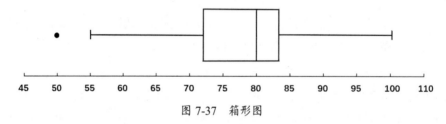

图 7-37　箱形图

　　箱形图不受异常值影响，能够准确描述数据的离散程度，非常适合数据组之间的对比。而且箱形图可以横着画，也可以竖着画，只要保证对比的数据组用统一的刻度即可，如图 7-38 所示。

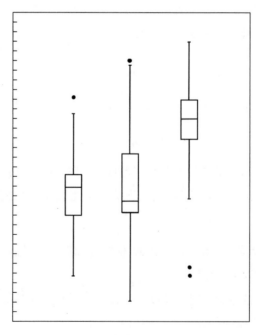

图 7-38　多组箱形图的对比

3. 用 Excel 计算四分位数和制作箱形图

示例 7-2　计算四分位数和制作箱形图来检验超市 SKU 调整效果

有一家新开业的超市，由于老板经验不足，前 3 个月对商品数量一直在做调整。现在老板希望对这一季度的商品数量进行分析，如图 7-39 所示。

需要给每一个月数据计算四分位数并创建箱形图，并且要求在同一个图表中展示，以方便对比，步骤如下。

计算四分位数的方法如图 7-40 所示。具体方法如下。

在 G2 和 G4 单元格分别输入以下公式，并分别向右复制填充到 G2:I2 单元格区域和 G4:I4 单元格区域。

```
=QUARTILE.EXC(B3:B32,1)
```

```
=QUARTILE.EXC(B3:B32,3)
```

每月日期	商品数量		
	开业第一月	开业第二月	开业第三月
第1日	10	3	64
第2日	15	46	64
第3日	17	47	65
第4日	20	50	67
第5日	22	55	70
第6日	25	56	72
第7日	28	57	72
第8日	30	65	75
第9日	35	66	78
第10日	40	66	80
第11日	45	66	81
第12日	50	70	82
第13日	55	79	82
第14日	60	85	83
第15日	65	88	83
第16日	70	89	85
第17日	85	90	86
第18日	86	90	90
第19日	87	90	99
第20日	89	110	99
第21日	40	145	72
第22日	45	56	72
第23日	50	57	75
第24日	55	65	78
第25日	60	66	80
第26日	65	66	81
第27日	70	66	82
第28日	85	70	82
第29日	86	90	83
第30日	87	110	77

图 7-39　某超市的商品数量

计算出三个月的上四分位分别为 29.5、56.75 和 72，下四分位数分别为 73.75、89.25 和 83。

	开业第一月	开业第二月	开业第三月
上四分位数	29.5	56.75	72
公式	'=QUARTILE.EXC(B3:B32,1)	=QUARTILE.EXC(C3:C32,1)	=QUARTILE.EXC(D3:D32,1)
下四分位数	73.75	89.25	83
公式	'=QUARTILE.EXC(B3:B32,3)	=QUARTILE.EXC(C3:C32,3)	=QUARTILE.EXC(D3:D32,3)

图 7-40　计算四分位数

插入 3 组数据的箱形图，步骤如下。

步骤① 选中 B2:D32 单元格区域。

步骤② 单击【插入】选项卡中的【插入统计图表】→【箱形图】命令，即可生成箱形图，如图 7-41 所示。

对箱形图进行美化，如图 7-42 所示。

由图 7-42 可以看出，开业第一个月商品数量增长很大，是快速扩充时期。第 2 个月的跨度最大，出现了一次极小值和一次极大值，极小值说明补货不及时，极大值可能是当天扩充品类导致商品数量增加，但是整体数量相比第一个月在稳步上升，可以看出第 2 个月是调整期。第 3 个月的波动明显减小，且处在货物相对充足的状态，说明第 3 个月进入稳定期。

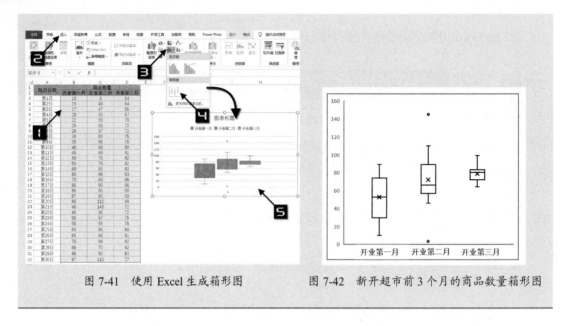

图 7-41　使用 Excel 生成箱形图　　　　图 7-42　新开超市前 3 个月的商品数量箱形图

7.4　数据分布的峰度与偏度

7.4.1　数据分布

如果用直线将直方图每个柱顶的组中值连接起来，可以得到一条形状和直方图相仿的近似曲线，如图 7-43 所示。

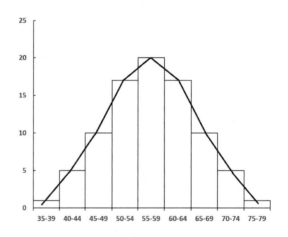

图 7-43　绘制直方图曲线

想象一下，如果数据量越来越大，每组数据的组距越来越小，柱形越来越细，那么曲线会越光滑，如图 7-44 所示左图所示。如果数据量足够大，柱形图的组距最终缩减成一个数值，就会得到变成一条平滑的曲线，这条曲线也可以看作数据频次的分布，也称为密度分布曲线，如图 7-44 所示。

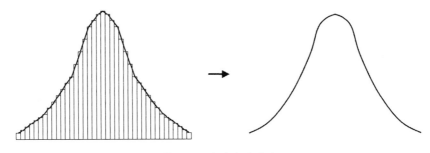

图 7-44 密度分布曲线

密度分布曲线的实际意义和直方图是一样的，只是把组距缩小成了一个点，如图 7-45 所示。数据点所在位置表示数值是 16 的数据点出现的频次为 15，这条线上的每一个点都代表相应数值在数据组中出现的次数。

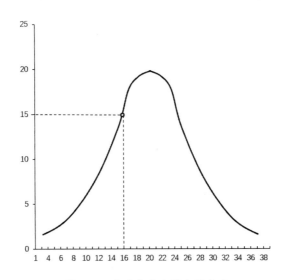

图 7-45 密度分布曲线实际意义

7.4.2 偏度

假设某班级中少部分学生的成绩特别优秀，总是得 90 分以上的高分；另有少部分学生总是不及格；剩下大部分学生的成绩都是中等水平，得分在 60 分至 90 分，把该班的学生成绩分布画成曲线，如图 7-46 所示。

图中曲线和横轴之间的面积就是学生

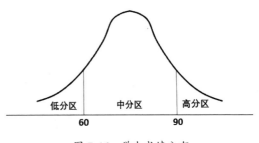

图 7-46 学生成绩分布

总人数，60 和 90 所在线、横轴和曲线所围成的面积是 60 分至 90 分的学生人数。

如果某次考试难度很大，那么多数学生分数将偏低，就会出现图 7-47 中左图的分布；与之相反，如果考试难度很低，那么多数学生分数将偏高，就会出现图 7-47 中右图的分布。

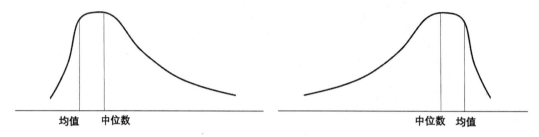

图 7-47　偏移的分布

仔细观察两个分布图，曲线的波峰向左边倾斜是由于中位数大于均值，表现在图上是长尾在右侧，这种情况称为右偏或正偏；曲线的波峰向右倾斜是由于均值大于中位数，表现在图上是长尾在左侧，这种情况称为左偏或负偏。

7.4.3　峰度

峰度指分布曲线的形态是陡峭还是平缓。那么什么样的峰是陡峭的，什么样的峰是平缓的？偏度是以均值和中位数的相对位置决定了正偏还是负偏，峰度的比较标准是标准正态分布。图 7-48 中的虚线分布就是标准正态分布，如果分布曲线的峰值高于标准正态分布就是尖峰分布，也称为高峰分布；如果分布曲线的峰值低于标准正态分布就是平峰分布，也称为低峰分布。

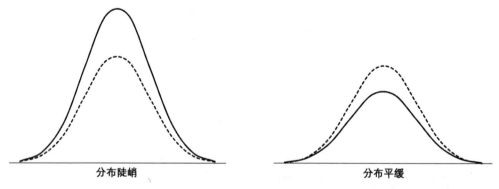

图 7-48　分布曲线的两种分布形态

7.5　正态分布

分布曲线会由于均值和中位数的不一样造成一定的偏度，还有一种特例，就是均值和中位数相等的分布，称为正态分布，也称为高斯分布。正态分布是统计学中很重要的概念，在社会生活中应用非常广泛。

7.5.1　正态分布曲线特征

图 7-49 是一条正态分布曲线，可以看出，曲线形似座钟，所以有时也被称作钟形曲线，特点是钟形两侧比较陡峭，到了尾部变得较平缓。

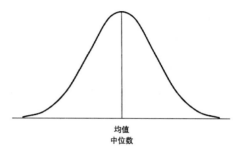

图 7-49　正态分布曲线

正态分布的均值和中位数是相等的，体现在图形上两个值所在的直线是完全重合的，并且这条直线正好处于正态分布曲线的波峰（曲线的最高点）。同时这条曲线只有一个波峰，因此也称为单峰曲线。

正态分布曲线是完全对称的，如果沿着均值所在直线对折该图形，会得到完全重合的两个图形，其面积也是完全相等。

7.5.2　正态分布的标准差

数据的两种趋势描述分别是集中趋势和离散趋势。正态分布中的集中趋势很明显，均值、中位数是重合的，其实正态分布的众数也是和均值重合的，读者可以自行验证。对于均值、中位数和众数完全相等的数据集，集中趋势就是其均值，它在曲线上的位置是恒定的，就是曲线的正中心。同样的，正态分布也有离散程度，能体现离散程度的标准差对曲线会产生怎样的影响呢，先看图 7-50 所示的不同标准差的正态分布曲线。

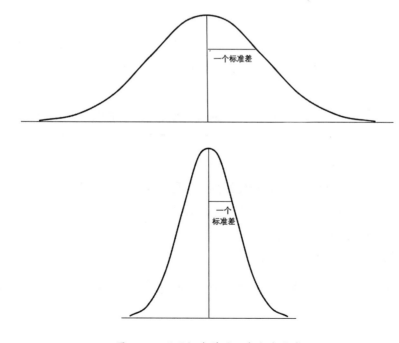

图 7-50　不同标准差的正态分布曲线

由图 7-50 可见，在均值相等的情况下，从均值向右挪动一个标准差后发现，标准差较大的分布离散程度大，表现在图上是曲线比较平缓；标准差较小的分布离散程度小，表现在图上是曲线比较陡峭。由此可见标准差对曲线形态影响之大。

因为正态分布的集中趋势只有一个值，所以当离散趋势的标准差确定以后，就可以完全确定整条曲线。

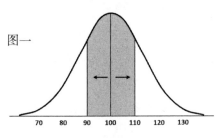

图一

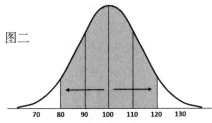

图二

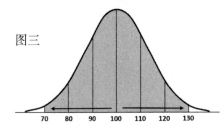

图三

图 7-51　沿均值向两侧移动标准差

图 7-51 是一组均值为 100，标准差为 10 的正态分布曲线。

图一是从均值出发，分别向两侧移动一个标准差的位置，即从 100 向左移动到 90 的位置，向右移动到 110 的位置，可以看到覆盖了图中的阴影面积，目测这部分面积已经超过整个钟形图面积的一半，统计学家已经给了答案，这部分的面积占比是 68.268949%，通常实际运算中直接取整为 68%（下面同理），因为正态分布曲线是完全对称的，那么以均值线为中心的两侧面积分别占比为 34%。

图二是从均值出发分别向两侧移动两个标准差的位置，分别到了 80 和 120 的位置，加上第一个标准差中的 68%，第二幅图的阴影面积已经达到 95%，同理，第三幅图 70 到 130 之间的阴影面积占比是 99.7%（非常接近 100%）。

移动 3 个标准差后的面积占比不会因为均值和标准差的变化而受到影响，任意的均值和任意的标准差组合出的曲线，都符合 68%、95%、99.7% 的占比，这就是 68-95-99.7 法则（也称为经验法则）。

当一个正态分布的均值和标准差确定以后，就可以唯一确定这条曲线。有一条正态分布曲线比较特殊，是均值为 0，标准差为 1 的正态分布，它被称为标准正态分布，就是上一节中用来判断分布曲线峰度的标准线。

7.5.3　用 Excel 制作正态分布曲线

图 7-52 所示的 A1：A22 单元格区域是一组样本数据。现在需要制作其正态分布曲线，步骤如下。

步骤① 计算出样本数据的均值和标准差。

在 C2 单元格输入以下公式，得到样本均值是 62。

```
=AVERAGE(A2:A22)
```

在 C6 单元格输入以下公式，得到样本标准差是 8。

```
=STDEV.S(A2:A22)
```

> 由于需要计算样本标准差，所以使用 STDEV.S，而不是 STDEV.P。具体请参阅 7.2.2 节内容。

结果如图 7-52 所示的 C1:D6 单元格区域所示。

步骤② 将样本数据按组距为 5 的距离分组，分组坐标如图 7-53 所示的 E2:E13 单元格区域所示。

选择 F2:F13 单元格区域，在编辑栏输入以下数组公式，按 < Ctrl+Shift+Enter >组合键。

```
=NORM.DIST(E2,$C$2,$C$6,FALSE)
```

图 7-52 计算出样本数据的均值和标准差　　图 7-53 用正态分布函数计算图表坐标

步骤③ 选择 F1:F13 单元格区域，单击【插入】选项卡中的【插入折线图或面积图】→【折线图】命令，即可得到分组后的折线图，如图 7-54 所示。

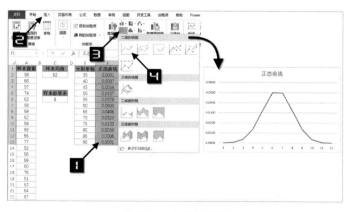

图 7-54 生成折线图

步骤④ 设置正确的坐标轴标签。选中图表，在【图表工具】的【设计】选项卡中单击【选择数据】按钮，打开【选择数据源】对话框。在【选择数据源】对话框中单击右侧"水平（分类）轴标签"的【编辑】按钮，打开【轴标签】对话框。设定轴标签区域为E2:E13，单击【确定】按钮关闭【轴标签】对话框，最后再次单击【确定】按钮关闭【选择数据源】对话框，即可将图标横坐标轴改为分组坐标，如图 7-55 所示。

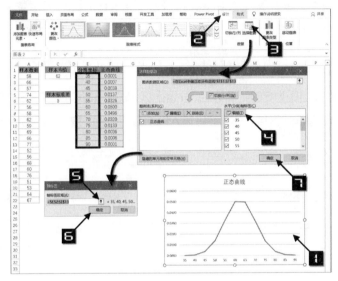

图 7-55　设置坐标轴标签

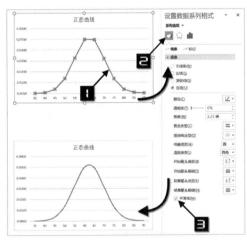

图 7-56　设置平滑曲线

步骤⑤ 双击折线图中的折线，打开【设置数据系列格式】窗格。切换到【填充与线条】选项卡，选中【平滑线】复选框，即可得到平滑的正态分布曲线，如图 7-56 所示。

7.5.4　z 值

假设 A 同学的身高是 170cm，想要知道这样的身高在班级中属于何种水平，就需要知道该班级全部学生的身高分布。现在已知该班学生的身高符合均值为 160，标准差为 5 的正态分布，如图 7-57 所示。图中坐标轴上的圆圈标记出 A 同学的身高所在位置为 170，正好是沿均值向右移动两个标准差的位置，落在 170 左侧的阴影面积部分的同学身高都是低于 A 同学的。

这部分阴影面积是多少呢，从均值 160 往左的全部面积（50%）+160 往右一个标准差面积（34%）+165 再往右一个标准差的面积（14%）=98%，所以 A 同学超过班上 98% 的学生身高，已经是顶尖的身高了。B 同学也来自该班，他的身高是 165，他的身高超过班里多少的学生呢，是 50%+34%=84%，所以 B 同学的身高超过了全班 84% 的同学。

根据上例得出结论，确定个体在总体里面的位置可以用标准差做度量单位。例如，C 同学比均值矮一个标准差，D 同学比均值高 0.5 个标准差。测量个体和均值之间相差了几个标准差就是标准值，也叫 z 值。计算方法如下。

$$z\ 值 = \frac{(具体数值-均值)}{标准差}$$

有了 z 值，可以很方便地测量每个数值在数据集中的位置。以 10 个同学的身高为例，求出每一个同学的 z 值，就可以用 z 值为同学们的身高排序，如图 7-58 所示。

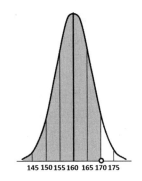

图 7-57 某班级学生身高分布曲线

图 7-58 按 z 值排序的身高

如果 z 值是整数个标准差，很容易知道面积比例，如果不是整数，如 z 值为 1.27 要怎么判断呢，因为正态分布的各部分面积占比是不变的，所以统计学家早就做好了一张表，像查字典一样，根据 1.27 找到对应的面积占比即可。

7.5.5　用 Excel 做 z 值百分位表

在计算机技术不发达的年代，z 值的百分位表都是统计学家做好，贴在统计学类书籍的附录中供读者查询，现在用 Excel 就可以自己制作百分位表，随时随地可以查询，步骤如下。

在 B2 单元格输入以下公式，并向下复制填充到 B3:B21 单元格区域。

```
=NORMSDIST(A2)
```

D 列、F 列和 H 列使用同样的方法设置公式，即可得到 z 值百分位数表，如图 7-59 所示。

z值	百分位数	z值	百分位数	z值	百分位数	z值	百分位数
-4	0.0000	-2.0	0.0228	0.0	0.5000	2.0	0.9772
-3.9	0.0000	-1.9	0.0287	0.1	0.5398	2.1	0.9821
-3.8	0.0001	-1.8	0.0359	0.2	0.5793	2.2	0.9861
-3.7	0.0001	-1.7	0.0446	0.3	0.6179	2.3	0.9893
-3.6	0.0002	-1.6	0.0548	0.4	0.6554	2.4	0.9918
-3.5	0.0002	-1.5	0.0668	0.5	0.6915	2.5	0.9938
-3.4	0.0003	-1.4	0.0808	0.6	0.7257	2.6	0.9953
-3.3	0.0005	-1.3	0.0968	0.7	0.7580	2.7	0.9965
-3.2	0.0007	-1.2	0.1151	0.8	0.7881	2.8	0.9974
-3.1	0.0010	-1.1	0.1357	0.9	0.8159	2.9	0.9981
-3	0.0013	-1.0	0.1587	1.0	0.8413	3.0	0.9987
-2.9	0.0019	-0.9	0.1841	1.1	0.8643	3.1	0.9990
-2.8	0.0026	-0.8	0.2119	1.2	0.8849	3.2	0.9993
-2.7	0.0035	-0.7	0.2420	1.3	0.9032	3.3	0.9995
-2.6	0.0047	-0.6	0.2743	1.4	0.9192	3.4	0.9997
-2.5	0.0062	-0.5	0.3085	1.5	0.9332	3.5	0.9998
-2.4	0.0082	-0.4	0.3446	1.6	0.9452	3.6	0.9998
-2.3	0.0107	-0.3	0.3821	1.7	0.9554	3.7	0.9999
-2.2	0.0139	-0.2	0.4207	1.8	0.9641	3.8	0.9999
-2.1	0.0179	-0.1	0.4602	1.9	0.9713	3.9	1.0000

图 7-59 生成 z 值百分数分布表

7.6　相关

7.6.1　变量

变量这个词，常出现在计算机、数学和统计等相关领域，在不同的环境中代表的意义也不同。例如，《全国人口普查条例》第十二条规定了普查内容："人口普查主要调查人口和住户的基本情况，内容包括姓名、性别、年龄、民族、国籍、受教育程度、行业、职业、迁移流动、社会保障、婚姻、生育、死亡、住房情况等。"这些内容就是变量。

统计学不是研究个体的学科，而是研究总体的。例如，对于一个班级里的某一个学生，民族是确定的，但是对于全班总体而言，其中每一个学生的民族都可能不尽相同，民族这个变量会因为总体里面的个体不同而变化，这就是变量的特点。一个班里有 50 个学生，男生 30 人，女生 20 人，如果对 30 个男生的身高做研究，那么身高这个变量就包含 30 个变量值，如果对 20 个女生的体重做研究，那么体重这个变量就包含 20 个变量值。

7.6.2　相关关系

直方图是一组数据中所有数据的频次分布图，这组数据可以是一个班的学生体重，也可以是工厂出产的一批足球的直径，也可以是一个城市居民的收入，这个数据组也可以称为一个变量。集中趋势、离散趋势和正态分布等都可以用来描述变量，但都是针对一个变量进行描述。如果想研究两个变量之间关系，即一个变量发生变化时另一个变量会如何变化，就需要用到变量之间的相关关系。

例如，保险公司的精算师们经年累月地在研究什么因素会影响到寿命，什么因素会导致意外的发生，体重超过多少会引发疾病，车速多少会引起交通事故，等等。现在的人们上车第一件事就是系安全带，会在意外来临时保障安全，其实很多年以前人们没有这个意识，是保险公司通过大量的案例分析出来，系安全带后出交通事故比不系安全带的事故致死率要低很多。所以保险公司为了能少做理赔，最终推动了"上车一定要系安全带"这条法规的立法。

中国有句古话：有其父必有其子。虽然孩子的性格、外貌等特征并不全是由父亲决定的，也有母亲的因素，还有成长环境的影响，但是孩子和父亲的确有很大的关联。

7.6.3　散点图与相关性

最常用来展示两个变量之间关系的是散点图。散点图可以展示一组数据的两个变量之间的关系。散点图的做法很简单，某个同学的身高是 160cm，体重是 50kg，画在散点图上就是 X 轴 160 所在直线和 Y 轴 50 所在直线的交点。如果有多名同学，那么数据点也相应增多，如图 7-60 所示。

从散点图中可以直观看出变量之间的关系，如图 7-61 所示。如果所有点之间的关系可以近似地表现为一条直线，那么就称为数据线性相关。

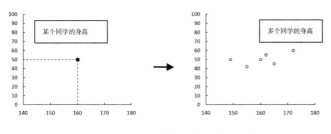

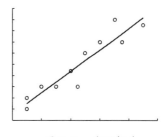

图 7-60 学生身高体重散点图   图 7-61 线性相关

再观察图 7-62，也可以用直线近似表现所有点，但是这些点到直线的距离比较远，与图 7-61 相比是较弱的线性相关。

如果散点图很松散，毫无规律，如图 7-63 所示，那么两个变量之间是完全不相关的。

观察图 7-61 和图 7-62，无论相关的强弱关系如何，两条近似的直线都是从左下向右上方倾斜的，称为正相关，具体表现为一个变量数值增加，另一个变量的数值也增加。相反，如果直线是从左上向右下方倾斜，那么就是负相关，具体表现为一个变量的数值增加，另一个变量的数值减少，如图 7-64 所示。

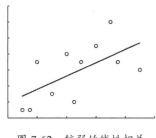

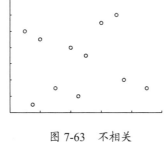

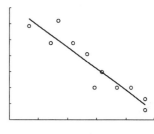

图 7-62 较弱的线性相关   图 7-63 不相关   图 7-64 负相关

7.6.4 相关系数的计算

从散点图可以很容易地看出两个变量之间相关关系的正负方向和关系强度，当数据点分布很接近模拟线时，就是强相关；当数据点在线附近松散分布时，就是弱相关。仅凭肉眼只能观察到定性的内容，如果要知道强相关究竟有多强，弱相关究竟有多弱，就需要定量地分析，"相关系数"就是相关性的度量单位。

相关系数是对两个变量之间的相关关系的方向和强度的度量，通常用字符 r 表示，相关系数在任何统计软件中都会很容易得到。

从散点图的数据点分布是集中还是分散能看到两个变量的关系强弱，其实，这也是离散趋势的表现形式。离散趋势表现为一个横轴方向的离散，而散点图表现为横轴和纵轴两个方向同时离散，如图 7-65 所示。

因此，可以用测量数据变动幅度的方法来研究相关关系，即从均值入手。

图 7-66 是 9 名学生身高体重的数据，变量为身高 X 和体重 Y。计算出身高的均值为

165，体重的均值为 58。

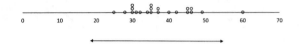

从一维离散发展为二维离散

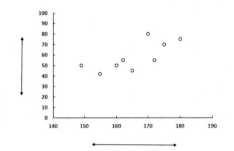

图 7-65 离散趋势从一维发展为二维

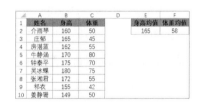

图 7-66 9 个学生的身高（单位：cm）体重（体重：kg）数据

画出这组数据的散点图，用空心点表示，将均值点（165，58）用实心点标出，如图7-67所示。

注意 ➡

图 7-67 中的均值点并不是一个学生数据所在的点，而是根据身高均值和体重均值虚拟出来的，是相关系数计算中的重要参照点，可以将其想象为辅助线。每个点都与均值点有一定的距离，将这些距离加总就是整体偏离幅度。

如何计算每个点与均值的距离呢？以第 5 行的牛静涵同学为例，牛同学身高为 170，体重为 80，相当于均值点在横轴方向往右移动了 5（170–165）的距离，记为 a；同时在纵轴方向往上移动了 22（80–58）的距离，记为 b，如图 7-68 所示。

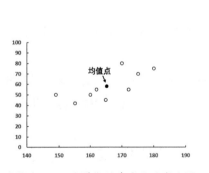

图 7-67 9 个学生的身高体重散点图

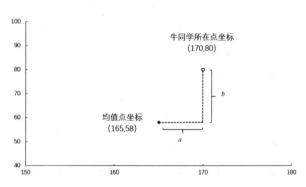

图 7-68 计算点与均值距离

a 与 b 相乘就是牛同学所在点相对于均值点的变动幅度。

可是，体重与身高是不同单位不同数量级的数值，乘法运算对后续的分析比较起到了一定的副作用，如果要消除单位、数量级等因素的影响，可以使用标准值，即用 z 值衡量数值相对于均值移动了多少个标准差，用 z 值相乘即可（ z 值的计算方法参见 7.4.4 节）。

如图 7-69 所示，牛同学的身高 z 值是 0.5，体重 z 值是 1.6，两个 z 值相乘 1.6×0.5=0.8，0.8 就是牛同学所在数据点相对于均值点的偏离程度。

	A	B	C	D	E	F	G	H	I	J
1	姓名	身高	体重	身高均值	体重均值	身高标准差	体重标准差		身高z值	体重z值
2	介雨琴	160	50	165	58	10	14		-0.5	-0.6
3	庄郁	165	45	165	58	10	14		0.0	-1.0
4	房湛蓝	162	55	165	58	10	14		-0.3	-0.2
5	牛静通	170	80	165	58	10	14	→	0.5	1.6
6	钟秦平	175	70	165	58	10	14		1.0	0.9
7	吴冰蝶	180	75	165	58	10	14		1.5	1.2
8	张湘君	172	55	165	58	10	14		0.7	-0.2
9	祁衣	155	42	165	58	10	14		-1.0	-1.2
10	姜静珊	149	50	165	58	10	14		-1.6	-0.6

图 7-69　每个学生的身高 z 值和体重 z 值

与此类似，先求出每个同学的偏离程度，然后由所有的偏离程度计算出均值就是相关系数。在本例中，相关系数是 0.74，求解过程如图 7-70 所示。注意，由于总体和样本的关系，在计算相关系数的均值时，不是除以 n，而是除以 $n-1$，计算标准差时也是用的 $n-1$，这是统计学中特殊的一点。

O2				fx	=SUM(M2:M10)/8		
	I	J	K	L	M	N	O
1	身高z值	体重z值		偏离程度计算	偏离程度值		相关系数（偏离程度均值）
2	-0.5	-0.6		(-0.5)*(-0.6)	0.30		0.74
3	0.0	-1.0		(0)*(-1)	0.00		
4	-0.3	-0.2		(-0.3)*(-0.2)	0.06		
5	0.5	1.6		(0.5)*(1.6)	0.80		
6	1.0	0.9		(1)*(0.9)	0.90		
7	1.5	1.2		(1.5)*(1.2)	1.80		
8	0.7	-0.2		(0.7)*(-0.2)	-0.14		
9	-1.0	-1.2		(-1)*(-1.2)	1.20		
10	-1.6	-0.6		(-1.6)*(-0.6)	0.96		

图 7-70　相关系数求解过程

把相关系数 r 用公式表示出来：

$$r = \frac{1}{n-1}\sum z_x z_y$$

$\sum$ 是代表后面的所有项求和，z_x 是变量 X 的 z 值，z_y 是变量 Y 的 z 值，这个公式表达的就是分别对两个变量的每一个数值计算 z 值，再将同一个数值的两个变量的 z 值相乘，最后将所有的 z 值乘积求得均值就是相关系数。

7.6.5　相关系数的意义

计算出相关系数以后，就要知道怎么应用它，如何度量相关关系呢？

第一，方向测量：r 如果是正数，说明两变量是正相关，r 如果是负数，说明两变量是负相关。

第二，强度测量：相关系数 r 是一个介于 –1 和 1 之间的数值。

$$-1 \leqslant r \leqslant 1$$

也可以表示成

$$|r| \leqslant 1$$

相关系数的绝对值越大，相关关系就越强；反之相关系数的绝对值越小，相关关系就越弱。通常统计学上对相关系数强度的细分如表 7-1 所示。

表 7-1　相关关系测量相关关系强弱

相关系数绝对值	相关关系强弱
$0.8 \leqslant |r|$	高度相关
$0.5 \leqslant |r| < 0.8$	中度相关
$0.3 \leqslant |r| < 0.5$	低度相关
$|r| < 0.3$	不相关

第三，相关系数具有对称性，它不会因为两个变量互换而变化。假设在图 7-70 的案例中，如果体重作为 X 变量，身高作为 Y 变量，最终得到的相关系数是不变的，依然是 0.74。

第四，相关系数只对两个变量都是数值型才有意义。可以研究一个班级学生的出生地和民族的相关关系，但是无法用相关系数量化。

7.6.6　在 Excel 中计算相关系数

在 Excel 中计算相关系数的方法有很多，这里介绍的是公式法。在 E2 单元格输入以下公式，即可得到 9 名学生身高和体重的相关系数是 0.74，如图 7-71 所示。

```
=CORREL(B2:B10,C2:C10)
```

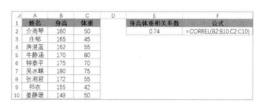

图 7-71　计算身高体重相关系数

第 8 章 中心极限定理

现实生活中有太多的现象都可以用正态分布来表示，如成年人的身高分布，正态曲线中间高两边低，大部分是中等身高，像姚明这种身高极其少。为什么会有这种现象，中心极限定理阐述了其中的原因，该定理是统计学最专业部分的开端，说它是统计学的灵魂并不为过。

8.1 总体和样本

8.1.1 总体和样本

作为一家饮料公司的老板，为了能生产出让每个客户都满意的饮料，肯定会很渴望知道每一个客户的口味偏好。但是，客户数量非常庞大，需要花费大量的金钱和时间来做全员调查研究，这是不现实的。所以，从客户群体中选择一部分具有代表性的消费者作为样本，对样本人群的口味进行调研，是更合适的方法。

无论是科学家还是企业家，在研究问题时，都存在时间和金钱的限制，所以最好的办法是从研究对象中选取一部分来进行研究。研究对象的整个群体称为总体，从中选取的一部分称为样本，如图 8-1 所示。

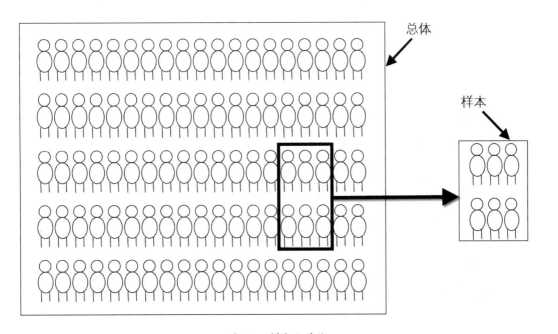

图 8-1 样本和总体

8.1.2 抽样

从整体中选取样本的过程称为抽样。抽样的目的是研究对象总体的特征，如果希望推断的结果更加准确，抽取的样本就应该尽量和总体的特征相近。统计学发展到今天，有很多抽样设计方法，本节介绍应用最为广泛的随机抽样方法。其意义是，在选取样本时，能保证总体中的每个个体都有同样的机会被选中。

作为饮料公司的调研员，希望用简单的随机抽样方法去调研目标人群的口味喜好，可能尝试过如下选取规则。

1. 周末在超市门口无规则地选取一部分人做访谈。这样的方法会让那些只进行网购不进超市的人群永远没有机会得到访谈，这个样本的限制条件是愿意走入实体超市的人群，而真实的总体是实体店和网店的全部顾客。

2. 运用扫码技术进行有奖征集，在饮料瓶上印刷二维码，顾客扫码后填写调查问卷。这个方法会遗漏潜在客户，没买过该品牌饮料的客户没有机会接受调研，同时这个方法也会遗漏对奖品不感兴趣的客户，这个样本的限制条件是对奖品感兴趣的老客户，无法观察到总体的特征。

3. 在所有的大型综合性网站投放调查问卷，由于信息不对称和投放经费限制，不可能在所有网站全部投放，那么喜欢上垂直细分类网站的客户会被遗漏，同样综合性网站中也不是每个人都能看到调查问卷。最后这个样本的限制条件是经常登录综合性网站且被广告投放送达的人。

在现实世界中，完美的随机抽样是很难找到的，总会有一些原因造成样本和总体之间的偏差，这就是抽样误差。抽样误差越大，对总体的判断就越不准确。抽样误差越小，对总体的判断就越精确。

幸运的是，随着信息科技的发展，有很多工具可以用来进行随机抽样，只要能用计算机存储的总体数据就可以进行随机抽样。下面介绍用 Excel 对总体进行随机抽样的方法。

8.1.3 用 Excel 进行随机抽样

某银行给 150 个客户发放个人贷款，贷款发放后的 3 个月，银行要对这一批客户计算逾期率，并且要核查逾贷款期率与个人征信分数是否相关。所有客户的个人征信分如图 8-2 所示。

现在需要从 150 个客户中随机抽取 30 个客户，用 Excel 来实现随机抽样，步骤如下。

步骤① 单击【数据】→【数据分析】按钮，打开【数据分析】对话框。

步骤② 在【数据分析】对话框的【分析工具】列表框中选择【抽样】选项，单击【确定】按钮，打开【抽样】对话框。

步骤③ 在【抽样】对话框中设置相关参数。

（1）单击【输入区域】编辑框右侧的折叠按钮，选择总体数据所在的 A2：C151 单元格区域。

客户编号	姓名	征信分
1	洪采文	673
2	英俊晖	601
3	万俊晨	625
4	度娅童	614
5	空桂芝	601
6	东方凝洁	630
7	门浩博	707
8	许惜天	625
9	苦从蕾	616
10	定多	673
11	温蕴涵	589
12	梁娜兰	673
13	梁丘雨文	694
14	善迎真	677
15	莫子舒	652
16	卫瑟丝	649
17	仟绮梅	605
18	仝初之	701
19	刁佳思	696
20	衡忻慕	677
21	凤昊然	590
22	钰从冬	688
23	鞠立辉	645
24	申妃	585
25	拱欢	703
26	狂天真	655
27	天从茜	695
28	居新筑	664
29	五晶瑶	648
30	游怀寒	689
31	锐可嘉	709
32	全彦慧	606
33	忻向明	663
34	米游	604
35	赛瀚昂	639
36	南宫靠	664
37	镇香菱	685
38	御婉然	608
39	廉高阳	632
40	绪凌丝	600
41	俟熹	638
42	福恬然	705
43	隽涵映	620
44	铁和悦	592
45	舜承铜	649
46	公孙代	692
47	按歌韵	606
48	胡蝶	632
49	慕子辰	633
50	咸锋	647
51	营箫	583
52	翁彭丹	591
53	赵衿双	590
54	道巧春	634
55	示丹南	686
56	慕傲丝	643
57	马暴彭	649
58	尤悠逸	625
59	覃雪瑶	632
60	颠旋	612
61	蛮绮琴	650
62	朱思霁	661
63	回文静	674
64	主信厚	669
65	漆雕芊芊	614
66	苏修齐	654
67	饶学民	643
68	夹谷乐	608
69	睢文斌	588
70	澄宛儿	582
71	慈思云	590
72	杜露月	707
73	郑千山	694
74	东知慧	608
75	符优乐	669
76	旷尔芙	665
77	合鹏翼	696
78	薄倚云	581
79	秘彩	702
80	剧映萱	701
81	柳运恒	598
82	库清秋	676
83	功天慧	637
84	商依云	613
85	卞野雪	606
86	陆寄柔	693
87	念嘉怡	629
88	双叶帆	619
89	性冰蝶	684
90	邱俣恩	640
91	时瑞芝	646
92	冼河	599
93	侯悒	705
94	豆妙音	622
95	巢水丹	632
96	仇静婉	671
97	节安珊	675
98	京念珍	652
99	偈绣	675
100	武嘉澍	684
101	贺怜阳	708
102	叁萧曼	585
103	叶和通	690
104	羿幼萱	593
105	浑河	667
106	吴斐斐	652
107	寿锦曦	696
108	稽韵诗	681
109	副痴旋	687
110	完颜幻巧	604
111	鱼和歌	632
112	苻月桃	608
113	佟佳锐意	706
114	悟琛丽	684
115	应昭君	652
116	蒋小星	695
117	宾焕	656
118	谌冰蔚	684
119	鲁芷蓝	681
120		
121	涂晖	672
122	频沛萍	687
123	包颖然	603
124	慎兴	699
125	冀若云	700
126	乔笑寒	652
127	东门童	621
128	赫连清晖	695
129	称和璧	634
130	邹飞	580
131	殳静柏	666
132	是志诚	672
133	乙昕双	689
134	何阳荣	608
135	上官雅娴	668
136	党元玉	598
137	箕梦竹	707
138	梅成化	707
139	成明智	635
140	阅静云	705
141	汪文瑶	636
142	错忆思	646
143	休湛颖	704
144	犹明知	633
145	祁雅宁	658
146	蓝惜卉	605
147	丰余	585
148	源埁	604
149	汉利	632
150	载智杰	637

图 8-2　150 个贷款客户的个人征信分

注意　　Excel 的抽样工具只能做数值抽样，因此抽样范围应选取客户编号而不是客户姓名。也不可以对征信分抽样，一个征信分可能对应多个客户，只有客户编号才是和客户一一对应的。

（2）在【抽样方法】选项区域中选中【随机】单选按钮，并将【样本数】设置为30。

（3）在【输出选项】选项区域中选中【输出区域】单选按钮，然后单击右侧的折叠按钮，选择要存放结果的单元格（如 E2）。

最后单击【确定】按钮关闭对话框，如图 8-3 所示。

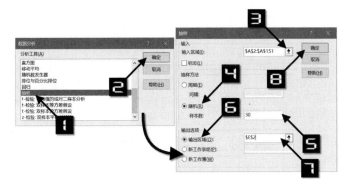

图 8-3　抽样设置

客户编号	姓名	征信分		客户编号抽样	姓名	征信分
1	洪采文	673		118	宾焕	656
2	英俊晖	601		38	御婉然	694
3	万俟晨	625		138	梅成化	707
4	度娅童	614		70	澄宛儿	582
5	空桂芝	601		113	苍月桃	600
6	东方凝洁	630		72	杜霞月	707
7	门浩博	707		48	胡蝶	632
8	许惜天	625		31	锐可嘉	709
9	苦从蕾	616		20	衡忻慕	677
10	定多	673		139	成明智	635
11	温蕴涵	589		66	苏修齐	654
12	梁娜兰	673		94	豆妙音	622
13	梁丘雨文	694		16	卫翠丝	649
14	善迎真	677		135	上官雅娴	668
15	莫子舒	652		65	漆雕芊芊	614
16	卫翠丝	649		139	成明智	635
17	仵绮梅	605		81	柳运恒	598
18	仝初之	701		123	包颖然	603
19	刀佳思	696		116	应昭君	626
20	衡忻慕	677		109	稽韵诗	681
21	凤昊然	590		141	汪文瑶	636
22	钭从冬	688		135	上官雅娴	668
23	鞠立辉	645		25	拱欢	703
24	申妃	585		29	五晶瑶	648
25	拱欢	703		42	福恬然	705
26	狂天真	655		118	宾焕	656
27	天从菡	695		128	赫连清晖	695
28	居新筠	664		62	朱恩霈	661
29	五晶瑶	648		145	邢雅宁	658
30	游怀寒	689		131	叏静柏	666
31	锐可嘉	709				
32	仝彦慧	606				
33	忻向明	663				
34	米游	604				

图 8-4　随机抽样结果

在 F2 单元格输入以下公式，并向下向右复制填充到 F3:G31 单元格区域，补全客户信息，如图 8-4 所示。

```
=VLOOKUP($E2,$A:$C,COLUMN()-4,0)
```

8.2　参数估计

对于能够掌握全部数据的总体，只需要简单计算即可得到总体特征。例如，技术团队全体工程师的平均工资，某公司全体研发人员所占比例，公司全体职员的学历分布等。

如果总体范围很广，比如饮料公司的所有客户口味是难以一一测定的，这时就需要从总体中抽样，用样本提供的信息来估计总体特征。可以用样本的均值估计总体均值，用样本的比例估计总体的比例，用样本方差估计总体方差等。

在统计学中，描述总体的特征（总体均值、总体方差等）称为参数，描述样本的特征（样本均值、样本方差等）称为统计量，用样本统计量去估计总体参数的过程称为参数估计，如图 8-5 所示。

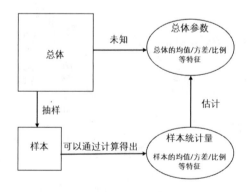

图 8-5　总体参数和样本统计量的关系

如果想知道一个人对知识的掌握程度，常见的办法就是考试。考试需要把这个人学过的所有知识点都进行考察吗？肯定不是。所有学校的做法是相同的：出一套试题，这套试题可以涵盖重要知识点，以此来考察学生。学生学过的所有知识点是总体，学生对所有知识点的掌握程度是总体参数，对学生进行考察选取的知识点是样本，学生的考试成绩是样本统计量，最后通过成绩去估计学生的掌握程度，也就是用样本统计量估计总体参数。

中国学生临近高考时每天都会做模拟试题，但是每次得分都不尽相同，这是因为试题不同，也就是每次抽样不同。假设某学生的数理化生的多次模拟考试的平均成绩都在 95 分左右（百分制），而且最低分高于 90，说明理科成绩优异，无论怎么抽样都能稳定获得高分。但是，该学生的语文的模拟分数起伏较大，少数几次能到 80 分以上，大部分是 70 多分，也有 60 多分的时候，平均分是 70 多分，说明该学生对语文科目知识的掌握有待提升。

> 中国高考一直以来被大众戏称 "一考定终身"，这是因为只用一次抽样去推断一个人的整体学习成果。当然，为了让高考试题这个样本能足够与总体近似，出题组用尽所有的智慧，尽可能做到考题足够公平。可是对每个考生来讲，依然充满了太多的偶然性。
>
> 在美国，申请大学要考察学生在中学时期的所有成绩，加上入学考试（美国高考）成绩之后得到总成绩，等于进行了 n 次抽样后得到的成绩，这样不会因为学生一次考试失误而影响了一生。但是也有其弊端，如果学生在中学的初期成绩不好，在最后一两年奋起直追，无论后来的成绩多高，也会受到早期成绩不好的影响，因为所学的全部知识这个总体在变，总体中的参数也在变。从统计学角度看，这些早期的成绩是针对某阶段一个子集的抽样，可能引入较大的抽样误差。因此，美国学生的各年成绩中，通常最后一年成绩的权重最高。

假设饮料公司计划生产一款低糖饮料，但是不知道喜欢低糖的人占所有饮料消费者群体的比例，饮料公司派出调研人员，对目标人群进行抽样调查。调查人员随机抽查了 10 000 个人，其中有 1100 人喜欢低糖。所有的目标客户中喜欢低糖饮料的人所占的比例被称为总体参数 p，将样本中喜欢低糖饮料的人所占比例称为样本统计量 $\hat{p}$。

$$\hat{p} \approx p = \frac{\text{喜欢低糖的人数}}{\text{样本大小}} = \frac{1100}{10000} = 0.11 = 11\%$$

从以上例子可以看出，因为样本统计量是 11%，所以低糖口味的人群比例 "大概" 是 11%。只能用 "大概" 这个词，因为样本不一定和总体相同，真实的情况是样本和总体总是存在着偏差。

8.3 中心极限定理

8.3.1 样本均值分布

信用卡是银行对个人资质进行审核后发放给个人的透支卡。A 银行所有信用卡客户的收入分布情况如图 8-6 所示，该图中的数据曲线以中位数和均值为基准，明显右偏，称为右偏分布。信用卡客户的收入大部分集中在 7000 元左右，均值向左的一侧数据线条较短，是因为银行通常会拒绝低收入者的申请；均值向右的一侧数据线条较长且呈下降趋势，是因为随着收入的增高，用户对信用卡的依赖性会越来越低，同时，高收入者的数量占总体比例更小。可是，这并不代表高收入人群不需要信用卡，月入 10 万元的人可能喜欢高端信用卡带来的尊贵感。每个银行发放信用卡的策略不同，如果有个银行特别喜欢发行高端信用卡，对于月收入 1 万元以下的客户审核非常严格，导致很少能通过申请，那么曲线应该是左偏的。

假设以 A 银行的全部信用卡用户为总体进行随机抽样，抽取 1000 个用户，计算得到样本均值 7100，样本中位数 8800，如图 8-7 所示。

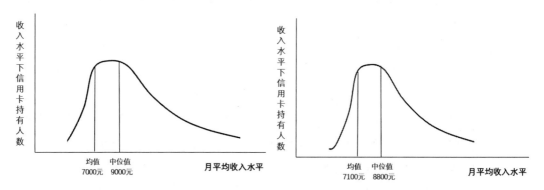

图 8-6　A 银行信用卡用户月平均收入水平分布　　图 8-7　从 A 银行信用卡用户中随机抽样得到的样本分布

从图 8-7 可见样本分布和总体分布的形状很相似，均值的变化幅度很小。由于每次抽样都有差别，如果多次抽样，每次抽样都是 1000 个用户，每次的分布都是既相似又不同，如图 8-8 所示。

将图 8-8 中所有的实心圆点对应的值（样本均值）取出来，可以得到一个均值列表，该列表中有 6 个均值，如果次数足够多，抽取 m 次，那么就可以得到一个由 m 个值组成的样本均值列表，如图 8-9 所示。

统计学家证明，如果 m 的次数足够大，由 m 个均值得到的分布是一个正态分布。

由此可以得到中心极限定理：对于任意给定的分布，每次抽取 n 个样本，一共抽取 m 次，对 m 组样本数据分别求出均值，m 个均值的分布呈正态分布。

从 A 银行的例子中可以看到，总体的分布可以是任意分布（可以不是正态分布），这不影响样本均值的分布是正态分布。但是中心极限定理是否能发挥作用，极度依赖于样本量 n 的大小。

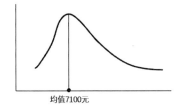

均值7100元

均值8000元

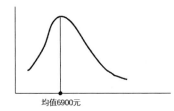

均值6900元

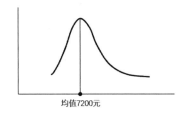

均值7200元

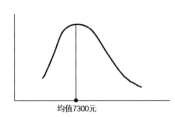

均值7300元

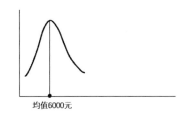

均值6000元

图 8-8 多次抽样后不同样本的分布及均值

样本编号	样本均值（元）
1	7100
2	8000
3	6900
4	7200
5	7300
6	6000
.	.
.	.
.	.
m	6900

图 8-9 m 次抽样得到的
样本均值列表

假设样本量 n 分别为 2、3、10、30，并分别做出样本均值分布图，如图 8-10 所示。随着样本数 n 的增大，样本均值分布曲线越来越接近正态分布。

中心极限定理的标准定义：

对一个均值为 μ、标准差为 δ 的总体抽取样本量为 n 的随机样本，$\bar{x}$ 是样本平均数。

❖ 当抽样次数 n 足够大时，样本均值的抽样分布接近正态分布。经验认为，$n \geq 30$ 时样本量足够大。

$n=2$

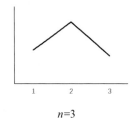

$n=3$

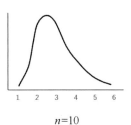

$n=10$

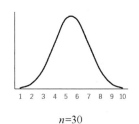

$n=30$

图 8-10 样本均值分布曲线随着 n 的变化而变化

❖ 样本均值的抽样分布的均值等于 μ。

❖ 样本均值抽样分布的标准差是 $\delta / \sqrt{n}$。总体的方差是 δ^2，样本均值的方差就是 δ^2/n，将方差开方即得到标准差为 $\delta / \sqrt{n}$。

样本均值分布的标准差也称为抽样误差。

表 8-1 标准差与标准误差的区别

术语	主体	表达式
标准差	总体分布	δ
标准误差	样本均值分布	$\delta / \sqrt{n}$

样本分为大样本和小样本，通常认为样本量 $n \geqslant 30$ 时是大样本，$n < 30$ 时是小样本。这是统计学的经验说法。在更复杂的计量经济学中，有时成百上千的样本量也算不上大样本，所以大小样本要看实际情况而定。

8.3.2 中心极限定理的应用

某银行服务商同时为多家银行服务，假设出现信息泄露事件，导致一万名银行信用卡客户的收入数据外泄。最初并不知道这些数据属于哪一家银行，所以每一个银行都在验证是否是自家客户，A 银行也是其中之一。

由于数据已经泄露，A 银行也可以拿到这批数据，所以 A 银行第一时间确定了该数据样本量，这批数据的客户数量是 10 000，客户收入均值是 12 800。A 银行同时也知道自己客户的收入均值为 7000，标准差为 1600。如果给 A 银行的所有客户进行样本量为 10 000 的随机抽样，样本均值抽样分布的均值是 7000，标准误差是 $1600 / \sqrt{10\,000} = 16$。

假设这批客户是 A 银行的，那么其均值应该服从 A 银行的样本均值抽样分布，如图 8-11 所示。

样本均值的分布近似于正态分布，那么它也具备正态分布的所有特征，同样也适用 68-95-99.7 法则（请参阅 7.4.2 节）。从图 8-11 中可以看到，从均值向右 3 个标准误差的值是 7048，均值向左 3 个标准误差的值是 6952，均值在 7048

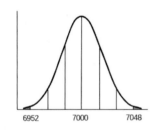

图 8-11 A 银行样本均值抽样分布

和 6952 之间的概率是 99.7%，而这批数据的均值是 12 800，大于 7048，也就是说这批数据是 A 银行流出的可能性几乎为零。

中心极限定理是统计推断的基础，统计推断又是统计学的核心内容，只有真正理解了中心极限定理，才能灵活运用各种假设检验。

第 9 章 假设检验

从同一批芯片中抽取两份样品，一份合格一份不合格，这说明什么问题呢？直观感觉可能是该批芯片的不良率太高，但还有一种可能是碰巧抽到了为数不多的不合格品。假设检验是一种非常重要而又常用的统计方法，其任务就是确认这份不合格的样品到底是碰巧抽到的，还是这批芯片真的不良率太高了。

9.1 假设

9.1.1 零假设

在刑事案件中，抓获嫌疑人以后，在审判之前司法人员无法确定嫌疑人是否有罪，这时会对其进行假设，两种方法如下。

1. 假设嫌疑人有罪，嫌疑人需要提供证据证明自己无罪，如果无法证明，就可以认定其有罪，这叫作有罪推定。

2. 假设嫌疑人无罪，司法人员需要提供证据证明嫌疑人有罪，如果无法证明，就可以认定其无罪，这叫作无罪推定。

两种原则的优缺点属于法学家的研究课题，但是在统计学中，假设检验的思想和无罪推定原则如出一辙。

先看 3 个假设命题：

❖ 20 ~ 30 岁的人的平均记忆能力和 50 ~ 60 岁的人的平均记忆能力没有差异。

❖ 养老院照看老人的效果和子女亲自照看老人的效果没有差异。

❖ 每天练习的短跑运动员和一周练习一次的短跑运动员在短跑成绩上没有差异。

这 3 个假设的共同之处在于，无论做哪种选择，最后的结果都是一样的，也可以说每种选择之间是等价的或没有差异的。

如果想研究 20 ~ 30 岁的人群和 50 ~ 60 岁的人群的记忆能力的差别，在没有任何其他的信息之前，不能认为二者存在差异。在对事物没有更多的了解之前，一般先给一个无差异的假设，这就是零假设，也被称为原假设，就像无罪推定原则，要先给嫌疑人一个无罪的假设。

对一个或多个总体提出零假设，是假设检验的起点。除非能够证明事物之间存在差异，否则要一直假设没有差异。

09章

9.1.2 备择假设（对立假设）

零假设是指变量间没有关系，而备择假设是指变量间有很明确的关系，是和零假设完全相反的，所以备择假设也称为对立假设。

例如，在上一节中的 3 个零假设，都会有至少一个相应的对立假设，如表 9-1 所示。

表 9-1 零假设和对立假设

零假设	对立假设
20 ～ 30 岁的人的平均记忆能力和 50 ～ 60 岁的人的平均记忆能力没有差异	20 ～ 30 岁的人的平均记忆能力比 50 ～ 60 岁的人的平均记忆能力更强
养老院照看老人的效果和子女亲自照看老人的效果没有差异	养老院照看老人的效果比子女亲自照看老人的效果差
每天练习的短跑运动员和一周练习一次的短跑运动员在短跑成绩上无差异	每天练习的短跑运动员比一周练习一次的短跑运动员在短跑成绩上更好

这 3 个对立假设的共同之处在于，每做一种选择，就会有不同的结果与之相对应，也可以说每种选择之间是不等价的或是有差异的。

有差异的关系又可以分为两种情况，有方向的对立假设和无方向的对立假设。

例如，20 ～ 30 岁的人的平均记忆能力和 50 ～ 60 岁的人的平均记忆能力不同。只说了两个群体是不同的，至于怎样不同并没有限定，这就是无方向的对立假设。

如果将上述假设加以修改，20 ～ 30 岁的人的平均记忆能力优于 50 ～ 60 岁的人的平均记忆能力。不仅指出两个群体是不同的，而且还说明了两个对照群体中谁强谁弱，这就是有方向的对立假设。

9.1.3 假设检验流程

以 20 ～ 30 岁和 50 ～ 60 岁的人群记忆能力对比为例，如果想知道两个人群的记忆能力差异，步骤如下。

1. 提出零假设，这是基础，即"20 ～ 30 岁的人的平均记忆能力和 50 ～ 60 岁的人的平均记忆能力没有差异"。相当于无罪推定。

2. 分别从两个人群中抽样，得到两个样本，同时提出对立假设"20 ～ 30 岁的样本人群的平均记忆能力比 50 ～ 60 岁的样本人群的平均记忆能力强"。相当于司法人员对嫌疑人提出有罪指控。

3. 证明对立假设是否成立，具体证明方法会在下一节中讨论。如果对立假设成立，零假设就不成立；如果对立假设不成立，那么零假设就成立。这里要注意的是，零假设和对立假设是完全相反的结论，是互斥的，只要其中一个成立，另一个一定是不成立的。相当于司法人员提供证据，证明嫌疑人是否有罪，如果证据充分即可证明其有罪，如果证据不充分，则无法证明其有罪，要维持无罪的假设。

从该流程可以看出零假设和对立假设的区别如下。

1. 零假设是指两个变量之间无差异，对立假设是指两个变量之间有差异，两种假设是互斥的，这是本质区别。

2. 零假设是相对总体而言的，对立假设是相对样本而言的。先对一个总体做了零假设，然后再从中抽取样本对其进行对立假设，所以两种假设的主体是不同的。

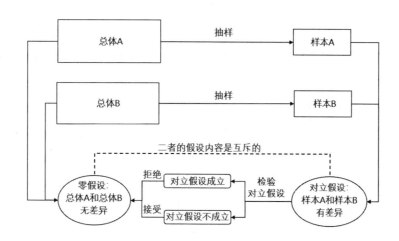

图 9-1　假设检验流程

图 9-1 展示的逻辑看上去和参数估计有些相像，参数估计是用样本特征估计总体特征，假设检验是用样本假设检验总体假设，都是从样本出发解决总体问题。

9.2　显著性检验

9.2.1　显著性

讨论显著性之前，先介绍一个法学史上著名的案件：辛普森杀妻案。

辛普森是美国著名的橄榄球运动员，其妻子在 1994 年夏天的某个夜晚被杀害，警察在调查案件的过程中将辛普森定为唯一的嫌疑人。在美国是适用无罪推定的，所以当这个案件开庭审理时，辛普森是被假设无罪的（零假设），检方（提起诉讼的检察院）需要提供证据证明其有罪（对立假设）。

在诸多证据中，一个很有力的间接证据是警察在凶案现场找到了辛普森的血迹，单从这一点看似乎已经能证明辛普森至少在案发现场出现过，甚至可以间接证明他就是凶手，可谓是铁证如山。到这里，似乎已经可以给辛普森定罪了，因为有了很可靠的证据证明零假设是不成立的。不过，检方有个强大的对手，由六名顶尖律师组成，被称为"梦之队"的辩方律师团。辩方律师考察了警察调查凶案中的每一个过程，发现采集血样的流程不符合规范。按照正常程序，在采集血迹时应当先用棉花沾起血迹样本，待自然风干后才能放入证据袋中，可是警方检验人员在血迹尚未风干时就已将样本放入证据袋。在刑事诉讼的证据认定环节，血迹和 DNA 检验结果是毋庸置疑的铁证，但是，如果血迹受到污染、不当处理、草率采集或有人故意栽赃，那么它的可信度会大幅降低。由于警方的操作失误，检方最重要的"铁证"被认定无效。

辛普森案中的血迹证据是能推翻零假设的有力证据。但是，这个证据要具备一定的可靠度才能有效。诉讼中的证据的可靠性，就是假设检验中证明零假设无效证据的显著性。在该案中，检方收集了很多其他证据，包括毛发、带血迹手套等，都因辩方质疑其可靠性而无效。

9.2.2 显著性检验

证据要达到某一个显著性水平才可以推翻零假设。在通常经验中，统计学家喜欢用 5% 作为显著性水平的门槛，这意味着如果零假设的成立概率不到 5%，就可以推翻零假设，反过来说，如果对立假设成立的概率超过 95%，也可以推翻零假设。

95% 这个数字看起来是不是很熟悉，这是很重要的一个标志性节点，是 68-95-99.7 法则中的数值（请参阅 7.4.2 节）。其实际意义是，在正态分布中，从均值向两侧各移动两个标准差的距离，可以覆盖全部数据的 95%。这是做显著性检验的一个重要指标。

9.1.1 节中讨论过有方向对立假设和无方向对立假设，对立假设分为这两种情况分别对应着单侧检验和双侧检验。

1. 样本均值单侧检验

8.2 节中介绍的饮料公司在完成偏好低糖口味人群占比的调研后，便开始生产低糖饮料，第一批产品已经生产完毕，但是新品要通过质检部门的检验，达到国家标准才可以上市流通。

低糖饮料的国家标准是每 100 克饮料中含糖量小于 5 克。质检人员从该批产品中抽取 100 瓶饮料，每瓶饮料中取出 100 克组成一个样本。经过计算得知该样本的含糖量均值是 5.25 克，标准差是 1 克。

完整的假设检验过程如下。

第一步，提出假设。

❖ 零假设：饮料新品的含糖量均值小于 5 克。

❖ 对立假设：饮料新品的含糖量超过 5 克。

第二步，抽样分布。

如果零假设为真，样本均值抽样分布应该是正态分布，且均值为 5，标准误差为 $1/\sqrt{100} = 0.1$（标准误差的计算方法请参阅 8.3.1 节）。这里需要对总体标准差说明，在现实世界中，很多总体的标准差是无法得知的，通常是用样本的标准差近似代替，所以在本例中计算标准误差时，用样本标准差 1 代理了总体标准差。

第三步，检验。

从均值 5 向左右两侧各移动 2 个标准差的区间是 4.8 ～ 5.2，通过 68-95-99.7 法则可知，这个区间刚好是 95%，如图 9-2 所示。而 100 瓶样本的含糖量均值 5.25 位于 5.2 的右边，即图中阴影区域部分。注意，图 9-2 的阴影区域只有右侧部分，而左侧没有，因为要检验的是高于 5 克这个标准，是有方向的，对于低于 5 克的值是不需要关心的，所以只验证右侧即可，这就是单侧检验。超过两个标准差以外的比

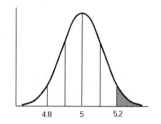

图 9-2 低糖饮料样本均值抽样分布

例是 5%，而单边检测要更少，只有 2.5%，也就是说 5.25 是落在了 2.5% 的水平以内。

第四步，结论。

按照通常经验设置的显著性水平是 5%，样本均值 5.25 恰好没有进入 95% 的区间，可以就此认定零假设被推翻，这批新品没有达到国家低糖饮料的标准要求，含糖量过高，不能上市。

2. z 检验

用样本均值抽样分布检验显著性水平更方便的方法是用 z 值代替标准差（z 值的概念请参阅 7.4.4 节）。例如，图 9-2 所示，标准误差是 0.1，5.25 对比均值 5 是向右移动了 2.5 个标准差，超过 95% 的范围。用标准差的好处在于无论多么大或多么小的数据，都可以更直观地进行比较。

想要用 z 值代替标准差，首先要把均值抽样分布标准化成标准正态分布，标准化的具体方法如下。如图 9-3

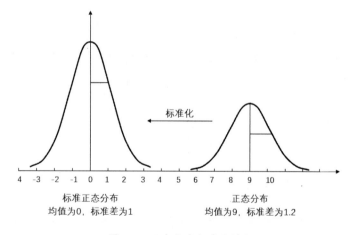

图 9-3 正态分布标准化过程

所示，右侧比较矮的分布曲线是均值为 9，标准差为 1.2 的正态分布，将曲线的整体向左移动 9 个单位，均值将位于横轴的 0 点，再将标准差缩小 1.2 倍，曲线就会变瘦，变成标准差为 1 的形状，图 9-3 左侧的曲线就是变化后的标准正态分布。

变成标准正态分布以后，不能用原来的检验标准，要将所有检验值转化成 z 值（转化 z 值的方法请参阅 7.4.4 节）。以低糖饮料的检验值为例，如图 9-4 所示。

抽样分布检验值	真实值	z 值
标准误差	0.1	1
抽样分布均值-样本均值	0.25	2.5
向右两个标准误差到均值的距离	0.2	2
向左两个标准误差到均值的距离	-0.2	-2

图 9-4　将检验值标准化成 z 值

这里要提出一个重要概念：统计量，图 9-4 中的第 3 行是检验统计量的例子。检验统计量是用来度量已测量的样本数据和零假设下的期望值之间的差距，并且这个距离要用 z 值来表示。在本例中，已测量的样本数据是 5.25，零假设期望的数据是 5，二者间的距离是

$$\frac{5.25-5}{0.1}=2.5$$

检验统计量被称为 z，按照以上例子可知，z 统计量的表达式如下。

$$z=\frac{观察值-零假设下的期望值}{标准误差}$$

所有应用这个比值的检验就称为 z 检验。

对于显著性水平为 5% 的假设，只要判断 z 统计量是否落在 -2 和 2 之间，在低糖饮料单侧检验中，z 统计量 2.5 是大于 2 的，即低于 5% 的显著水平，如图 9-5 所示。通过 z 统计量的正负也可以立刻了解到是在分布的右侧还是左侧，在本例中 z 统计量为 2.5，是正值，分布在右侧。

3. P 值

在低糖饮料单侧检验中，z 检验量 2.5，如图 9-6 所示中的实心黑点所示，单侧检验的 P 值就是该正态分布曲线 2.5 右侧的面积，即图中阴影面积值。

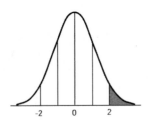

图 9-5　低糖饮料样本均值抽样分布标准化

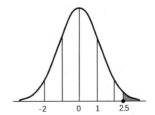

图 9-6　Z 统计量是 2.5 时的单侧检验的 P 值

如果再抽取一个样本，这次 z 统计量是 3，说明这是推翻零假设更为有力的证据，如果 z 统计量是 2.1，也能推翻原假设，但是证据的力度比起 2.5 和 3 就比较弱，换句话说，2.5 右边的面积代表那些会给出比观察值更极端 z 值的样本，同时也是推翻零假设更有利的证据。

p 值（P-value）是在零假设为真时，得到一个与当前样本测量值相同或更极端结果出现的机会。p 值越小，推翻原假设的证据越强。

从以上的计算过程可以看出，p 值的大小和标准误差有很大关系，而标准误差又和样本量有很大关系，如果样本量很大，标准误差就会很小，p 值也会很小。显著性检验的 p 值和样本量是密切相关的，所以在报告 p 值时要一起报告样本量，否则无法衡量 p 值的测量力度。

通过查 z 值百分数分布表，可以得到 z 值为 –0.25 左侧的占比为 0.62%，所以 p 值为 0.62%。取 z 值为 –0.25 是因为左右面积是对称的，如果用 z 值为 2.5 查表，得到的 2.5 左侧的面积占比，是 99.38%，p=1–99.38%=0.62%，这样多计算了一步，是不必要的。

4. 样本均值双侧检验

假设某数据存储服务商出现了重大事故，又导致了 3 批数据泄露，A 银行正好也使用此服务，A 银行希望确认自己的数据是否已经被泄露，于是立即进行检验。A 银行拿到已经泄露的 3 批数据以后，分别计算了每组数据的均值和标准差，同时也计算出 A 银行总体客户数据的均值和标准差，结果如图 9-7 所示。

数据组	均值	标准差
A银行总体	7000	1600
Ⅰ组数据	7060	1300
Ⅱ组数据	7030	1500
Ⅲ组数据	6958	1500

图 9-7　泄露数据和 A 银行的均值及标准差

恰好这 3 批数据都是 10000 个客户，可以建立 3 个零假设，在标准化的正态分布中一起检验。

3 个零假设分别如下。

❖ Ⅰ组数据是 A 银行的数据。

❖ Ⅱ组数据是 A 银行的数据。

❖ Ⅲ组数据是 A 银行的数据。

数据组	均值	抽样分布均值	抽样分布标准误差	均值z值
Ⅰ组数据	7060	7000	16	3.8
Ⅱ组数据	7030	7000	16	1.9
Ⅲ组数据	6958	7000	16	-2.6

图 9-8　均值标准化后得到均值 z 值

如果零假设为真，3 组数据都服从 A 银行的均值抽样分布，均值是 7000，标准误差是 $1600/\sqrt{1000}$=16。

用 z 值在正态分布曲线中找到 p 值的面积，具体方法如图 9-9 所示。

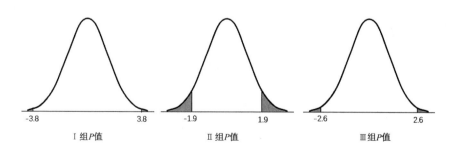

图 9-9　三组数据的 p 值

三个图的共同特点是，对称的一对 z 值两侧的阴影面积都算作 p 值，因为不知道泄露的数据整体大于还是小于 A 银行的数据，所以要两边都做检验，这就是双侧检验。

在 z 值百分位表中查得 –3.8、–1.9、–2.6 的百分位数分别是 0.01%、2.87%、0.47%，需要注意的是，双侧检验计算 p 值是单侧 p 值的双倍，3 组 p 值计算如下。

p Ⅰ =0.01%×2=0.02%

p Ⅱ =2.87%×2=5.74%

p Ⅲ =0.47%×2=0.94%

假设显著水平为 5%，Ⅰ组和Ⅲ组的 p 值都很小，足够推翻零假设，说明Ⅰ组和Ⅲ组和 A 银行无关。Ⅱ组数据的 p 值是 5.74%，无法推翻零假设，说明零假设为真，泄露的Ⅱ组数据是 A 银行的。

9.2.3 两个群体的 z 检验

1. 两个群体的平均差检验

某中学的理科班连续三年高考成绩下滑，2017 年的平均分是 449.7 分，2019 年的平均分是 439.6 分，平均分降低了 10.1 分，这是真的在下降，还是偶然现象呢，可以用 z 检验来对比两个群体的差异。独立样本是指从总体中抽取一个样本，用样本检验总体，样本是总体的一个子集，换句话说，样本的每一个元素都包含在总体内。两个群体的比较是指两个总体比较，二者之间没有包含关系，完全是互不相干的，如本例中想要比较 2017 年和 2019 年的学生高考成绩，2017 年的考生和 2019 年的考生是完全不同的群体，要测量的是二者之间的实际差距与理想中的差距有多少，同样也是通过样本来推断的。

分别对 2017 年和 2019 年的考生进行随机抽样，各抽取 300 人，样本 2017 年的标准差是 42.1，样本 2019 年的标准差是 49.5。

第一步，建立假设。

零假设：2019 年和 2017 年相比，成绩没有变化。

对立假设：2019 年相比 2017 年，成绩降低。

第二步，设置零假设风险水平，无特殊情况下，沿用常规的 5%。

第三步，计算检验统计量。

观察计算 z 统计量所需要的数据。

$$z = \frac{观察值 - 零假设下的期望值}{标准误差}$$

（1）观察值是 449.7–439.6=10.1，这个差值是现在观察到的结果。

（2）零假设下的期望值是这两年的平均分没有变化，那么二者差值是 0。

（3）相比独立样本标准误差，群体是比较两个群体的差的标准误差。

用 SE 表示标准误差，样本 2017 年的标准误差是 SE1，样本 2019 年的标准误差是 SE2。测算二者距离通常用两种方法，一是直接相减，但是由于有正负号，容易彼此抵消为 0。第二种方法是求二者平方和再开方，可以排除掉正负号的影响，7.2.2 节中计算方差就是用的这种方法。在本例中：

$$差的标准误差=\sqrt{SE_1^2 + SE_2^2}$$

将以上 3 个数值代入 z 统计量的计算公式如下所示。

$$Z = \frac{(449.7 - 439.6) - 0}{\sqrt{\dfrac{49.5^2}{300} + \dfrac{42.1^2}{300}}} = 2.7$$

第四步，对比 p 值。

查询 z 值百分数分布表（请参阅 7.4.5 节），可以知道 $z=2.7$ 右侧面积是 $p=1-0.9965=0.0035=0.35\%$，p 值低于显著水平 5%，可以由此拒绝原假设。连续三年的成绩下降是真实的。

2. 用 Excel 做 z 检验

北京某大型居住社区 70% 的房屋都是出租的，通常情况下，租金单价会因户型面积不同而不同，现在拟分析租金和户型面积的关系，以 50 平方米为界限，在 50 平方米以下和 50 平方米以上的户型分别随机抽取 30 套房屋，验证租金单价主要受到户型面积影响，而非装修、朝向等其他因素导致的偶然差异。

抽样的结果如图 9-10 所示。

通过已有的数据可知，50 平方米以下户型的租金单价方差为 63，50 平方米以上户型的租金单价方差为 89，验证两种户型租金单价差异，步骤如下。

	A	B
1	北京某大型居住区租金单价（元/平方米）	
2	50平方米以下户型	50平方米以上户型
3	98.7	91.7
4	102	94
5	115.4	105.4
6	107	100
7	95	91
8	110	121
9	125	115
10	106.8	97.8
11	103.1	92.1
12	110.5	105.5
13	99.6	95.6
14	100	96
15	113	109
16	116	110
17	105	101
18	110.9	101.9
19	108.3	97.3
20	104	100
21	120	108
22	97	90
23	91	80
24	119	125
25	114	103
26	113.2	107.2
27	116	107
28	117.8	113.8
29	115	111
30	106	97
31	109.2	105.2
32	111	102

图 9-10　北京某大型居住区按 50 平方米为界限抽样结果

步骤① 依次单击【数据】选项卡→【数据分析】按钮，打开【数据分析】对话框。

步骤② 在【数据分析】对话框的【分析工具】列表框中选择【z 检验：双样本平均差检验】选项，单击【确定】按钮，打开【z 检验：双样本平均差检验】对话框。

步骤③ 在【z 检验：双样本平均差检验】对话框中设置相关参数。

（1）单击【变量 1 的区域】编辑框右侧的折叠按钮，选择包含 50 平方米以下户型的 A3：A32 单元格区域，单击【变量 2 的区域】编辑框右侧的折叠按钮，选择包含 50 平方米以上户型的 B3：B32 单元格区域。

09章

（2）【假设平均差】是零假设的数值，在本例中，零假设是 50 平方米以下和 50 平方米以上的户型租金单价没有差异，所以输入 0。

（3）【变量 1 的方差 (已知)】是 50 平方米以下户型的总体的方差，输入 62，同理，【变量 2 的方差 (已知)】文本框中输入 89。

（4）【α】是设置的显著性水平，无特殊情况都按 5% 设置，在右侧的文本框中输入 0.05。

（5）在【输出选项】选项区域下选中【输出区域】单选按钮，单击右侧的折叠按钮，选择 D1 单元格为保存结果的起始位置。

最后单击【确定】按钮，如图 9-11 所示。

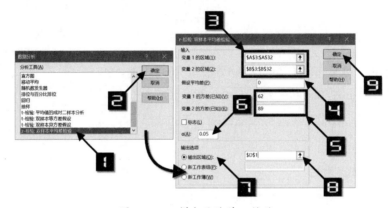

图 9-11　双样本平均差 z- 检验

在 D1 单元格开始的区域保存的 z- 检验结果，如图 9-12 所示。

	A	B	C	D	E	F
1	北京某大型居住区租金单价（元/平方米）			z-检验: 双样本均值分析		
2	50平方米以下户型	50平方米以上户型				
3	98.7	91.7			变量 1	变量 2
4	102	94		平均	108.65	102.45
5	115.4	105.4		已知协方差	62	89
6	107	100		观测值	30	30
7	95	91		假设平均差	0	
8	110	121		z	2.763527835	
9	125	115		P(Z<=z) 单尾	0.002859011	
10	106.8	97.8		z 单尾临界	1.644853627	
11	103.1	92.1		P(Z<=z) 双尾	0.005718022	
12	110.5	105.5		z 双尾临界	1.959963985	
13	99.6	95.6				
14	100	96				
15	113	100				

图 9-12　z- 检验结果

由以上结果中可以得知，z 值约为 2.8，查询 z 值百分数分布表（请参阅 7.4.5 节），可以知道 z=2.8 右侧面积是 P=1–0.9974=0.0026=0.26%，P 值低于显著水平 5%，可以由此拒绝零假设。结论是 50 平方米以下和 50 平方米以上的户型面积的房屋，其租金单价有显著差异。

9.2.4　两类错误

零假设在设定时是假定两个群体没有差别，真实情况是可能有差异，也可能无差异，显著性水平 5% 的标准是人为划定的，就像通常都是 60 分及格，但是 59 分和 60 分能差多少呢？能证明得 59 分的同学比得 60 分的同学差吗？一分之差无法判断同学间的差异，但是成绩排名中总要划一条及格线，用以区分类别。5% 就是统计学家通过经验划的一条线，这是个经验值而不是数学定理，是经验就有错误的可能性。检验中的各种可能结果如表 9-2 所示。

表 9-2　检验中的各种可能结果

零假设是否为真	经过假设检验后的决策	
	接受零假设	推翻零假设
零假设是真实的	决策正确	第 I 类错误（弃真错误或 α 错误）
零假设是虚假的	第 II 类错误（取伪错误或 β 错误）	决策正确

第 I 类错误也称为弃真错误，出错的概率用 α 表示，所以也称为 α 错误。零假设是真实的，经过检验后将其推翻。

某银行发生了一起抢劫案，被抢走大量现金，银行为了防止损失，在每一捆现金中都放了一张可追踪的钞票，警察通过这个线索快速定位了嫌疑人的位置，赶到时发现是一个居民住宅，里面住着一个中年男人，在他们家地窖找到了赃款。法官以藏匿赃款为证据，判定了嫌疑人有罪。实际上这是中年男人的邻居偷偷趁他不在时放进地窖的，打算等人们渐渐淡忘以后再去取出来。可是证据足够充分，给无辜的人判罪，同时放跑了真正的罪犯。

第 II 类错误也称为取伪错误，出错的概率用 β 表示，所以也称为 β 错误。零假设是虚假的，经过检验后接受了该假设。美国大多数民众至今认为辛普森是杀害他妻子的真正凶手，只是因为证据不够可靠，所以才让凶手逃脱了。在他们心中，辛普森案件一直都是第 II 类错误。

这两类错误越少越好。第 I 类错误在做显著性检验的时候就做了控制，P 值是为了做检验而承担的风险，如果觉得需要严格控制，就把 5% 的水平降低到 1%，很多科学家为了得到更精确的结果会选用更严格的显著性水平。5% 的经验是在没有计算机的年代定的，当时的计算能力没有那么强，无法得到更高的精度，在计算机的帮助下，现在很多情况下，显著性水平都精确到了 1%。

第 II 类错误没有控制，但是与样本规模相关性很高。样本量越大时，第 II 类错误就越低，也就是样本越接近总体，接受假的零假设的可能性就越低。

9.3　统计推断

统计推断是统计学最核心、最专业的部分。

首先要选择样本，样本的标准是能够代表总体，或者和总体特征相似，大多数样本要满足随机样本或随机试验的要求，然后选择合适的检验方法进行推断。目前只讨论了显著性检验，在以后的章节中会介绍更多的检验方法。

统计结论不是百分百确定的，因为样本和总体之间有偏差。所以得出结论后，还要说明结论可信的程度有多高。真实世界中的问题大多是未知的，在用已知去推断未知的时候，需要知道推断是否足够准确。虽然未知的事物无法检验，但是如果能保证推断方法是科学的、严谨的，那么推断的结论可信度也会更高。

最后再引用法学的一个概念：程序正义。程序正义是相对结果正义而言的，结果正义是要得到最终的正义，必须让罪犯伏法，必须让好人无罪，但是 99% 的案件从发生开始，真相就永远成为秘密，即使给了嫌疑人"正义的结果"，也无法验证结果是否真的正义，因为真相是未知的。在现实执法中，执法人员多少都会受人性影响，在心中有了自己对真相的判断，为了得到自己心中的"正义"，作伪证、刑讯逼供、滥用职权等恶性事件层出不穷，不仅得不到正义，还造成大量冤假错案。程序正义正好相反，它承认了真相是永远的秘密，永远都是未知的，同时也对人性做了最坏的预期。程序正义要求侦查、立案、诉讼等所有程序一定要符合标准。例如，辛普森案中的证据，由于有收集和检验的瑕疵就被弃之不用了。可能读者会觉得可惜，但是如果程序不够标准，假设某个警察和辛普森有仇，将血迹故意留在了现场，岂不又是冤假错案。辛普森案件在美国家喻户晓，当时有记者对民众做了采访，绝大对数被采访者认为辛普森是真的杀了妻子，但是又认为法庭判决无罪是非常公平的，因为程序正义是最重要的。

程序正义确实会引发一些类似辛普森案的充满争议的案件，但是它最大限度地保证了人们能够接近未知，统计推断也是一样，在判断未知事物时要遵循程序正义，推断和检验都要做到足够科学和严谨，最后的结论才有足够的可信度。

许多专业的科学论文内容非常多，一篇论文像一本书一样厚，其中大部分都在讲实验的背景、过程和推理依据，因为只有这些工作做得足够严谨，论文的结论才有价值。

第 10 章　*t* 检验和卡方检验

　　称重量用秤，量长度用尺，计时间用钟，人们用已知的标准来对比计算出目标的可量化特质，就是通常所说的测量。对于不同的对象，往往需要用不同的测量方法和测量工具。例如量长度的时候，如果对象非常细小，游标卡尺是个不错的选择；如果对象是普通家具，一把卷尺就行了；如果要测量厂房的高度，激光测距仪能省不少力气；如果要测量一座城市的面积，可能就需要动用卫星和计算机了。

　　假设检验的在本质上也是测量方法，其测量目标是样本测量值到零假设期望值的距离。上一章中，用的是"*z* 检验"这把尺子，单位是 *z* 统计量。本章要学习另外两把尺子：*t* 检验和 χ^2 检验。

10.1　*t* 检验

10.1.1　自由度与 *t* 分布

1. 自由度

　　在估计总体均值时，样本中的 *n* 个数都是相互独立的，从中抽取任何一个数都不影响其他数，这就可以认为 *n* 个元素都是自由的，所以自由度为 *n*。

　　在估计总体方差时，使用的是每个数到均值距离的平方和，为了预估方差，均值是确定的，在 *n* 个数的样本中，如果知道前 *n*–1 个数的值，同时均值也是确定的，那么第 *n* 个数值也就唯一确定了，第 *n* 个数值不能自由变化，必须按照前 *n*–1 个数值的变化而变化，这是因为均值是一个约束条件。也就是说在估计总体方差时，只要确定了前 *n*–1 个数值，方差就确定了，同时在估计总体方差时自由度为 *n*–1，这里的 1 不是指样本中最后一个数，而是在计算过程中的一个约束条件，如果有两个约束条件，那么自由度就是 *n*–2。

2. *t* 分布

　　t 分布是 Gossett 用笔名 Student 发表的，所以 *t* 分布也称为 Student's *t*-distribution。*t* 分布的计算原理此处不予展开，有兴趣的读者请参阅相关书籍，本节重点讨论 *t* 分布的特征。

　　自由度为 1 的 *t* 分布曲线如图 10-1 所示。

　　自由度为 1 的 *t* 分布曲线是近似的正态分布曲线，比标准正态分布曲线矮且宽。*t* 分布曲线

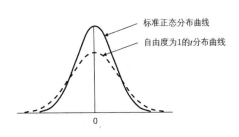

标准正态分布曲线
自由度为 1 的 *t* 分布曲线

图 10-1　自由度为 1 的 *t* 分布曲线

的双尾比标准正态分布曲线厚一些，看上去好像是正态分布曲线从纵向被压扁、从横向被拉长。而且自由度越小，压扁和拉长的程度就越大，自由度越大；压扁和拉长的程度就越小。t 分布最大的特点是与自由度息息相关，自由度越大曲线越陡峭，当自由度一直增大，曲线逐渐接近标准正态分布，如图 10-2 所示。

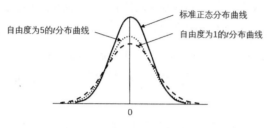

10-2　自由度为 5 的 t 分布曲线

对于每一个自由度，都有一条独立的 t 分布曲线，或者说，t 分布是一簇曲线，其变化取决于自由度。

t 分布也有相应的分布表，在 Excel 中生成分布表的步骤如下。

A1 单元格中的 df 指的是自由度，α 是置信水平的临界点，B1：H1 单元格区域是置信水平临界点，可以预先输入常用的概率。A2：A31 单元格区域是自由度，因为大小样本的区分点是样本量 30，所以自由度只选到 30，如果需要样本量超过 30，可以随时增大自由度的范围。

在 B2 单元格输入以下公式，并向下向右复制填充到 B2：H31 单元格区域，如图 10-3 所示。

```
=-T.INV(B$1,$A2)
```

B2			f_x	=-T.INV(B$1,$A2)			
	A	B	C	D	E	F	G	H
1	df/α	0.1	0.05	0.025	0.01	0.005	0.001	0.0005
2	1	3.08	6.31	12.71	31.82	63.66	318.31	636.62
3	2	1.89	2.92	4.30	6.96	9.92	22.33	31.60
4	3	1.64	2.35	3.18	4.54	5.84	10.21	12.92
5	4	1.53	2.13	2.78	3.75	4.60	7.17	8.61
6	5	1.48	2.02	2.57	3.36	4.03	5.89	6.87
7	6	1.44	1.94	2.45	3.14	3.71	5.21	5.96
8	7	1.41	1.89	2.36	3.00	3.50	4.79	5.41
9	8	1.40	1.86	2.31	2.90	3.36	4.50	5.04
10	9	1.38	1.83	2.26	2.82	3.25	4.30	4.78
11	10	1.37	1.81	2.23	2.76	3.17	4.14	4.59
12	11	1.36	1.80	2.20	2.72	3.11	4.02	4.44
13	12	1.36	1.78	2.18	2.68	3.05	3.93	4.32
14	13	1.35	1.77	2.16	2.65	3.01	3.85	4.22
15	14	1.35	1.76	2.14	2.62	2.98	3.79	4.14
16	15	1.34	1.75	2.13	2.60	2.95	3.73	4.07
17	16	1.34	1.75	2.12	2.58	2.92	3.69	4.01
18	17	1.33	1.74	2.11	2.57	2.90	3.65	3.97
19	18	1.33	1.73	2.10	2.55	2.88	3.61	3.92
20	19	1.33	1.73	2.09	2.54	2.86	3.58	3.88
21	20	1.33	1.72	2.09	2.53	2.85	3.55	3.85
22	21	1.32	1.72	2.08	2.52	2.83	3.53	3.82
23	22	1.32	1.72	2.07	2.51	2.82	3.50	3.79
24	23	1.32	1.71	2.07	2.50	2.81	3.48	3.77
25	24	1.32	1.71	2.06	2.49	2.80	3.47	3.75
26	25	1.32	1.71	2.06	2.49	2.79	3.45	3.73
27	26	1.31	1.71	2.06	2.48	2.78	3.43	3.71
28	27	1.31	1.70	2.05	2.47	2.77	3.42	3.69
29	28	1.31	1.70	2.05	2.47	2.76	3.41	3.67
30	29	1.31	1.70	2.05	2.46	2.76	3.40	3.66
31	30	1.31	1.70	2.04	2.46	2.75	3.39	3.65

图 10-3　t 分布表

10.1.2　独立样本 t 检验

某汽车公司有一款价值 200 万元人民币的豪车，虽然这款车型每年只能卖掉十辆左右，但却是该公司行走的广告牌，汽车公司为了维护高端形象，准备赠送给该款豪车的每位车主一份价值 10 万元的汽车修理险。可是，保险公司要求汽车公司证明该款豪车出事故后的修理费不超过 10 万元，才能定制这个险种。这下难倒了汽车公司，因为自上市以来，这款车型总销量不到两百辆，如果需要从中找到出过事故的车，更是难上加难。最后售后人员把历史上的全部客户都回访了一遍，终于把所有出过事故的车全部找到，可是只有 5 辆，只能将这 5 辆车当作样本。

通常做 z 检验的时候，抽取的样本量都比较大，前文中低糖饮料检验的案例是抽取 100 瓶，A 银行数据流出的案例是取得 10000 个客户，当样本量很大时，抽样分布接近标准正态分布，可是当样本量比较小时，如样本只有 5 辆车的时候，抽样分布会出现很大的误差，这时必须对 z 检验做出改进，就是 t 检验。

经过计算，作为样本的 5 辆车的修理费均值为 15.3 万元，标准差是 6 万元。如果只看修理费的均值 15.3 万元，远高于保险公司要求的 10 万元，似乎可以凭经验认为不能满足投保的需求。但是，均值很容易受异常值影响，15.3 万元到底是常见情况，还是偶然现象，需要假设检验来进行确认。

假设检验步骤如下。

第一步，假设。

零假设：该豪车出事故后的平均修理费为 10 万元。

对立假设：该豪车出事故后的平均修理费超过 10 万元。

第二步，设置零假设的显著性水平，保险公司对于显著水平的要求比较高，业内通常使用 1% 的水平。

第三步，选择合适的检验统计量。

这次的样本只有 5 辆，是个典型的小样本，所以选择专门用于小样本检验的 t 检验量。

第四步，计算检验统计量。

t 检验量的计算方法和 z 检验量是一样的。

$$t = \frac{观察值-零假设下的期望值}{标准误差}$$

带入观测值并计算 t 检验量。

$$t = \frac{15.3-10}{5.5/\sqrt{5}} = 2.15$$

第五步，使用和检验量相对应的临界值分布表确定拒绝域。

本例中的样本量是 5，自由度是 5–1=4，显著水平为 1%，是右侧单边检验。现在查阅图 10-3 的 t 分布表，自由度为 4（A5 单元格），显著水平（也就是临界值α）为 1%（E1 单元格），两个单元格所在行和列交叉单元格为 E5，其值是 3.75。这个值的含义是，拒绝零假设的 t 检验量最小值为 3.75。如图 10-4 所示的灰色区域为拒绝域。

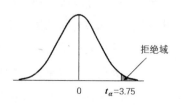

图 10-4　自由度为 4、显著水平为 1% 的 t 分布曲线

第六步，比较测量值和临界值并做出决定。

测量值是 2.15，临界值是 3.75，最后的测量值没有落入拒绝域，不能推翻零假设，也就是说，虽然样本均值高达 15.3 万元，但这是受异常值干扰的偶然现象，保险公司设立这个险种几乎是不会有损失的。

独立样本的 t 检验和 z 检验的差别仅在于使用不同的分布，两者统计量的计算方法是相同的。

10.1.3　两个独立总体的 t 检验

9.2.2 节中介绍了某中学高考成绩下滑的现象，由于样本量是 300，样本接近正态分布，适用 z 检验，如果不具备条件时，只能随机抽取少量样本，就要用到 t 检验。

这次还是检验成绩下滑现象是否真实存在，但是样本量只有 10。样本 2017 年的标准差是 12.9，样本 2019 年的标准差是 11.6。

第一步，建立假设。

零假设：2019 年和 2017 年相比，成绩没有变化。

对立假设：2019 年相比 2017 年，成绩降低。

第二步，设置零假设显著性水平，无特殊情况下，沿用常规的 5%。

第三步，计算检验统计量。

两个总体的 t 检验量和 z 检验量的计算方法是一样的，代入数值如下。

$$Z = \frac{(449.7 - 439.6) - 0}{\sqrt{\dfrac{12.9^2}{10} + \dfrac{11.6^2}{10}}} = 1.84$$

第四步，找到合适的临界值分布表。

两个独立总体的小样本适用于 t 分布，运用该表需要显著水平和自由度两个已知条件。这两个样本的自由度都是 $n-1$，那么 t 统计量的自由度是（n_1-1）+（n_2-1）=n_1+n_2-2，本例中自由度是 10+10–2=18。从图 10-3 中可以查到，在自由度为 18，显著水平为 5% 的情况下，推翻零假设需要的值是 1.73，如图 10-5 所示。

第五步，比较 t 统计量和临界值。

t 统计量的值是 1.84，落在拒绝域中，用 Excel 求 P 值，操作如下。

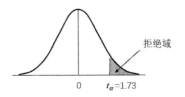

图 10-5　自由度为 18、显著水平为 5% 的 t 分布曲线

图 10-6　用 Excel 求 P 值

如图 10-6 所示，在 C2 单元格输入以下公式，可以得到 p 值。

```
=T.DIST.RT(A2,B2)
```

p 值为 4.1%，零假设被推翻，再一次证明连续 3 年的成绩下降是真实的。

10.1.4　用 Excel 做两个独立总体的检验

互联网金融的主要业务之一是个人小微贷款，额度从几百、几千到几万元不等。商业银行的个人贷款业务以住房贷款为主，房贷是有房产做抵押的，如果出现还不上款的情况，银行有权拍卖房产以弥补自己的损失。互联网金融不同，没有房产和任何其他实体资产做抵押，完全是对借贷人的信用做出判断，给信用高的人放贷。例如，评分卡模型就是其中的判断标准之一，评分越高表示其还款意愿和能力就越高，评分越低表示其还款意愿和能力就越低。

某互联网金融公司观察到，近来上海的借贷人的评分比北京稍高一些，如果希望评判上海借贷人质量是否比北京借贷人更高，那么分别抽取两个样本，样本量都是 20，如图 10-7 所示。

	A	B
1	上海	北京
2	725	639
3	565	522
4	654	653
5	688	712
6	624	512
7	607	617
8	637	533
9	703	597
10	532	479
11	607	611
12	512	707
13	518	505
14	634	648
15	598	628
16	483	587
17	534	612
18	627	628
19	498	501
20	535	531
21	663	606

图 10-7　上海和北京各抽取 20 个借贷人

对两个样本进行 t 检验，步骤如下。

步骤①　依次单击【数据】→【数据分析】按钮，打开【数据分析】对话框。

步骤②　在【数据分析】对话框的【分析工具】列表框中选择【t- 检验：双样本异方差假设】选项，单击【确定】按钮，打开【t- 检验：双样本异方差假设】对话框。

步骤③　在【t- 检验：双样本异方差假设】对话框中设置相关参数。

（1）单击【变量 1 的区域】编辑框右侧的折叠按钮，选择包含上海借贷人评分的 A2:A21 单元格区域；单击【变量 2 的区域】编辑框右侧的折叠按钮，选择包含北京借贷人评分的 B2:B21 单元格区域。

（2）【假设平均差】是零假设的数值，在本例中，零假设是上海北京没有差别，所以输入 0。

（3）【α】是设置的显著性水平，无特殊情况都按 5% 设置，在右侧的文本框中输入 0.05。

（4）在【输出选项】选项区域下选中【输出区域】单选按钮，单击编辑框右侧的折叠按钮，选择 D1 单元格为放置结果的起始位置。

最后单击【确定】按钮，如图 10-8 所示。

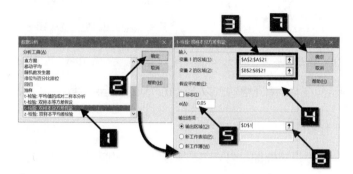

图 10-8　*t*-检验：双样本异方差假设

在 D1 单元格开始的区域保存的 *t* 检验结果，如图 10-9 所示。

	A	B	C	D	E	F
1	上海	北京		*t*-检验: 双样本异方差假设		
2	725	639				
3	565	522			变量 1	变量 2
4	654	653		平均	597.2	591.4
5	688	712		方差	5138.378947	4633.094737
6	624	512		观测值	20	20
7	607	617		假设平均差	0	
8	637	533		df	38	
9	703	597		*t* Stat	0.262399473	
10	532	479		P(T<=*t*) 单尾	0.397215411	
11	607	611		*t* 单尾临界	1.68595446	
12	512	707		P(T<=*t*) 双尾	0.794430823	
13	518	505		*t* 双尾临界	2.024394164	
14	634	648				
15	598	628				
16	483	587				
17	534	612				
18	627	628				
19	498	501				
20	535	531				
21	663	606				

图 10-9　*t* 检验：双样本异方差假设分析结果

从结果中可以看到所有的计算用到相关值，在结果的前 5 项是计算 *t* 值需要的统计值，后 5 项是计算结果，包括 *t* 值、*p* 值和临界点，其中 *t* Stat 是 *t* 值，*p* 值有单尾和双尾之分，和单侧双侧是相同含义。

这个结果展示的是全部的计算过程，但是真正做分析时，可以只看 *p* 值，显著水平设置的是 0.05，只要用 *p* 值和显著水平作比较即可决定是否推翻零假设。在本例中，*p* 值是图 10-9 中 E10 单元格 0.397，是大于 0.05 的，所以无法推翻零假设，说明上海借贷人平均分高于北京借贷人只是一个偶然现象。

从图 10-8 的【数据分析】对话框中可以看到，*t* 检验有 3 种不同形式，本例中使用的是最后一种，即 *t* 检验：双样本异方差假设。3 种形式分别对应 3 种类型假设，对应情况如表 10-1 所示。

表 10-1　*t* 检验 3 种形式对应的检验类型

Excel 中 *t* 检验的 3 种形式	*t* 检验类型
t 检验：平均值的成对二样本分析	两个相关总体的 *t* 检验
t 检验：双样本等方差假设	两个独立总体的 *t* 检验（两个总体的方差无显著差异）
t 检验：双样本异方差假设	两个独立总体的 *t* 检验（两个总体的方差有显著差异）

第一个 *t* 检验：平均值的成对二样本分析是用于两个相关总体的 *t* 检验，相关内容会在之后讨论。后两个 *t* 检验的区别仅在于总体方差是否相等，在本例中，上海的借贷人和北京借贷人是完全不同的两个总体，且由于社会环境、生活习惯等复杂因素，两个总体会有显著的差异，所以选择使用"*t* 检验：双样本异方差假设"。

Excel 的后两个 *t* 检验工具的界面除对话框名称以外是完全相同的，只要在选择检验方法前确定好总体的方差是否相等即可，如图 10-10 所示。

图 10-10　双样本等方差检验和双样本异方差检验

10.1.5　两个相关总体的 *t* 检验

某学校验证了自己学校高考成绩确实在下滑，之后着手对学习成绩进行深层的分析，第一个分析要点是前一年没有上大学又重新复读的学生，经过一年的学习后成绩是否有提高。

两个独立总体是完全不同的，两个相关总体是同一个总体的两次不同表现，如有一批学生高三过后又复读了一次，等于相同的一批学生实验了两次，所以是相关总体。两个相关样本的 *t* 检验也称为配对 *t* 检验（或成对 *t* 检验）。

第一步，建立假设。

零假设：高三应届和复读的两次高考成绩均值之间没有差异。

对立假设：复读的成绩高于高三应届的成绩，是个有方向的单侧假设。

第二步，设置零假设的显著性水平，无特殊情况下，沿用常规的 5%。

第三步，选择恰当的统计量。

因为是同一个总体的前后两次成绩对比，且样本量较小，所以用相关样本 t 检验。

第四步，计算统计量 t。

$$t = \frac{观察值-零假设下的期望值}{标准误差}$$

由于两个相关样本中的个体是完全一样的，相关样本的 t 统计量需要用到的均值和标准差不是样本本身的，所以观察值与零假设下的期望值之差的计算方法有所不同，是每个样本的两次观察值之差，再计算所有样本之差的均值。图 10-11 所示中，C 列即是 B 列与 A 列的差值。本例中计算 t 值用到的均值和标准差，就是 C 列的均值和标准差，均值是 17.6，标准差是 34。

	A	B	C	D
1	高三应届高考成绩	复读高考成绩	差值（复读-高三）	公式
2	351	443	92	=B2-A2
3	525	501	-24	=B3-A3
4	435	426	-9	=B4-A4
5	612	622	10	=B5-A5
6	590	639	49	=B6-A6
7	327	358	31	=B7-A7
8	578	562	-16	=B8-A8
9	531	550	19	=B9-A9
10	406	415	9	=B10-A10
11	602	617	15	=B11-A11

图 10-11　10 个复读学生的两次成绩之差

计算 t 值：

$$t = \frac{17.6}{34/\sqrt{10}} = 1.64$$

第五步，用 t 分布表检验。

注意，相关样本虽然是两次数值的比较，但是样本主体是同一个群体，所以自由度是 $n-1$，而不是 $2n-2$。

在图 10-3 的 t 分布表中找到自由度为 9、显著水平 5% 的临界值是 1.83，也就是说推翻零假设的 t 值至少为 1.83。本例中，t 值为 1.64，小于 1.83，说明不能推翻零假设。该学校的复读生成绩并没有比上一年有提升。

相关样本的检验是用每一个个体的两次结果的差值来测量的，这种测量显然要比两个群体的均值差值更为精确。在实际应用中，相关样本 t 检验经常用来检测运营策略是否有效，方法就是检验运营策略实施前后的效果是否有显著提升。

10.1.6　用 Excel 做两个相关总体的 t 检验

从表 10-1 可以知道，做两个相关总体的 t 检验就是做成对 t 检验，也就是用图 10-8【数据分析】对话框中的 "t- 检验：平均值的成对二样本分析"。继续用图 10-11 中的例子，可以检验 Excel 给出的结果是否和传统方法的结果一致。

对两个相关样本进行 *t*- 检验，步骤如下。

步骤① 依次单击【数据】→【数据分析】按钮，打开【数据分析】对话框。

步骤② 在【数据分析】对话框的【分析工具】列表框中选择【*t*- 检验：平均值的成对二样本分析】选项，单击【确定】按钮，打开【*t*- 检验：平均值的成对二样本分析】对话框。

步骤③ 在【*t*- 检验：平均值的成对二样本分析】对话框中设置相关参数。

单击【变量 1 的区域】右侧的折叠按钮，选择包含复读高考成绩的 B2:B11 单元格区域；单击【变量 2 的区域】右侧的折叠按钮，选择包含高三应届高考成绩的 A2:A11 单元格区域。需要注意的是，【变量 1 的区域】代表的是实验之后的样本，【变量 2 的区域】代表的是实验之前的样本。

【假设平均差】是零假设的数值，在本例中，零假设是高三应届和复读的没有差异，所以输入 0。

【α】是设置的显著性水平，无特殊情况都按 5% 设置，在右侧的文本框中输入 0.05。

在【输出选项】选项区域下选中【输出区域】单选按钮，单击右侧的折叠按钮，选择 D1 单元格为放置结果的起始位置。

最后单击【确定】按钮，如图 10-12 所示。

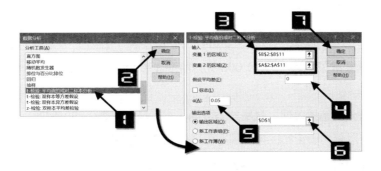

图 10-12　*t*- 检验：平均值的成对二样本分析

在 D1 单元格开始的区域保存检验的结果，如图 10-13 所示

	A	B	C	D	E	F
1	高三高考成绩	复读高考成绩		*t*-检验: 成对双样本均值分析		
2	351	443			变量 1	变量 2
3	525	501				
4	435	426		平均	513.3	495.7
5	612	622		方差	9842.677778	11524.9
6	590	639		观测值	10	10
7	327	358		泊松相关系数	0.948821462	
8	578	562		假设平均差	0	
9	531	550		df	9	
10	406	415		*t* Stat	1.636597696	
11	602	617		P(T<=*t*) 单尾	0.068070907	
12				t 单尾临界	1.833112933	
13				P(T<=*t*) 双尾	0.136141813	
14				*t* 双尾临界	2.262157163	

图 10-13　*t*- 检验：成对双样本均值分析的分析结果

黑框中的 3 个值是分析结果中得出结论的重要数值，t Stat 是统计量 t 值，E10 单元格四舍五入后得到 1.64，t 单尾临界就是在图 10-3 的 t 分布表中，显著水平为 5%，自由度为 9 的临界值，E11 单元格四舍五入后的结果是 1.83，t 值大于单尾临界值即可以拒绝零假设，否则零假设成立。在本例中 1.64 < 1.83，所以零假设成立。

D11 单元格中的 $P(T<=t)$ 单尾是指 $(T<=t)$ 条件下的 p 值，T 代表 t 单尾临界值，t 代表 t 值（t Stat），也就是说只有 t 单尾临界 $<=t$ Stat 的时候 p 值才能存在，否则该值是无意义的。由于 p 值是衡量零假设被推翻的强弱程度，只有零假设被推翻时 p 值才有存在的价值，所以在分析检验结果中的 p 值时，一定要注意 $(T<=t)$ 条件是否成立。

10.2　χ^2 检验（卡方检验）

10.2.1　分类数据

数据按照测量尺度不同可以分为 3 种数据，如表 10-2 所示。

表 10-2　数据按测量尺度分类

定量数据	定性数据	
数值型数据	分类数据	顺序数据

数值型数据最常见，如收入 10 000 元，身高 170cm，手机 4000 元，企业一年销售额 100 万元，等等。

如果数据按分类结果表现，就是分类数据，大多是文字表述的。例如，人可以分为男性和女性，企业可以分为国企和民企，国家可以分成发展中国家和发达国家。也有用数字表示的分类数据，尤其在大数据时代，很多统计算法要通过计算机完成，经常会用数字表示类别，如 0、1、2 等分别代表某一类事物，这里的数字本质上已经不是数值了，只是代表事物类型，本质上是文字。

数值型和分类数据也可以转换。例如，手机价格是数值型数据，如果要对手机按价格分档，可分"入门手机""中档手机""高档手机"等。

顺序数据也是分类的，但是是有顺序的分类，如一等产品、二等产品、三等产品。考试成绩可以分为 A+、A、A-、B+、B、B-、C+、C、C- 等。

分类数据和顺序数据是定性数据，数值型数据是定量数据。

了解分类数据很重要，因为 χ^2 检验就是为分类数据服务的。

10.2.2　列联表（双向表）

一个超市认为方便面在冬天比夏天卖得好，于是对上一年度的方便面销量做了统计，是按照季节和包装两个属性交叉得到的统计数据，如图 10-14 所示。

销售季节和包装都是表示类别的变量，在图 10-14
中，销售季节是"行变量"，每一行代表一个季节，包
装是"列变量"，每一列代表一种包装方式。数字对应
每一个季节卖掉相应包装的数量。

	袋装	碗装	总数
冬季	82,462	32,462	114,924
夏季	57,193	21,005	78,198
总数	139,655	53,467	193,122

图 10-14　超市上一年度方便面
销量

列联表可以直观地展示每个变量的分布。最右侧的总数列下的每一行代表每个季节的销
量，最底部的总数行右侧的每一列代表每个包装的销量。可以很容易地计算类别百分比：

$$袋装销量占比 = \frac{139\ 655}{193\ 122} = 0.72 = 72\%$$

$$冬季销量占比 = \frac{114\ 924}{193\ 122} = 0.60 = 60\%$$

通过表中的总数数据很方便对照比较，例如可以看出袋装比碗装销售的好，冬季比夏季
销售得好。但这是真实情况还是偶然的，显著性检验可以回答这个问题。

10.2.3　χ^2 检验（卡方检验）

某互联网金融平台将借贷人分成 A、B、C 3 类，A
是评分最高的，B 中等，C 最低。平台想了解逾期情况
是否和借贷人等级有关，分别从 3 类客户中抽取 30 个
借贷人，这些借贷人的逾期还款统计，如图 10-15 所示。

	正常还款	逾期未还	总数
A	29	1	30
B	26	4	30
C	20	10	30
总数	72	18	90

图 10-15　借贷人类别和还款情况

χ^2 检验也是假设检验，χ^2 读音"卡方"，和 t 检验的思路是相同的，差别在于 χ^2 统计量
和 t 统计量的计算方法不同，查询的分布表也不同。

第一步，建立假设。

零假设：在该平台所有的借贷人中，逾期情况和借贷人的等级没有关系。

对立假设：逾期和借贷人等级确实存在相关关系。

第二步，设置零假设的显著水平。平台认为这次的检验结果十分重要，要显著水平很高
才可以接受，所以设定为 1%。

第三步，选择合适的统计量。分类数据的检验用 χ^2 检验。

第四步，计算统计量。

统计量都是用零假设下的预期值和观测值作对比，现在已知观测值，如图 10-15 所
示，3 类人总人数还是 90 人，正常还款总人数是 72 人，
逾期未还款总人数是 18 人，如果零假设的预期值是 3
类人的还款人数和逾期人数都相等，那 72/3=24 人，
每一类的逾期人数应该是 18/3=6 人。零假设下的
逾期如图 10-16 所示。

	正常还款	逾期未还	总数
A	24	6	30
B	24	6	30
C	24	6	30
总数	72	18	90

图 10-16　零假设下每组人的逾期
人数相同

χ^2 统计量的计算公式如下。

$$\chi^2 = \sum \frac{(\text{观测值} - \text{预期值})^2}{\text{预期值}}$$

$\sum$ 是指列联表中每个数字的加总。

χ^2 统计量对应 A 类借贷人中正常还款的数字为：

$$\frac{(29-24)^2}{24} = \frac{25}{24} = 1.04$$

将表格中计算的所有数字相加。

$$\chi^2 = \frac{(29-24)^2}{24} + \frac{(26-24)^2}{24} + \frac{(20-24)^2}{24} + \frac{(1-6)^2}{6} + \frac{(4-6)^2}{6} + \frac{(10-6)^2}{24}$$

$$= 1.04 + 0.17 + 0.67 + 4.17 + 0.67 + 2.67 = 9.375$$

现在，可以确定 χ^2 值是 9.375。

χ^2 分布的自由度是（列数 –1）*（行数 –1）=（2–1）(3–1) =2。

第五步，使用对应的分布表确定推翻零假设的临界值。

卡方分布曲线和 t 分布曲线一样，都是一簇曲线，随着自由度的变化而变化，如图 10-17 所示。当自由度越大，越趋向于正态分布曲线。

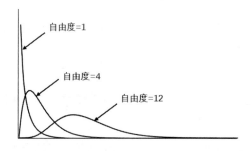

图 10-17　χ^2 分布自由度为 1、4、12 的曲线

和 t 分布一样，χ^2 分布也有临界值表，同样也可以用 Excel 生成临界值表，操作步骤如下。

A1 单元格中的 df 指的是自由度，α 是置信水平的临界点，B1：H1 单元格区域是置信水平临界点，可以预先输入常用的显著水平。A2：A31 单元格区域是自由度。

在 B2 单元格输入以下公式，并向下向右复制填充到 B2：H31 单元格区域，如图 10-18 所示。

```
=CHISQ.INV.RT(B$1,$A2)
```

本例中的自由度是 2，置信水平是 0.01，在图 10-18 中可以找到临界值是 9.21，χ^2 值是 9.375，大于临界点，可以推翻零假设。逾期情况和借贷人的等级是相关的。

df/α	0.2	0.15	0.1	0.05	0.01	0.005	0.001
1	1.64	2.07	2.71	3.84	6.63	7.88	10.83
2	3.22	3.79	4.61	5.99	9.21	10.60	13.82
3	4.64	5.32	6.25	7.81	11.34	12.84	16.27
4	5.99	6.74	7.78	9.49	13.28	14.86	18.47
5	7.29	8.12	9.24	11.07	15.09	16.75	20.52
6	8.56	9.45	10.64	12.59	16.81	18.55	22.46
7	9.80	10.75	12.02	14.07	18.48	20.28	24.32
8	11.03	12.03	13.36	15.51	20.09	21.95	26.12
9	12.24	13.29	14.68	16.92	21.67	23.59	27.88
10	13.44	14.53	15.99	18.31	23.21	25.19	29.59
11	14.63	15.77	17.28	19.68	24.72	26.76	31.26
12	15.81	16.99	18.55	21.03	26.22	28.30	32.91
13	16.98	18.20	19.81	22.36	27.69	29.82	34.53
14	18.15	19.41	21.06	23.68	29.14	31.32	36.12
15	19.31	20.60	22.31	25.00	30.58	32.80	37.70
16	20.47	21.79	23.54	26.30	32.00	34.27	39.25
17	21.61	22.98	24.77	27.59	33.41	35.72	40.79
18	22.76	24.16	25.99	28.87	34.81	37.16	42.31
19	23.90	25.33	27.20	30.14	36.19	38.58	43.82
20	25.04	26.50	28.41	31.41	37.57	40.00	45.31
21	26.17	27.66	29.62	32.67	38.93	41.40	46.80
22	27.30	28.82	30.81	33.92	40.29	42.80	48.27
23	28.43	29.98	32.01	35.17	41.64	44.18	49.73
24	29.55	31.13	33.20	36.42	42.98	45.56	51.18
25	30.68	32.28	34.38	37.65	44.31	46.93	52.62
26	31.79	33.43	35.56	38.89	45.64	48.29	54.05
27	32.91	34.57	36.74	40.11	46.96	49.64	55.48
28	34.03	35.71	37.92	41.34	48.28	50.99	56.89
29	35.14	36.85	39.09	42.56	49.59	52.34	58.30
30	36.25	37.99	40.26	43.77	50.89	53.67	59.70

（B2 单元格公式：=CHISQ.INV.RT(B$1,$A2)）

图 10-18　χ^2 分布临界值表

10.2.4　用 Excel 做 χ^2 检验

Excel 的数据分析工具中没有 χ^2 检验，需要用函数来完成 χ^2 值和 p 值的计算。如 10.2.3 节中借款逾期的例子，在确定了零假设的期望值后，即可用函数计算 p 值和 χ^2 值，如图 10-19 所示。

	正常还款	逾期未还	总数			正常还款	逾期未还	总数		p值	χ^2值
A	29	1	30		A	24	6	30		0.0092	9.375
B	26	4	30		B	24	6	30			
C	20	10	30		C	24	6	30			
总数	72	18	90		总数	72	18	90			

（K2 单元格公式：=CHISQ.TEST(B2:C4,G2:H4)）

图 10-19　计算 p 值和 χ^2 值

在 K2 单元格的公式如下。

```
=CHISQ.TEST(B2:C4,G2:H4)
```

在 L2 单元格的公式如下。

```
=CHISQ.INV(1-K2,2)
```

CHISQ.TEST 函数可以计算真实值和预期值之间的差距并得到 p 值，这要求真实值和预期值的表的行和列要完全相等，也就是表格形状完全一样，如果行列不等，结果会返回错误值。

由于 CHISQ.TEST 直接得到了 p 值，并未展现中间过程，所以求 x^2 值可以在已知 p 值后，通过 CHISQ.INV 函数得出。

可以看到用 Excel 可以得出和之前一样的 x^2 值 9.375，但是该值是否足够推翻零假设，依然需要查询图 10-18 的 x^2 分布临界值表。在 Excel 中，相比 t 检验和 z 检验有方便的数据分析工具完成全部分析，x^2 检验只能完成部分分析，最后的临界值对比依然要查表操作。

如果将该例中的置信水平调的更严格一些，为 0.005，那么临界值就是 10.06，x^2 值 9.375 是小于临界值的，这样就不能推翻零假设。在实际工作中，有分析师认为该变量不显著而将其去掉，就必须要说明该变量的显著水平和 x^2 值是多少，是否和业务逻辑相符，如果不关注显著水平和 x^2 值，而直接剔除某些变量，则会出现较大的数据偏差。

第 11 章　方差分析

使用 t 检验，每次只能对比检验两个群体，如果需要对比 3 个群体的差异，需要 3 次检验才能完成，如表 11-1 所示。

表 11-1　用 t 检验多次做两个群体检验

检验次数	零假设
检验 1	群体 1 均值 = 群体 2 均值
检验 2	群体 1 均值 = 群体 3 均值
检验 3	群体 2 均值 = 群体 3 均值

如果是 4 个群体的对比，将需要进行 6 次检验。这样的方法效率十分低下，对于多群体比较，最高效的方法是方差分析。

11.1　方差分析原理

11.1.1　组内误差和组间误差

某品牌即饮咖啡的主要售卖渠道是各种类型的超市，该品牌商对产品的定位是有助于提神醒脑，可以让人更高效地工作和学习，现在要分析将该产品投放在不同地段的超市，是否对销量有显著影响。在不同区域内分别选取写字楼、居民区和学校附近地段，并且营业面积为 150 ～ 160 平方米的超市，不同地段随机抽取 10 家，每个月的销量如图 11-1 所示。

在本例中，地理位置是方差分析的检验对象，被称为因素，居民区、学校、写字楼则是因素的不同表现，被称为水平，销量的具体数值依然被称为观测值。从这组数据中可以观察到，每组水平的数据是不一样的，说明每组水平之间有差异，每一个水平下面的观测值也是不一样的，比如居民区下面的 10 个观察值是完全不相同的，说明每组水平内也有差异。那么该整体的 30 个数据就可以分成两类差异，一类是组内误差，一类是组间误差，如图 11-2 所示。

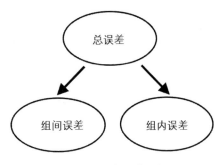

图 11-1　30 家超市即饮咖啡的月销量　　　　图 11-2　总误差分解

两类误差之比就是方差分析需要的统计量，称为 F 统计量，也就是衡量 3 组水平差异的标准。

$$F = \frac{\text{组间误差}}{\text{组内误差}}$$

11.1.2　F 分布临界值表

在假设检验中，每个统计量都有相应的临界值分布表，F 统计量也有分布表，为了以后方便查询，可以先将该表制作出来，步骤如下。

A1 单元格中的 α 是置信水平的临界点，B1 是临界点的取值，F 分布与其他分布不同，其他分布的临界值都可以在一张表中找到，而 F 分布的每一个显著水平有一张分布表。本例中使用的是置信水平为 0.05，如果用 0.01 的置信水平，需要将 B1 的值改为 0.01 后重新生成数据。B2：P2 单元格区域是计算 F 统计量时分子的自由度，A3：A32 单元格区域是计算 F 统计量时分母的自由度。

在 B3 单元格输入以下公式，并向下向右复制填充到 B3：P32 单元格区域，如图 11-3 所示。

```
=F.INV.RT($B$1,B$2,$A3)
```

B3		f_x =F.INV.RT($B$1,B$2,$A3)													
	A	B	C	D	E	F	G	H	I	J	K	L	M	N	O	P
1	α	0.05														
2	df2/df1	1	2	3	4	5	6	7	8	9	10	11	12	13	14	15
3	1	161.45	199.50	215.71	224.58	230.16	233.99	236.77	238.88	240.54	241.88	242.98	243.91	244.69	245.36	245.95
4	2	18.513	19.000	19.164	19.247	19.296	19.330	19.353	19.371	19.385	19.396	19.405	19.413	19.419	19.424	19.429
5	3	10.128	9.552	9.277	9.117	9.013	8.941	8.887	8.845	8.812	8.786	8.763	8.745	8.729	8.715	8.703
6	4	7.709	6.944	6.591	6.388	6.256	6.163	6.094	6.041	5.999	5.964	5.936	5.912	5.891	5.873	5.858
7	5	6.608	5.786	5.409	5.192	5.050	4.950	4.876	4.818	4.772	4.735	4.704	4.678	4.655	4.636	4.619
8	6	5.987	5.143	4.757	4.534	4.387	4.284	4.207	4.147	4.099	4.060	4.027	4.000	3.976	3.956	3.938
9	7	5.591	4.737	4.347	4.120	3.972	3.866	3.787	3.726	3.677	3.637	3.603	3.575	3.550	3.529	3.511
10	8	5.318	4.459	4.066	3.838	3.687	3.581	3.500	3.438	3.388	3.347	3.313	3.284	3.259	3.237	3.218
11	9	5.117	4.256	3.863	3.633	3.482	3.374	3.293	3.230	3.179	3.137	3.102	3.073	3.048	3.025	3.006
12	10	4.965	4.103	3.708	3.478	3.326	3.217	3.135	3.072	3.020	2.978	2.943	2.913	2.887	2.865	2.845
13	11	4.844	3.982	3.587	3.357	3.204	3.095	3.012	2.948	2.896	2.854	2.818	2.788	2.761	2.739	2.719
14	12	4.747	3.885	3.490	3.259	3.106	2.996	2.913	2.849	2.796	2.753	2.717	2.687	2.660	2.637	2.617
15	13	4.667	3.806	3.411	3.179	3.025	2.915	2.832	2.767	2.714	2.671	2.635	2.604	2.577	2.554	2.533
16	14	4.600	3.739	3.344	3.112	2.958	2.848	2.764	2.699	2.646	2.602	2.565	2.534	2.507	2.484	2.463
17	15	4.543	3.682	3.287	3.056	2.901	2.790	2.707	2.641	2.588	2.544	2.507	2.475	2.448	2.424	2.403
18	16	4.494	3.634	3.239	3.007	2.852	2.741	2.657	2.591	2.538	2.494	2.456	2.425	2.397	2.373	2.352
19	17	4.451	3.592	3.197	2.965	2.810	2.699	2.614	2.548	2.494	2.450	2.413	2.381	2.353	2.329	2.308
20	18	4.414	3.555	3.160	2.928	2.773	2.661	2.577	2.510	2.456	2.412	2.374	2.342	2.314	2.290	2.269
21	19	4.381	3.522	3.127	2.895	2.740	2.628	2.544	2.477	2.423	2.378	2.340	2.308	2.280	2.256	2.234
22	20	4.351	3.493	3.098	2.866	2.711	2.599	2.514	2.447	2.393	2.348	2.310	2.278	2.250	2.225	2.203
23	21	4.325	3.467	3.072	2.840	2.685	2.573	2.488	2.420	2.366	2.321	2.283	2.250	2.222	2.197	2.176
24	22	4.301	3.443	3.049	2.817	2.661	2.549	2.464	2.397	2.342	2.297	2.259	2.226	2.198	2.173	2.151
25	23	4.279	3.422	3.028	2.796	2.640	2.528	2.442	2.375	2.320	2.275	2.236	2.204	2.175	2.150	2.128
26	24	4.260	3.403	3.009	2.776	2.621	2.508	2.423	2.355	2.300	2.255	2.216	2.183	2.155	2.130	2.108
27	25	4.242	3.385	2.991	2.759	2.603	2.490	2.405	2.337	2.282	2.236	2.198	2.165	2.136	2.111	2.089
28	26	4.225	3.369	2.975	2.743	2.587	2.474	2.388	2.321	2.265	2.220	2.181	2.148	2.119	2.094	2.072
29	27	4.210	3.354	2.960	2.728	2.572	2.459	2.373	2.305	2.250	2.204	2.166	2.132	2.103	2.078	2.056
30	28	4.196	3.340	2.947	2.714	2.558	2.445	2.359	2.291	2.236	2.190	2.151	2.118	2.089	2.064	2.041
31	29	4.183	3.328	2.934	2.701	2.545	2.432	2.346	2.278	2.223	2.177	2.138	2.104	2.075	2.050	2.027
32	30	4.171	3.316	2.922	2.690	2.534	2.421	2.334	2.266	2.211	2.165	2.126	2.092	2.063	2.037	2.015

图 11-3　显著水平为 0.05 的 F 分布临界值表

11.2 一元方差分析

11.2.1 计算 F 统计量

方差分析的本质是假设检验，在许多情况下类似于 t 检验，都是计算均值之间的差异，将其称为方差分析的主要原因是判断均值之间是否有差异时的主要手段为方差。

以 11.1.1 节所示的即饮咖啡为例，检验 3 种地段是否对销量产生了影响，按照假设检验的步骤如下。

第一步，建立假设。

零假设：不同地段 3 种超市中的即饮咖啡销量无差异。

对立假设：不同地段 3 种超市中的即饮咖啡销量有差异。

如果零假设成立，即表示超市所在地段对咖啡销量没有影响，若不成立，则证明有影响。

第二步，设置零假设的显著性水平，本例中用常规 5% 的水平。

第三步，选择合适的检验统计量。

本例中是对比 3 个群体的差异，应用的方法是方差分析，所以要选择 F 统计量。

第四步，计算检验统计量。

F 统计量相对其他统计量，其计算较为复杂，需要分别计算组间误差、组内误差、总的误差。

❖ 组内误差：是每组水平的每个观测值与组均值之差的平方和，这是求方差的中间步骤，可以参阅 8.2.2 节中方差的计算方法。

❖ 组间误差：先求出所有观测值的均值，在本例中是 30 个观测值的均值，然后求出每个组的均值，每个组的均值与总均值之差的平方和就是组间差异。

❖ 总误差：组内误差与组间误差之和。

❖ 计算步骤如下。

（1）通过图 11-1 的具体数值可以计算各组内均值和总均值，如图 11-4 所示。

	A	B	C	D	E	F	G	H
1	居民区	学校附近	写字楼			居民区	学校附近	写字楼
2	77	85	90		各组内均值	66.6	83.2	92.6
3	76	83	92		公式	=AVERAGE(A2:A11)	=AVERAGE(B2:B11)	=AVERAGE(C2:C11)
4	66	97	97					
5	46	83	88		30家超市的总均值	80.8		
6	68	77	90		公式	=AVERAGE(A2:C11)		
7	88	79	91					
8	67	80	90					
9	56	76	97					
10	65	83	97					
11	57	89	94					

图 11-4　组内均值和总均值

（2）通过图 11-1 和图 11-4 中的数据，可以求出组内观测值与均值的差的平方，如图 11-5 所示，也可以求出每组均值与总均值的差的平方和，如图 11-6 所示。

居民区		学校附近		写字楼	
销量	（观测值-均值）的平方	销量	（观测值-均值）的平方	销量	（观测值-均值）的平方
77	(77-66.6)*(77-66.6)=108.2	85	(85-83.2)*(85-83.2)=3.2	90	(90-92.6)*(90-92.6)=6.8
76	(76-66.6)*(76-66.6)=88.4	83	(83-83.2)*(83-83.2)=0	92	(92-92.6)*(92-92.6)=0.4
66	(66-66.6)*(66-66.6)=0.4	97	(97-83.2)*(97-83.2)=190.4	97	(97-92.6)*(97-92.6)=19.4
46	(46-66.6)*(46-66.6)=424.4	83	(83-83.2)*(83-83.2)=0	88	(88-92.6)*(88-92.6)=21.2
68	(68-66.6)*(68-66.6)=2	77	(77-83.2)*(77-83.2)=38.4	90	(90-92.6)*(90-92.6)=6.8
88	(88-66.6)*(88-66.6)=458	79	(79-83.2)*(79-83.2)=17.6	91	(91-92.6)*(91-92.6)=2.6
67	(67-66.6)*(67-66.6)=0.2	80	(80-83.2)*(80-83.2)=10.2	90	(90-92.6)*(90-92.6)=6.8
56	(56-66.6)*(56-66.6)=112.4	76	(76-83.2)*(76-83.2)=51.8	97	(97-92.6)*(97-92.6)=19.4
65	(65-66.6)*(65-66.6)=2.6	83	(83-83.2)*(83-83.2)=0	97	(97-92.6)*(97-92.6)=19.4
57	(57-66.6)*(57-66.6)=92.2	89	(89-83.2)*(89-83.2)=33.6	94	(94-92.6)*(94-92.6)=2

图 11-5　组内观测值与组均值的差的平方

地理位置	各组均值	（各组均值-总均值）的平方
居民区	66.6	(66.6-80.8)*(66.6-80.8)=201.6
学校附近	83.2	(83.2-80.8)*(83.2-80.8)=5.8
写字楼	92.6	(92.6-80.8)*(92.6-80.8)=139.2

图 11-6　组均值与总均值的差的平方和

（3）通过图 11-5 可以求出组内平方和、组内误差。

组内平方和$_{居民区}$=108.2+88.4+0.4+424.4+2+458+0.2+11.2+2.6+92.2=1288.8

组内平方和$_{学校}$=3.2+0+190.4+0+38.4+17.6+10.2+51.8+0+33.6=34.52

组内平方和$_{写字楼}$=6.8+0.4+19.4+21.2+6.8+2.6+6.8+19.4+19.4+2=104.8

组内误差 = 组内平方和$_{居民区}$ + 组内平方和$_{学校}$ + 组内平方和$_{写字楼}$=1288.8+34.52+104.8=1738.8

（4）通过图 11-6 求出组间误差。

组间误差 =(10×201.6)+(10×5.8)+(10×139.2)=3466

其中 10 是每组的观察值个数，需要注意的是，方差分析的每一组样本中的观察值个数可以是不同的，如果居民区的观察值是 12 个，学校附近是 8 个，写字楼只有 4 个，这 3 个群体依然可以用方差分析来比较。

（5）总误差。

总误差 = 组内误差 + 组间误差 =1738.8+3466=5204.8

总误差的另一个计算方法是，计算每个观测值与总均值之间的差的平方和，在本例中是 30 个观测值和 30 个观测值均值的差的平方和，最后结果与组内误差与组间误差之和是相同的，读者可以用数据自行检验。

（6）计算 F 统计量。

在本例中每组的样本量都是 10，但是大量的实际应用中的样本量是不尽相同的，这也意味着，各组误差的大小与观测值的多少直接相关，为了消除这种影响，要将最终结果平均，平均后的结果称为均方。在统计学中，求样本均值时使用的分母都是自由度，在一元方差分析中，需要两个自由度，一个是组内自由度，一个是组间自由度。在本例中，每个组的自由度都是（10–1）=9，3 组的组内自由度是 27，组间自由度是（3–1）=2，由此，可以得出 F 统计量如下。

$$F = \frac{3466/2}{1738.8/27} = 26.9$$

至此，F 统计量已经计算完毕。

第五步，使用和检验量相对应的临界值分布表确定拒绝域。

从上一步 F 统计量的计算过程中可以再次看出，F 分布临界值表（图 11-3）的主要结构为两个自由度，为 2，分母也就是组内误差自由度，为 27，显著水平为 5%，表示为 $F_{0.05}(2, 27)$，查表可知，单元格 C29 是分子自由度为 2 和分母自由度为 27 的交点，所以 F 统计量的临界值点是：

$$F_{0.05}(2, 27) = 3.35$$

F 统计量的真实值是 26.9，显然大于临界值 3.35，当统计量大于临界值时，可以推翻零假设，也就是说 3 个地理位置超市中的即饮咖啡销量有差异。

11.2.2 用 Excel 做一元方差分析

F 统计量的计算方法相对复杂，读者只需了解其中意义，可以在 Excel 中实现计算过程，以图 11-1 为数据源，计算步骤如下。

步骤① 依次单击【数据】→【数据分析】按钮，打开【数据分析】对话框。

步骤② 在【数据分析】对话框的【分析工具】列表框中选择【方差分析：单因素方差分析】选项，单击【确定】按钮，打开【方差分析：单因素方差分析】对话框。

步骤③ 在【方差分析：单因素方差分析】对话框中设置相关参数。

（1）单击【输入区域】右侧的折叠按钮，选择包含所有销量数据的 A2:C11 单元格区域。此处指定的数据源必须全部是数值类型，不能包含文本，所以不能选中 A1:C1 标题单元格区域。

（2）在【分组方式】右侧选中【列】单选按钮，表示数据源是以列为分组方式的。

（3）【α】是设置的显著性水平，本例中选定的是 5% 水平，在右侧的文本框中输入 0.05。

（4）在【输出选项】选项区域下选中【输出区域】单选按钮，单击编辑框右侧的折叠按钮，选择 E1 单元格为放置结果的起始位置。

最后单击【确定】按钮，如图 11-7 所示。

在 E1 单元格开始的区域保存的检验结果，如图 11-8 所示。

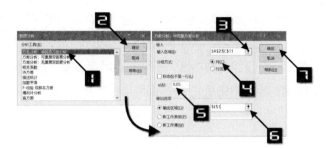

图 11-7 方差分析：单因素方差分析

	A	B	C	D	E	F	G	H	I	J	K
1	居民区	学校附近	写字楼		方差分析：单因素方差分析						
2	77	85	90								
3	76	83	92		SUMMARY						
4	66	97	97		组	观测数	求和	平均	方差		
5	46	83	88		列 1	10	666	66.6	143.156		
6	68	77	90		列 2	10	832	83.2	38.4		
7	88	79	91		列 3	10	926	92.6	11.6		
8	67	80	90								
9	56	76	97								
10	65	83	97		方差分析						
11	57	89	94		差异源	SS	df	MS	F	P-value	F crit
12					组间	3466.4	2	1733.2	26.9192	3.7E-07	3.35413
13					组内	1738.4	27	64.3852			
14											
15					总计	5204.8	29				
16											

图 11-8 方差分析：单因素方差分析结果

图 11-8 中的"SUMMARY"部分展示了统计量计算过程的中间值，也是对于数据的基本描述统计。"方差分析"部分展示了所需的结果，其中数据与之前手动分步骤计算有微小差异，这是因为在手动计算中，中间过程都进行四舍五入保留一位小数，而 Excel 计算是用的精确值计算，所以 Excel 计算的结果是更准确的。

对零假设做出判断最重要的数值是单元格 I12:K12 区域的 3 个数值，分别是 F 统计量、p 值、F 统计量临界值，从这里可以看出 F 统计量 26.9 远大于 F 临界值 3.35，可以推翻原假设。也可以通过 p 值和 α 的比较来确定，若 $p < \alpha$，则拒绝零假设；反之，则接受零假设。本例中 p 值为 0.00000037，远小于 0.05，应拒绝零假设。

11.3 二元方差分析

一元方差分析是研究一个因素对结果的影响，实际情况中更多是考虑多个因素对结果的影响，对即饮咖啡销量的分析中，不仅要考虑地段，也要考虑产品自身的特点。比如该即饮咖啡有 3 种包装，铁罐、玻璃瓶和塑料瓶，铁罐精致但是价格偏高，塑料瓶比较粗糙但是价格实惠，玻璃瓶居于二者之间，如果同时考虑地段因素和包装因素两个因素的方差分析，就叫作二元方差分析，也称为双因素方差分析，如果涉及 3 个及以上的因素，就叫作多元方差分析，本书仅讨论二元方差分析。

在本例中，地段与产品包装对销量的影响是互相独立的，这叫作无重复双因素分析，如果两个因素产生了某种依赖，比如很多公司会为员工每天报销一瓶咖啡，但是要求必须是塑料瓶的，铁罐和玻璃瓶的都不给报销，那么就会对写字楼附近超市的不同包装咖啡销量产生影响，这叫作可重复双因素分析。图11-7的【数据分析】对话框。列表中的第二项和第三项，分别是可重复双因素分析和无重复双因素分析，这是按照因素的是否可重复性所做的区分，本书中也按照这种方式分别讨论。

11.3.1　无重复双因素方差分析

将即饮咖啡的分析加上包装因素后，抽样得到的销量如图 11-9 所示。

	居民区	学校附近	写字楼
铁罐	289	352	485
玻璃瓶	310	401	457
塑料瓶	297	425	406

图 11-9　双因素下即饮咖啡的销量样本

对于两个不相关的因素，做方差分析，可以分成两个单因素分析，一个是行因素，一个是列因素。因此假设检验也是分别针对两个因素做相应的改变，步骤如下。

第一步，建立假设。

行的零假设：两种包装的即饮咖啡销量无差异，即包装对销量没有影响。

列的零假设：3 个地理位置的即饮咖啡销量无差异，即地理位置对销量没有影响。

第二步，设置零假设的显著性水平，本例中用常规 5% 的水平。

第三步，选择合适的检验统计量。

本例中是研究两个因素对销量的影响，应用的方法是双因素方差分析，只要是方差分析都要用 F 统计量。

第四步，计算检验统计量 F 统计量的计算方法与单因素一样。因此在本节中不再进行手动计算，可以直接用 Excel 求得结果，步骤如下。

步骤① 依次单击【数据】→【数据分析】按钮，打开【数据分析】对话框。

步骤② 在【数据分析】对话框的【分析工具】列表框中选择【方差分析：无重复双因素分析】选项，单击【确定】按钮，打开【方差分析：无重复双因素分析】对话框。

步骤③ 在【方差分析：无重复双因素分析】对话框中设置相关参数。

（1）单击【输入区域】右侧的折叠按钮，选择包含所有销量数据的 B2:D4 单元格区域。和【单因素方差分析】一样，数据源必须是数值类型，不能包含文本。

（2）【α】是设置的显著性水平，本例中选定的是 5% 水平，在右侧的编辑框中输入 0.05。

在【输出选项】选项区域下选中【输出区域】单选按钮，单击右侧的折叠按钮，选择 F1 单元格为放置结果的起始位置。

最后单击【确定】按钮，如图 11-10 所示。

在 F1 单元格开始的区域保存的检验结果，图 11-11 所示。

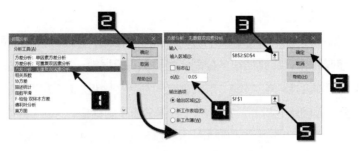

图 11-10　方差分析：无重复双因素分析

	A	B	C	D	E	F	G	H	I	J	K	L
1		居民区	学校附近	写字楼		方差分析：无重复双因素分析						
2	铁罐	289	352	485								
3	玻璃瓶	310	401	457		SUMMARY	观测数	求和	平均	方差		
4	塑料瓶	297	425	406		行 1	3	1126	375.333	10012.3		
5						行 2	3	1168	389.333	5504.33		
6						行 3	3	1128	376	4771		
7												
8						列 1	3	896	298.667	112.333		
9						列 2	3	1178	392.667	1384.33		
10						列 3	3	1348	449.333	1604.33		
11												
12												
13						方差分析						
14						差异源	SS	df	MS	F	P-value	F crit
15						行	374.222	2	187.111	0.12843	0.88296	6.94427
16						列	34747.6	2	17373.8	11.9248	0.02063	6.94427
17						误差	5827.78	4	1456.94			
18												
19						总计	40949.6	8				

图 11-11　方差分析：无重复双因素分析结果

从图 11-11 中可以得到行因素的 F 统计量是 0.12843，列因素的 F 统计量是 11.9248。第五步，使用和检验量相对应的临界值分布表确定拒绝域。

通过图 11-11 双因素分析结果与图 11-8 单因素分析结果的对比，可以看出以下不同点。

在"SUMMARY"部分，单因素只对行或列进行计算（行或列取决于分组方式），而双因素分别对行因素和列因素做了计算，在"方差分析"部分，单因素是组间与组内的对比，而双因素是行因素与列因素的对比。

在双因素分析中，比 F 统计量的计算方法更重要的是如何解读结果，如表 11-2 所示。

表 11-2　双因素方差分析结果解读

	用 F 统计量判定零假设	用 P 值判定零假设	结论
行的零假设	$F_r = 0.12843 < F_\alpha = 6.94427$ 接受行的零假设	$P = 0.88296 > \alpha = 0.05$ 接受行的零假设	3 种包装的即饮咖啡销量无差异，即包装对销量没有影响
列的零假设	$F_c = 11.9248 > F_\alpha = 6.94427$ 拒绝列的零假设	$P = 0.02063 < \alpha = 0.05$ 拒绝列的零假设	3 种地段的即饮咖啡销量有差异，即地段对销量有影响

通过表 11-2 可以看出，无重复双因素方差分析是两个单因素方差分析的独立分析，但是由于双因素方差分析比两个单因素方差分析误差小，所以对于两个因素而言，双因素分析要优于单因素分析。对于误差的比较，读者可以自行验证，方法是对同一组的数据的两个因

素分别进行双因素分析和两次单因素分析，即可看到双因素分析中的 P 值会更小。

11.3.2　可重复双因素方差分析

在研究两个因素对结果影响时，这两个因素对结果的影响是否独立往往不可预知，而且两个因素的关系可以互相转化。

在上例中，地段与产品包装完全是不相关的两个因素，但是如果有一些公司有了特殊规定，比如只报销最便宜的塑料包装产品等，两个因素就会互有影响。在信息不完整时，可以将独立的部分和交叉的部分分解开分别计算，相互独立互不影响的部分是主效应，互相影响的部分是交互效应。11.3.1 节中的无重复双因素方差分析中得到的行因素和列因素的结果，就是两个因素中的主效应。选择是用无重复双因素分析还是可重复双因素分析，本质的区分方法不在于两个因素是否独立，因为真实的独立信息无法掌握，所以常常是由数据分析人员先主观选择，如果选择可重复双因素分析，结果发现交叉效应部分不成立，那么可以认为双因素对结果的影响是相互独立的。

除主观选择外，在 Excel 的数据分析中还有一个判断标准，如果两个因素交叉的数据是单个数值，那么就选无重复双因素方差分析。如图 11-12 所示，"居民区"和"80 ～ 120 平方米"这两个因素的交叉数据是 B2:B6 单元格区域，包含 5 个数值，是一个数据组，地段和面积任意交叉都是这样的数据组，那么就选可重复双因素方差分析。

对图 11-12 的样本数据做方差分析，步骤如下。

第一步，建立假设。

行的零假设：两种超市面积的即饮咖啡销量无差异，即超市对销量没有影响。

列的零假设：3 种地段的即饮咖啡销量无差异，即地段对销量没有影响。

交互零假设：行因素有 2 个水平，列因素有 3 个水平，将数据组分为 2×3=6 组，如图 11-12 所示，

面积	居民区	学校附近	写字楼
80-120 平方米	65	95	110
	64	93	112
	54	107	117
	34	93	108
	56	87	110
200-300 平方米	98	71	91
	77	72	90
	66	68	97
	75	75	97
	67	81	94

图 11-12　超市地段和面积双因素下的销量抽样

交互零假设是这六组数据的销量无差异，即超市地段和超市面积交叉后对销量没有影响。

第二步，设置零假设的显著性水平，本例中用常规 5% 的水平。

第三步，选择合适的检验统计量。

本例中是研究两个因素对销量的影响，应用的方法是双因素方差分析，只要是方差分析都要用 F 统计量。

第四步，计算检验统计量。

用 Excel 求得 F 统计量，步骤如下。

步骤① 依次单击【数据】→【数据分析】按钮，打开【数据分析】对话框。

步骤② 在【数据分析】对话框的【分析工具】列表框中选择【方差分析: 可重复双因素分析】

选项，单击【确定】按钮，打开【方差分析：可重复双因素分析】对话框。

步骤③ 在【方差分析：可重复双因素分析】对话框中设置相关参数。

（1）单击【输入区域】右侧的折叠按钮，选择包含所有销量数据的A1:D11单元格区域。和【单因素方差分析】不同，数据源必须包含行列因素标题。

（2）【每一样本的行数】是分割不同的行因素，本例中每个行因素都是5行，所以填写5。需要注意的是，在可重复双因素分析中，每个行因素的数据行数必须相等。

（3）【α】是设置的显著性水平，本例中选定的是5%水平，在右侧的编辑框中输入0.05。

在【输出选项】选项区域下选中【输出区域】单选按钮，单击编辑框右侧的折叠按钮，选择F1单元格为放置结果的起始位置。

最后单击【确定】按钮，如图11-13所示。

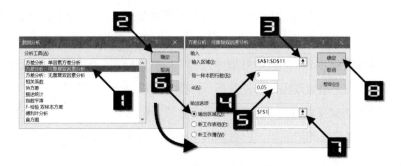

图 11-13　方差分析：可重复双因素分析

在 F1 单元格开始的区域保存的检验结果，如图 11-14 所示。

	A	B	C	D	E	F	G	H	I	J	K	L
1	面积	居民区	学校附近	写字楼		方差分析：可重复双因素分析						
2		65	95	110								
3		64	93	112		SUMMARY	居民区	学校附近	写字楼	总计		
4	80-120 平方米	54	107	117		80~120 平方米						
5		34	93	108		观测数	5	5	5	15		
6		56	87	110		求和	273	475	557	1305		
7		98	71	91		平均	54.6	95	111.4	87		
8		77	72	90		方差	155.8	54	11.8	673.7143		
9	200-300 平方米	66	68	97								
10		75	75	97		200~300 平方米						
11		67	81	94		观测数	5	5	5	15		
12						求和	383	367	469	1219		
13						平均	76.6	73.4	93.8	81.26667		
14						方差	166.3	24.3	10.7	143.4952		
15												
16						总计						
17						观测数	10	10	10			
18						求和	656	842	1026			
19						平均	65.6	84.2	102.6			
20						方差	277.6	164.4	96.04444			
21												
22												
23						方差分析						
24						差异源	SS	df	MS	F	P-value	F crit
25						样本	246.5333	1	246.5333	3.497754	0.073698	4.259677
26						列	6845.067	2	3422.533	48.55805	3.67E-09	3.402826
27						交互	2904.267	2	1452.133	20.60251	6.18E-06	3.402826
28						内部	1691.6	24	70.48333			
29												
30						总计	11687.47	29				

图 11-14　方差分析：可重复双因素分析结果

从图 11-14 可以得到 3 个假设对应的 F 统计量，在 J25：J27 单元格区域。

第五步，使用和检验量相对应的临界值分布表确定拒绝域。

对比结果如表 11-3 所示。

表 11-3　可重复双因素方差分析结果解读

	用 F 统计量判定零假设	用 P 值判定零假设	结论
行的零假设（F25：L25 单元格区域）	$F_r = 3.49775 < F_\alpha = 4.25967$ 接受行的零假设	$P = 0.073698 > \alpha = 0.05$ 接受行的零假设	两种超市面积的即饮咖啡销量无差异，即超市面积对销量没有影响
列的零假设（F26：L26 单元格区域）	$F_c = 48.558 > F_\alpha = 3.402826$ 拒绝列的零假设	$P = 0.000 < \alpha = 0.05$ 拒绝列的零假设	3 种地段的即饮咖啡销量有差异，即地理位置对销量有影响
交互零假设（F27：L27 单元格区域）	$F_{rc} = 20.602 > F_\alpha = 3.40282$ 拒绝交互的零假设	$P = 0.000 < \alpha = 0.05$ 拒绝交互的零假设	两个因素对即饮咖啡销量的影响是相关的，不同地段的大小超市之间有显著差异

表 11-3 中对比结果说明，超市面积本身对即饮咖啡的销量是无影响的，但是当与地段结合时就产生了交互效应。本例中，如果交互零假设被接受了，那么说明超市地段和面积两个因素对即饮咖啡销量的影响是相互独立的。但是一旦产生了交互效应，主效应便不再重要，即使在结果中显示了主效应是否显著，一般情况也不会再进一步解释。

在可重复双因素分析的结果解读中，第一步先观察交叉效应是否显著，如果有就不再关心主效应是否显著，在本例中的表现是，先对比表 11-3 中的第三行，交互零假设是否被拒绝，如果拒绝，便没有第一行和第二行的对比，相反，如果交互零假设被接受，那么进一步比较主效应，即第一行和第二行的比较，判断是否存在显著性。

第 12 章　回归分析

回归是一种统计方法，这种方法可以用来建立数学模型，从而根据一个或多个变量来预测另一个变量的值。回归分析的本质是如何确定两个或多个变量之间的相关关系，并依据估计结论做推测的过程。

12.1　回归线

12.1.1　估计的概念

估计是基于已有数据集（如含有两个变量 X 和 Y 的数据集，其中 X 是自变量，Y 是因变量），计算 X 和 Y 之间的相关性（求出相关系数 r），然后用已知的 X 数据和 r 估计 Y。变量的概念请参阅 7.5.1 节内容。

例如，收集 1000 个成年人的身高和体重数据，计算出身高和体重之间的相关系数，再取新的若干个成年人的身高，使用估计方法可以估计每个人的体重，这就是估计的基本流程。在这个过程中，用到的估计方法称为线性回归。

12.1.2　用最小二乘法确定回归线

设身高为 X，体重为 Y，则（xi，yi）是成年人 i 的身高和体重，用样本数据绘制的散点图如图 12-1 所示，在该图中身高和体重具有一定程度的正相关属性，为这个杂乱的散点图拟合一条适当的直线，即回归线。

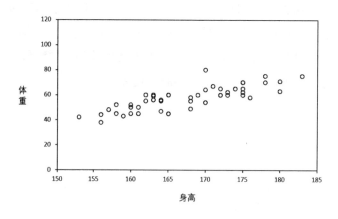

图 12-1　身高体重散点图

为了说明一条直线的拟合过程，在此先简化数据集，只保留 10 个点的数据，具体数值如表 12-1 所示。

表 12-1 缩减到 10 个数据

身高（xi）	体重（yi）
153	42
156	35
160	50
163	60
164	55
165	60
170	80
172	65
174	65
175	60

根据以上数据绘制的散点图如图 12-2 所示。

如果数据点较少并且相关性很强，几乎可以通过目测来画一条接近所有数据点的直线，从而看出趋势。但是在图 12-2 所展示的数据中，很难用目测的方式得到一条直线来估计和每一个数据点的距离。尝试几条直线，都只能得到近似结果，如图 12-3 所示。

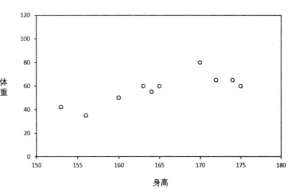

图 12-2 缩减后的数据

实际上只有一条直线能最佳地拟合数据趋势，所有数据点距离该直线的垂直方向距离的平方和最小，这和计算方差、相关系数的逻辑相同，都是计算某一个标准的距离平方和的最小值。方差与相关系数的计算方法请参阅 7.2.2 节和 7.5.4 节内容。

每个数据点都有一个垂直于 X 轴的到拟合线的距离，如图 12-4 所示。

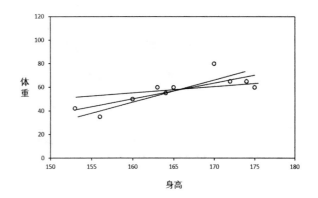

图 12-3 "目测"方法得到多条近似拟合直线

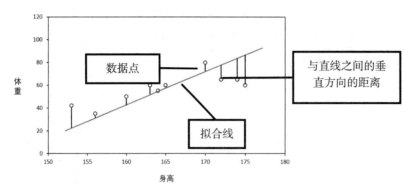

图 12-4　数据点与拟合线的垂直方向的距离

如果某一条拟合线距离所有数据点的距离平方和最小，那么这条拟合线就是最优拟合线，也称为回归线。

以上用"最小距离"寻找回归线的方法即是最小二乘法。

用最小二乘法找到的回归线，其实际意义是，尽量减少估计值相对于实际值的总变动。从回归线中，可以得到以下结论。

1. 这是变量 Y 对 X 的回归，也就是说 Y（体重）将依据 X（身高）的值被估计出来。

2. 这条回归线可以进行比较准确的预测。例如，如果身高是 180cm，那么体重大概是 78kg。

3. 每一个数据点和回归线的距离就是估计误差，是两个变量之间相关的直接反映，如果是完全估计，所有估计的数据刚好落在回归线上，从这个意义上讲，回归线也是最小误差平方和的直线。

给定回归线之后，可以估计所有的未来值，这正是回归分析的目的，建立回归线然后进行估计。

12.1.3　在 Excel 中生成回归线

在 Excel 中按照如下步骤操作添加生成回归线。

步骤① 单击选中散点图图表，单击【图表元素】按钮，在弹出的【图表元素】快捷菜单中选中【趋势线】复选框。

步骤② 单击【趋势线】复选框右侧的展开按钮，在弹出的快捷菜单中选择【线性】选项，如图 12-5 所示。

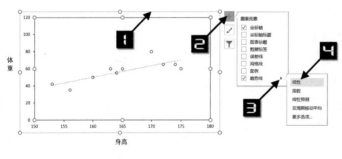

图 12-5　生成回归线

12.2　回归方程

回归方程的表达式如下：

$y=a+bx$

b 是直线的斜率，是 x 增加一个单位时 y 的改变量。a 是截距，表示直线与 y 轴相交的点。为了得到完整的回归方程，需要确定 a 和 b 的值，进行一些必要的简单计算即可得到需要的值。其中：

$$b=XY/X^2$$

且

$$a=\overline{y}-b\overline{x}$$

其中：

$$XY=\left(x_1-\overline{x}\right)\left(y_1-\overline{y}\right)+\left(x_2-\overline{x}\right)\left(y_2-\overline{y}\right)+\cdots+\left(x_n-\overline{x}\right)\left(y_n-\overline{y}\right)$$
$$X^2=\left(x_1-\overline{x}\right)^2+\left(x_2-\overline{x}\right)^2+\cdots+\left(x_n-\overline{x}\right)^2$$
$$\overline{x}\,(\text{身高的平均值})=165.2$$
$$\overline{y}\,(\text{体重的平均值})=57.2$$

XY 与 X 的详细计算过程如图 12-6 所示。

	x_i	y_i		$(x_i-\overline{x})$	$(y_i-\overline{y})$		$(x_i-\overline{x})^2$	$(x_i-\overline{x})(y_i-\overline{y})$
1	x_i	y_i		$(x_i-\overline{x})$	$(y_i-\overline{y})$		$(x_i-\overline{x})^2$	$(x_i-\overline{x})(y_i-\overline{y})$
2	153	42		-12.2	-15.2		148.84	185.44
3	156	35		-9.2	-22.2		84.64	204.24
4	160	50		-5.2	-7.2		27.04	37.44
5	163	60		-2.2	2.8		4.84	-6.16
6	164	55		-1.2	-2.2		1.44	2.64
7	165	60		-0.2	2.8		0.04	-0.56
8	170	80		4.8	22.8		23.04	109.44
9	172	65		6.8	7.8		46.24	53.04
10	174	65		8.8	7.8		77.44	68.64
11	175	60		9.8	2.8		96.04	27.44
12							509.6	681.6

图 12-6　计算过程

XY 是对 H2:H11 单元格区域求和，结果是 H12 单元格的值。

X^2 是对 G2:G11 单元格区域求和，结果是 G12 单元格的值。

$$b=\frac{XY}{X^2}=\frac{681.6}{509.6}=1.337519623$$
$$a=\overline{y}-b\overline{x}=57.2-1.3\times165.2=-163.7582418$$

由 a 和 b 的值可以求得身高体重回归方程式如下：

$$y=-163.7582418+1.337519623x$$

需要注意的是，回归线总是经过点$(\bar{x},\bar{y})$，如图 12-7。

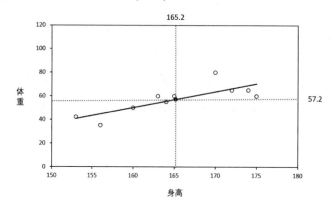

图 12-7　回归线经过点$(\bar{x},\bar{y})$

有了回归方程，可以为任何人用身高估计体重。例如，有一位刘同学的身高是 171cm，将该身高代入到方程中：

$$y = -163.7582418 + 1.337519623 \times 171 = 65$$

可以得到刘同学的体重大约是 65kg。

> "回归"的由来如下。
>
> 19 世纪末，英国统计学家弗朗西斯·高尔顿在寻找遗传法则时发现：身材较高的父母，他们的孩子也较高，但这些孩子的平均身高低于他们的父母的平均身高；身材较矮的父母，他们的孩子也较矮，但这些孩子的平均身高却往往高于他们的父母的平均身高。高尔顿把这种后代的身高向中间值靠近的趋势称为"回归现象"，亦称"高尔顿定律"。

12.3　拟合程度

12.3.1　相关系数与回归线

相关系数可以用来测量变量之间线性相关关系的方向和强度，而回归线可以测量这种相关关系，并通过方程式将其描述出来。相关系数和回归线是密切相关的。

相关系数和回归线都会受异常值的严重影响，如图 12-8 所示，图中 52 个数据点的相关系数是 0.54，拟合的回归线是实线。如果去掉异常值，相关系数会降为 0.29，回归线会下落到虚线的位置。虚线几乎接近水平，一旦去除异常值，X 和 Y 两个变量的相关性立刻变得很弱。

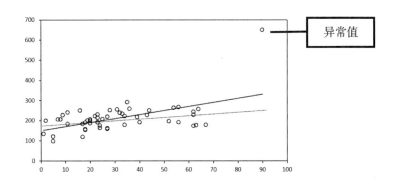

图 12-8 回归线受异常值的严重影响

12.3.2 相关系数的平方 R^2

回归线的预测能力取决于相关关系的强度，也就是取决于相关系数的值，这个度量的工具是相关系数的平方，用 R^2 表示。

相关系数 r 是一个在 $[-1,1]$ 区间的数值，所以 R^2 是一个在 $[0,1]$ 区间的数值，如果 $R^2=1$，数据点完全落在回归线上，拟合是完全的。R^2 越接近 1，回归线的拟合程度就越好；R^2 越接近 0，回归线的拟合程度就越差。

R^2 的实际意义是，可以用线性回归方程式来解释的那一部分变动所占的比例。换句话说，当 X 和 Y 有某种线性相关性时，Y 变动中的一部分是由于 X 的变动引起的，只要 X 有变动，Y 也会有变动，而这一部分数据在 Y 变量中的比例是 R^2。例如，当 $r=1$ 或 $r=-1$ 时，$R^2=1$，表明一个变量的所有数值的变动都是由另一个变量的变动引起的，也可以说回归线能解释 100% 的变动。当 $r=0.5$ 时，R^2 为 0.25，这说明回归线只能解释 25% 的变动。当 $r=0.7$ 时，R^2 为 0.49，这时回归线能解释 49% 的变动。如果 r 低于 0.3，回归线只能解释很少一部分变动。在表 12-1 中的数据，相关系数 r 是 0.79，R^2 是 0.63，这说明体重变动的 63% 是由身高引起的，其余 37% 是"误差"。

12.3.3 用 Excel 生成回归方程和 R^2

在图 12-5 的基础上，可以得到回归方程和 R^2 的值，具体步骤如下。

双击图表中的趋势线，打开【设置趋势线格式】窗格，单击【趋势线选项】按钮，在【趋势线选项】选项卡中，选中【显示公式】复选框和【显示 R 平方值】复选框，如图 12-9 所示。

由图 12-9 中可以得到回归方程和相关系数平方分别如下。

$$y = 1.3375x - 163.76$$

$$R^2 = 0.6306$$

除以上方法，还可以用 Excel 的数据分析库中的回归分析生成相关统计量，具体步骤如下。
将表 12-1 的数据输入工作表中，如图 12-10 所示。

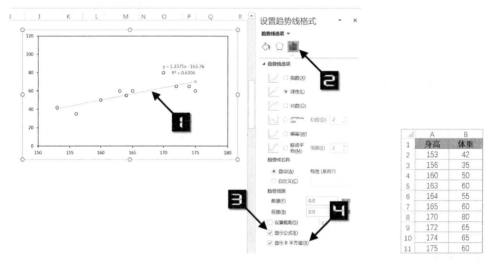

图 12-9　生成回归方程和 R^2　　　　图 12-10　身高体重数据表

步骤① 依次单击【数据】→【数据分析】按钮，打开【数据分析】对话框。

步骤② 在【数据分析】对话框的【分析工具】列表框中选择【回归】选项，单击【确定】按钮，
打开【回归】对话框。

步骤③ 在【回归】对话框中设置相关参数。

（1）单击【Y 值输入区域】编辑框右侧的折叠按钮，选择要分析数据所在的 B2：B11 单元格区域；单击【X 值输入区域】编辑框右侧的折叠按钮，选择要分析数据所在的 A2：A11
单元格区域。

（2）在【输出选项】选项区域选中【输出区域】单选按钮，单击【输出区域】右侧的折叠按钮，选择 D1 作为回归统计结果放置位置的起始单元格。

最后单击【确定】按钮，如图 12-11 所示。

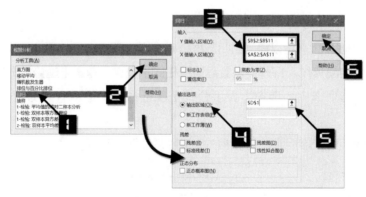

图 12-11　回归分析参数设置

设置完成后，即可在 D1 单元格生成分析结果，如图 12-12 所示。

	A	B	C	D	E	F	G	H	I	J	K	L
1	身高	体重		SUMMARY OUTPUT								
2	153	42										
3	156	35		回归统计								
4	160	50		Multiple R	0.79412854							
5	163	60		R Square	0.63064013							
6	164	55		Adjusted R Square	0.58447015							
7	165	60		标准误差	8.169659							
8	170	80		观测值	10							
9	172	65										
10	174	65		方差分析								
11	175	60			df	SS	MS	F	Significance F			
12				回归分析	1	911.653375	911.6533752	13.6590937	0.006079049			
13				残差	8	533.946625	66.7433281					
14				总计	9	1445.6						
15												
16					Coefficients	标准误差	t Stat	P-value	Lower 95%	Upper 95%	下限 95.0%	上限 95.0%
17				Intercept	-163.75824	59.8417601	-2.73652114	0.02558648	-301.753588	-25.762895	-301.753588	-25.762895
18				X Variable 1	1.33751962	0.36190053	3.695821119	0.00607905	0.502975504	2.17206374	0.502975504	2.17206374

图 12-12　输出的回归分析结果

根据图 12-12 可以看到，输出结果包括三部分内容：回归统计、方差分析、回归参数估计的有关内容。其中与回归方程和 R^2 相关的统计变量如下。

❖ 第一部分的相关系数平方 R^2（R Square），在 E5 单元格，值为 0.63064013。

❖ 第三部分的回归方程的截距（Intercept），在 E17 单元格，值为 –163.75824。

❖ 第三部分的回归方程的斜率（X Variable1），在 E18 单元格，值为 1.33751962。

通过图 12-12 得到的参数可以建立回归方程，对数值进行四舍五入，可以得到同图 12-9 中同样的方程。

第13章 时间序列分析

人们无法知道股票市场在明天是涨是跌，可是会通过以往已有的表现判断未来的走势而做出决策。人们无法预知房地产市场在未来五年是怎样的，同样会通过以往的表现和已知的信息做投资决策。厂商会通过以往已知的销售规律判断本季度是否要增产，酒店通过往年的入住率判断在淡季是否要降价促销，等等。

这些活动都是基于已知的历史数据推测未来，时间序列就是研究这种预测的工具。

13.1 时间序列数据的概念

如果将小明从出生到 8 岁每年的身高记录下来，画成一张折线图，会得到一条随着时间增长的曲线，如图 13-1 所示。

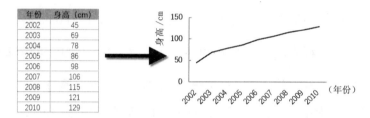

年份	身高（cm）
2002	45
2003	69
2004	78
2005	86
2006	98
2007	106
2008	115
2009	121
2010	129

图 13-1　小明历年身高数据

图 13-1 展示的是一个单一主体在不同时间点产生的数据，且该数据按照时间的先后顺序进行排列，这样的数据称为时间序列数据。

小明有一个 10 岁的哥哥大宇和一个 5 岁的妹妹木兰，将 3 个孩子历年的身高数据都画成折线图，如图 13-2 所示。

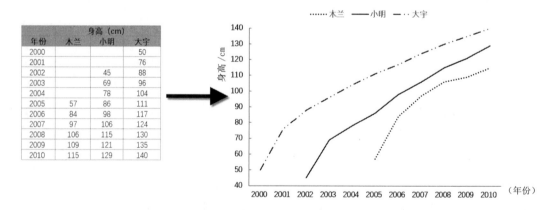

年份	身高（cm）		
	木兰	小明	大宇
2000			50
2001			76
2002		45	88
2003		69	96
2004		78	104
2005	57	86	111
2006	84	98	117
2007	97	106	124
2008	106	115	130
2009	109	121	135
2010	115	129	140

图 13-2　3 个孩子身高增长的时间序列数据

图 13-2 是将多个主体的时间序列数据放在同一个标准下进行分析研究，这样的数据称为面板数据，也称为平行数据。

如果在图 13-2 中 X 轴某一时间点切开曲线，可以得到该时间点 3 个孩子的数据，如图 13-3 所示。

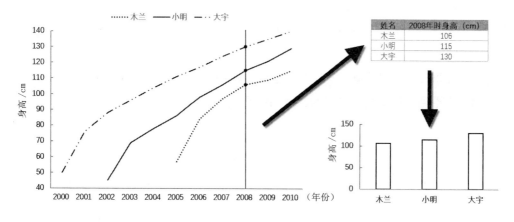

图 13-3 3 个孩子在 2008 年时的身高

图 13-3 右侧的数据集和柱状图是同一时间点内不同主体的数据，这样的数据称为截面数据。

面板数据也可以看作时间序列数据与截面数据的混合数据。

13.2 时间序列的描述性分析

13.2.1 图形描述

时间序列是典型的有序数据，图形对时间序列的表达非常直观，如图 13-4 所示。

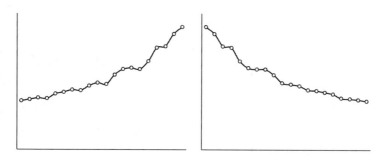

图 13-4 带有趋势性的时间序列

图 13-4 左侧是有明显上升趋势的数据，右侧是有明显下降趋势的数据，这种随着时间变化能明显看到数据发展趋势的数据是带有趋势性的时间序列。

图 13-5 的数据在经过一段时间后会大幅度增长，经过一个周期降低后，又会大幅度增长。例如旅游业，夏季是旺季，冬季是淡季，到了第二年夏季又是旺季。交通运输会在旅游旺季达到一个高峰，又会在每年春运达到顶峰。这种在每一个时间周期内都有相同变化趋势的数据是含有季节性的时间序列。季节性不一定是一年四季的变化，可以是任意周期内，如一年、一个月、一星期等。如果不计算五一、国庆等一年一次的假日，那么大型综合商场都是在周末迎来销售高峰，这是按照星期为周期，季节性最重要的特点是在每个时间周期的特定时间点上发生相似的变化。

趋势性和季节性序列都有一定的规律可循，图 13-6 中的数据既没有持续的增长或下降趋势，也没有周期的季节性，这种数据称为平稳时间序列。

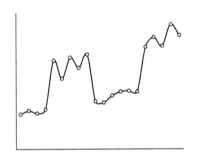

图 13-5 带有季节性的时间序列

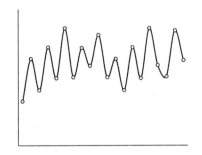

图 13-6 平稳时间序列

图 13-6 中的数据线一直在波动，看起来并不"平稳"，但实际上是有规律的，这条数据线始终围绕着某个中心点波动，所以被称为平稳序列，如图 13-7 所示。

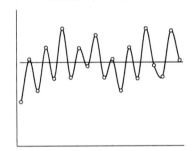

图 13-7 平稳时间序列

季节性似乎也可以理解成围绕某一特定的水平在波动，只是波动的幅度较大，是不是季节性的时间序列也可以称为平稳时间序列呢？由于平稳时间序列的波动有一个范围，其计算方法是考察每隔几个时间点的变化幅度，如果超过这个幅度便不再属于平稳序列，而季节性的时间序列是超过这个幅度的。也正是由于这个原因，趋势性时间序列和季节性时间序列统称为非平稳时间序列。

以上时间序列的分类如图 13-8 所示。

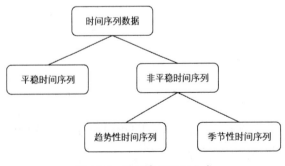

图 13-8 时间序列数据分类

13.2.2　增长率

增长率是指时间序列中某一期的数据相比前期数据的增长量占前期数据的比重，计算公式如下。

$$增长率 = \frac{当期数据 - 基期数据}{基期数据} \times 100\%$$

当期数据是要对比的数据，基期数据是被对比的数据，注意，基期的时间一定在当期之前，并且当期和基期可以相邻，也可以间隔多期。

增长率是个比值，也可以称为增长速度，是商业活动极其常见的指标，按照基期的不同，该指标可以有不同的形式，最常见的两种是同比和环比。

1. 同比和环比

同比：基期是上一周期内的同一时间点的增长率。例如，某酒店 2019 年十一假期七天的营业额比去年同期增长 8%，是指 2019 年的十一期间营业额与 2018 年十一期间营业额相比。如果与 2019 年 7 月 1 日到 7 月 7 日相比，意义就变成了国庆黄金周比暑假初期的营业额增长多少。所以同比是为了消除季节性影响，同比指标只有针对季节性的时间序列才有意义。

环比：基期是相邻的前一时间点的增长率。在时间跨度较短的情况，环比可以观察短期内的增长情况，在商业活动中有助于快速调整策略。例如，本周的促销和上周未促销相比，营业额有多少增长。在时间跨度较长的情况，如今年的营业额和去年的营业额相比，可以看出公司的发展能力。

> 同比和环比都可以对比不同的两年，但两者有显著区别：如果将一年当作一个周期，只是对比周期上的某一点数据，如今年 1 月份数据和去年 1 月的数据，就是同比；如果将一年当作一个时间点，今年整年数据和去年整年数据相比，就是环比。

2. 增长率的应用

同比和环比各有侧重点，在现实情况中通常结合在一起使用。例如，某电影院发现今年 7 月比 6 月的票房环比增长 25%，增长率非常高，分析后发现，7 月比 6 月环比大幅增长是因为暑假到了，各年龄段的学生都开始放假聚会，所以票房会有大幅度增加，这也是为什么热门电影都会抢暑期档，这说明环比的增长很容易受季节性的影响。电影院想知道自己的营业额是否真的有增长，又和去年 7 月作了对比，发现同比降低 2%，在暑期档电影质量没有明显下滑的情况下，说明电影院要检讨自身运营能力或其他因素来探查导致营业额下滑的原因。

同比和环比很容易计算，但现实中要注意到不适用的情况，如当期数据为 0。有一家商场在今年 2 月进行装修，闭店一个月，营业额为 0，如果呆板地套用指标公式，计算得出相

比一月份环比增长 –100%，这个结果显然是有问题的。环比的目的是在其他条件相同的情况下观察某一个或多个条件变化下是否导致数据有变化，而装修闭店和正在营业是完全不同的两种环境，计算环比毫无意义。装修后 3 月如期开业，营业额相比 1 月大涨，这时再用 3 月份环比 2 月也是无意义的。

13.3　时间序列预测流程

13.3.1　预测原理

不同行业和领域的时间序列数据有不同的特点。例如，旅游行业，往往在夏季达到高峰，零售行业在节假日，尤其是春节时达到高峰，某交易所的股票综合指数则明显呈现出波动性。而一个国家的 GDP，在经济发展好的时候通常会逐年稳步增长，如果遇到经济萧条则很大概率会持续几年下降，没有明显的周期性和波动性。所以，不存在一个简单的时间序列模型可以描述以上所有例子中的特点。针对比较常见的时间序列数据，已有一些很常用的模型适用，并且预测效果也不错。

时间序列的一个重要特征是，相邻时间点之间是等距的，并且有明确的先后顺序，如 2019 年的 GDP 总是在 2018 年之后产生。因此 2019 年的 GDP 会在一定程度上受到 2018 年 GDP 的影响。以此类推，2020 年的 GDP 会受到 2019 年的影响，如果按照这个时间序列下去，会得到一个连续的数据。

我国 2018 年的 GDP 增长率是 6.6%，如果以此预测 2019 年的增长率是 -1% 似乎缺乏依据，更加可信的预计是 2019 年的 GDP 增长率在 6.0% ~ 7.2%。能将预测值控制在某种程度的范围中，是因为自身数据存在着变化规律，如果想要更精确地预测，就要找到这些规律建模并预测。

第 12 章中的回归分析本质上就是建立了模型（回归方程：$y=a+bx$），通过这个模型预测未知的数值。

13.3.2　预测流程

第一步，先找出数据是否含有趋势性、季节性等特征。

第二步，对不同特征的数据采用不同的模型，常用模型选择方法如下。

无趋势序列：简单平均法、移动平均法、指数平滑法。

有趋势序列：回归模型。

有季节性序列：分离季节性因素后再选择以上适合的模型。

第三步，建立模型。

模型是指用数学、统计学等方法模拟实际问题，如回归模型 $y=a+bx$（请参阅第 12 章相

关内容），是模拟一个事物对另一个事物有某种依赖关系。不同实际问题对应不同的模型，

寻找并建立合适的模型，再用模
型去预测实际问题的发展，是建
立模型的初衷，如图 13-9 所示。

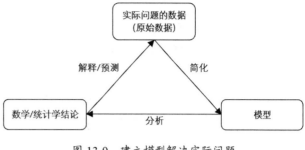

第四步，对模型进行评估。

从图 13-9 可以看出，对实
际问题解释是否充分、预测是否
准确，主要依赖于模型的准确度。
在实际建模中，模型很难一次做

图 13-9　建立模型解决实际问题

到最准确，通常要对其进行不断的调整，使其越来越接近真实情况，模型越接近真实情况，
预测就越准确。

建立模型后直接进行预测，相当于生产了一把枪，还没有调校精度就上战场。调校枪的
射击精度通常需要先找个靶子开几枪试试，才知道怎样调、调多少。调整模型的过程与此类
似，需要先用对照数据测试，检验模拟是否准确。最好的对照数据是真实发生的，所以建模
时只用一部分原始数据做数据建模，另外一小部分原始数据用来做预测对照。用于建模的这
部分数据称为训练集，用于对照的这部分数据称为测试集，训练集和测试集数据量的比例通
常是 7:3，这个比例可以根据实际情况修改。需要注意的是，在时间顺序上必须满足 70%
的数据在先，30% 的数据在后。

操作方法是将图 13-9 中在实际问题中收集的数据按 7:3 分成两部分，用 70% 的训练
集建立模型，预测后面 30% 的数据，如图 13-10 所示。

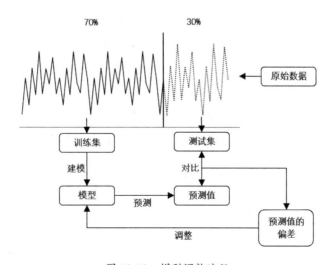

图 13-10　模型调整流程

建立模型后，用模型去预测后面 30% 的数据（测试集），得到预测值，再用预测值和提

前保留的 30% 测试集作对比，这时二者的对比一定会出现一定程度的偏差，这部分偏差就是模型要调整的方向，调整的目的是缩小这种偏差。用对比结果对模型做评估，根据评估结果调整模型，得到调整后的模型后再重复图 13-10 的步骤，每操作一次都会更加接近真实数据，模型永远不可能和真实情况一样，总要接受一定的偏差，所以不需要进行无数次的训练，模型的精度能达到可接受的范围即可。

对模型评估的方法有很多，其中一种方法是均方误差（mean square error），一般用简写 MSE 表示。图 13-11 展示了某次预测中得到的预测值和测试集。

预测集	1	5	6
测试集	2	3	7

图 13-11 预测值和测试集

对比方法是用测试集的每个值减去预测值的对应的值，计算所有差值的平方的均值，实质是两个数据集中各数值的距离平方和均值，计算式如下：

$$均方误差 = \frac{(2-1)^2 + (3-5)^2 + (7-6)^2}{3} = 2$$

从这个过程可以看出，均方误差 MSE 的计算公式如下：

$$MSE = \frac{\Sigma(Y-F)^2}{n}$$

其中，Y 是测试集的数值，F 是预测的数值，n 是预测值的个数。

均方误差代表的是预测值和测试集之间的差距，差距越小代表模型越精确。

MSE 的计算思路和方差类似，都是距离平方的均值，这是统计学中对比两组数据距离的很重要的思维方式。

另外一种评估方法是均方根误差（root mean square error），一般用 $RMSE$ 表示，通过名称可以知道，它是 MSE 的平方根。$RMSE$ 是最常用的预测结果衡量标准。

第五步，通过 MSE 的值来确定是否调整模型，如果预测差距很大，则应重新考虑是否需要更换模型。

第六步，通过调试模型确定相对最精确模型，并得出预测结果。

该预测流程也是机器学习的基本思想，本章的例子中以前 4 步为主要讲述内容，模型的训练调整请参阅机器学习相关书籍。

13.4 平稳时间序列预测

13.4.1 简单平均法

图 13-12 是某淘宝店 20 天的销售额数据及折线图，从该图可以直观看出数据并没有明显的趋势，所以用平稳时间序列做预测。

训练集：3 月 1 ～ 15 日数据（图中实线）。

测试集：3 月 16 ～ 20 日数据（图中虚线）。

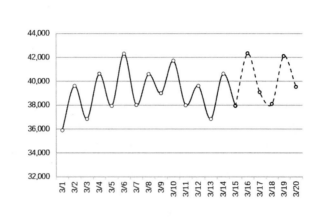

日期	销售额
3/1	35,892
3/2	39,615
3/3	36,854
3/4	40,632
3/5	37,928
3/6	42,317
3/7	38,005
3/8	40,598
3/9	38,992
3/10	41,727
3/11	37,999
3/12	39,615
3/13	36,854
3/14	40,632
3/15	37,928
3/16	42,317
3/17	39,053
3/18	38,077
3/19	42,111
3/20	39,511

图 13-12　某淘宝店的每日销售额数据及趋势图

简单平均法是根据已有的观察值，通过算数平均来预测下一时间点的数据。在该淘宝店数据中，用前 15 天的销售额均值作为第 16 天的销售额预测值，再用前 15 天的值和第 16 天的预测值求平均值，作为第 17 天的预测值，以此类推，可以得到之后每一天的预测值。

其模型为：

$$F_{t+1} = \frac{Y_1 + Y_2 + \cdots + Y_t}{t} = \frac{1}{t}\sum Y$$

用 Excel 计算方法如下。

如图 13-13 所示，A 列和 B 列是淘宝店销售数据，C17：C21 是用简单平均法得到的预测值，D17：D21 是预测值和训练集的误差平方，通过误差平方可以求得 *RMSE*。

在 C17 单元格输入以下公式，并下拉复制填充到 C17：C21 区域，求得预测值。

`=AVERAGE($B$2:B16)`

在 D17 单元格输入以下公式，并下拉复制填充到 D17：D21 区域，求得预测误差平方。

`=SUMXMY2(B17,C17)`

在 D23 单元格输入以下公式，得到该模型的 *RMSE*。

	D23		× ✓ *fx*	=SQRT(AVERAGE(D17:D21))	
	A	B	C	D	E
1	日期	销售额	预测值	预测误差平方	
2	3/1	35,892			
3	3/2	39,615			
4	3/3	36,854			
5	3/4	40,632			
6	3/5	37,928			
7	3/6	42,317			
8	3/7	38,005			
9	3/8	40,598			
10	3/9	38,992			
11	3/10	41,727			
12	3/11	37,999			
13	3/12	39,615			
14	3/13	36,854			
15	3/14	40,632			
16	3/15	37,928			
17	3/16	42,317	39,039	10,743,973	
18	3/17	39,053	39,244	36,505	
19	3/18	38,077	39,233	1,335,928	
20	3/19	42,111	39,169	8,657,652	
21	3/20	39,511	39,323	35,166	
22					
23			RMSE	2,040	

图 13-13　简单平均法计算过程

```
=SQRT(AVERAGE(D17:D21))
```

本例中用简单平均法的模型得到预测值的 *RMSE* 是 2040，对于每天在 4 万元左右的销售额而言，两千元的误差不算太大。在不调整模型的前提下，预测 3 月 21 日的淘宝店销售额是前 20 天销售额的平均值，为 39333。

13.4.2 移动平均法

1. 移动平均模型

简单平均是对过去所有的历史数据求均值，移动平均是只对其中连续的 n 期求均值，作为 n+1 期的预测值，每个连续的 n 期求均值作为预测值就会产生新的数列。

某芯片厂历年产量如图 13-14 所示。用 3 期移动平均求预测值，2004 年的预测值是 2001—2003 三年的平均值为 7，2005 年的预测值是 2002—2004 三年的平均值为 9，以此类推，2016 年的预测值是 2013—2015 三年的平均值为 24，这些预测值又组成了一组新的数列。

C18 =AVERAGE(B15:B17)

	A	B	C
14	生产年份	产量(万件)	三项移动平均（预测值）
15	2001	6	
16	2002	7	
17	2003	9	
18	2004	12	7
19	2005	15	9
20	2006	17	12
21	2007	16	15
22	2008	18	16
23	2009	19	17
24	2010	22	18
25	2011	20	20
26	2012	23	20
27	2013	25	22
28	2014	24	23
29	2015	24	24
30	2016	22	24

图 13-14　某芯片厂的产量移动平均

在 C18 单元格输入以下公式，并向下复制填充到 C18:C30 区域，得到 3 项移动平均的值。

```
=AVERAGE(B15:B17)
```

观察 2007 年、2011 年、2014 年、2016 年的产量，相较于上一年都是下降的，在逐年上升的趋势中这些个别现象是由于受一些特殊因素影响，但是由移动平均预测的新数列中，不再有波动，可以明显看出增长趋势。

移动平均的实质就是对原时间序列进行修匀，以消除由偶然因素带来的不规则变动。它不仅可用于有突出趋势的序列，而且也可用于平稳序列。

移动平均的模型如下：

$$F_{t+1}=\overline{Y}_t=\frac{Y_{t-(n-1)}+Y_{t-(n-1)}+\cdots+Y_{t-1}+Y_t}{n}$$

F_{t+1} 是 t+1 期预测值；$\overline{Y}_t$ 是 t 期以前共 n 期的平均值；n 是该模型选用的移动平均期数（n 可以通过实际情况调整，如设为 3 期、7 期、15 期等）。

2. 用 Excel 求移动平均

预测图 13-12 中淘宝店在 3 月 21 日的销售额，分别用 3 期和 5 期移动平均预测。步骤如下。

步骤① 依次单击【数据】→【数据分析】按钮，打开【数据分析】对话框。

步骤② 在【数据分析】对话框的【分析工具】列表框中选择【移动平均】选项，单击【确定】按钮，打开【移动平均】对话框。

步骤③ 在【移动平均】对话框中设置相关参数。

（1）单击【输入区域】编辑框右侧的折叠按钮，选择包含淘宝店销售额数据的 B2：B20 单元格区域，由于预测的最后一个数据是 3 月 20 日，需要用到的是 3 月 17—19 日的数据，所以在选择输入区域数据时不需要选 B21 单元格，即 3 月 20 的原数据。

（2）【间隔】是移动平均的期数，本例中应用的是 3 期，所以输入 3。

（3）单击【输出区域】编辑框右侧的折叠按钮，选择 C3 单元格作为放置结果的起始位置。这里要注意的是，放置结果的起始位置是比原始数据向下一行，原销售额数据起始是第 2 行，那么预测结果起始位置就要放置在第 3 行，因为 $t+1$ 期预测值 F_{t+1} 是 t 期的修匀值 $\bar{Y}_t$。

最后单击【确定】按钮，如图 13-15 所示。

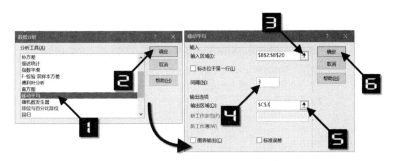

图 13-15　用 3 期移动平均预测淘宝店销售额

在 C3：C20 区域存放着移动平均的预测值，如图 13-16 所示。

	A	B	C
1	日期	销售额	3期移动平均
2	3/1	35,892	
3	3/2	39,615	#N/A
4	3/3	36,854	#N/A
5	3/4	40,632	37,454
6	3/5	37,928	39,034
7	3/6	42,317	38,471
8	3/7	38,005	40,292
9	3/8	40,598	39,417
10	3/9	38,992	40,307
11	3/10	41,727	39,198
12	3/11	37,999	40,439
13	3/12	39,615	39,573
14	3/13	36,854	39,780
15	3/14	40,632	38,156
16	3/15	37,928	39,034
17	3/16	42,317	38,471
18	3/17	39,053	40,292
19	3/18	38,077	39,766
20	3/19	42,111	39,816
21	3/20	39,511	39,747

图 13-16　淘宝店销售额的 3 期移动平均预测值

图中的错误值 #N/A 表示该期的预测值达不到指定期数而无法计算，可以删除。在本例中，期数是 3，只有第 4 期之后才有预测值。

如果将 3 期改为 5 期，只需要将【间隔】文本框中的数值改为 5，并调整新数据的存放位置即可，如图 13-17 所示。

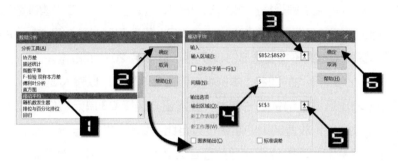

图 13-17　用 5 期移动平均预测淘宝店销售额

所得结果如图 13-18 所示。

	A	B	C	D	E	F
1	日期	销售额	3期移动平均	预测误差平方	5期移动平均	预测误差平方
2	3/1	35,892				
3	3/2	39,615	#N/A		#N/A	
4	3/3	36,854	#N/A		#N/A	
5	3/4	40,632	37,454		#N/A	
6	3/5	37,928	39,034		#N/A	
7	3/6	42,317	38,471		38,184	
8	3/7	38,005	40,292		39,469	
9	3/8	40,598	39,417		39,147	
10	3/9	38,992	40,307		39,896	
11	3/10	41,727	39,198		39,568	
12	3/11	37,999	40,439		40,328	
13	3/12	39,615	39,573		39,464	
14	3/13	36,854	39,780		39,786	
15	3/14	40,632	38,156		39,037	
16	3/15	37,928	39,034		39,365	
17	3/16	42,317	38,471	14,789,152	38,606	13,774,490
18	3/17	39,053	40,292	1,535,947	39,469	173,222
19	3/18	38,077	39,766	2,852,721	39,357	1,637,888
20	3/19	42,111	39,816	5,268,555	39,601	6,298,092
21	3/20	39,511	39,747	55,696	39,897	149,150
22						
23						
24						
25			RMSE	2,214		2,099

D25 单元格公式：=SQRT(AVERAGE(D17:D21))

图 13-18　3 期和 5 期移动平均的对比

3 期和 5 期的哪个预测效果更好呢，可以分别计算 RMSE。

在 D17 单元格输入公式，并下拉填充到 D17:D21 单元格区域。

```
=SUMXMY2(B17,C17)
```

在 F17 单元格输入公式，并下拉填充到 F17:F21 单元格区域。

```
=SUMXMY2(B17,E17)
```

这两个区域分别是预测的误差平方。

在 D25 单元格输入公式：

```
=SQRT(AVERAGE(D17:D21))
```

在 F25 单元格输入公式：

```
=SQRT(AVERAGE(F17:F21))
```

可以得到 3 期 *RMSE* 是 2214，5 期 *RMSE* 是 2099，5 期的值比较小，预测效果比 3 期略好一点。在 13.4.1 节的简单平均法中的 *RMSE* 是 2040，其预测能力与 5 期移动平均差不多。

13.4.3 指数平滑法

1. 加权移动平均

移动平均用前 *n* 期的均值预测 *n*+1 期的均值，那么前 *n* 期中每一期的权重是 1/*n*。例如，13.4.2 节图 13-14 中的芯片厂家的产量，2004 年的预测值是 2001—2003 三年的平均值为 7，计算式是：

图 13-19　权重比为 2:3:5 的加权移动平均

$$\bar{Y} = \frac{6+7+9}{3} = \frac{1}{3} \times 6 + \frac{1}{3} \times 7 + \frac{1}{3} \times 9 \approx 7$$

计算式中每一项都乘以 1/3，这就是每一项的权重，各项权重的总和是 1。其含义是在预测 2004 年的产值时，前 3 年的参考比重是完全一样的，但是很多情况下，参考价值最大的是最靠近预测时间点的值，在本例中，很显然 2003 年的产值更有参考性，其次是 2002 年的，而 2001 年相对于其他两年是参考价值最小的，如果将 2001 年至 2003 年的权重定为 2:3:5 那么 2004 年的预测值是：

$$\bar{Y} = \frac{2}{10} \times 6 + \frac{3}{10} \times 7 + \frac{5}{10} \times 9 = 7.8$$

将图 13-14 中的每一个预测权重都改成 2:3:5，得到如图 13-19 所示结果。

在 C5 单元格输入以下公式，并复制填充到 C5:C17 单元格区域，可以得到 3 项加权移动平均值。

```
=(2/10*B2)+(3/10*B3)+(5/10*B4)
```

加权平均是在移动平均的基础上，给每一项分配按实际情况分配不同的权重，移动平均可以看作加权平均的一种特殊情况，即每一项权重是相等的。

2. 指数平滑法

指数平滑法是另一种特殊的加权平均，也是应用最广泛的平稳序列预测方法。它的特殊之处在于只确定最近一期的权重，其他期的权重是可以推算出来的。模型如下：

$$F_{n+1} = \alpha Y_n + (1-\alpha) \bar{Y}_{n-1}$$

从模型中可以看出，$n+1$ 期的预测值是两部分按一定的权重加总得到的，第一部分是 n 期的值，第二部分是 n 期以前所有值的加权平均值，两部分的权重比是 $\alpha : (1-\alpha)$。按照该模型可以得出各期的预测值，表达式如下：

$$F_2 = \alpha Y_1 + (1-\alpha) Y_1 = Y_1$$

$$F_3 = \alpha Y_2 + (1-\alpha) \bar{Y}_1 = \alpha Y_2 + (1-\alpha) Y$$

$$F_4 = \alpha Y_3 + (1-\alpha) \bar{Y}_2 = \alpha Y_3 + \alpha (1-\alpha) Y_2 + (1-\alpha)^2 Y_1$$

通过 F_4 的表达式可以看出，4 期预测值是前 3 期的加权平均，其中 3 期的权重是 α，2 期和 1 期的权重分别是 $\alpha(1-\alpha)$ 和 $(1-\alpha)^2$，把这两期权重相加正好得到 α。

以图 13-14 中芯片产量为例，用指数平滑法计算预测数列的值，指定 $\alpha=0.8$，过程如下：

$$F_{2002} = F_{2001} = 6$$

$$F_{2003} = \alpha F_{2002} + (1-\alpha) Y_{2001} = 0.8 \times 7 + (1-0.8) \times 6 = 6.8$$

$$F_{2004} = \alpha Y_{2003} + (1-\alpha) Y_{2002} = 0.8 \times 9 + (1-0.8) \times 6.8 = 8.6$$

以此类推可以看出，在 α 确定时，要预测 $n+1$ 期，只需要 n 期值和 n 期预测值即可。

该模型中最重要的是权重 α，α 是一个介于 0 和 1 之间的数值，两部分值是按照怎样的权重比分配才能得到最好的预测是未知的，指数平滑法中最重要的任务是确定最优 α。

α 的本质是权重，学名是平滑系数，而 $(1-\alpha)$ 被称为阻尼系数。

3. 用 Excel 计算指数平滑

用指数平滑法预测图 13-12 中淘宝店在 3 月 21 日的销售额，设平滑系数 $\alpha=0.3$，步骤如下。

步骤① 依次单击【数据】→【数据分析】按钮，打开【数据分析】对话框。

步骤② 在【数据分析】对话框的【分析工具】列表框中选择【指数平滑】选项，单击【确定】按钮，打开【指数平滑】对话框。

步骤③ 在【指数平滑】对话框中设置相关参数。

（1）单击【输入区域】编辑框右侧的折叠按钮，选择包含淘宝店销售额数据的 B2:B21 区域。

（2）【阻尼系数】是 $(1-\alpha)$，本例中平滑系数 $\alpha=0.3$，所以在右侧的文本框中输入 0.7。

（3）单击【输出区域】编辑框右侧的折叠按钮，选择 C2 单元格作为放置结果的起始位置。

（4）选中【标准误差】复选框，标准误差就是 *RMSE*，在本例中，只求一个预测值，选中该复选框，如果是求多个预测值，则需要另外计算。

最后单击【确定】按钮，如图 13-20 所示。

在 C1：D21 区域存放着预测结果，将该区域的公式继续下拉填充到 C22 和 D22 单元格区域，如图 13-21 所示，可以得到 3 月 21 日的预测值和 *RMSE*（D22 单元格）。

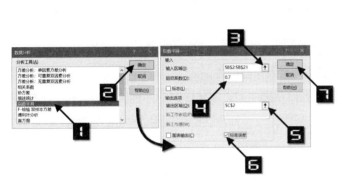

	A	B	C	D
1	日期	销售额	平滑系数α=0.3	RMSE
2	3/1	35,892	#N/A	#N/A
3	3/2	39,615	35,892	#N/A
4	3/3	36,854	37,009	#N/A
5	3/4	40,632	36,962	#N/A
6	3/5	37,928	38,063	3,019
7	3/6	42,317	38,023	2,122
8	3/7	38,005	39,311	3,262
9	3/8	40,598	38,919	2,593
10	3/9	38,992	39,423	2,767
11	3/10	41,727	39,294	1,253
12	3/11	37,999	40,024	1,725
13	3/12	39,615	39,416	1,844
14	3/13	36,854	39,476	1,831
15	3/14	40,632	38,689	1,916
16	3/15	37,928	39,272	1,887
17	3/16	42,317	38,869	2,038
18	3/17	39,053	39,903	2,413
19	3/18	38,077	39,648	2,192
20	3/19	42,111	39,177	2,242
21	3/20	39,511	40,057	1,983
22	3/21		39,893	1,947

图 13-20　用指数平滑法预测淘宝店 3 月 21 日销售额　　　图 13-21　平滑系数 α=0.3 的预测结果

用同样的方法分别求平滑系数为 0.5、0.7 和 0.9 的预测结果和 *RMSE*，得到结果如图 13-22 所示。

	A	B	C	D	E	F	G	H	I	J
1	日期	销售额	平滑系数α=0.3	RMSE	平滑系数α=0.5	RMSE	平滑系数α=0.7	RMSE	平滑系数α=0.9	RMSE
2	3/1	35,892	#N/A	#N/A	#N/A	#N/A	#N/A	#N/A	#N/A	#N/A
3	3/2	39,615	35,892	#N/A	35,892	#N/A	35,892	#N/A	35,892	#N/A
4	3/3	36,854	37,009	#N/A	37,754	#N/A	38,498	#N/A	39,243	#N/A
5	3/4	40,632	36,962	#N/A	37,304	#N/A	37,347	#N/A	37,093	#N/A
6	3/5	37,928	38,063	3,019	38,968	2,930	39,647	3,020	40,278	3,271
7	3/6	42,317	38,023	2,122	38,448	2,079	38,444	2,341	38,163	2,814
8	3/7	38,005	39,311	3,262	40,382	3,007	41,155	3,096	41,902	3,430
9	3/8	40,598	38,919	2,593	39,194	2,690	38,950	3,048	38,395	3,557
10	3/9	38,992	39,423	2,767	39,896	2,744	40,104	3,035	40,378	3,526
11	3/10	41,727	39,294	1,253	39,444	1,677	39,325	2,150	39,131	2,705
12	3/11	37,999	40,024	1,725	40,585	1,633	41,007	1,800	41,467	2,123
13	3/12	39,615	39,416	1,844	39,292	2,059	38,901	2,313	38,346	2,626
14	3/13	36,854	39,476	1,831	39,454	2,001	39,401	2,260	39,488	2,607
15	3/14	40,632	38,689	1,916	38,154	2,125	37,618	2,312	37,117	2,619
16	3/15	37,928	39,272	1,887	39,393	2,082	39,728	2,315	40,281	2,640
17	3/16	42,317	38,869	2,038	38,660	2,239	38,468	2,504	38,163	2,877
18	3/17	39,053	39,903	2,413	40,489	2,687	41,162	3,008	41,902	3,422
19	3/18	38,077	39,648	2,192	39,771	2,421	39,686	2,739	39,338	3,210
20	3/19	42,111	39,177	2,242	38,924	2,470	38,560	2,699	38,203	2,998
21	3/20	39,511	40,057	1,983	40,517	2,243	41,046	2,559	41,720	2,885
22	3/21		39,893	1,947	40,014	2,163	40,125	2,419	39,732	2,692

图 13-22　平滑系数 α 分别为 0.3、0.5、0.7、0.9 时的预测结果

将图 13-22 中的 D22、F22、H22、J22 单元格的 *RMSE* 值单独列表，得到图 13-23。

从图 13-23 可以看到，平滑系数越大，*RMSE* 也越大，相应的模型预测能力就越小，在这 4 个系数中，平滑系数为 0.3 时预测能力最强。

平滑系数α	RMSE
0.3	1,947
0.5	2,163
0.7	2,419
0.9	2,692

图 13-23　平滑系数 α = 0.3、0.5、0.7、0.9 时的 *RMSE*

α 是最近一期的权重，如果权重越大（也就是 α 越接近 1），才能预测得越准确，说明时间序列是具有某种趋势的，属于趋势性时间序列，而不是平稳序列，如图 13-8 所示。指数平滑法只适用于平稳序列，也就是说 α 接近 1 时，指数平滑法的预测能力很差。真正的平稳序列，通常是平滑系数小于 0.5 的模型预测能力比平滑系数大于 0.5 的模型强，所以在选择平滑系数 α 时，通常不超过 0.5。

13.5　趋势性时间序列预测

对许多趋势性时间序列数据，$t+1$ 和 t 的观测值是大概率相关的，由于这些观测值是同一个变量的测度，可以说 Y_t 和自身相关，这叫作自相关。

图 13-24 是芯片厂历年产量的折线图，从图中可以看出该时间序列具有明显的上升趋势。

这种带有明显趋势的数据在回归分析中见过，预测这类数据用的就是线性回归模型，模型如下：

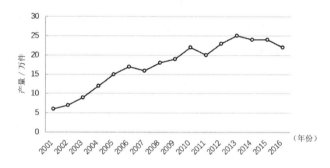

图 13-24　芯片厂历年产量（万件）

	A	B	C
1	生产年份	年份代码	产量(万件)
2	2001	1	6
3	2002	2	7
4	2003	3	9
5	2004	4	12
6	2005	5	15
7	2006	6	17
8	2007	7	16
9	2008	8	18
10	2009	9	19
11	2010	10	22
12	2011	11	20
13	2012	12	23
14	2013	13	25
15	2014	14	24
16	2015	15	24
17	2016	16	22

图 13-25　给年份加上编码

$$F_n=a+bn, \quad n=1, 2, 3\cdots$$

F_n 是时间序列 Y 在 n 时刻的预测值；n 是每一期时间的代码，由于时间本身是不可以计算的（如 2020 年，3 月 5 日等），所以要将时间转换成可计算的数值代码；a 是趋势线在 Y 轴的截距；b 是趋势线的斜率。

模型原理和回归方程是一样的。a 和 b 两个系数要通过最小二乘法确定，具体方法这里不再重复，可以通过 Excel 直接计算。

以芯片厂的产量为例，给年份加上编码（利于计算），如图 13-25 所示，用 Excel 的回归分析确定预测模型。

步骤如下。

步骤① 依次单击【数据】→【数据分析】按钮，打开【数据分析】对话框。

步骤② 在【数据分析】对话框的【分析工具】列表框中选择【回归】选项，单击【确定】按
钮，打开【回归】对话框。

步骤③ 在【回归】对话框中
　　　　设置相关参数。

（1）单击【Y 值输入区
域】编辑框右侧的折叠按钮，
选择产量所在的 C2:C17 单
元格区域；单击【X 值输入区
域】编辑框右侧的折叠按钮，
选择年份代码所在的 B2:B17
单元格区域。

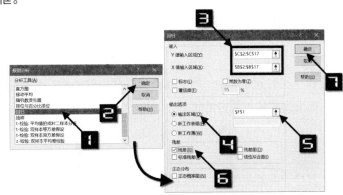

图 13-26　用 Excel 的线性回归模型预测芯片销售额步骤

（2）在【输出选项】选项区域下选中【输出区域】选项按钮，单击编辑框右侧的折叠按
钮，选择统计结果放置位置起始单元格（如 F1）。

（3）在【残差】选项区域下选中【残差】复选框，残差是观测值与预测值之差。

最后单击【确定】按钮，如图 13-26 所示。

在 F1 单元格生成的分析结果，如图 13-27 所示。

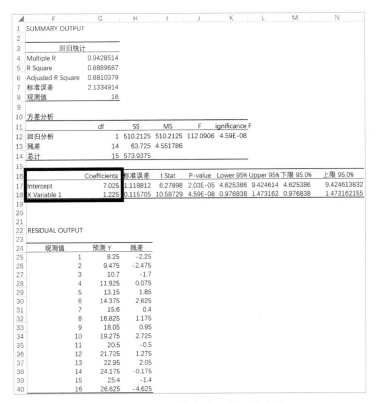

图 13-27　Excel 生成的回归模型结果

在图 13-27 的结果中，给出了很多统计信息，最重要的是两个系数（Coefficients），G17 单元格中的 7.025 为模型截距，G18 单元格中的 1.225 为模型斜率。有了这两个系数，就可以得到预测芯片产量的线性回归模型：

$$F_n=7.025+1.225n, \quad n=1, 2, 3\cdots$$

在平稳时间序列中，用 $RMSE$ 评估模型的预测能力，在线性回归模型是用标准误差做评估，标准误差的计算方法如下：

$$s_e = \sqrt{\frac{\sum\left(Y-F\right)^2}{n-m}}$$

其中 Y 是观测值；F 是预测值；m 是模型中待确定的系数个数，本例中 2 个系数，$m=2$。

本例中的标准误差 s_e 在 Excel 的生成结果中已经存在，图 13-27 的 G7 单元格：标准误差 2.133。图中从 H24 单元格开始的残差列可以用来计算标准误差，感兴趣的读者可以手动计算做个验证。

图 13-28　2017 年的预测产量

使用构建的线性回归模型预测 2017 年芯片的产量，将年份代码 17 代入模型中，结果如下：

$$F_{2017}=7.025+1.225\times 17=27.9$$

预测 2017 年的产量是 27.9 万件，如图 13-28 所示中实心三角所示。

趋势性时间序列包含线性趋势和非线性趋势，相关的更多内容，有兴趣的读者请参阅其他相关书籍。

13.6　季节性时间序列预测

13.6.1　分离季节性因素的影响

在本章中的两个示例（芯片的年销量和淘宝店连续 20 天的销售额）分别是年数据和日数据，当时间序列是按月或季时，通常会呈现出显著的季节性。冰激凌是个典型的季节性消费品，某超市统计了 4 年内每季度冰激凌的销售总额，如图 13-29 所示。

将数据画成折线图，如图 13-30 所示。

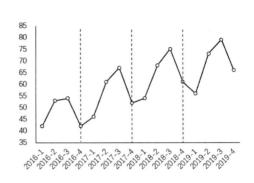

	A	B	C	D
1	时间点代码	年份	季度	销售额(万元)
2	1	2016	1	42
3	2	2016	2	53
4	3	2016	3	54
5	4	2016	4	42
6	5	2017	1	46
7	6	2017	2	61
8	7	2017	3	67
9	8	2017	4	52
10	9	2018	1	54
11	10	2018	2	68
12	11	2018	3	75
13	12	2018	4	61
14	13	2019	1	56
15	14	2019	2	73
16	15	2019	3	79
17	16	2019	4	66

图 13-29　超市在 4 年内每季度冰激凌销售总额　　　图 13-30　三年内冰激凌销售额折线图

从图 13-30 可以看到，每年的销售波动幅度是一样的，表现出明显的季节性，同时 4 年整体上又呈现出上升趋势，这是季节性与趋势性相结合的数据。

1. 季节指数

因为在每个季节都能出现相同的波动特征，要消除这种特征，需要将波动修匀，如图 13-31 所示。

图 13-31 中的水平直线是 4 个季度销售额的均值线，要修匀波动就是要让 4 个点数值向均值靠拢，对于任一季度而言，最适合靠拢的均值是离自己最近的 3 个季度加上自己，共 4 个季度（整年）的均值。例如，2016 年 4 季度最应该靠拢的均值不是 2016

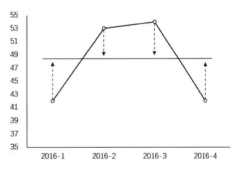

图 13-31　2016 年销售额折线图

年 1 季度到 4 季度的均值，而是 2016 年 2 季度到 2017 年 1 季度的均值，因为相比 2016 年 1 季度，2017 年 1 季度离 2016 年 4 季度更近。如果按照这个逻辑，是不是 2016 年 2 季度到 2017 年 2 季度的均值也可以代表 2016 年 4 季度呢？后面的具体计算方法中会解答这个问题。如果每个月都要向最适合的均值靠拢，最合适的方法是移动平均，修匀季节波动是分离季节性因素的主要思路，移动平均是主要方法，具体步骤如下。

第一步，对图 13-29 中的 D 列进行移动平均，操作方法参见 13.4.2 节中相关内容。由于是季度数据，所以用 4 项移动平均，如果是月度数据，需要用 12 项移动平均，原则是一次平均必须包含整年的数据。得到的结果如图 13-32 所示的 E 列所示。

图 13-32 的 E6 单元格是 47.75，是 D2:D5 单元格区域的平均，最适合代表的不是 2016 年 2 季度，也不是 2016 年 3 季度，而是 2016 年的 2.5 季度，如图 13-33 所示。

	A	B	C	D	E
1	时间点代码	年份	季度	销售额(万元)	对D列进行四项移动平均
2	1	2016	1	42	
3	2	2016	2	53	#N/A
4	3	2016	3	54	#N/A
5	4	2016	4	42	#N/A
6	5	2017	1	46	47.75
7	6	2017	2	61	48.75
8	7	2017	3	67	50.75
9	8	2017	4	52	54.00
10	9	2018	1	54	56.50
11	10	2018	2	68	58.50
12	11	2018	3	75	60.25
13	12	2018	4	61	62.25
14	13	2019	1	56	64.50
15	14	2019	2	73	65.00
16	15	2019	3	79	66.25
17	16	2019	4	66	67.25
18	17	2020	1		68.50
19	18	2020	2		72.67
20	19	2020	3		72.50
21	20	2020	4		68.50

图 13-32　二次移动平均及比值

图 13-33　2016 年 1 季度到 2017 年 1 季度的移动平均

同样的，对 2016 年 2 季度到 2017 年 1 季度求均值，最能代表的是 2016 年的 3.5 季度，如图 13-33 所示。只有对 2.5 季度和 3.5 季度再求一次均值，才最能代表 2016 年 3 季度，如图 13-34 所示。

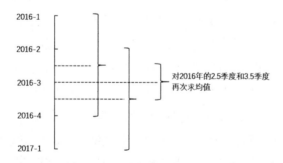

图 13-34　对 2016 年 2.5 季度和 2016 年 3.5 季度求均值

第二步，对图 13-32 中的 E 列再进行一次二项移动平均，也就是对 2.5 季度和 3.5 季度求平均，得到图 13-35 的 F 列。

	A	B	C	D	E	F
1	时间点代码	年份	季度	销售额(万元)	对D列进行 四项移动平均	对E列进行 二项移动平均
2	1	2016	1	42		
3	2	2016	2	53	#N/A	#N/A
4	3	2016	3	54	#N/A	48.25
5	4	2016	4	42	#N/A	49.75
6	5	2017	1	46	47.75	52.38
7	6	2017	2	61	48.75	55.25
8	7	2017	3	67	50.75	57.50
9	8	2017	4	52	54.00	59.38
10	9	2018	1	54	56.50	61.25
11	10	2018	2	68	58.50	63.38
12	11	2018	3	75	60.25	64.75
13	12	2018	4	61	62.25	65.63
14	13	2019	1	56	64.50	66.75
15	14	2019	2	73	65.00	67.88
16	15	2019	3	79	66.25	
17	16	2019	4	66	67.25	
18	17	2020	1		68.50	
19	18	2020	2		72.67	
20	19	2020	3		72.50	
21	20	2020	4		68.50	

图 13-35　再次进行二项移动平均

需要注意的是，F 列的第一个值 48.25 是对应 2016 年 3 季度的均值，要将其放在和 3 季度同一行的位置上，所以二次平均数据输出的起始位置要选择 F3 单元格。

第三步，求 D 列与 F 列的比值，得到 G 列，如图 13-36 所示。

	A	B	C	D	E	F	G
1	时间点代码	年份	季度	销售额(万元)	对D列进行 四项移动平均	对E列进行 二项移动平均	季节比率 D列/F列
2	1	2016	1	42			
3	2	2016	2	53	#N/A	#N/A	
4	3	2016	3	54	#N/A	48.25	1.1192
5	4	2016	4	42	#N/A	49.75	0.8442
6	5	2017	1	46	47.75	52.38	0.8783
7	6	2017	2	61	48.75	55.25	1.1041
8	7	2017	3	67	50.75	57.50	1.1652
9	8	2017	4	52	54.00	59.38	0.8758
10	9	2018	1	54	56.50	61.25	0.8816
11	10	2018	2	68	58.50	63.38	1.0730
12	11	2018	3	75	60.25	64.75	1.1583
13	12	2018	4	61	62.25	65.63	0.9295
14	13	2019	1	56	64.50	66.75	0.8390
15	14	2019	2	73	65.00	67.88	1.0755
16	15	2019	3	79	66.25		
17	16	2019	4	66	67.25		
18	17	2020	1		68.50		
19	18	2020	2		72.67		
20	19	2020	3		72.50		
21	20	2020	4		68.50		

图 13-36　销售额与二项移动平均的结果求比值

在 G4 单元格输入如下公式，并向下复制填充到 G4:G15 单元格区域，可以得到季节比率。

```
=D4/F4。
```

要消除季节性因素，销售额必须向最能代表它的均值靠拢，季节比率代表的意义就是靠拢的幅度。

第四步，将图 13-36 中的 G 列的季节比率数据转换成二维表，并求得每个季度在各年份中的均值，如图 13-37 所示。

图 13-37 的 N7:Q7 单元格区域的 4 个值，分别是 4 个季度的季节指数。这 4 个指数相加等于 400%，平均值是 100%，第一季度的指数为 86.63%，说明第一季度的销售额年平均数低约 13%；第二季度的指数是 108.42%，说明第二季度的销售额比年平均数高约 8%；第三季度的指数是 114.76%，说明第三季度的销售额比年平均数高约 15%，是全年最高；第四季度的指数是 88.32%，说明第四季度的销售额比年平均数低约 12%。将季节指数画成折线图，如图 13-38 所示。

年份	季度			
	1	2	3	4
2016	---	---	1.1192	0.8442
2017	0.8783	1.1041	1.1652	0.8758
2018	0.8816	1.0730	1.1583	0.9295
2019	0.8390	1.0755	---	---
均值	0.8663	1.0842	1.1476	0.8832

图 13-37 计算季节指数

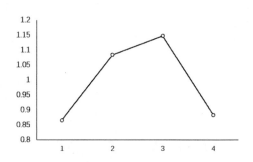

图 13-38 季节指数折线图

可以看出，季节指数折线图与本例中季节规律极其相似。

2. 分离季节因素

用原销售额除以季节指数，即可以分离季节因素，如图 13-39 所示。

图 13-39 中 I 列即是分离季节因素后的时间序列，与原序列放在一起，如图 13-40 所示。

时间点代码	年份	季度	销售额(万元)	季节指数	分离季节后的销售额（D/H）
1	2016	1	42	0.8663	48
2	2016	2	53	1.0842	49
3	2016	3	54	1.1476	47
4	2016	4	42	0.8832	48
5	2017	1	46	0.8663	53
6	2017	2	61	1.0842	56
7	2017	3	67	1.1476	58
8	2017	4	52	0.8832	59
9	2018	1	54	0.8663	62
10	2018	2	68	1.0842	63
11	2018	3	75	1.1476	65
12	2018	4	61	0.8832	69
13	2019	1	56	0.8663	65
14	2019	2	73	1.0842	67
15	2019	3	79	1.1476	69
16	2019	4	66	0.8832	75

图 13-39 分离季节因素

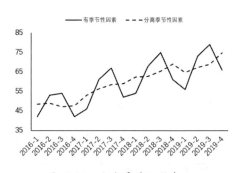

图 13-40 分离季节性因素

13.6.2 建模预测

从图 13-40 可以看出，分离季节性因素后，是一个具有趋势性的序列，可以用回归模型预测。建模方法参见 13.5 节，得到结果如图 13-41 所示。

SUMMARY OUTPUT

回归统计	
Multiple R	0.96849941
R Square	0.9379911
Adjusted R	0.93356189
标准误差	2.24287299
观测值	16

方差分析

	df	SS	MS	F	ignificance F
回归分析	1	1065.325	1065.325	211.774	7.59E-10
残差	14	70.42671	5.030479		
总计	15	1135.752			

	Coefficients	标准误差	t Stat	P-value	Lower 95%	Upper 95%	下限 95.0%	上限 95.0%
Intercept	44.5559992	1.176173	37.8822	1.65E-15	42.03336	47.07864	42.03336	47.07864
X Variable	1.77011544	0.121637	14.55246	7.59E-10	1.50923	2.031001	1.50923	2.031001

图 13-41　回归模型的两个系数

回归模型为：

$$y = (1.8 * x) + 44.6$$

将 $x=\{17,18,19,20\}$ 分别代入回归模型，用 Excel 计算可以得到模型预测值，如图 13-42 中的 J 列所示。

J2　=1.8*A2+44.6

	A	B	C	D	H	I	J	K
1	时间点代码	年份	季度	销售额(万元)	季节指数	分离季节后的销售额（D/H)	模型预测值	结合季节因素的预测值
2	1	2016	1	42	0.8663	48	46	40
3	2	2016	2	53	1.0842	49	48	52
4	3	2016	3	54	1.1476	47	50	57
5	4	2016	4	42	0.8832	48	52	46
6	5	2017	1	46	0.8663	53	54	46
7	6	2017	2	61	1.0842	56	55	60
8	7	2017	3	67	1.1476	58	57	66
9	8	2017	4	52	0.8832	59	59	52
10	9	2018	1	54	0.8663	62	61	53
11	10	2018	2	68	1.0842	63	63	68
12	11	2018	3	75	1.1476	65	64	74
13	12	2018	4	61	0.8832	69	66	58
14	13	2019	1	56	0.8663	65	68	59
15	14	2019	2	73	1.0842	67	70	76
16	15	2019	3	79	1.1476	69	72	82
17	16	2019	4	66	0.8832	75	73	65
18	17	2020	1		0.8663		75	65
19	18	2020	2		1.0842		77	83
20	19	2020	3		1.1476		79	90
21	20	2020	4		0.8832		81	71

图 13-42　模型预测值

在 J2 单元格输入如下公式，并向下复制填充到 J2:J21 单元格区域。

```
=1.8*A2+44.6
```

得到模型预测值后，需要结合季节因素，才是最终的预测值，方法如下。

在 K2 单元格输入如下公式，并向下复制填充到 K2:K21 单元格区域。

```
=J2*H2。
```

K2:K21 单元格区域是最终的预测值，图形如图 13-43 所示。

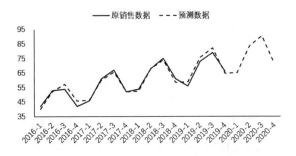

图 13-43　2020 年 4 个季度的销售额预测结果

对季节性时间序列预测，最重要的是分离季节因素，分离后的时间序列用平稳序列或趋势性序列方法都可以建模，建模预测结束后，必须再结合季节因素进行计算才是最终的预测结果。

第 14 章　规划求解

　　运筹学是一门研究如何最优安排的学科，它是近代应用数学的一个分支，该学科研究的课题是在若干有限资源约束的情况下，如何找到问题的最优或近似最优的决策。

　　规划求解（Solver）是 Microsoft Excel 中内置的用于求解运筹学问题的免费加载项，开源免费的 LiberOffice 软件也支持规划求解功能。

　　本章学习要点

（1）启用规划求解加载宏　　　　　　　（3）规划求解的更多操作
（2）规划求解建模

14.1　启用规划求解加载项

　　Microsoft Excel 默认安装时已经包含规划求解加载项的相关文件，但是在默认设置中，Excel 并未加载规划求解加载项。因此在使用规划求解功能之前，需要按照如下步骤在 Excel 中启用规划求解加载项。

示例 14-1　启用规划求解加载项

步骤① 单击【文件】选项卡中的【选项】命令打开【Excel 选项】对话框。

步骤② 在打开的【Excel 选项】对话框中切换到【加载项】选项卡。

步骤③ 在【Excel 选项】对话框右侧底部的【管理】组合框中选中"Excel 加载项"，单击【转到】按钮，如图 14-1 所示。

步骤④ 在弹出的【加载项】对话框中，选中【可用加载宏】列表框中的【规划求解加载项】复选框，单击【确定】按钮关闭【加载项】对话框，如图 14-2 所示。

　　上述操作完成之后，【数据】选项卡中将新增【规划求解】按钮，如图 14-3 所示。

图 14-1 打开【Excel 选项】对话框

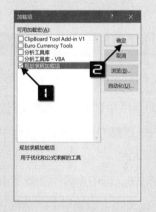

图 14-2 启用规划求解加载项

图 14-3 【数据】选项卡中的【规划求解】按钮

14.2 线性规划

线性规划作为运筹学的重要分支，由第二次世界大战时期的军事应用发展而来，线性规划研究的通常是稀缺资源的最优分配问题。现实社会生产和生活中的很多复杂问题本质上是线性的，所以线性规划经常被用来改善或优化现有系统和流程。例如，实现经营利润最大化、获得最低生成成本、选择最优路径等。

14.2.1 航班票务规划

受众多因素影响，每个航班的客座利用率（航班旅客数 / 航班座位数 ×100%）各不相同，然而航空公司执行某个客运航班飞行计划时，其空乘和地面服务人员成本、燃油和飞机折旧等大部分费用基本相同。因此航空公司都会尽可能地提升航班的客座利用率以实现经营利润最大化。

对于一个航班，航空公司既出售全价机票，也出售折扣机票。航空公司当然希望售卖更多的全价机票获取更多利润，然而乘客则希望买到性价比更高的折扣机票。如果折扣机票供应不足，则可能导致部分乘客换乘其他航空公司的航班，甚至改用其他交通工具，此时航空公司将会损失航班票款收入。因此航空公司需要努力找到两种机票（全价票和折扣票）数量的平衡点。

示例 14-2　航班票务规划

某航空公司使用空中客车 A320 客机（其满载容量为 220 个座位）执行北京经停上海到广州的航行任务，经停上海时部分旅客下机抵达其旅行目的地，同时也会有旅客登机由上海飞往广州。也就是说航空公司将出售 3 个不同航段的机票：北京至上海、北京至广州和上海至广州，每个航段都会出售全价机票和折扣机票。为了简化问题的复杂程度，这里假设每个航段只出售一种折扣机票。因此需要规划 6 种机票的可售卖数量，其售价如表 14-1 所示。"需求预测"列是航空公司根据多年的运营经验及其历史数据，并运用大数据技术预测的各种机票的需求量。

表 14-1　各种机票的票价和需求预测

航程	类型	价格	需求预测
北京 — 上海	全价票	￥1600	55
北京 — 上海	折扣票	￥1000	110
北京 — 广州	全价票	￥2300	65
北京 — 广州	折扣票	￥1500	90
上海 — 广州	全价票	￥1700	45
上海 — 广州	折扣票	￥1100	150

在制定票务规划时需要考虑如下约束条件。

❖ 每个航段可售机票的总量应小于或等于飞机容量（忽略机票超售）。

❖ 每个航段每种机票的可售卖数量应小于或等于需求预测。

❖ 可售机票数量应为非负整数，确保有实际意义。

按照如下步骤操作进行建模，并使用 Excel 规划求解功能制定票务规划。

步骤① 在 B3 单元格输入航班容量"220"。

步骤② 将表 14-1 的基础数据信息输入工作表中 A5:D11 单元格区域，其中 E6:E11 单元格
区域输入"0"作为决策变量的初始值，如图 14-4 所示。

步骤③ 构建"航班容量(北京－上海)"约束条件，在 B14 单元格输入公式"=SUM($E$6:$E$9)"
用于计算北京－上海航段的可售机票总数量；在 C14 单元格输入"＜＝"作为约
束关系；在 D14 单元格输入公式"=$B$3"引用航班容量单元格的值。

步骤④ 按照类似方法在 B15:D15 构建"航班容量（上海－广州）"约束条件，B15 单元格公
式为"=SUM($E$8:$E$11)"，如图 14-5 所示。

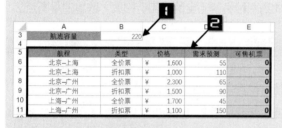

图 14-4　输入基础数据信息　　　　　图 14-5　航班容量约束

约束条件由 3 部分组成：条件（左）、约束关系和条件（右），分别对应于【添加约束】
对话框中的【单元格引用】、约束关系和【约束】。

步骤⑤ 在 B16:D18 区域分别构建"需求预测约束""整数约束"和"非负约束"约束条件，
如图 14-6 所示。

	A	B	C	D
13	约束条件	条件(左)	约束关系	条件(右)
14	航班容量(北京－上海)	0	<=	220
15	航班容量(上海－广州)	0	<=	220
16	需求预测约束	可售机票	<=	需求预测
17	整数约束	可售机票	int	整数
18	非负约束	可售机票	>=	0

图 14-6　输入约束条件

步骤⑥ 构建目标函数，在 B1 单元格输入以下公式计算票款总收入。

```
=SUMPRODUCT($C$6:$C$11,$E$6:$E$11)
```

SUMPRODUCT 函数用于计算两个单元格区域乘积的和，即每种机票的票价分别乘以相应的可售机票数量再求和。工作表中的基础数据建模完成后如图 14-7 所示。

	A	B	C	D	E
	B1	: ✕ ✓ fx	=SUMPRODUCT($C$6:$C$11,$E$6:$E$11)		
1	票款总收入	0			
2					
3	航班容量	220			
4					
5	航程	类型	价格	需求预测	可售机票
6	北京-上海	全价票	¥ 1.600	55	0
7	北京-上海	折扣票	¥ 1.000	110	0
8	北京-广州	全价票	¥ 2.300	65	0
9	北京-广州	折扣票	¥ 1.500	90	0
10	上海-广州	全价票	¥ 1.700	45	0
11	上海-广州	折扣票	¥ 1.100	150	0
12					
13	约束条件	条件(左)	约束关系	条件(右)	
14	航班容量(北京-上海)	0	<=	220	
15	航班容量(上海-广州)	0	<=	220	
16	需求预测约束	可售机票	<=	需求预测	
17	整数约束	可售机票	int	整数	
18	非负约束	可售机票	>=	0	

图 14-7　设置目标函数

步骤⑦ 保持选中 B1 单元格，依次单击【数据】→【规划求解】按钮，打开【规划求解参数】对话框。此时【设置目标】编辑框中自动填入"$B$1"，在【到】选项中选中【最大值】单选按钮，如图 14-8 所示。

【设置目标】所指定的单元格（下文中称为目标函数）必须包含公式，并且其公式直接或间接与决策变量所在单元格有关。

【到】选项中提供了 3 个选项，其中【最大值】和【最小值】表示规划求解将计算目标函数的最大极值或最小极值作为最优解；而【目标值】则表示取得最优解时，目标函数的值等于或最接近于指定目标值。

航班票务规划的目标是追求票款总收入最大化，即在满足约束条件情况下，目标函数单元格 B1 取得最大值，所以此处选中【最大值】单选按钮。

图 14-8　设置目标

步骤⑧ 在【通过更改可变单元格】编辑框内单击鼠标激活控件，然后在工作表中选中 E6:E11 单元格区域（下文中称为决策变量单元格区域），如图 14-9 所示。

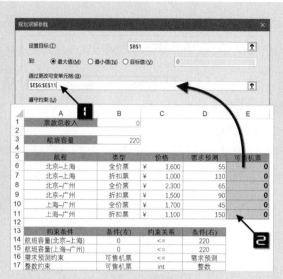

图 14-9　设置决策变量

在求解过程中，求解器通过不断改变决策变量单元格区域的值来获得计算结果，直到目标函数单元格（本示例中为 B1）的值达到极值或目标值。

步骤⑨ 单击【添加】按钮将弹出【添加约束】对话框，单击【单元格引用】编辑框激活控件，然后在工作表中选中航班容量约束"条件（左）"列的 B14:B15 单元格区域；保持约束关系组合框默认值"＜ ＝"；单击【约束】编辑框激活控件，在工作表中选中航班容量约束"条件（右）"列的 D14:D15 单元格区域，单击【确定】按钮关闭【添加约束】对话框。

在【遵守约束】列表框中可以看到添加的约束条件"$B$14:$B$15 ＜ ＝ $D$14:$D$15"，如图 14-10 所示。

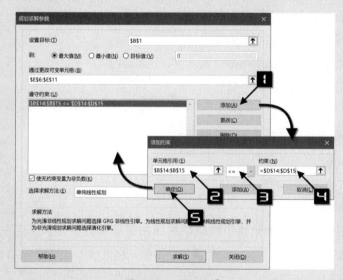

图 14-10　添加约束

如果在【添加约束】对话框中单击【添加】按钮,则成功添加当前约束条件后,仍然显示【添加约束】对话框,此时可以继续添加下一个约束条件。

注意 ⟶ 【约束】编辑框中显示为"=$D$14:$D$15"而不是"$D$14:$D$15"

建模时也可以分别添加两个航班的容量约束条件,在【添加约束】对话框中【约束】编辑框既可以使用单元格引用地址,也可以直接使用数字"220",如图 14-11 所示。

图 14-11 添加两个航班容量约束

上述步骤首先在工作表单元格中构建模型,然后添加约束时使用单元格引用,这样的操作方法被称为"表格驱动",此方式便于进行模型维护。与之相反,在添加约束时直接使用数字,看似操作简单,但是如果限制条件发生了变化,则需要逐个修改模型中约束条件,模型维护的工作量陡增。因此推荐使用"表格驱动"的方式进行建模。

提示 ⟶ 在建模阶段,尽量将使用相同约束关系的限制条件保存在相邻位置。例如,"航班容量(北京-上海)"和"航班容量(北京-上海)"约束条件的约束关系都是"<=",二者位于相邻行,那么建模时可以一次性添加多个约束条件,使建模过程更加快捷。

步骤⑩ 使用类似操作的方法,在【添加约束】对话框中继续添加需求预测约束,如图 14-12 所示。

步骤⑪ 在【添加约束】对话框的【单元格引用】编辑框中输入"$E$6:$E$11",单击约束关系组合框右侧下拉按钮,在下拉列表中选择"int",此时【约束】编辑框自动填入"整数",单击【确定】按钮关闭【添加约束】对话框,在【遵守约束】列表框中可以看到新添加的约束条件"$E$6:$E$11 = 整数",如图 14-13 所示。

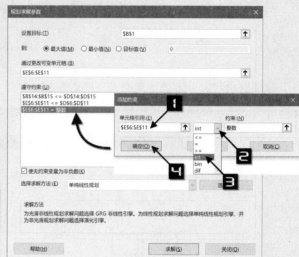

图 14-12 添加需求预测约束　　　　　　　　图 14-13 添加整数约束

　　Excel 中的规划求解可以设置不等式约束、等式约束、整数约束、二进制约束和互异约束这 5 种约束。

【添加约束】对话框中的约束关系及其含义如表 14-2 所示。

表 14-2 约束关系及其含义

约束关系	含义
< =	小于等于约束
=	等于约束
> =	大于等于约束
int	整数约束，Integer 的缩写
bin	二进制约束，Binary 的缩写
dif	互异约束，AllDifferent 的缩写

步骤⑫ 使用类似方法添加非负约束条件"$E$6:$E$11 > = 0"，确保决策变量为非负值，具有实际意义，取消选中【使无约束变量为非负值】复选框。

注意　　选中【使无约束变量为非负值】复选框仅对"无约束变量"有效。如果建模过程中，已经对决策变量单元格设置了约束条件，那么决策变量不再属于"无约束变量"。因此这个约束无效，需要单独添加非负约束条件。是否选中【使无约束变量为非负值】复选框，并不影响本示例的规划求解结果。

步骤⑬ 在【选择求解方法】组合框中选中"单纯线性规划"。

步骤⑭ 单击【求解】按钮启动求解器进行规划求解，如图 14-14 所示。

Excel 规划求解提供的 3 种求解算法引擎分别是："非线性 GRG""单纯线性规划"和"演化"。其中最常用的是"单纯线性规划"引擎，它适用于线性规划求解问题；"非线性 GRG"引擎（GRG 代表 Generalized Reduced Gradient，即广义简约梯度）适用于光滑非线性规划求解问题；"演化"引擎适用于非光滑规划求解问题。

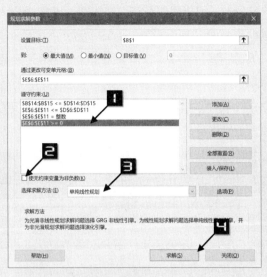

图 14-14　设置非负数约束并选择求解器引擎

步骤⑮ 在弹出的【规划求解结果】对话框中，可知规划求解成功找到一个全局最优解。保持默认选中的【保留规划求解的解】单选按钮，单击【确定】按钮关闭【规划求解结果】对话框，如图 14-15 所示。

在【规划求解结果】对话框中，如果选中【还原初值】单选按钮，并单击【确定】按钮将放弃求解器对决策变量的修改，恢复单元格的初始值。在【规划求解结果】对话框中，如果选中【返回"规划求解参数"对话框】复选框，并单击【确定】按钮，返回 Excel 界面时将会显示【规划求解参数】对话框。

规划求解的最终结果如图 14-16 所示。

图 14-15　规划求解结果

	A	B	C	D	E
1	票款总收入	535000			
2					
3	航班容量	220			
4					
5	航程	类型	价格	需求预测	可售机票
6	北京–上海	全价票	¥ 1,600	55	**55**
7	北京–上海	折扣票	¥ 1,000	110	**100**
8	北京–广州	全价票	¥ 2,300	65	**65**
9	北京–广州	折扣票	¥ 1,500	90	**0**
10	上海–广州	全价票	¥ 1,700	45	**45**
11	上海–广州	折扣票	¥ 1,100	150	**110**
12					
13	约束条件	条件(左)	约束关系	条件(右)	
14	航班容量(北京–上海)	220	<=	220	
15	航班容量(上海–广州)	220	<=	220	
16	需求预测约束	可售机票	<=	需求预测	
17	整数约束	可售机票	int	整数	
18	非负约束	可售机票	>=	0	

图 14-16　规划求解结果

由规划求解的结果可以看出，6 种机票的"可售机票"数量均小于等于"需求预测"，两个航段的"可售机票"总量都达到了 220，即航班满员状态。如果能够实现这个票务规划，那么航空公司将获得票款收入 53.5 万元，这是此次航班的最大收入。

实际运营过程中，有很多因素会影响航班票务规划，此时将需要调整模型，再次进行规划求解。由于飞机需要进行例行维护保养，航空公司改用空中客车 A330-200（其满载容量为 247 个座位）执行此次飞行任务；并且为了保障北京至广州的运力，要求北京至广州的可售机票数量不少于 100 张。

按照如下步骤操作将在规划求解中添加新的约束条件。

步骤⑯ 修改 B3 单元格为"247"，此时"航班容量"约束的"条件（右）"（D14:D15）自动更新为新的航班容量。

> **注意→** 如果添加"航班容量"约束条件时，【约束】编辑框中直接输入的是数字而不是单元格引用，那么就需要在如图 14-11 所示的【遵守约束】列表框中逐个修改受影响的相关约束条件。

步骤⑰ 在 B19:D19 单元格区域中输入"北京－广州运力保障"约束条件，B19 单元格公式为"=$E$8+$E$9"，如图 14-17 所示。

步骤⑱ 在【规划求解结果】对话框中添加"北京－广州运力保障"约束条件，单击【求解】按钮启动求解器进行规划求解，如图 14-18 所示。

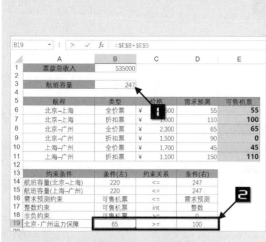

图 14-17　修改模型

图 14-18　添加运力保障约束

Excel 工作表中规划求解的结果如图 14-19 所示。

図 14-19　规划求解的结果

两个航段的"可售机票"总量都达到了 247，即航班满员状态；北京至广州的可售机票数量为 100（65 张全价票 +35 张折扣票），满足新的约束条件，按照此方案航空公司票款收入最大值为 57.07 万元。

注意
━■■■━➤ 受不同约束条件的综合影响，规划求解的最优解不一定能实现航班满员。

14.2.2　体育赛事排期

随着我国国民经济的快速发展，体育产业总规模已达到万亿规模，体育产业对于 GDP 的贡献度稳步提升。体育赛事排期是个颇为复杂的课题，不仅需要考虑比赛场地的可用性、赛制公平性等基础要求，为了确保商业体育赛事的利润，更要考虑如何在电视和在线平台获得黄金转播档期等诸多因素。

示例 14-3　体育赛事排期

现有 4 个直辖市（北京、天津、上海和重庆）球队参加的某体育赛事，4 支球队分为两个区：北京队和天津队属于北区，上海队和重庆队属于南区。

赛事组委会对于赛程安排要求如下。

❖ 本次比赛采用主客场双循环赛制（抽签决定主客场先后顺序），即所有参加比赛的队之间均进行两场比赛，最后按各队在全部比赛中的总积分和得失分率排列比赛名次。

❖ 全部比赛需要在 6 周内完成。

❖ 每个球队每周只能进行一场比赛。

❖ 北京 vs 重庆的比赛不能安排在第 4 周和第 5 周进行。

❖ 同区内两支球队的主客场双循环比赛需要在前 3 周内完成。

❖ 按照如下步骤操作进行建模，并使用 Excel 规划求解功能完成体育赛事排期。

步骤① 在 A3:G9 单元格区域构建决策变量。首行 B3:G3 为周数，整个赛事共持续 6 周。在 A4:A9 列出 4 支球队循环比赛的 6 种对阵组合。B4:G9 初始化为 "0"，如图 14-20 所示。

	A	B	C	D	E	F	G
3	决策变量	第1周	第2周	第3周	第4周	第5周	第6周
4	北京vs天津	0	0	0	0	0	0
5	北京vs上海	0	0	0	0	0	0
6	北京vs重庆	0	0	0	0	0	0
7	天津vs上海	0	0	0	0	0	0
8	天津vs重庆	0	0	0	0	0	0
9	上海vs重庆	0	0	0	0	0	0

图 14-20 构建决策变量

行列交叉单元格标记为 "0"，代表该周没有安排比赛；反之，如果标记为 "1"，则代表相应的对阵组合在该周进行比赛。

步骤② 在 A11:G15 单元格区域构建约束条件（每个球队每周只能进行一场比赛），统计每个球队在每周的比赛场次。在 B12:B15 输入第 1 周比赛场次统计公式，如表 14-3 所示。

表 14-3 第 1 周比赛场次统计公式

参赛球队	单元格	第 1 周比赛场次统计公式
北京队	B12	=B4+B5+B6
天津队	B13	=B4+B7+B8
上海队	B14	=B5+B7+B9
重庆队	B15	=B6+B8+B9

步骤③ 选中 B12:B15 单元格区域，向右拖曳填充柄，填充公式至 G 列，如图 14-21 所示。

B12	▼	:	×	✓	fx	=B4+B5+B6	
	A	B	C	D	E	F	G
11	约束条件（每周一场）	第1周	第2周	第3周	第4周	第5周	第6周
12	北京	0	0	0	0	0	0
13	天津	0	0	0	0	0	0
14	上海	0	0	0	0	0	0
15	重庆	0	0	0	0	0	0

图 14-21 构建约束条件（每周比赛场次）

步骤④ 在 A18:E23 单元格区域构建约束条件（主客场双循环），在 C18 输入公式 "=SUM(B4:G4)"，统计 "北京 vs 天津" 的全部比赛场次，约束关系为 "="，"条件（右）" 为 "2"；与此类似输入其他对阵组合的约束条件。

步骤⑤ 在 A24:E24 单元格区域构建约束条件（第 4、5 周无比赛），在 C24 输入公式 "=E6+F6"，统计"北京 vs 重庆"在第 4 周、第 5 周的比赛场次，约束关系为"="，"条件（右）"
为"0"。

步骤⑥ 在 A25:E25 单元格区域构建"二进制"约束条件。构建完成的约束条件辅助区域如
图 14-22 所示。

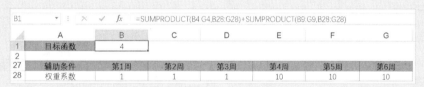

	A	B	C	D	E
17	约束条件	备注	条件(左)	约束关系	条件(右)
18	主客场双循环	北京vs天津	0	=	2
19	主客场双循环	北京vs上海	0	=	2
20	主客场双循环	北京vs重庆	0	=	2
21	主客场双循环	天津vs上海	0	=	2
22	主客场双循环	天津vs重庆	0	=	2
23	主客场双循环	上海vs重庆	0	=	2
24	第4周、第5周无比赛	北京vs重庆	0	=	0
25	二进制约束		B4:G9	bin	二进制

图 14-22　构建约束条件

步骤⑦ 在 A27:G28 单元格区域构建权重系数，用于后续步骤构建目标函数。

步骤⑧ 构建目标函数，在 B1 单元格输入以下公式，如图 14-23 所示。

=SUMPRODUCT(B4:G4,B28:G28)+SUMPRODUCT(B9:G9,B28:G28)

B1			fx	=SUMPRODUCT(B4:G4,B28:G28)+SUMPRODUCT(B9:G9,B28:G28)		
	A	B	C	D	E	F	G
1	目标函数	4					
2							
27	辅助条件	第1周	第2周	第3周	第4周	第5周	第6周
28	权重系数	1	1	1	10	10	10

图 14-23　构建目标函数和权重系数

构建目标函数是建模过程中一个重要步骤，在本示例中并没有合适的极值（最大值或
最小值）或指定值可以当作目标函数。通过初步观察，似乎整个赛事的总比赛场次（12 场）
可以作为"指定值"，但是最后一个约束条件（同区内两支球队的主客场双循环比赛需要在
前 3 周内完成）处理起来就会比较棘手。

本示例在构建目标时引入"权重系数"，将最后一个约束条件隐含在其中。前 3 周的权
重系数设置为 1，后 3 周的权重系数设置为 10。构建目标函数时，将北京 vs 天津和上海 vs
重庆（同区内两支球队的比赛）安排分别与权重系数相乘。规划求解时将使用"最小值"求
解，由于前 3 周的权重系数小，求解器将会把同区内两支球队的比赛优先安排在前 3 周。

步骤⑨ 选中 B1 单元格，依次单击【数据】→【规划求解】按钮，打开【规划求解参数】对
话框，此时【设置目标】编辑框中自动填入"$B$1"，在【到】选项中选中【最小值】
单选按钮。

步骤⑩ 设置【通过更改可变单元格】为"$B$4:$G$9"。

步骤⑪ 在【规划求解参数】对话框单击【添加】按钮弹出【添加约束】对话框，依次添加
表 14-4 中的 4 个约束条件。

表 14-4　约束条件公式

约束条件	【遵守约束】关系式
主客场双循环	\$C\$18：\$C\$23 = \$E\$18：\$E\$23
每周一场	\$B\$12：\$G\$15 = 1
第 4 周、第 5 周无比赛	\$C\$24 = \$E\$24
二进制约束	\$B\$4：\$G\$9 = 二进制

步骤⑫ 在【选择求解方法】组合框中选中"单纯线性规划"，单击【求解】按钮启动求解器进行规划求解，如图 14-24 所示。

步骤⑬ 在弹出的【规划求解结果】对话框中，可知规划求解成功找到一个全局最优解，保持默认选中的【保留规划求解的解】单选按钮，单击【确定】按钮关闭【规划求解结果】对话框，如图 14-25 所示。

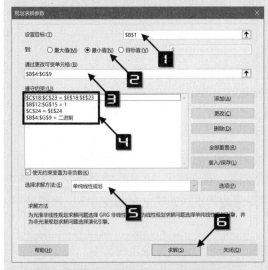

图 14-24　设置规划求解参数

图 14-25　规划求解结果

Excel 工作表中规划求解的结果如图 14-26 所示。

此时目标函数的值为 4，这个数值本身并不具备可解释的含义。由规划求解的结果可以看出：4 支球队每周比赛场次统计（B12：G15）均为 1；每个对阵组合的比赛场次统计（C18：C23）均为 2；北京 vs 重庆的比赛安排在第 1 周和第 6 周；决策变量单元格区域（B4：G9）的值只有 0 和 1。规划求解的结果满足全部约束条件。

	A	B	C	D	E	F	G
1	目标函数	4					
2							
3	决策变量	第1周	第2周	第3周	第4周	第5周	第6周
4	北京vs天津	0	1	1	0	0	0
5	北京vs上海	0	0	0	1	1	0
6	北京vs重庆	1	0	0	0	0	1
7	天津vs上海	1	0	0	0	0	1
8	天津vs重庆	0	0	0	1	1	0
9	上海vs重庆	0	1	1	0	0	0
10							
11	约束条件(每周一场)	第1周	第2周	第3周	第4周	第5周	第6周
12	北京	1	1	1	1	1	1
13	天津	1	1	1	1	1	1
14	上海	1	1	1	1	1	1
15	重庆	1	1	1	1	1	1
16							
17	约束条件	备注	条件(左)	约束关系	条件(右)		
18	主客场双循环	北京vs天津	2	=	2		
19	主客场双循环	北京vs上海	2	=	2		
20	主客场双循环	北京vs重庆	2	=	2		
21	主客场双循环	天津vs上海	2	=	2		
22	主客场双循环	天津vs重庆	2	=	2		
23	主客场双循环	上海vs重庆	2	=	2		
24	第4、5周无比赛	北京vs重庆	0	=	0		
25	二进制约束		B4:G9	bin	二进制		
26							
27	辅助条件	第1周	第2周	第3周	第4周	第5周	第6周
28	权重系数	1	1	1	10	10	10

图 14-26　规划求解的结果

14.2.3　外包项目评标

示例 14-4　外包项目评标

某公司现有 5 个项目（编号 1~5）对外公开招标，共有 6 个供应商（编号 1~6）递交了标书，现在需要根据供应商的投标报价进行评标。

为了保证招标的公平与公正，公司管理层对于评标工作要求如下。

❖ 每个项目报价最低的供应商中标。

❖ 每个供应商只能中标一个项目。

❖ 每个项目只能有一个供应商中标。

由于供应商数量多于项目数量，那么最终会有一个供应商出局（没有中标任何项目），在无法确定哪些是入选供应商的情况下，也就无法构建目标函数。这里可以使用一个变通的方法来解决这个难题，在建模时添加一个虚拟项目，使得项目数量与供应商数量保持一致，那么将可以用简单的公式来构建目标函数，最终虚拟项目的中标供应商就是出局的供应商。

按照如下步骤操作进行建模，并使用 Excel 规划求解功能完成外包项目评标。

步骤① 在 B4:F9 单元格区域输入每个供应商标书中的项目报价，对于"虚拟项目"在 G 列输入"9999"作为项目报价，如图 14-27 所示。

	A	B	C	D	E	F	G
3	项目报价(万元)	项目1	项目2	项目3	项目4	项目5	虚拟项目
4	供应商1	64	93	88	76	88	9999
5	供应商2	57	76	90	75	92	9999
6	供应商3	93	82	93	74	83	9999
7	供应商4	67	91	61	75	55	9999
8	供应商5	85	58	75	66	86	9999
9	供应商6	82	81	71	84	84	9999

图 14-27　输入项目报价

评标时会优先选择报价最低的供应商,对于虚拟项目设置一个远高于其他项目的报价,这样在求解"最小值"时,如果某个供应商的报价可以中标多个项目,虚拟项目优先级是最低的。

步骤② 在 B12:G17 单元格区域构建决策变量,并初始化为"0",如图 14-28 所示。

	A	B	C	D	E	F	G
11	决策变量	项目1	项目2	项目3	项目4	项目5	虚拟项目
12	供应商1	0	0	0	0	0	0
13	供应商2	0	0	0	0	0	0
14	供应商3	0	0	0	0	0	0
15	供应商4	0	0	0	0	0	0
16	供应商5	0	0	0	0	0	0
17	供应商6	0	0	0	0	0	0

图 14-28　构建决策变量

行列交叉单元格标记为"0",表示未中标;反之,如果标记为"1",则代表该供应商中标指定项目。

步骤③ 选中 B12:H18 单元格区域,按< Alt+= >组合键添加行列汇总公式,如图 14-29 所示。

	A	B	C	D	E	F	G	H
11	决策变量	项目1	项目2	项目3	项目4	项目5	虚拟项目	
12	供应商1	0	0	0	0	0	0	
13	供应商2	0	0	0	0	0	0	
14	供应商3	0	0	0	0	0	0	
15	供应商4	0	0	0	0	0	0	
16	供应商5	0	0	0	0	0	0	
17	供应商6	0	0	0	0	0	0	
18								

< Ctrl+= >

	A	B	C	D	E	F	G	H
11	决策变量	项目1	项目2	项目3	项目4	项目5	虚拟项目	
12	供应商1	0	0	0	0	0	0	0
13	供应商2	0	0	0	0	0	0	0
14	供应商3	0	0	0	0	0	0	0
15	供应商4	0	0	0	0	0	0	0
16	供应商5	0	0	0	0	0	0	0
17	供应商6	0	0	0	0	0	0	0
18		0	0	0	0	0	0	0

图 14-29　添加行列汇总

其中 H12:H17 单元格区域用于统计每个供应商的中标项目个数,B18:G18 单元格区域用于统计每个项目的中标供应商个数,这些单元格将用于约束条件中。规划求解过程中并未用到 H18 单元格,只是为了便于设置行列汇总公式的操作,所以在本步操作中也在该单元格设置了公式。

步骤④ 在 A20:D23 单元格区域构建约束条件,如图 14-30 所示。

	A	B	C	D
20	约束条件	条件(左)	约束关系	条件(右)
21	二进制约束	B12:G17	bin	二进制
22	每个项目只能有一个供应商中标	B18:G18	=	1
23	每个供应商只能中标一个项目	H12:H17	=	1

图 14-30　构建约束条件

> **注意** ━■■→　本示例中的约束条件辅助区域（H12:H17 和 B18:G18）构建在决策变量单元格区域周围，而没有采用单独构建约束条件区域的方式（类似于本章前两个示例）。两种方式并没有优劣之分，在建模时应充分结合数据的特性，灵活地选择构建约束条件辅助区域的方式与位置。例如，本示例中使用 < Alt+= > 组合键实现了一次性添加行列汇总公式，如果在单独的单元格区域汇总同样内容，则需要逐个输入公式，这将耗费更多时间，而且容易出现人为错误。

步骤⑤　构建目标函数，在 B1 单元格输入公式以下公式，如图 14-31 所示。

```
=SUMPRODUCT(B4:G9,B12:G17)-9999
```

图 14-31　构建目标函数

> **注意** ━■■→　目标函数的公式中，全部项目中标报价求和的结果（SUMPRODUCT 函数的结果）扣除虚拟项目的报价，才是真正的中标总价。

步骤⑥　选中 B1 单元格，依次单击【数据】→【规划求解】按钮，打开【规划求解参数】对话框，此时【设置目标】编辑框中自动填入"$B$1"，在【到】选项中选中【最小值】单选按钮。

步骤⑦　设置【通过更改可变单元格】为"$B$12:$G$17"。

步骤⑧　在【规划求解参数】对话框单击【添加】按钮弹出【添加约束】对话框，依次添加表 14-5 中的 3 个约束条件。

表 14-5　约束条件公式

约束条件	【遵守约束】关系式
二进制	$B$12:$G$17 = 二进制
每个项目只能有一个供应商中标	$B$18:$G$18 = 1
每个供应商只能中标一个项目	$H$12:$H$17 = 1

步骤⑨　在【选择求解方法】组合框中选中"单纯线性规划"，单击【求解】按钮启动求解器进行规划求解，如图 14-32 所示。

步骤⑩　在弹出的【规划求解结果】对话框中，可知规划求解成功找到一个全局最优解，保持

默认选中的【保留规划求解的解】单选按钮，单击【确定】按钮关闭【规划求解结果】
对话框，如图 14-33 所示。

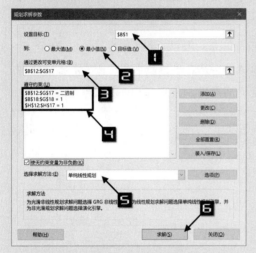

图 14-32　设置规划求解参数

图 14-33　规划求解结果

Excel 工作表中规划求解的结果如图 14-34 所示。

	A	B	C	D	E	F	G	H
1	目标函数	315						
2								
3	项目报价(万元)	项目1	项目2	项目3	项目4	项目5	虚拟项目	
4	供应商1	64	93	88	76	88	9999	
5	供应商2	57	76	90	75	92	9999	
6	供应商3	93	82	93	74	83	9999	
7	供应商4	67	91	61	75	55	9999	
8	供应商5	85	58	75	66	86	9999	
9	供应商6	82	81	71	84	84	9999	
10								
11	决策变量	项目1	项目2	项目3	项目4	项目5	虚拟项目	
12	供应商1	0	0	0	0	0	1	1
13	供应商2	1	0	0	0	0	0	1
14	供应商3	0	0	0	1	0	0	1
15	供应商4	0	0	0	0	1	0	1
16	供应商5	0	1	0	0	0	0	1
17	供应商6	0	0	1	0	0	0	1
18		1	1	1	1	1	1	6
19								
20	约束条件	条件(左)	约束关系	条件(右)				
21	二进制约束	B12:G17	bin	二进制				
22	每个项目只能有一个供应商中标	B18:G18	=	1				
23	每个供应商只能中标一个项目	H12:H17	=	1				

图 14-34　规划求解的结果

由规划求解的结果可以看出，项目中标报价合计为 315 万元，供应商 1 中标虚拟项目，
实际结果为本次招标中的出局供应商。供应商 5 在项目 2 和项目 4 的报价均为该项目的最低
报价，但是由于具有"每个供应商只能中标一个项目"的约束条件，所以供应商 5 只中标项
目 2。

14.3 规划求解的更多操作

14.3.1 规划求解参数

在【规划求解参数】对话框中，除了可以完成设置目标、设置可变单元格、添加约束和选择求解器引擎等操作外，还可以进行更多的操作。

1. 更改约束

在【遵守约束】列表框中单击选中某个约束条件，然后单击【更改】按钮，将打开【改变约束】对话框，修改约束条件的操作与"添加约束"相同，修改约束条件后单击【添加】按钮或【确定】按钮可以保存约束条件。

注意→

> 如果需要更改整数约束、二进制约束和互异约束，可以单击【更改】按钮打开【改变约束】对话框。此时对话框中的约束关系组合框默认值为"="，如果单击【添加】按钮（或【确定】按钮）将出现"约束必须是数值、简单引用或数值的公式"的错误提示，如图 14-35 所示。只有将约束关系组合框中的选项修改为"bin"，单击【添加】按钮才可以正确保存更新后的约束条件。

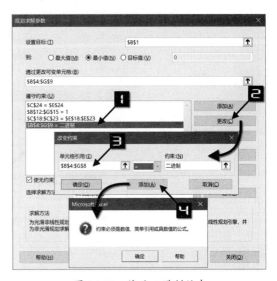

图 14-35　修改二进制约束

2. 删除约束

在【遵守约束】列表框中单击选中相应的约束条件，然后单击【删除】按钮，将删除被选中的约束条件，在删除操作执行之前 Excel 并不会给出任何警告提示信息，如图 14-36 所示。

图 14-36　删除约束

注意 ■■■→ 删除约束的操作是不可撤销的，即使单击【关闭】按钮关闭【规划求解参数】对话框，也无法恢复已被删除的约束条件。因此建议先做文件备份，然后再执行删除约束的操作。

3. 全部重置

在【规划求解参数】对话框中单击【全部重置】按钮，将出现"重新设置所有规划求解选项及单元格选定区域？"的提示框，单击【确定】按钮将重置规划求解参数，如图 14-37 所示。此操作并不会重置【选择求解方法】组合框的内容（求解器引擎）。

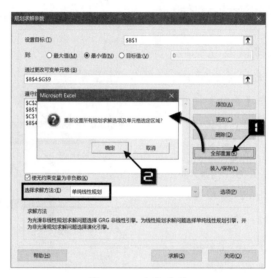

图 14-37　全部重置

4. 保存与装入（加载）

示例 14-5　保存与装入模型

在【规划求解参数】对话框中单击【装入 / 保存】按钮，弹出【装入 / 保存模型】对话框。如果需要保存模型，可以在工作表中选中用于保存模型的区域（位于同列的 9 个连续单元格）的首个单元格，在本示例中为 H2 单元格，单击【保存】按钮关闭【装入 / 保存模型】对话框。规划求解模型相关参数以公式的形式保存在工作表中 H2:H10 单元格区域；添加 I 列作为辅助列，用于显示 H 列的公式，如图 14-38 所示。

注意 ■■■→ 如果用于保存模型的单元格区域已经有内容，那么保存模型的操作将直接覆盖单元格区域的原有内容，Excel 并不会给出任何警告提示。

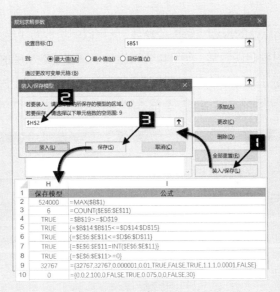

图 14-38　保存模型

在【规划求解参数】对话框中单击【装入 / 保存】按钮，弹出【装入 / 保存模型】对话框。如果需要装入（加载）模型，在工作表中应选中保存模型的单元格区域，在本示例中为H2:H10 单元格区域，单击【装入】按钮关闭【装入 / 保存保存】对话框。在弹出的【装入模型】对话框中，如果单击【替换】按钮，则替换当前模型；如果单击【合并】按钮，则将新模型与当前模型合并，如图 14-39 所示。

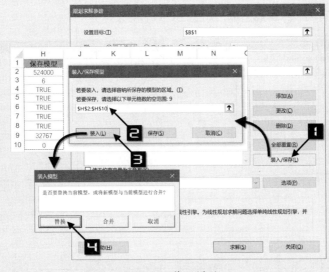

图 14-39　装入模型

5. 选项

一般情况下，使用默认的规划求解选项参数，就可以轻松地解决绝大多数规划求解问题。如果使用规划求解的过程出现异常，则可以尝试进一步调整规划求解的相关选项参数。

在【规划求解参数】对话框中单击【选项】按钮，弹出【选项】对话框，如图 14-40 所示。【所有方法】选项卡中的参数适用于全部 3 种求解器引擎。

图 14-40　规划求解选项

【选项】对话框中的【非线性 GRG】选项卡和【演化】选项卡中的参数分别适用于"非线性 GRG"和"演化"求解器引擎，如图 14-41 所示。

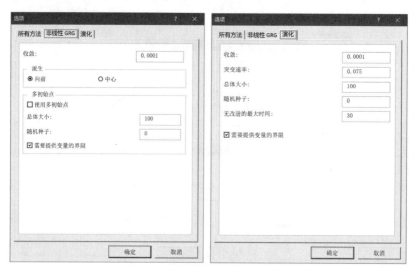

图 14-41　【非线性 GRG】选项卡和【演化】选项卡

14.3.2　创建规划求解运算结果报告

示例 14-6　运算结果报告

在【规划求解结果】对话框中，选中【制作报告大纲】复选框，在【报告】列表框中选中"运算结果报告"，单击【确定】按钮创建运算结果报告，如图 14-42 所示。

运算结果报告将保存在当前工作簿中的新建工作表中，名称类似于"运算结果报告 1"，单击工作表左侧的分类折叠按钮，将展开运算结果报告的明细内容，如图 14-43 所示。

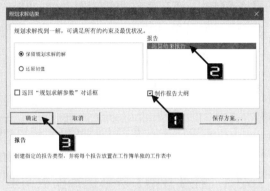

图 14-42　生成运算结果报告

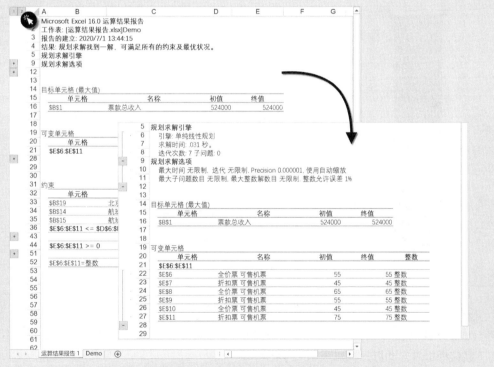

图 14-43　工作表中的运算结果报告

如果多次创建运算结果报告，则保存运算结果报告工作表名称中的数字序号会顺次增加。

第 15 章　Excel 数据表格美化

高质量的 Excel 文档，尤其是用于展示统计分析结果的文档，除了应具备数据准确、易读等特性，还应有合理的布局结构、清新的色彩搭配及整洁清晰的版面。本章重点学习 Excel 文档美化中与表格有关的内容，用以提高数据的展现能力，提升 Excel 文档的品质感。

15.1　使用 Excel 自带模板

Excel 2019 中内置了很多种精美的模板类型，用户可以根据需求直接下载对应类型的模板，然后对模板中的数据进行简单修改，即可快速得到一份美观实用的 Excel 文档。

15.1.1　在【开始】屏幕选择模板类型

双击桌面的 Excel 程序图标新建一个工作簿，此时 Excel 会默认显示【开始】屏幕。单击左侧的【新建】命令，在右侧即可显示出常用的模板列表，如图 15-1 所示。

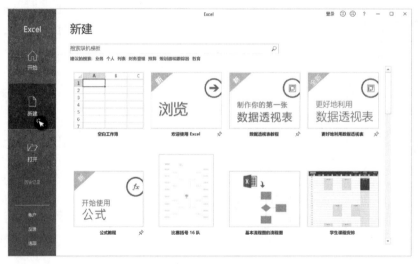

图 15-1　常用模板列表

拖动右侧的滚动条，可以查看更多的模板类型。单击需要的模板图标，如"费用报销单"，在弹出的对话框中会显示模板的预览效果和简要的功能说明，单击【创建】按钮，即可下载该模板并自动打开，如图 15-2 所示。

15.1.2　联机搜索模板

在计算机正常联网的前提下，使用【新建】窗口顶部的搜索框，还可以联机搜索更多的模板类型。例如搜索关键字"生产"，即可显示出和生产有关的所有模板类型。单击其中一个模板的图标，按提示创建即可，如图 15-3 所示。

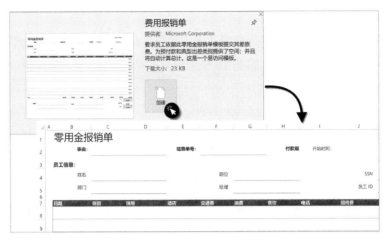

图 15-2 创建模板

图 15-3 搜索指定类型的模板

15.2 为数据表格应用单元格样式和套用表格格式

15.2.1 应用单元格样式

Excel 中包含多种内置的单元格样式，灵活应用这些单元格样式，即可制作出美观的表格效果，如图 15-4 所示。

姓名	外呼工号	累计交易额	累计年化额	累计回款额	投资回款比	奖励金额	所属团队	用户类型
马姗姗	8044	1,574	8,869	1,582	112.86%	34	北京电销	老用户
李亚洲	8043	107	1,279	107	47.06%	-	北京电销	老用户
季青松	8026	3,583	17,000	3,583	63.95%	5,734	北京电销	老用户
麦成辉	8069	6,205	58,153	6,205	18.55%	1,079	大连电销	老用户
吴小惠	8077	4,215	53,075	4,423	40.52%	-	大连电销	老用户
杨金玲	8050	28	337	28	86.50%	2,957	大连电销	流失用户
张腾霄	8075	267	3,200	267	36.83%	431	大连电销	流失用户
郑凯洲	8056	3,750	227,425	38,482	48.07%	19,614	南宁电销	流失用户
梁云涛	8048	1,286	280,779	43,569	12.32%	17,061	南宁电销	流失用户
张真毓	8078	1,279	522,645	123,045	91.87%	114	广州电销	流失用户
张朝双	8038	17,000	394,589	157,638	80.55%	-	广州电销	老用户
合计		39294.16	1567349.73	378927.79		47024.38		

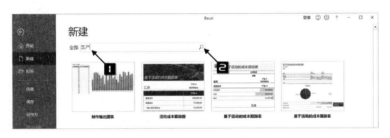

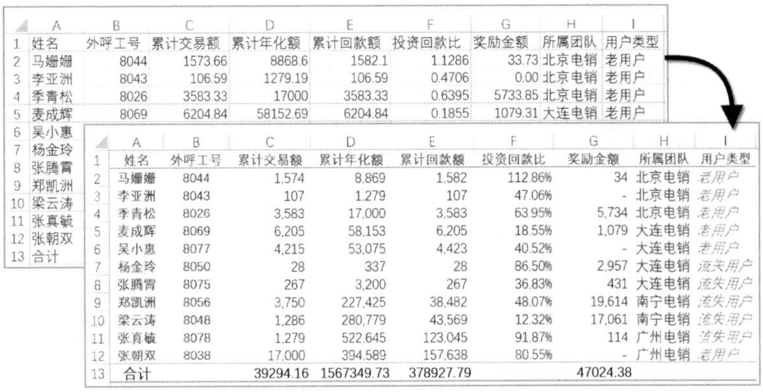

图 15-4 应用单元格样式效果

操作步骤如下。

步骤① 选中 A1:I1 单元格区域的字段标题，依次单击【开始】→【单元格样式】命令，在样式列表中单击"标题 3"，如图 15-5 所示。

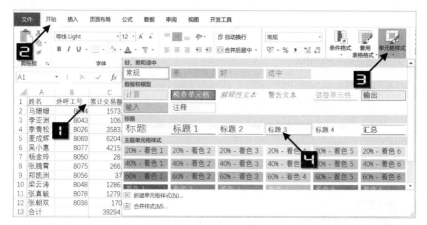

图 15-5　应用单元格样式

步骤② 选中 A13:I13 单元格区域的合计项，设置【单元格样式】为"汇总"。

步骤③ 选中 I2:I12 单元格区域的用户类型，设置【单元格样式】为"解释性文本"。

步骤④ 选中 A2:B12 单元格区域的姓名和外呼工号，设置【单元格样式】为"标题 4"。

步骤⑤ 按住＜ Ctrl ＞键，依次选中 A1:I1 和 A2:B13 单元格区域，单击【开始】选项卡下的【居中】命令，将文本居中对齐，如图 15-6 所示。

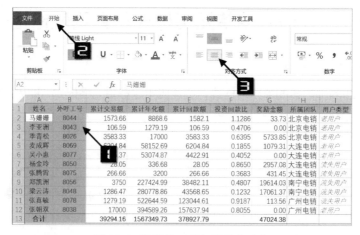

图 15-6　设置行、列标题居中对齐

步骤⑥ 分别选中 C2:E13 和 G2:G13 单元格区域，设置【单元格样式】为"千位分隔"。

步骤⑦ 选中 F2:F12 单元格区域，设置【单元格样式】为"百分比"。然后单击【开始】选项卡下【数字】命令组的【增加小数位数】按钮。

以上是借助 Excel 内置的单元格样式快速美化数据表格的简单例子。使用单元格样式，可以让表格的格式更加统一，而且可以在后期通过修改样式的定义来调整表格的外观，效率远远高于使用单元格格式。

在实际工作中，还可以根据公司的统一风格及要求，新建更匹配的单元格样式来使用，或者在新文档中通过合并标准模板中的样式来快速获取所需的样式。

15.2.2　套用表格格式

对于一般用途的数据表格，通过套用表格格式可以实现快速美化。

如图 15-7 所示，单击数据区域中的任意一个单元格（如 A2），然后依次单击【开始】→【套用表格格式】下拉按钮。在表格样式面板中选择一种格式效果，如"水绿色，表样式中等深浅 20"，单击对应的格式效果图标，将弹出【套用表格格式】对话框，单击【确定】按钮，即可将该格式快速应用到工作表中。

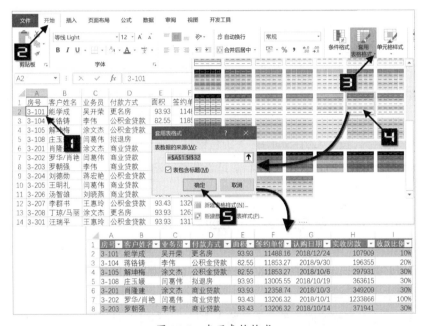

图 15-7　套用表格格式

15.3　美化数据表格

数据报告的重要组成内容之一就是数据表格。因此，掌握数据表格的正确美化方法，可以让数据报告显得更加专业，让阅读者有更好的阅读体验。

15.3.1　调整数据表格的外观

数据表格的美化没有固定的标准，但是美化的规则有迹可循，归根结底就是让数据呈现更易于阅读。

数据表格制作完成之后，应先清除实际数据区域之外其他单元格的内容和填充、边框等格式效果，然后进行美化。接下来以图 15-8 中的数据为例，从以下几个方面进行具体的美化设置。

	A	B	C	D	E	F	G	H	I	J	K	L	M	N	O	P	Q	R
1	上年度销售成本表																江南销售公司	
2																		
3	销售成本	1月	2月	3月	一季度	4月	5月	6月	二季度	7月	8月	9月	三季度	10月	11月	12月	四季度	全年
4	工资	60700	60600	60400	181700	65800	65400	65600	196800	70200	70300	70300	210800	75400	75700	75200	226300	815600
5	福利费	10400	10700	10400	31500	15600	15200	15600	46400	20200	20300	20700	61200	25600	23000	25700	74300	213400
6	差旅费	10800	12800	10800	34400	15800	16300	18500	50600	21200	21400	23700	66300	25400	25600	25300	76300	227600
7	通讯费	1600	1750	1300	4650	1500	1650	2500	5650	1250	1900	1500	4650	1600	1700	1400	4700	19650
8	软件开发	20400	20300	20400	61100	25200	25800	25300	76300	30500	30500	30700	91700	35500	35800	35500	106800	335900
9	承包商成本	30400	30600	30700	91700	35600	35300	35800	106700	40400	40800	40400	121600	45200	45200	45400	135800	455800
10	广告费用	20500	20300	20400	61200	20200	20300	20300	60800	20300	20600	20400	61300	20600	20600	20600	61400	244700
11	其他销售成本	20800	20500	20300	61600	20400	20800	20600	61800	20700	20700	20400	61800	20600	20800	20200	61600	246800
12	总成本	175600	177550	174700	527850	200100	200750	204200	605050	224750	226500	228100	679350	249900	248000	249300	747200	2559450

图 15-8　待美化的数据表格

1. 留白

为了更方便地进行后续的版式布局，实现美观的效果，通常要先对用于报告的数据表格进行各种留白操作。如果数据表格的内容是从 A 列开始的，那么就在 A 列前插入一个空白列。同理，表格标题可以放在第 2 行，而不是第 1 行，表格标题与数据表格之间应该有至少一行空白行。

单击 A 列列标，按 < Ctrl+Shift+= > 组合键插入一个空白列。单击第一行的行号，按 < Ctrl+Shift+= > 组合键插入一个空白行。适当调整空白行列的行高和列宽。

2. 字体

一般情况下，如果数据表格主要用于电脑屏幕阅读，可以选择"等线""Arial"等无衬线字体，如果主要用于打印后阅读，可以选择"宋体""楷体"等衬线字体。数据表格内使用的字体数量必须统一，最多中、英文各一种。尽可能使用系统内置字体，以免在其他电脑中打开文件时字体出现异常。

选中 B2:S13 单元格区域，单击【开始】选项卡下的【字体】下拉按钮，在字体列表中选择"等线"。

3. 字号

字号选择要结合表格的内容多少及纸张大小进行设置。以 A4 纸张大小的表格为例，表格标题的字号通常选择 14~18 号且加粗，字段标题和正文部分的字号可以选择 10~12 号，并且将字段标题设置为加粗。同一个表格内的相同等级内容的字号要统一，且不宜设置太多不同的字号，否则会显得较为混乱。

保持 B2:S13 单元格区域的选中状态，单击【开始】选项卡下的【字号】下拉按钮，在字号列表中选择"10"，如图 15-9 所示。

4. 行高与列宽

根据表格所选择的字体和字号，适当调整行高与列宽，使内容看起来不至于太过拘谨。

5. 颜色

颜色设置分为字体颜色和单元格填充颜色两种。为了突出显示，可以将字段标题添加填充颜色。选择颜色时注意不要过于鲜艳，同一个工作表中的颜色也不要太多，一般不超过三种颜色为宜。比较稳妥的办法是使用同一个色系，再以不同的颜色深浅进行区别。另外，设置填充颜色时要与字体颜色相协调。

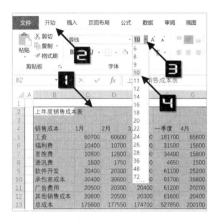

图 15-9　设置字号

设置表格颜色时，可以参考公司规定的配色方案，也可以在搜索引擎中搜索关键字"配色方案"，参照在线网站的配色方案进行设置。通常情况下，专业的配色网站会给出不同颜色的 RGB 值。如图 15-10 所示，第三个色块的 RGB 值为 29,176,184。

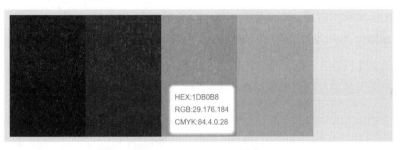

HEX:1DB0B8
RGB:29.176.184
CMYK:84.4.0.28

图 15-10　在线网站的配色方案

如果配色方案中没有给出具体的 RGB 值，可下载获取 RGB 值的小工具，如 Colors-Pro。

接下来再根据 RGB 值设置单元格的填充颜色。先选中需要设置填充颜色的 B4:S4 单元格区域，依次单击【开始】→【填充颜色】下拉按钮，在主题颜色面板中单击【其他颜色】命令，打开【颜色】对话框。

切换到【自定义】选项卡下，【颜色模式】设置为"RGB"，在下方的颜色调节框中分别输入对应的数值，如 56,88,132，最后单击【确定】按钮，如图 15-11 所示。

保持 B4:S4 单元格区域的选中状态，将【字体】设置为加粗、白色，如图 15-12 所示。

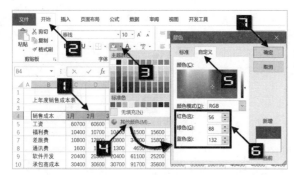

图 15-11　设置自定义颜色

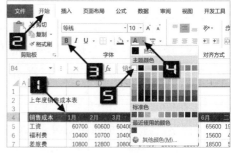

图 15-12　设置字体颜色

6. 对齐方式

通常情况下，水平对齐方式可以使用 Excel 中的默认设置，即数值靠右、文本靠左对齐，垂直对齐方式通常统一设置为居中。

字段标题可以设置为与该字段数据相同的对齐方式。选中 C4：S4 单元格区域，将对齐方式设置为右对齐，如图 15-13 所示。

7. 表格标题

表格标题可以设置为与整个表格形成居中，也可以设置为与整个表格左对齐。通过设置字体颜色和加大字号的方式，能够使表格标题突出显示。

适当调整第二行的行高，然后选中 B2 单元格中的表格标题，设置为字号为 18，字体加粗，再依次单击【开始】→【字体颜色】下拉按钮，在"主题颜色"面板的"最近使用的颜色"区域中选择之前设置的自定义颜色，如图 15-14 所示。

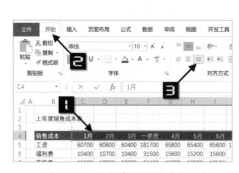

图 15-13　设置字段标题对齐方式

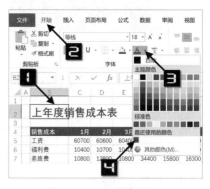

图 15-14　设置表格标题

选中 R2 单元格中的公司名称，设置字号为 14，字体加粗，应用自定义颜色。

8. 突出汇总数据

表格中有汇总数据时，可以设置不同外观，以便于和明细数据加以区分。

按住＜ Ctrl ＞键，拖动鼠标依次选中 F5：F13、J5：J13、N5：N13 及 R5：S13 单元格区域，

设置为字体倾斜，字体颜色设置为浅蓝色，如图 15-15 所示。

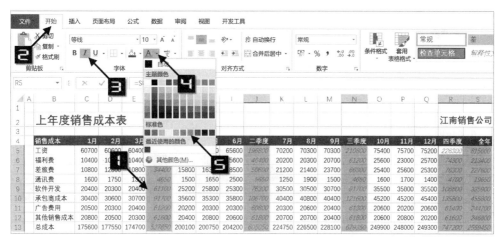

图 15-15　设置汇总部分格式

9. 隔行填充颜色

使用隔行填充颜色效果，能够便于查看数据，使表格整体看起来更加清晰。

选中表格中的第一行明细数据，即 B5:S5 单元格区域，设置填充颜色的 RGB 值为"235,235,255"。

同时选中 B5:S6 单元格区域，单击【开始】选项卡下的【格式刷】按钮，光标变成✛🖌形状时，在 B7:S13 单元格区域拖动鼠标，将格式复制到该区域，如图 15-16 所示。

10. 边框

一般情况下，不需要将整个表格全部加上边框，同一层级的数据应使用相同粗细的边框效果。

选中 B4:S13 单元格区域，按 < Ctrl+1 > 组合键打开【设置单元格格式】对话框。切换到【边框】选项卡下，单击左侧的【颜色】下拉按

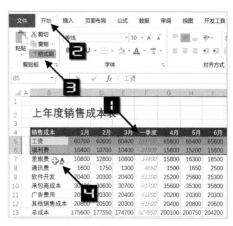

图 15-16　设置隔行填充颜色

钮，在"主题颜色"面板中选择一种浅色效果，如"白色，背景 1，深色 15%"，然后分别单击【外边框】和【内部】按钮，设置边框的应用范围，最后单击【确定】按钮关闭对话框，如图 15-17 所示。

11. 取消网格线显示

在【视图】选项卡下取消选中【网格线】复选框，如图 15-18 所示。

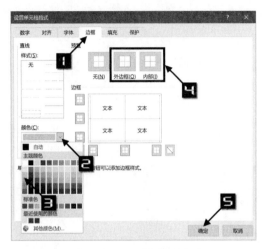

图 15-17　设置表格边框

图 15-18　不显示网格线

最后选中 B13:S13 单元格区域的总计行，设置为字体加粗显示，完成美化后的表格效果如图 15-19 所示。

销售成本	1月	2月	3月	一季度	4月	5月	6月	二季度	7月	8月	9月	三季度	10月	11月	12月	四季度	全年
工资	60700	60600	60400	181700	65800	65400	65600	196800	70200	70300	70300	210800	75400	75700	75200	226300	815600
福利费	10400	10700	10400	31500	15600	15200	15600	46400	20200	20300	20700	61200	25600	23000	25700	74300	213400
差旅费	10800	12800	10800	34400	15800	16300	18500	50600	21200	21400	23700	66300	25400	25600	25300	76300	227600
通讯费	1600	1750	1300	4650	1500	1650	2500	5650	1250	1900	1500	4650	1600	1700	1400	4700	19650
软件开发	20400	20300	20400	61100	25200	25800	25300	76300	30500	30500	30700	91700	35500	35800	35500	106800	335900
承包商成本	30400	30600	30700	91700	35600	35300	35800	106700	40400	40800	40400	121600	45200	45200	45400	135800	455800
广告费用	20500	20300	20400	61200	20200	20300	20300	60800	20300	20600	20400	61300	20600	20200	20600	61400	244700
其他销售成本	20800	20500	20300	61600	20400	20800	20600	61800	20700	20700	20600	61800	20600	20800	20200	61600	246800
总成本	175600	177550	174700	527850	200100	200750	204200	605050	224750	226500	228100	679350	249900	248000	249300	747200	2559450

上年度销售成本表　　江南销售公司

图 15-19　美化后的表格效果

实际美化设置过程中，还应注意以下几项内容。

12. 零值和异常项

作为报表用途的数据表格，应尽可能地避免出现引起歧义的展示，其中最常见的就是数据不完整——某个单元格显示为空。

如果确实存在数据缺失，可以按公司统一要求来处理，比如写入"null"或"无数据"。

如果是因为公式返回的结果有错误值而且目前无法订正，可使用 IFERROR 函数将错误值指定为统一的文本，如 N/A。有关 IFERROR 函数的具体使用方法，请参阅 4.1.3 节内容。

如果数据表格中存在零值，不建议隐藏，而应该让零值显示出来，准确地呈现数据是美化工作中最优先的需求。

13. 其他

在部分情况下，还可以使用图片元素或是公司 logo 进行装饰美化。另外，同一类报表尽量使用相同的外观设置，风格统一的报表看起来会更加规范。

14. 添加分级显示方便浏览表格

对于行列较多的数据表，添加分级显示可以快速调整显示模式，既能按分类显示汇总数据，又能显示明细项目，使数据更具有层次性，如图 15-20 所示。

分级显示分为手动组合和自动建立分级显示两种形式，使用自动建立分级显示功能时，要求数据表中有汇总行或汇总列，并且汇总行或汇总列中的公式要引用对应汇总范围中的全部单元格。自动建立分级显示时，会根据汇总行或汇总列的引用范围自动确定分级层次。

如果数据表中没有汇总行或是汇总列，会无法建立分级显示，并弹出如图 15-21 所示的对话框。

图 15-20 添加分级显示后的表格

图 15-21 不能建立分级显示

本例中的 F 列、J 列、N 列、R 列和 S 列都包含有汇总公式，其中 F5 单元格、J5 单元格、N5 单元格、R5 单元格和 S5 单元格的公式分别如下。

```
F5=SUM(C5:E5)
J5=SUM(G5:I5)
N5=SUM(K5:M5)
R5=SUM(O5:Q5)
S5=SUM(R5,N5,J5,F5)
```

单击数据区域任意单元格（如 C5），在【数据】选项卡下依次单击【组合】下拉按钮→【自动建立分级显示】命令，即可快速建立分级显示，如图 15-22 所示。

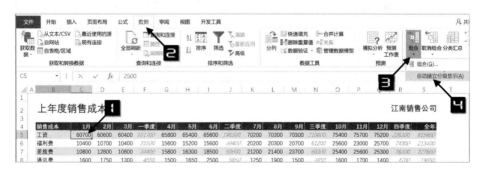

图 15-22 建立分级显示

建立分级显示后，工作表的左上角位置会自动添加包括 +、− 符号及数字在内的工作表视图符号按钮，不同数字表示不同的级别，Excel 最多可以设置 8 个级别的分级显示。单击这些视图符号按钮，即可展开或折叠明细数据，如图 15-23 所示。

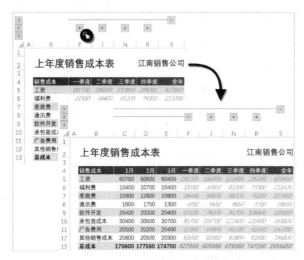

图 15-23　展开或折叠明细数据

手动设置组合时，需要先选中要组合的数据范围，注意所选区域不能包含汇总行或汇总列。假如要对 B 列的项目手动设置组合，可以先选中 B5:B12 单元格区域，然后单击【数据】选项卡下的【组合】按钮，在弹出的【组合】对话框中，保留【行】单选按钮的选中状态，最后单击【确定】按钮即可，如图 15-24 所示。

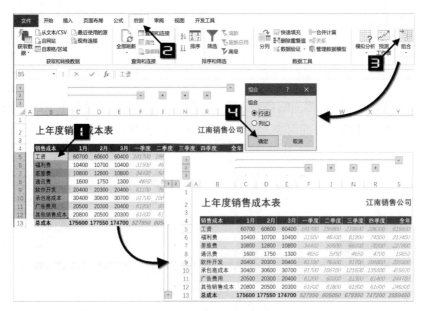

图 15-24　手动设置组合

如果希望将数据列表恢复到建立分级显示前的状态，可以依次单击【数据】→【取消组合】→【清除分级显示】命令，如图 15-25 所示。

图 15-25 清除分级显示

15.3.2 添加数据表格规范化要素

正式报表的基本要素应包括报表标题、数字单位、表格主体、制表人、制表日期及数据来源等，如有特殊情况，还可以用脚注的形式进行补充说明，如图 15-26 所示。

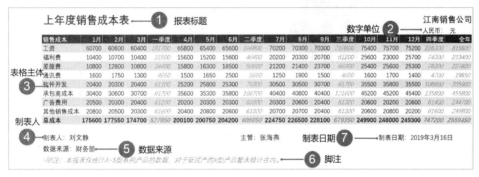

图 15-26 正式报表的基本要素

15.4 保存自定义 Office 模板

精心美化后的文档，可以保存为自定义 Office 模板，方便以后再次使用。

操作步骤如下。

步骤① 单击数据区域任意一个单元格，按两次 < Ctrl+A > 组合键全选表格，再按 < Delete > 键清除表格内容，接下来按 < F12 > 键弹出【另存为】对话框。

步骤② 在【保存类型】下拉列表中选择"Excel 模板"，此时 Excel 会自动选择模板的默认保存位置。根据模板类型修改文件名，如"损益表"，最后单击【保存】按钮关闭对话框，如图 15-27 所示。

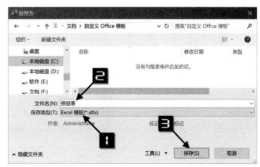

图 15-27 将模板文件保存到默认位置

当再次需要以此自定义模板创建新工作簿时，可以先单击桌面上的 Excel 程序图标，然后切换到【新建】选项卡。在右侧的【新建】任务窗格中切换到【个人】选项卡下，单击自定义样式的模板图标，即可创建一个基于自定义模板的新工作簿。接下来只要在新建的工作簿中输入数据即可，而无须再次设置格式，如图 15-28 所示。

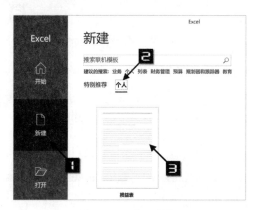

图 15-28　个人模板

第16章 数据可视化

数据是符号的集合，信息是有用的数据，图表是对信息总结归纳、挖掘分析后进行直观形象、生动有力展示的图形结构，是数据可视化的主要手段。数据分析的结果往往需要使用图表进行传递或展示，Excel 在提供强大的数据处理与分析功能的同时，也提供了类型丰富的图表，涵盖了柱形图、折线图、饼图、条形图、面积图、散点图等十几种标准图表类型。

除此之外，条件格式和迷你图也是实现数据可视化的重要工具。

16.1 条件格式

条件格式可以根据用户所设定的条件，对单元格中的数据进行判别，对符合条件的单元格使用特殊定义的格式来显示。

每个单元格中都可以添加多种不同的条件判断和相应的显示格式，通过这些规则的组合，可以让表格通过颜色和图标等方式自动标识数据从而实现数据的可视化。

16.1.1 基于各类特征设置条件格式

Excel 内置了多种基于特征设置的条件格式，可以按数值、日期、重复值等特征突出显示单元格，也可以按大于或小于前 10 项、高于或低于平均值等项目要求突出显示单元格。

Excel 内置了 7 种"突出显示单元格规则"，如表 16-1 所示。

表 16-1　Excel 内置的 7 种"突出显示单元格规则"

显示规则	说明
大于	为大于设定值的单元格设置指定的单元格格式
小于	为小于设定值的单元格设置指定的单元格格式
介于	为介于设定值之间的单元格设置指定的单元格格式
等于	为等于设定值的单元格设置指定的单元格格式
文本包含	为包含设定文本的单元格设置指定的单元格格式
发生日期	为包含设定发生日期的单元格设置指定的单元格格式
重复值	为重复值或唯一值的单元格设置指定的单元格格式

Excel 内置了 6 种"项目选取规则"，如表 16-2 所示。

表 16-2　Excel 内置的 6 种"项目选取规则"

显示规则	说明
值最大的 10 项	为值最大的 n 项单元格设置指定的单元格格式，其中 n 的值由用户指定
值最大的 10% 项	为值最大的 $n\%$ 项单元格设置指定的单元格格式，其中 n 的值由用户指定
值最小的 10 项	为值最小的 n 项单元格设置指定的单元格格式，其中 n 的值由用户指定
值最小的 10% 项	为值最小的 $n\%$ 项单元格设置指定的单元格格式，其中 n 的值由用户指定
高于平均值	为高于平均值的单元格设置指定的单元格格式
低于平均值	为低于平均值的单元格设置指定的单元格格式

示例 16-1　标识销售数量前三名的记录

图 16-1 展示了某公司产品销售记录表，要求标识出销售数量最多的 3 条记录。

选中 D2:D13 单元格区域，在【开始】选项卡中依次单击【条件格式】→【最前 / 最后规则】→【前 10 项】命令。在打开的对话框中，单击左侧的数值调节按钮将数值大小设置为"3"，在右侧下拉列表中选择或设置所需的格式，如"浅红填充色深红色文本"，最后单击【确定】按钮，如图 16-2 所示。

图 16-1　产品销售记录表

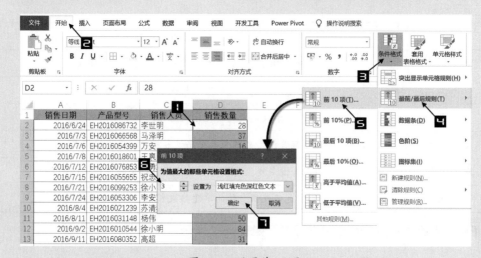

图 16-2　设置前 10 项

完成效果如图 16-3 所示，可以一眼看出销售数量最多的 3 条记录。而且，如果 D 列中的数值发生变化，条件格式也会相应地重新进行标识。

	A	B	C	D
1	销售日期	产品型号	销售人员	销售数量
2	2016/6/24	EH2016086732	李世明	28
3	2016/7/3	EH2016066568	马泽明	37
4	2016/7/6	EH2016054399	万安	16
5	2016/7/8	EH2016018601	王爽	90
6	2016/7/12	EH2016076853	许勇敢	14
7	2016/7/15	EH2016055655	祝忠	62
8	2016/7/21	EH2016099253	徐小明	58
9	2016/7/24	EH2016053306	李安欢	25
10	2016/8/4	EH2016021239	苏清和	13
11	2016/8/11	EH2016031148	杨伟	50
12	2016/9/2	EH2016010544	徐小明	84
13	2016/9/11	EH2016080352	高超	31

图 16-3　突出显示销售数量最大的 3 项

16.1.2　内置的单元格图形效果样式

Excel 在条件格式功能中提供了"数据条""图标集"和"色阶"3 种内置的单元格图形效果样式。

1. 数据条的应用

在包含大量数据的表格中，轻松读懂数据规律和趋势并不是一件容易的事，使用条件格式中的"数据条"功能，可以让数据在单元格中产生类似条形图的效果，使数据规律和趋势得到直观展示。

示例 16-2　借助数据条展现数据

图 16-4 展示了某公司员工销售业绩表部分数据，要求使用"数据条"功能来更加直观地展现销售数据。

	A	B	C	D
1	销售日期	产品型号	销售人员	销售数量
2	2016/6/24	EH2016086732	李世明	28
3	2016/7/3	EH2016066568	马泽明	37
4	2016/7/6	EH2016054399	万安	16
5	2016/7/8	EH2016018601	王爽	90
6	2016/7/12	EH2016076853	许勇敢	14
7	2016/7/15	EH2016055655	祝忠	62
8	2016/7/21	EH2016099253	徐小明	58
9	2016/7/24	EH2016053306	李安欢	25
10	2016/8/4	EH2016021239	苏清和	13
11	2016/8/11	EH2016031148	杨伟	50
12	2016/9/2	EH2016010544	徐小明	84
13	2016/9/11	EH2016080352	高超	31

图 16-4　销售数据

选中需要设置条件格式的 D2:D13 单元格区域，在【开始】选项卡下依次单击【条件格式】→【数据条】命令，在展开的选项菜单中，选中【实心填充】中的【绿色数据条】样式，操作过程和完成效果如图 16-5 所示。

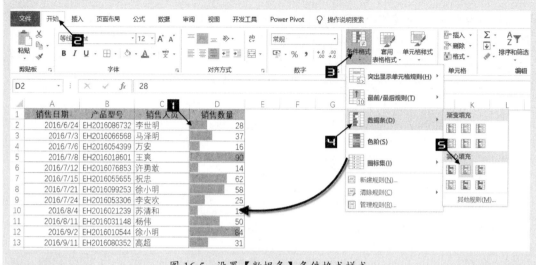

图 16-5　设置【数据条】条件格式样式

借助数据条，D 列的数字变成了内嵌于单元格中的条形图，可以让表格阅读者轻松地看出不同销售数量之间的对比情况，看出哪几个数字最大或最小。

2. 图标集的应用

除了用数据条的形式展示数值的大小，也可以用条件格式当中的"图标"来展现分段数据，根据不同的数值等级显示不同的图标图案。

示例 16-3　借助图标集展现数据

	A	B	C
1	月份	销售人员	销售数量
2	3月	李世明	78
3	3月	马泽明	53
4	3月	万安	93
5	3月	王爽	87
6	3月	许勇敢	43
7	3月	祝忠	73
8	3月		
9	3月		
10	3月		
11	3月		
12	3月		
13	3月		

	A	B	C
1	月份	销售人员	销售数量
2	3月	李世明	78
3	3月	马泽明	53
4	3月	万安	93
5	3月	王爽	87
6	3月	许勇敢	43
7	3月	祝忠	73
8	3月	徐小明	50
9	3月	李安欢	77
10	3月	苏清和	57
11	3月	杨伟	92
12	3月	徐小明	100
13	3月	高超	60

图 16-6　销售业绩表

图 16-6 展示了某公司员工销售业绩表的部分数据，需要使用"图标"更加直观地展示业绩分布情况。

选中需要设置条件格式的 C2：C13 单元格区域，在【开始】选项卡中依次单击【条件格式】→【图标集】命令，在展开的选项菜单中，选中【形状】中的【四色交通灯】，如图 16-7 所示。

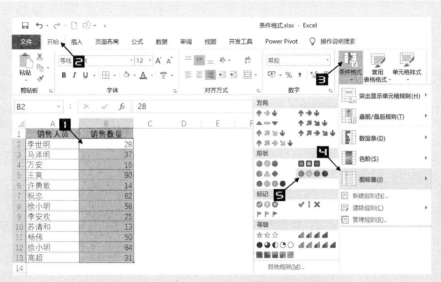

图 16-7 设置【图标集】条件格式样式

Excel 默认的"四色交通灯"显示规则是按百分比率对数据进行分组,用户可以根据需要对数值进一步调整外观显示。

选中 C2:C13 单元格区域的任一单元格,依次单击【条件格式】→【管理规则】按钮,打开【条件格式规则管理器】对话框 。双击【规则】列表下的"图标集",打开【编辑格式规则】对话框。在【根据以下规则显示各个图标】组合框中,【类型】下拉列表选择"数字",【值】编辑框中输入分段区间值,依次单击【确定】按钮关闭对话框,如图 16-8 所示。

如图 16-9 所示,调整后的图标可以直观地反映销量情况:90 及以上显示图标为"绿色交通灯",80~90 之间显示图标为"黄色交通灯",60~80 之间显示图标为"红色交通灯",60(不包含 60)以下显示图标为"黑色交通灯"。

图 16-8 调整显示规则

	A	B	C
1	月份	销售人员	销售数量
2	3月	李世明	● 78
3	3月	马泽明	● 53
4	3月	万安	● 93
5	3月	王爽	● 87
6	3月	许勇敢	● 43
7	3月	祝忠	● 73
8	3月	徐小明	● 50
9	3月	李安欢	● 77
10	3月	苏清和	● 57
11	3月	杨伟	● 92
12	3月	徐小明	● 100
13	3月	高超	● 60

图 16-9 调整后的结果

3. 色阶的应用

除了使用图形的方式来展现数据外，Excel 还可以使用不同的色彩来表达数值的大小分布。条件格式中的"色阶"功能可以通过色彩反映数据的大小，形成"热图"。

示例 16-4　借助色阶展现数据

图 16-10 展示了部分城市各月的平均气温数据表，使用"色阶"能够让这些数据更容易显现出分布规律。

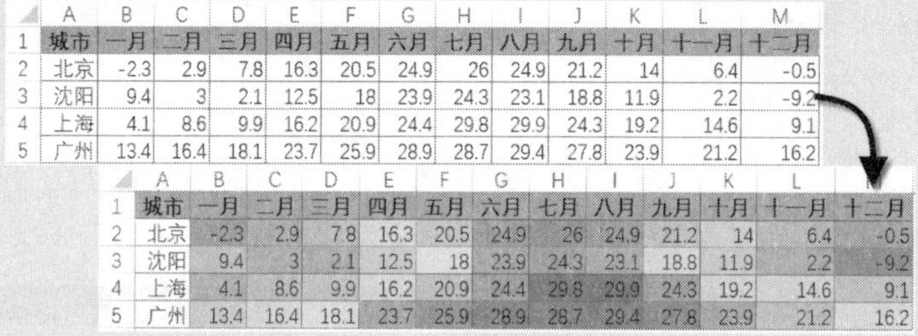

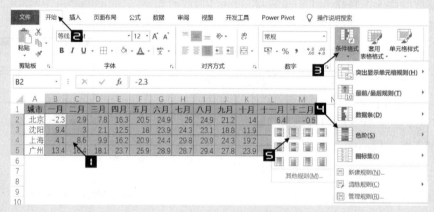

图 16-10　部分城市各月平均气温

选中需要设置条件格式的 B2:M5 单元格区域，在【开始】选项卡中依次单击【条件格式】→【色阶】命令，在展开的选项菜单中选中一种样式，如"红 - 黄 - 绿色阶"，如图 16-11 所示。

图 16-11　设置【色阶】条件格式样式

完成操作后，数据表格中的每个单元格会显示不同的颜色，并根据数值的大小依次按照红色→黄色→绿色的顺序显示过渡渐变。通过这些颜色的显示，可以非常直观地展现数据的分布规律，了解到广州的夏季温度和持续时间明显高于其他城市。

16.1.3　自定义规则的应用

除了内置的条件规则，用户还可以通过自定义规则和显示效果的方式创建条件格式。例如，将日期时间函数和条件格式相结合，可以在表格中设计自动化的预警或到期提醒功能，适用于项目管理、日程管理类场合。

示例 16-5　设计到期提醒和预警

图16-12展示了某公司的项目进度计划安排表。每个项目都有启动日期和计划截止日期，需要根据系统当前日期在每个项目截止日期前一周自动高亮警示。

项目	负责人	启动时间	截止日期
项目A	李世明	2018/6/22	2019/9/2
项目B	马泽明	2018/7/17	2019/10/7
项目C	万安	2018/7/22	2019/9/21
项目D	王爽	2018/7/23	2019/10/9
项目E	许勇敢	2018/6/18	2019/10/1
项目F	祝忠	2018/7/14	2019/9/24
项目G	徐小明	2018/6/30	2019/10/10
项目H	李安欢	2018/6/29	2019/9/22
项目I	苏清和	2018/7/3	2019/9/3
项目J	杨伟	2018/6/30	2019/10/1
项目K	徐小明	2018/6/29	2019/10/8
项目L	高超	2018/6/23	2019/10/10

图 16-12　项目进度计划安排表

操作步骤如下。

步骤①　选中 A2:D13 单元格区域，默认以 A2 单元格为当前活动单元格。在【开始】选项卡中依次单击【条件格式】→【新建规则】命令，打开【新建格式规则】对话框，如图 16-13 所示。

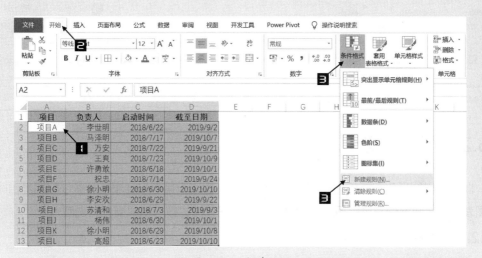

图 16-13　新建规则

步骤② 在【选择规则类型】列表中选中【使用公式确定要设置格式的单元格】，在下方的编辑栏中输入以下公式，如图 16-14 所示。

```
=AND($D2-TODAY() <=7,$D2-TODAY() >0)
```

公式解析：

TODAY 函数返回当前日期，本例为 2019 年 9 月 17 日。使用 D2 单元格的日期减去当前日期，获取两个日期之间相差的天数。当天数小于等于 7 且大于 0 时，条件成立，否则不成立。

步骤③ 单击【格式】按钮，在打开的【设置单元格格式】对话框中单击【填充】选项卡，选择一种背景，如"淡紫色"，单击【确定】按钮关闭对话框，如图 16-15 所示。

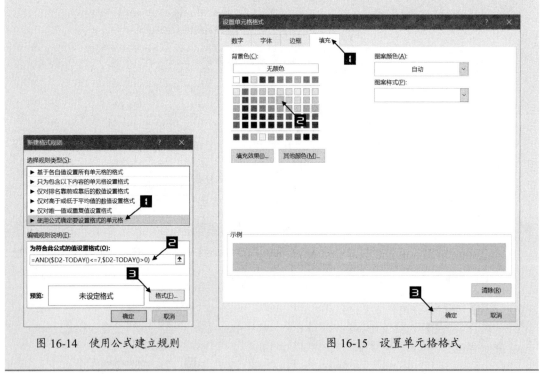

图 16-14　使用公式建立规则　　　　　　　　图 16-15　设置单元格格式

16.2　图表基础

图表是以图形化方式传递和表达数据的工具，相比于普通数据表格及条件格式而言，使用图表来表达数据信息可以更加形象生动，使数据分析的报告结果更具有说服力。

16.2.1　图表的构成元素

认识图表的各个组成部分，有助于正确选择图表元素和设置图表元素的格式。Excel 图表由图表区、绘图区、标题、数据系列、图例和网格线等基本元素构成，各个元素能够根据需要设置显示或隐藏，如图 16-16 所示。

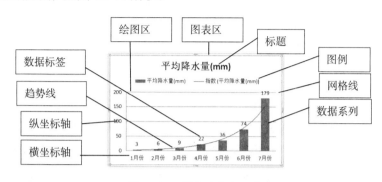

图 16-16　图表的构成元素

1. 图表区

图表区是指图表的全部范围，Excel 默认的图表区是由白色填充区域和 50% 灰色细实线边框组成。选中图表时，将显示图表对象边框和用于调整图表大小的控制点。

2. 绘图区

绘图区是指图表区内以两个坐标轴为边组成的矩形区域，选中绘图区时，将显示绘图区边框和用于调整绘图区大小的控制点。

3. 标题

图表标题显示在绘图区上方，用于说明图表要表达的主要内容。Excel 默认的图表标题是无边框的黑色文字。

4. 数据系列

数据系列是由数据点构成的。每个数据点对应工作表中某个单元格内的数据。数据系列对应于工作表中一行或一列的数据。数据系列在绘图区中表现为彩色的点、线、面等图形。数据系列是最核心和最重要的图表元素。

5. 坐标轴

坐标轴可以分为主要横坐标轴、主要纵坐标轴、次要横坐标轴、次要纵坐标轴等 4 个坐标轴。Excel 默认显示绘图区左侧的主要纵坐标轴和底部的主要横坐标轴。坐标轴按引用数据类型的不同，可以分为数据轴、分类轴、时间轴和序列轴等 4 种。

6. 图例

图例由图例项和图例项标识组成。当图表只有一个数据系列时，默认不显示图例，当超过一个数据系列时，默认的图例则显示在绘图区的下方。

16.2.2 图表类型的选择

图表类型的选择对于数据展示效果非常重要，如果选错了图表类型，即便图表制作得再精美也往往达不到理想的效果。对于实际工作而言，最常用也最有必要掌握的图表有五大类，分别是柱形图、条形图、折线图、散点图和饼图。

1. 柱形图

柱形图是 Excel 的默认图表类型，也是最常使用的图表类型之一。通常用来反映不同项目之间的分类对比，此外也可以用来反映数据在时间上的趋势。柱形图有多个子类别，包括簇状柱形图、堆积柱形图、百分比堆积柱形图等。图 16-17 所示的簇状柱形图展示了某公司2018 年和 2019 年不同产品之间的销售数据对比，而图 16-18 所示的簇状柱形图则展示了某公司 2016 年上半年的销售额增长情况。

堆积柱形图在图形上将同一分类的柱形垂直叠放显示，可以反映多个数据组在总体中所占的大小，并且突出强调了总体数值的大小情况。图 16-19 所示的堆积柱形图，展示了某公司四个地区三种产品的销售情况，柱体的总高度代表了每个地区的产品销售额。

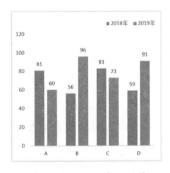

图 16-17 不同产品销售
数据对比

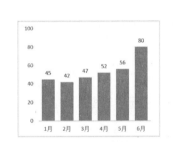

图 16-18 某公司 2016 年上半年销售额增长情况

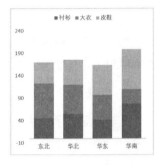

图 16-19 用堆积柱形图重点展示不同区域的销售总额对比

2. 条形图

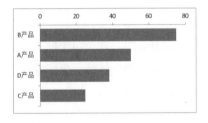

图 16-20 借助条形图展示不同产品的销量排名

条形图类似于水平的柱形图，使用水平的横条来表示数据值的大小，通常用来反映不同项目之间的对比，与柱形图相比，它更适合展现排名。图 16-20 所示的条形图，展示了某公司不同产品之间的销售数据对比。另外，由于条形图的分类标签是纵向排列的。因此可以容纳更多的标签文字，如果标签文字过多，相比柱形图，使用条形图也许更适合。

3. 折线图

折线图是用直线段将各数据点连接起来而组成的图表，以折线的方式显示数据变化的趋势，折线图可以清晰地反映出数据是递增还是递减、增减的速率、规律、峰值等特征。因此折线图通常用来反映数据随时间的变化趋势。图 16-21 所示的折线图，展示了某城市在 2006 年到 2016 年的房地产价格变动趋势。与同样可以反映时间趋势的柱形图相比，折线图更加突出数据起伏的波动趋势，也更适合数据点较多的情况。

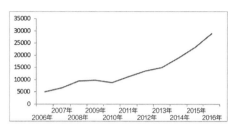

图 16-21　使用折线图展示房价变动趋势

4. 散点图

散点图显示了多个数据系列数值间的关系，它可以将两组数据绘制成 XY 坐标系中的一个数据系列。XY 散点图不仅可以用线段，也可以用一系列的点来描述数据，通常用来反映数据之间的相关性和分布特性。图 16-22 所示的散点图，展示了推广费用和销售额之间的相关性。

5. 饼图

饼图通常只有一组数据系列作为源数据，它将一个圆划分为若干个扇形，每个扇形代表数据系列中的一项数据值，其大小用来表示相应数据项占该数据系列总和的比例值。因而饼图常用来反映各数据在总体中的构成和占比情况。图 16-23 所示的饼图，展示了某公司不同区域的销售额在总体中的占比。

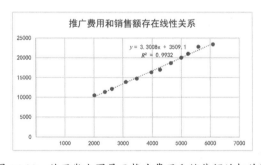

图 16-22　使用散点图展示推广费用和销售额的相关性

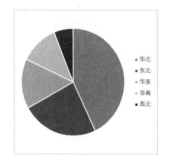

图 16-23　使用饼图展示不同区域的销售占比

饼图可以将其中的一部分继续以另一个饼图或堆积图展现其中的内部构成，这种饼图被称为复合饼图。

6. 选择合适的图表类型

图表按功能可以划分为对比、关联、分布和构成四大类，每类均有相应的图表进行展示，如图 16-24 所示。

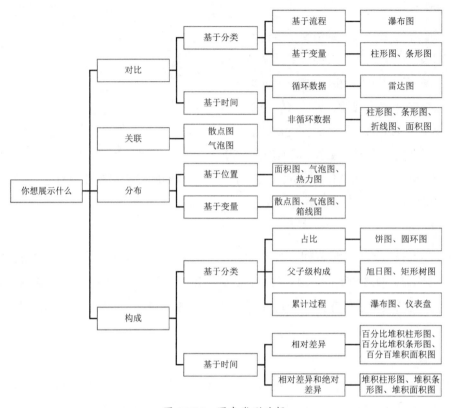

图 16-24　图表类型选择

16.2.3　创建一个简单的柱形图

图 16-25 展示了某公司上半年销售额数据，为了更直观地表现各月份的销售金额变化，以及重点突出 5 月份销售业绩的优秀，可以考虑使用柱形图进行可视化展示。

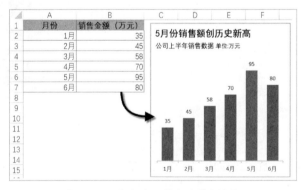

图 16-25　某公司上半年销售额数据

操作步骤如下。

步骤① 单击数据列表任一单元格，如 A3 单元格，在【插入】选项卡下依次单击【插入柱形图或条形图】→【二维柱形图】→【簇状柱形图】命令，插入一个默认样式的柱形图，如图 16-26 所示。

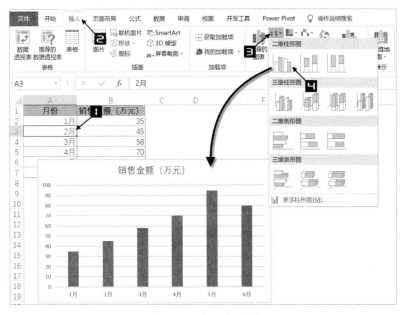

图 16-26　插入柱形图

步骤② 双击柱形图中数据系列的任意柱形，打开【设置数据系列格式】窗格，切换到【系列选项】选项卡，设置【间隙宽度】为 80%，完成柱形大小与间距的调整，如图 16-27 所示。

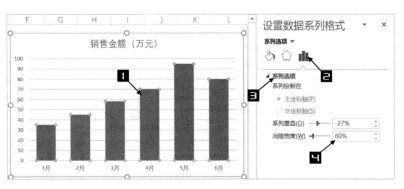

图 16-27　设置间隙宽度

步骤③ 单击 5 月所属柱形，在【填充与线条】选项卡中，依次单击【填充】→【纯色填充】→【颜色】，调出【主题颜色】对话框，选中"橙色，个性色 2，深色 25%"，如图 16-28 所示。

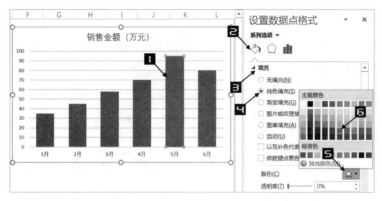

图 16-28　主题颜色

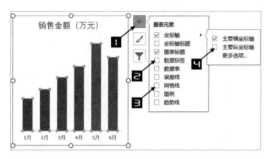

图 16-29　图表元素

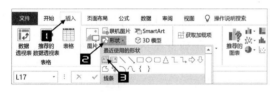

图 16-30　插入文本框

步骤④ 依次单击【图表绘图区】→【图表元素】快速选项按钮，选中【数据标签】复选框，并取消选中【网格线】复选框和【主要纵坐标轴】复选框，如图 16-29 所示。

步骤⑤ 选中默认的图表标题，按< Delete >键删除。单击工作表任意一个单元格，在【插入】选项卡下依次单击【形状】→【文本框】命令，如图 16-30 所示。

步骤⑥ 在工作表中绘制文本框后输入文字，如"5月份销售额创历史新高"。选中文本框，单击【绘图工具】下的【格式】选项卡，在【形状填充】菜单中选择无填充，在【形状轮廓】菜单中选择无轮廓。

最后将文本框拖动到图表上方，如图 16-31 所示。

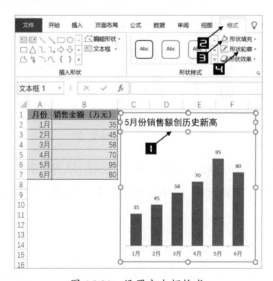

图 16-31　设置文本框格式

步骤⑦ 按步骤 6 同样的方式制作图表副标题。完成后效果如图 16-25 所示。

注意 ———→　　当图表在选中的状态下插入文本框时，文本框和图表为同一对象，文本框的大小和移动不可超出图表区。当图表在非选中状态下插入文本框时，文本框和图表分别为两个独立的对象，文本框可随意移动。

16.3　常用基础图表

Excel 2019 提供了 14 种标准图表类型，包括柱形图、折线图、饼图、条形图、面积图、XY 散点图、股价图、曲面图、雷达图、树状图、旭日图、直方图、箱型图和瀑布图等。选择恰当的图表类型，不但可以快速观察数据的分布特性及彼此之间的变化关系，也可以增强数据的可信度，提升报告的整体质量。

16.3.1　柱状温度计对比图

当用户需要对比两类数据之间的差异，比如目标数据和完成数据时，通常使用柱形图或条形图来展示。如果一类数据大都低于另一类数据，使用柱状温度计对比图可以使对比效果更加直观，表达主题更加突出。

示例 16-6　柱状温度计对比图

图 16-32 展示了两家分公司 2014 年至 2019 年的毛利率统计数据，需要以此制作柱状温度计对比图，以便突出主题：江南分公司的毛利率始终高于江北分公司。

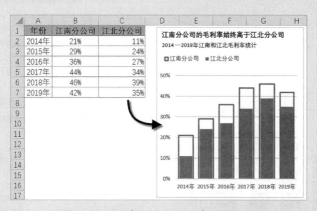

图 16-32　两家分公司毛利率统计数据

操作步骤如下。

步骤① 单击数据列表任一单元格，如 A3 单元格，在【插入】选项卡下依次单击【插入柱形图或条形图】→【二维柱形图】→【簇状柱形图】命令，插入一个默认样式的柱形图。

步骤② 双击柱形图中的"江北分公司"数据系列，打开【设置数据系列格式】窗格，单击【系列选项】选项卡，将【间隙宽度】设置为 60%，如图 16-33 所示。

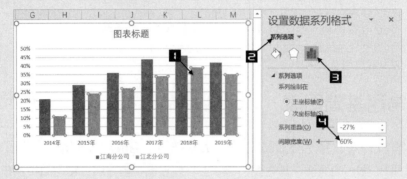

图 16-33　设置间隙宽度

步骤③ 保持选中"江北分公司"数据系列状态不变，在【设置数据系列格式】窗格，选中【次坐标轴】单选按钮，将【间隙宽度】设置为 90%；切换到【填充与线条】选项卡，

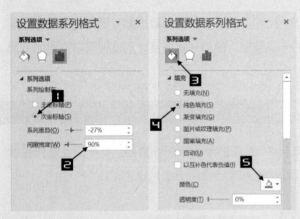

图 16-34　设置系列绘制在次坐标轴

在【填充】区域选中【纯色填充】单选按钮，将颜色设置为粉红色，如图 16-34 所示。

步骤④ 双击柱形图右侧的次要纵坐标轴，打开【设置坐标轴格式】窗格，切换到【坐标轴选项】选项卡，设置【边界】的【最小值】为 0.0，【最大值】为 0.5。在【标签】区域【标签位置】下拉菜单中选择【无】命令，将次要纵坐标轴隐藏，如图 16-35 所示。

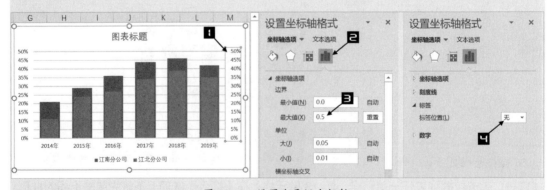

图 16-35　设置次要纵坐标轴

步骤⑤ 单击柱形图左侧的主要纵坐标轴，在【设置坐标轴格式】窗格中切换到【坐标轴选项】选项卡，设置【边界】的【最小值】为 0.0，【最大值】为 0.5，同时设置【单位】的【大】为 0.1，如图 16-36 所示。

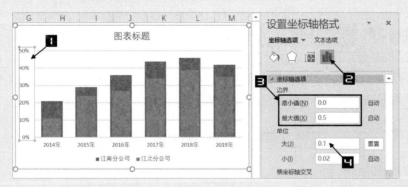

图 16-36　设置垂直轴

步骤⑥ 选中"江南分公司"数据系列，打开【设置数据系列格式】窗格，切换到【填充与线条】选项卡，在【填充】区域选中【无填充】单选按钮，在【边框】区域选中【实线】单选按钮。设置【颜色】为红色，设置【宽度】为 2 磅，如图 16-37 所示。

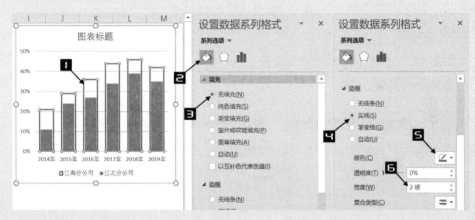

图 16-37　设置"江南分公司"系列填充与线条

步骤⑦ 单击图例，鼠标指针停在图例边框上呈十字箭头后拖动，移动图例至绘图区左上方，并调整绘图区大小。

步骤⑧ 选中图表标题，按 < Delete > 键删除。在【插入】选项卡下依次单击【形状】→【文本框】命令，在图表上方绘制文本框后，输入标题内容，适当调整字体及字号。

完成后效果如图 16-38 所示。

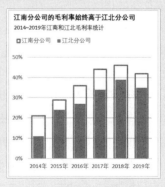

图 16-38　柱状温度计对比图

16.3.2 分类柱形图

当用户需要通过柱形图展示的数据是由多个类别的数据构成时，直接使用原始数据创建图表，数据系列会显示得比较杂乱，适当调整原始数据的布局，将有助于数据系列分类显示。

示例 16-7 分类柱形图

图 16-39 展示了某公司某年度销售额汇总表，需要以季度为分类，制作分类柱形图，每个季度显示为单独的小整体，使图表结构的层次更加清晰。

	A	B	C
1	季度	月份	销售金额（万元）
2		1月	49
3	一季度	2月	54
4		3月	53
5		4月	50
6	二季度	5月	50
7		6月	54
8		7月	58
9	三季度	8月	65
10		9月	62
11		10月	50
12	四季度	11月	46
13		12月	38

图 16-39　年度销售额汇总表

操作步骤如下。

步骤① 如图 16-40 所示，将原始数据重新排列，使每个季度的数据错列显示，每个季度之间使用一行空行分隔。

	A	B	C	D	E	F	G	H	I	J
1	季度	月份	销售金额（万元）		季度	月份	一季度	二季度	三季度	四季度
2		1月	49			1月	49			
3	一季度	2月	54		一季度	2月	54			
4		3月	53			3月	53			
5		4月	50							
6	二季度	5月	50			4月		50		
7		6月	54		二季度	5月		50		
8		7月	58			6月		54		
9	三季度	8月	65							
10		9月	62			7月			58	
11		10月	50		三季度	8月			65	
12	四季度	11月	46			9月			62	
13		12月	38							
14						10月				50
15					四季度	11月				46
16						12月				38

图 16-40　重新排列数据源

步骤② 单击数据列表任一单元格，如 A3 单元格，在【插入】选项卡下依次单击【插入柱形图或条形图】→【二维柱形图】→【簇状柱形图】命令，插入一个默认样式的柱形图。

步骤③ 双击柱形图中的数据系列的任意柱形，打开【设置数据系列格式】窗格，在【系列选项】选项卡中调整【系列重叠】为100%，【间隙宽度】为10%，完成调整柱形的大小和间距，如图 16-41 所示。

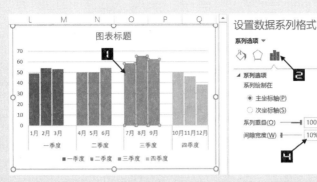

图 16-41　设置系列选项

步骤④　分别选中图例、图表标题，按＜ Delete ＞键删除。在【插入】选项卡下依次单击【形状】→【文本框】命令，在图表上方绘制文本框后，输入标题内容"第四季度销售额持续下滑"，并在【开始】选项卡下设置【字体】为黑体，【字号】为 16。

完成后效果如图 16-42 所示。

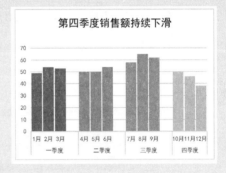

图 16-42　分类柱形图

16.3.3　旋风图

旋风图又被称为背离式条形图，是工作中比较常用的两组数据对比图表。旋风图纵坐标同向，横坐标反向，能够非常直观地展现数据间的差异。

示例 16-8　旋风图

图 16-43 展示了某培训机构不同地区和性别的学员数量统计数据，需要以此制作旋风图，表达各地区学员数量男少女多的主题。

操作步骤如下。

步骤①　单击数据列表任一单元格，在【插入】选项卡下依次单击【插入柱形图或条形图】→【二维条形图】→【簇状条形图】命令，在当前工作表插入条形图。

图 16-43　学员数量统计表

步骤②　双击"女性"数据系列，打开【设置数据系列格式】窗格，单击【系列选项】选项卡，将【间隙宽度】设置为 40%。在【系列绘制在】下选中【次坐标轴】单选按钮，如图 16-44 所示。

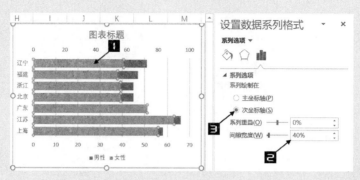

图 16-44　设置系列选项

步骤③ 单击次坐标水平轴，在【设置坐标轴格式】窗格中切换到【坐标轴选项】选项卡，设置【边界】的【最小值】为 –120，【最大值】为 100，选中【逆序刻度值】复选框，如图 16-45 所示。

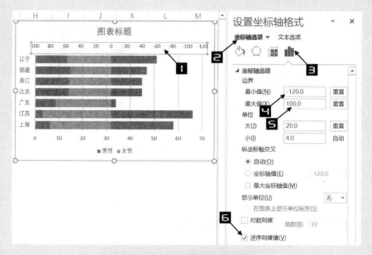

图 16-45　设置次坐标水平轴

步骤④ 单击水平轴，在【设置坐标轴格式】窗格中切换到【坐标轴选项】选项卡，设置【边界】的【最小值】为 –120，【最大值】为 100。

步骤⑤ 选中图表，单击【图表元素】快速选项按钮，选中【数据标签】复选框，依次单击【图例】→【顶部】命令，将【图例】调整到图表顶部位置显示，如图 16-46 所示。

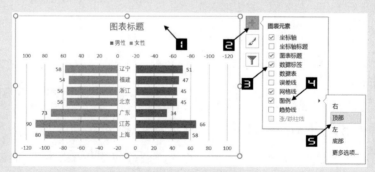

图 16-46　设置图例位置

步骤⑥ 分别选中【网格线】【水平轴】和【次坐标水平轴】，按< Delete >键删除。

步骤⑦ 双击条形图系列，调出【设置数据系列格式】窗格，切换到【填充与线条】选项卡，执行【填充】→【纯色填充】→【颜色】命令，将"男性"数据系列和"女性"数据系列分别设置为蓝色和红色。

步骤⑧ 选中图表标题，按< Delete >键删除。在【插入】选项卡下依次单击【形状】下拉按钮→【文本框】命令，在图表上方绘制形状后，输入标题内容"各地区学员均为女多男少"，并在【开始】选项卡下设置【字体】为黑体，【字号】为 16。以相同的方式制作副标题。

完成后效果如图 16-47 所示。

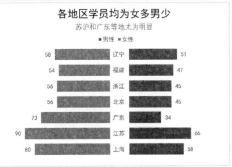

图 16-47 旋风图

16.3.4 长分类标签图

当数据分类的名称很长，以至于分类轴标签占位的位置比数据系列自身还大时，制作分类轴标签居于数据系列之间的条形图较为合适。

示例 16-9 长分类标签图

以图 16-48 所展示的数据列表为例，制作长分类标签图，操作步骤如下。

	A	B
1	公司	结算金额（千万）
2	湖北燃料有限公司	94.35
3	丰城发电有限公司	88.45
4	汉川发电有限公司	80.25
5	青山热电有限公司	73.35
6	华山物流有限责任公司江西分公司	67.05
7	九江发电有限公司	59.35
8	黄金埠发电有限公司	51.15
9	长源荆州热电有限公司	45.55
10	北京燃料物流有限公司	36.25

图 16-48 公司往来数据表

步骤① 对数据列表进行排序。右击数据列表 B 列任意一个单元格，在弹出的快捷菜单中依次单击【排序】→【降序】命令。

步骤② 单击数据列表任一单元格，如 A3 单元格，在【插入】选项卡下依次单击【插入柱形图或条形图】下拉按钮→【二维条形图】→【簇状条形图】命令，在当前工作表插入一个默认条形图。

步骤③ 选择 B1:B10 区域，按< Ctrl+C >组合键复制，单击图表，按< Ctrl+V >组合键粘贴，将数据粘贴到图表生成一个新的数据系列。

步骤④ 双击图表纵坐标轴，打开【设置坐标轴格式】窗格，切换到【坐标轴选项】选项卡并选中【逆序类别】复选框，如图 16-49 所示。

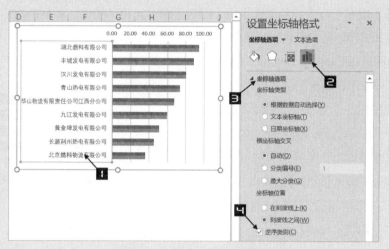

图 16-49　设置坐标轴位置逆序类别

步骤⑤ 分别选中【网格线】【图表标题】【纵坐标轴】和【横坐标轴】，按 < Delete > 键依次删除，并调整绘图区大小。

步骤⑥ 打开【设置数据系列格式】窗格，在【系列选项】选项卡中设置【间隙宽度】为 50%，完成调整条形的大小和间距。

步骤⑦ 选中图表，单击【图表元素】快捷选项按钮，选中【数据标签】复选框，为数据系列添加数据标签，如图 16-50 所示。

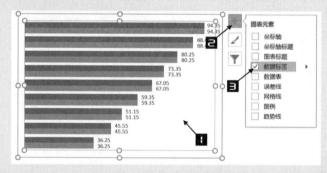

图 16-50　添加数据标签

步骤⑧ 双击图表上层数据系列，打开【设置数据系列格式】窗格，选择【系列选项】选项卡，切换到【填充与线条】选项卡，选中【填充】下的【无填充】单选按钮，如图 16-51 所示。

步骤⑨ 双击上层数据系列的数据标签，打开【设置数据标签格式】窗格，切换到【标签选项】选项卡，在【标签包括】中取消选中【值】复选框，选中【类别名称】复选框。在【标签位置】中选中【轴内侧】单选按钮。切换到【大小与属性】选项卡，在【对齐方式】区域取消选中【形状中的文字自动换行】复选框，如图 16-52 所示。

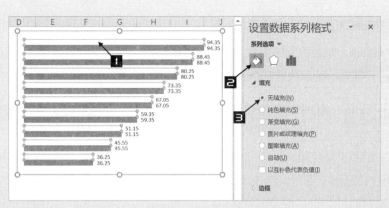

图 16-51 设置上层数据系列无填充

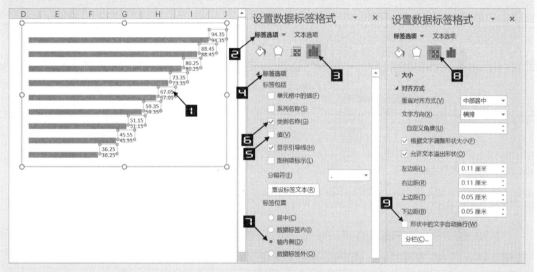

图 16-52 设置数据标签格式

步骤⑩ 选中图表，在【插入】选项卡下依次单击【形状】→【文本框】命令，在图表上方绘制文本框后，输入标题内容"各公司结算金额展示图"，并在【开始】选项卡下设置【字体】为黑体，【字号】为 16。

完成后效果如图 16-53 所示。

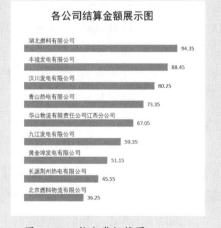

图 16-53 长分类标签图

16.3.5 自动突出显示极值的折线图

制作折线图时，如果单元格内容为错误值"#N/A"，图表系列将会显示为直线连接的数据点。借助这一规则，可以快速制作突出显示极值的折线图。

示例 16-10 自动突出显示极值的折线图

图 16-54 展示了某公司上半年销售额，需要以此制作折线图，并在折线图中能够自动突出显示最高值的数据点，即上半年 2 月份销售额位居第一。

操作步骤如下。

步骤① 在 C 列建立辅助列，C2 单元格输入以下公式，向下复制填充至 C2:C7 单元格区域。结果如图 16-55 所示。

```
=IF(B2=MAX($B$2:$B$7),B2,NA())
```

	A	B
1	月份	销售额
2	1月	46661
3	2月	47101
4	3月	46536
5	4月	45640
6	5月	44997
7	6月	45004

图 16-54 销售数据表

	A	B	C
1	月份	销售额	辅助列
2	1月	46661	#N/A
3	2月	47101	47101
4	3月	46536	#N/A
5	4月	45640	#N/A
6	5月	44997	#N/A
7	6月	45004	#N/A

图 16-55 建立辅助列

公式解析：

NA() 函数用于生成错误值 #N/A。公式的意思是，如果 B2 等于 B2:B7 单元格区域的最大值，则返回 B2 本身的值，否则返回错误值 #N/A。

步骤② 单击数据列表任一单元格，在【插入】选项卡下依次单击【插入折线图或面积图】→【折线图】，插入一个默认样式的折线图。

步骤③ 双击销售额数据系列，打开【设置数据系列格式】窗格，单击【系列选项】选项卡，切换到【填充与线条】选项卡，依次单击【线条】选项卡→【线条】→【实线】命令，将【颜色】设置为深蓝色，将【宽度】设置为 2 磅。

依次单击【标记】→【标记选项】→【内置】，将【类型】设置为圆形，将【大小】设置为 6。

依次单击【填充】→【纯色填充】，将【颜色】设置为白色。

依次单击【边框】→【实线】，将【颜色】设置为深蓝色，将【宽度】设置为 2 磅。

步骤④ 由于"辅助列"系列只有一个点，使用鼠标无法直接选中。可以选中图表，在【格式】选项卡下单击【当前所选内容】命令组中的【图表元素】下拉按钮，在弹出的下拉列表中选中【系列"辅助列"】选项，如图 16-56 所示。

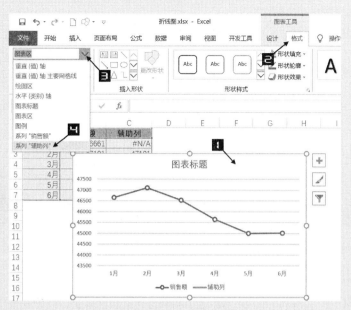

图 16-56　选中系列"辅助列"

在【设置数据系列格式】窗格,单击【系列选项】选项卡,切换到【填充与线条】选项卡,依次单击【标记】→【标记选项】→【内置】,将【类型】设置为圆形,将【大小】设置为 8。

依次单击【填充】→【纯色填充】,将【颜色】设置为白色。

依次单击【边框】→【实线】,将【颜色】设置为红色,将【宽度】设置为 2 磅。

步骤⑤　右击辅助列数据系列,在快捷菜单中选择"添加数据标签"命令。

步骤⑥　双击数据标签,打开【设置数据标签格式】窗格,在【标签选项】卡中选中【类别名称】复选框,并将【标签位置】设置为【靠上】,如图 16-57 所示。

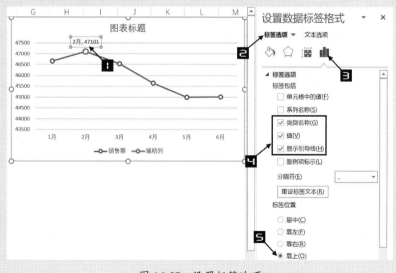

图 16-57　设置标签选项

步骤⑦ 双击图表纵坐标轴，打开【设置坐标轴格式】窗格，切换到【坐标轴选项】选项卡，在【坐标轴选项】中将【单位】→【大】设置为 1000。

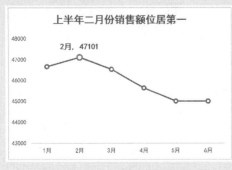

图 16-58 突出极值的折线图

步骤⑧ 依次选中图例项、网格线，按＜ Delete ＞键删除。

步骤⑨ 双击图表标题进入编辑状态，更改图表标题文字为"上半年二月份销售额位居第一"，并设置【字体】为黑体，【字号】为 16。

完成后效果如图 16-58 所示。

16.3.6　旭日图

旭日图类似于多个圆环的嵌套，每一个圆环代表了同一级别的比例数据，越接近内层的圆环级别越高。旭日图适合展示层次级别较多的比例数据关系。

示例 16-11　旭日图

图 16-59 展示了某公司 2016—2018 年度销售数据，需要以此生成旭日图展示数据层次，并突出展示 2018 年第 4 季度的销售额明细。

操作步骤如下。

步骤① 如图 16-60 所示，在数据源插入一列"月份"字段，在原本的"年份""季度"层次外，新增一层"月份"，并对需要突出展示的 2018 年第 4 季度数据标注月份信息。

	A	B	C
1	年份	季度	销售额
2	2016年	第1季度	63
3	2016年	第2季度	38
4	2016年	第3季度	27
5	2016年	第4季度	26
6	2017年	第1季度	22
7	2017年	第2季度	70
8	2017年	第3季度	69
9	2017年	第4季度	57
10	2018年	第1季度	21
11	2018年	第2季度	20
12	2018年	第3季度	66
13	2018年	第4季度	87
14	2018年	第4季度	67
15	2018年	第4季度	98

图 16-59　销售数据表

	A	B	C	D
1	年份	季度	月份	销售额
2	2016年	第1季度		63
3	2016年	第2季度		38
4	2016年	第3季度		27
5	2016年	第4季度		26
6	2017年	第1季度		22
7	2017年	第2季度		70
8	2017年	第3季度		69
9	2017年	第4季度		57
10	2018年	第1季度		21
11	2018年	第2季度		20
12	2018年	第3季度		66
13	2018年	第4季度	10月	87
14	2018年	第4季度	11月	67
15	2018年	第4季度	12月	98

图 16-60　增加月份字段

步骤② 单击数据列表任一单元格，如 A3 单元格，在【插入】选项卡下依次单击【插入层次结构图表】→【旭日图】命令，在工作表中插入旭日图，如图 16-61 所示。

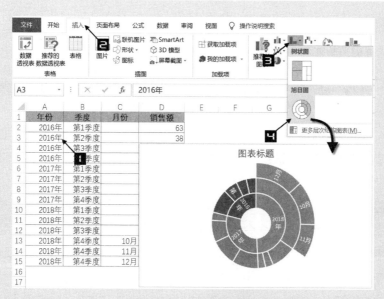

图 16-61　插入旭日图

步骤③ 双击图表绘图区，在【设置绘图区格式】窗格，单击【图表选项】选项卡，切换到【填充与线条】选项卡，选中【边框】下的【无线条】单选按钮，将图表区设置为无边框，如图 16-62 所示。

步骤④ 选中图表区，鼠标指针停在图表区控制点上，拖动控制点调整图表大小，以便数据标签显示完整。

步骤⑤ 双击【点"第四季度"】，打开【设计点数据格式】窗格，切换到【填充与线条】选项卡，依次单击【填充】→【纯色填充】→【颜色】，将该数据点设置为绿色。

步骤⑥ 双击图表标题进入编辑状态，更改图表标题文字为"2018 年第 4 季度销售额创历史新高"，并设置【字体】为黑体，【字号】为 16，加粗显示。

完成后效果如图 16-63 所示。

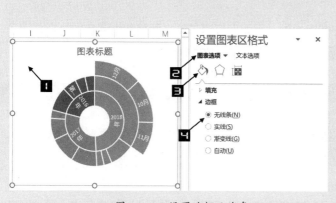

图 16-62　设置边框无线条

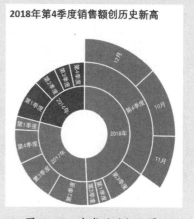

图 16-63　完成后的旭日图

16.3.7 树状图

树状图适合展示数据的比例和层次关系，可以根据分类与数据快速完成占比展示。

示例 16-12　树状图

图 16-64 展示了某公司三个地区在第一季度的销售数据表，如需在表现各地区销售额整体占比的同时，也表现各月份销售额在各地区内部的占比情况，可以依此创建树状图，操作步骤如下。

步骤① 选中数据列表任一单元格，如 A3 单元格，在【插入】选项卡中依次单击【插入层次结构图表】→【树状图】命令，即可在工作表中插入树状图。

步骤② 双击图表绘图区，在【设置绘图区格式】窗格中切换到【填充与线条】选项卡，选中【边框】下的【无线条】单选按钮，将图表区设置为无边框。

步骤③ 双击图表标题进入编辑状态，更改图表标题文字为"上海地区销售量占据总销售量接近 50%"，并设置【字体】为黑体，【字号】为 16，加粗显示。

完成后结果如图 16-65 所示。

	A	B	C
1	地区	月份	销售额
2	上海	1月	99
3	上海	2月	87
4	上海	3月	49
5	山东	1月	50
6	山东	2月	47
7	山东	3月	23
8	福建	1月	52
9	福建	2月	54
10	福建	3月	43

图 16-64　销售数据表

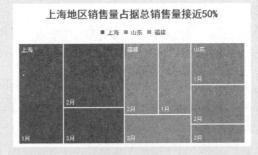

图 16-65　树状图

16.3.8 瀑布图

瀑布图是由麦肯锡公司独创的图表类型，因为形似瀑布流水而被称为瀑布图。它采用了绝对值和相对值结合的方式，表现多个特定数值之间的数量变化过程。

示例 16-13　瀑布图

图 16-66 展示了某公司 2018 年度收入和支出汇总表，需要以此制作瀑布图，表现收入和支出费用的变化过程。

操作步骤如下。

步骤① 单击数据列表任一单元格，如 A3 单元格，在【插入】选项卡下依次单击【插入瀑布图或股价图】→【瀑布图】命令，在当前工作表插入瀑布图，如图 16-67 所示。

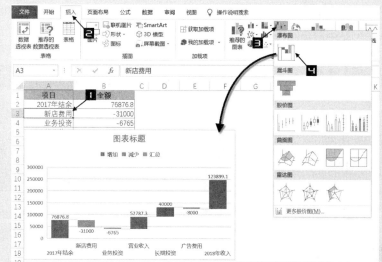

图 16-66　收入和支出数据表　　　　　　　图 16-67　插入瀑布图

步骤② 单击瀑布图数据系列，右击"2018 年收入"数据点，在弹出的快捷菜单中选择【设置为汇总】选项，使用同样的方式设置"2017 年结余"数据点，如图 16-68 所示。

步骤③ 双击瀑布图系列，调出【设置数据系列格式】窗格，单击图表数据点，在【设置数据点格式】窗格切换到【填充与线条】选项卡，执行【填充】→【纯色填充】→【颜色】命令，依次设置图表各个数据点的填充颜色。

步骤④ 分别单击图表【网格线】【刻度坐标轴】和【图例】，按 < Delete > 键删除。

步骤⑤ 双击图表标题，进入编辑状态，更改标题为"2018 年费用收支情况速览"
完成后效果如图 16-69 所示。

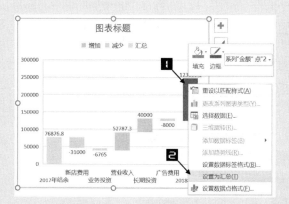

图 16-68　设置数据点为汇总

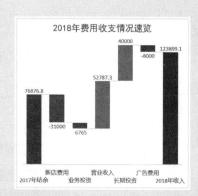

图 16-69　瀑布图

16.3.9 漏斗图

漏斗图通常以漏斗形状来显示总和等于 100% 的一系列数据，常用于分析产品生产转化率、网站用户访问转化率等。

示例 16-14　漏斗图

图 16-70 展示了某公司 A 店铺客服周绩效数据，需要通过制作漏斗图来分析每一个阶段的转化情况，以便观察和分析每个阶段当中所存在的问题。

制作步骤如下。

步骤①　单击数据列表任一单元格，如 A3 单元格，在【插入】选项卡下依次单击【插入瀑布图或股价图】→【漏斗图】命令，在当前工作表插入漏斗图。

步骤②　双击【垂直坐标轴】，打开【设置坐标轴格式】窗格，单击【坐标轴选项】选项卡，切换到【填充与线条】选项卡，在【线条】区域选中【无线条】单选按钮，如图 16-71 所示。

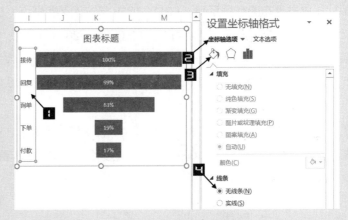

	A	B	C
1	阶段	比例	人数
2	接待	100%	6782
3	回复	99%	6711
4	询单	63%	4260
5	下单	19%	1302
6	付款	17%	1163

图 16-70　客服周绩效数据　　　　　　　　图 16-71　设置垂直坐标轴

步骤③　双击【比例】系列，打开【设置数据系列格式】窗格，切换到【系列选项】选项卡，将【间隙宽度】调整为 50%，如图 16-72 所示。

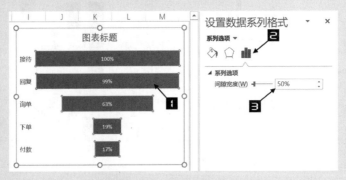

图 16-72　设置间隙宽度

步骤④ 双击图表标题进入编辑状态，更
改图表标题文字为"A 店铺询单
转化率偏低"，设置【字体】为
黑体，字号为 16。

完成后效果如图 16-73 所示。

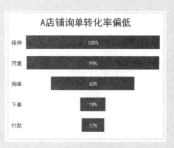

图 16-73　漏斗图

16.3.10　箱型图

箱型图是一种可以显示一组或多组数据分散情况资料的统计图，主要用于反映原始数据
分布的特征，还可以进行多组数据分布特征的比较。

示例 16-15　箱型图

图 16-74 所示，是四组样本数据，需要使用箱型图快速查看多组数据分布的特征。
操作步骤如下。

步骤① 单击数据列表任一单元格，如 A3 单元格，在【插入】选项卡下依次单击【插入统计
图表】→【箱型图】命令，在当前工作表插入一个箱型图，如图 16-75 所示。

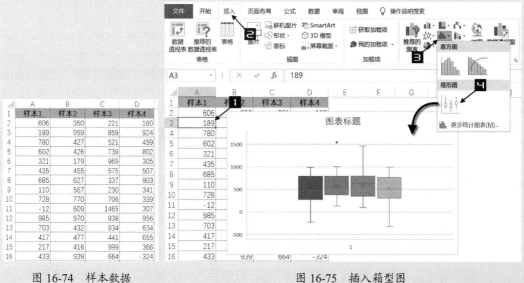

图 16-74　样本数据　　　　　　　　　图 16-75　插入箱型图

步骤② 双击箱型图数据系列，打开【设置数据系列格式】窗格，切换到【系列选项】选项卡，
将【间隙宽度】调整为 0%，如图 16-76 所示。

图 16-76　调整间隙宽度

步骤③　单击【水平坐标轴】，按 < Delete > 键删除。双击图表标题进入编辑状态，更改图表标题文字为"样本 1 整体数据比较集中"，设置【字体】为黑体，【字号】为 16。

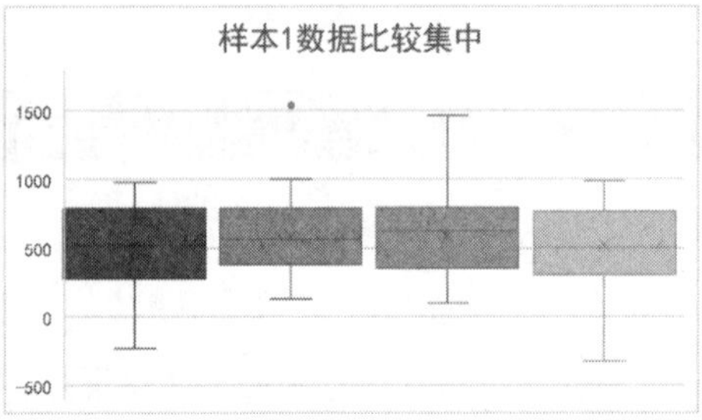

完成后效果如图 16-77 所示。

通过观察图表可以发现，样本 1 的中位数和平均值非常接近，数据均落在箱子的中间部分，基本呈现正态分布，但数据差异比样本 2 大。样本 2 数据的变异最小，但存在异常值。样本 3 中位数相对较高，最大值也比较大。样本 4 则和样本 3 相反。

图 16-77　箱型图

16.3.11　散点图

XY 散点图可以将两组数据绘制成 XY 坐标系中的一个数据系列，除可以显示数据的变化趋势外，也可以描述数据之间的变化关系。

示例 16-16　散点图

图 16-78 展示了某公司 2018 年度推广费和销售额的相关数据，需要使用 XY 散点图展示两者之间的线性关系。

操作步骤如下。

步骤①　选中 B1:C13 单元格区域，在【插入】选项卡下，依次单击【插入散点图 (X, Y) 或气泡图】→【散点图】命令，在当前工作表插入一个散点图，如图 16-79 所示。

步骤②　依次单击【图表区】→【图表元素】快捷按钮，选中【趋势线】复选框，为图表添加一条线性趋势线，如图 16-80 所示。

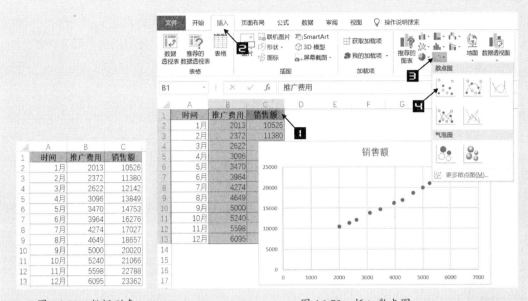

图 16-78　数据列表	图 16-79　插入散点图

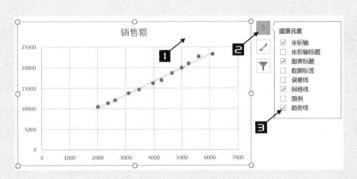

图 16-80　添加趋势线

步骤③ 双击趋势线，打开【设置趋势线格式】窗格，切换到【趋势线选项】选项卡，依次选中【显示公式】和【显示 R 平方值】复选框。如图 16-81 所示。

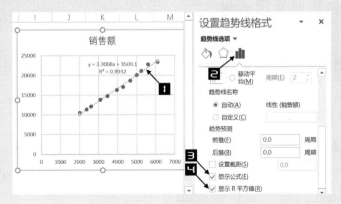

图 16-81　设置趋势线格式

此时图表上显示拟合曲线为 $y = 3.3008x + 3509.1$，$R^2 = 0.9932$。R 平方值非常接近 1，

说明拟合效果很好，销售额和推广费用之间存在显著的线性关系。

步骤④ 双击图表标题进入编辑状态，更改图表标题文字为"推广费用和销售额存在线性关系"，设置【字体】为黑体，【字号】为14。

操作完成后效果如图 16-82 所示。

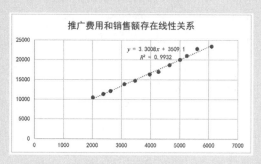

图 16-82　散点图

16.4　组合图表

单一类型的图表能够表达的信息往往是有限的，组合图表更易于展示数据组合、突出重点信息，使图形结构更加直观、形象、生动，更有说服力。常用的组合图表包括：柱形图＋折线图、折线图＋面积图、柱形图＋散点图、条形图＋散点图等，如图 16-83 和图 16-84 所示。

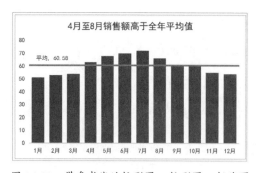

图 16-83　带参考线的柱形图：柱形图＋折线图

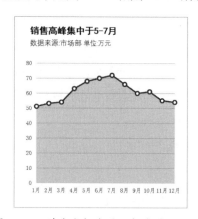

图 16-84　填充式折线图：折线图＋面积图

16.4.1　带参考线的柱形图

用户在制作对比性质的图表时，添加一条参考线可以使图表表达的信息更清晰、更有层次感，参考线常见的类型有平均值、警戒值等。

示例 16-17 制作带参考线的柱形图

如图 16-85 所示，是某公司全年各月销售额的数据，需要在柱形图中添加一条平均值的参考线，使图表表达的主题更加直观。

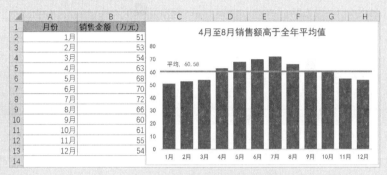

图 16-85 带平均线的柱形图

操作步骤如下。

步骤① 在 C 列新增一个名为"平均"的字段，C2 单元格输入以下公式，并复制填充至 C2:C13 单元格区域。

```
=ROUND(AVERAGE(B:B),2)
```

公式返回全年销售额平均值，并保留两位小数，结果如图 16-86 所示。

	A	B	C
1	月份	销售金额（万元）	平均
2	1月	51	60.58
3	2月	53	60.58
4	3月	54	60.58
5	4月	63	60.58
6	5月	68	60.58
7	6月	70	60.58
8	7月	72	60.58
9	8月	66	60.58
10	9月	60	60.58
11	10月	61	60.58
12	11月	55	60.58
13	12月	54	60.58

图 16-86 计算平均销售额

步骤② 单击数据列表任一单元格，如 A3 单元格，在【插入】选项卡下依次单击【插入柱形图或条形图】→【二维柱形图】→【簇状柱形图】命令，插入一个默认样式的柱形图。

步骤③ 单击"平均"数据系列，在【插入】选项卡下依次单击【插入折线图或面积图】→【折线图】命令，将"平均"系列图表类型更改为【折线图】，如图 16-87 所示。

步骤④ 双击"销售金额（万元）"数据系列，打开【设置数据系列格式】窗格，在【系列选项】选项卡中设置【间隙宽度】为 40%，完成调整柱形图的大小与间距。

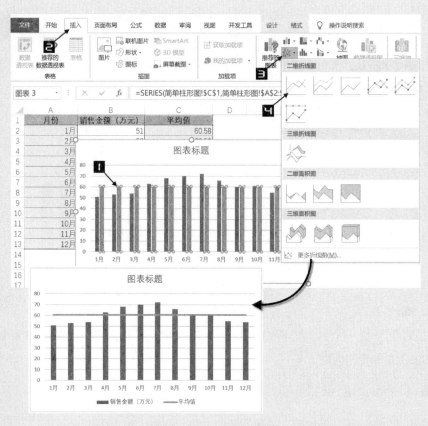

图 16-87　更改系列图表类型

步骤⑤　选中平均值折线系列，在【设置数据系列格式】窗格的【系列选项】选项卡下选中【系列绘制在】选项区域中的【次坐标轴】单选按钮，如图 16-88 所示。

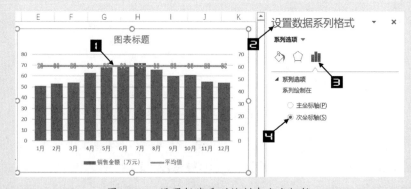

图 16-88　设置折线系列绘制在次坐标轴

步骤⑥　单击图表绘图区，单击【图表元素】快速选项按钮，选中【坐标轴】扩展列表中的【次要横坐标轴】复选框，如图 16-89 所示。

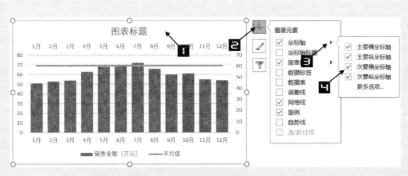

图 16-89　显示次要横坐标轴

步骤⑦ 选中图表次要横坐标轴，在【设置坐标轴格式】窗格中的【坐标轴选项】选项卡下单击【坐标轴选项】，在【坐标轴位置】区域选中【在刻度线上】单选按钮。设置【主刻度线类型】为 "无"。单击【标签】，设置【标签位置】为 "无"，如图 16-90 所示。

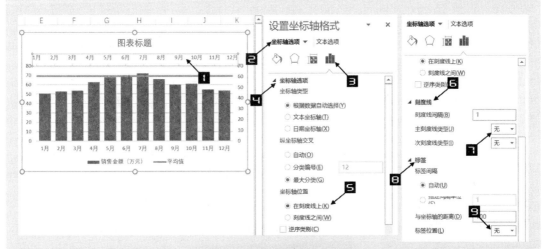

图 16-90　设置次要横坐标轴

步骤⑧ 依次选中【次要纵坐标轴】【图例】【网格线】，按 < Delete > 键删除。平均值折线的垂直位置会根据主要纵坐标轴的刻度自动调整。

步骤⑨ 双击选中系列 "平均" 点 "2月"，单击右键，在快捷菜单中单击【添加数据标签】命令。双击新添加的数据标签，打开【设置数据标签格式】窗格，在【标签选项】选项卡下，取消选中【显示引导线】复选框，选中【系列名称】复选框。选中【标签位置】选项区域中的【靠上】单选按钮，如图 16-91 所示。

步骤⑩ 双击图表标题进入编辑状态，更改图表标题文字为 "4月至8月销售额高于全年平均值"，设置【字体】为黑体，【字号】为 14。

16章

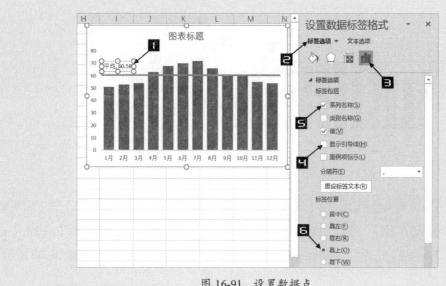

图 16-91　设置数据点

16.4.2　填充式折线图

折线图是常用的图表类型，可以展示数据随时间的变化趋势。但有时单独的折线图未免过于单一，可以结合面积图组合制作趋势图。

示例 16-18　制作填充式折线图

	A	B
1	月份	销售金额（万元）
2	1月	51
3	2月	53
4	3月	54
5	4月	63
6	5月	68
7	6月	70
8	7月	72
9	8月	66
10	9月	60
11	10月	61
12	11月	55
13	12月	54

图 16-92　销售数据表

图 16-92 展示了某公司全年各月销售额的数据，需要使用折线图和面积图组合制作趋势图，展示数据随时间变化的销售趋势。

操作步骤如下。

步骤①　单击数据列表任一单元格，在【插入】选项卡下依次单击【插入折线图或面积图】→【折线图】命令，插入一个默认样式的折线图。

步骤②　双击折线图数据系列，打开【设置数据系列格式】窗格，单击【系列选项】选项卡，切换到【填充与线条】选项卡，依次单击【线条】选项卡→【线条】→【实线】命令，将【颜色】设置为深蓝色，将【宽度】设置为 2 磅。

依次单击【标记】→【标记选项】→【内置】，将【类型】设置为圆形，将【大小】设置为 6。

依次单击【填充】→【纯色填充】，将【颜色】设置为白色。

依次单击【边框】→【实线】，将【颜色】设置为深蓝色，将【宽度】设置为 2 磅。

步骤③ 选择 B1:B13 单元格区域，按＜ Ctrl+C ＞组合键复制。单击图表，按＜ Ctrl+V ＞组合键粘贴，在图表中生成一个新的系列。

步骤④ 右击任意数据系列，在快捷菜单中选择【更改系列图表类型】命令，打开【更改图表类型】对话框，选择【所有图表】选项卡下的【组合图】命令，在【为您的数据系列选择图表类型和轴】下选中新增的系列后，在【图表类型】下拉列表中选择【面积图】选项，将新系列图表类型更改为面积图，最后单击【确定】按钮关闭【更改图表类型】对话框，如图 16-93 所示。

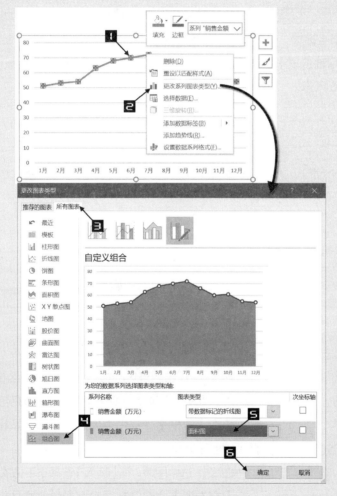

图 16-93　更改图标类型

步骤⑤ 双击面积图数据系列，在【设置数据系列格式】窗格，单击【系列选项】选项卡，切换到【填充与线条】选项卡，依次单击【填充】→【纯色填充】单选按钮，将【颜色】设置为深蓝色，将【透明度】设置为 70%，如图 16-94 所示。

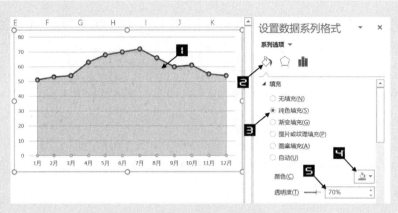

图 16-94　设置面积图系列

步骤⑥　双击图表横坐标轴，打开【设置坐标轴格式】窗格，切换到【坐标轴选项】选项卡，选中【坐标轴选项】下的【坐标轴位置】选项区域中的【在刻度线上】单选按钮，如图 16-95 所示。

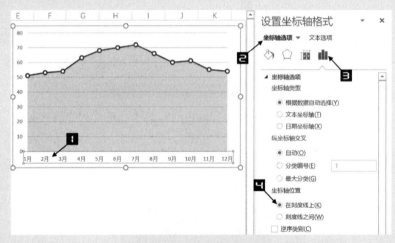

图 16-95　设置坐标轴格式

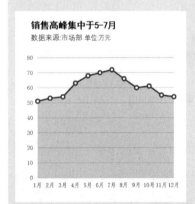

图 16-96　填充式折线图

步骤⑦　双击图表区，打开【设置图表区格式】窗格，单击【图表区选项】选项卡，切换到【填充与线条】选项卡，单击【边框】，选中【无线条】单选按钮，并适当调整绘图区大小。

步骤⑧　选中图表，在【插入】选项卡下依次单击【形状】→【文本框】命令，在图表上方绘制文体框后，输入标题内容"销售高峰集中于 5—7 月"，并在【开始】选项卡下设置【字体】为黑体，【字号】为 16，以同样的方式制作图表副标题。

完成后效果如图 16-96 所示。

16.5 动态图表

动态图表又被称为交互式图表，通过对图表添加控件，实现筛选不同内容时自动更新图表数据的目的。动态图表通常出现在 Dashboard 的报告中，Dashboard 报告是一种一页式可互动的数据可视化报告。Excel 创建动态图表的常用方案有工作表函数和数据透视表两种。

16.5.1 使用函数制作动态图表

借助函数制作动态图表，也就是使用函数来定义图表的数据源，使用控件调节数据源的引用范围的大小，从而得到动态的图表展示。

函数定义图表的数据源通常有两种方式，一种是辅助列法，构建辅助区域，将图表的数据源重新建立到空白区域。另一种是名称法，将图表的数据系列定义为名称，使用定义的名称来动态引用数据源并建立图表。

示例 16-19 辅助列法制作动态图表

图 16-97 所示，是某公司全年各月各门店销售数据汇总表，需要以此制作动态交互图表，展示指定月份不同门店的销售额。

操作步骤如下。

步骤① 单击工作表任一单元格，在【开发工具】选项卡下依次单击【插入】下拉按钮→【表单控件】→【列表框】按钮，在工作表中绘制一个列表框，如图 16-98 所示。

	A	B	C	D	E	F
1	月份	富春店	前埔店	海沧店	集美店	西林店
2	1月	53982	62909	51662	60307	51736
3	2月	67726	64921	62984	56278	58902
4	3月	59294	52268	60346	68896	59861
5	4月	63019	58740	61638	60212	59583
6	5月	59029	65455	52381	52764	55330
7	6月	63320	64859	56517	52705	67379
8	7月	55682	63366	66294	65971	68906
9	8月	57189	62466	59110	65149	57454
10	9月	65665	57059	54481	60881	50637
11	10月	64872	55473	62810	57019	50352
12	11月	69347	66150	63813	61742	52108
13	12月	56461	66274	63185	55459	67765

图 16-97 销售数据表

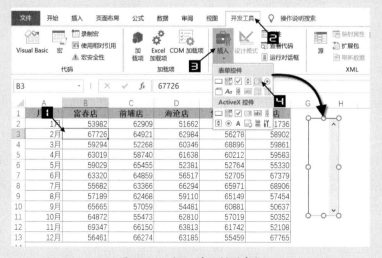

图 16-98 插入并绘制列表框

步骤② 右击列表框，在快捷菜单中选择【设置控件格式】命令，打开【设置对象格式】对话框。在对话框中切换到【控制】选项卡下，将【数据源区域】设置为 $A$2:$A$13，【单元格链接】设置为 $A$15。最后单击【确定】按钮关闭对话框，如图 16-99 所示。

图 16-99　设置对象格式

步骤③ 复制标题区 A1:F1 单元格区域，并粘贴到 A17:F17 单元格区域。在 A18 单元格输入以下公式，并复制填充至 A18:F18 单元格区域。结果如图 16-100 所示。

```
=INDEX(A2:A13,$A$15)
```

	A	B	C	D	E	F	G
1	月份	富春店	前埔店	海沧店	集美店	西林店	1月
2	1月	53982	62909	51662	60307	51736	2月
3	2月	67726	64921	62984	56278	58902	3月
4	3月	59294	52268	60346	68896	59861	4月
5	4月	63019	58740	61638	60212	59583	5月
6	5月	59029	65455	52381	52764	55330	6月
7	6月	63320	64859	56517	52705	67379	7月
8	7月	55682	63366	66294	65971	68906	8月
9	8月	57189	62468	59110	65149	57454	9月
10	9月	65665	57059	54481	60881	50637	10月
11	10月	64872	55473	62810	57019	50352	11月
12	11月	69347	66150	63813	61742	52108	12月
13	12月	56461	66274	63185	55459	67765	
14							
15	1						
16							
17	月份	富春店	前埔店	海沧店	集美店	西林店	
18	1月	53982	62909	51662	60307	51736	

图 16-100　设置辅助区域

步骤④ 选中 A17:F18 单元格区域，在【插入】选项卡下依次单击【插入柱形图或条形图】→【二维柱形图】→【簇状柱形图】命令，在当前工作表插入一个默认样式的柱形图，并适当调整图表大小。

步骤⑤ 在 A16 单元格输入以下公式，制作图表标题内容。

=A18&" 各门店销售数据 "

步骤⑥ 选中图表标题,在编辑栏输入以下公式制作动态图表标题内容。结果如图 16-101 所示。

=Sheet1!$A$16

步骤⑦ 在列表框中单击任意月份项,A18: F18 单元格区域中的数据和图表也会随之改变，
如图 16-102 所示。

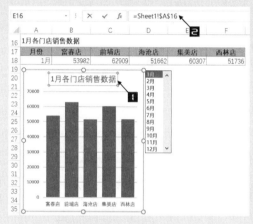

图 16-101　编辑图表标题

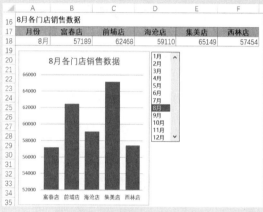

图 16-102　列表框单击 8 月项

除使用辅助区域方式外，也可以使用定义名称的方法制作图表动态数据源。

示例 16-20　动态名称法制作动态图表

依然以图 16-97 所示数据表为例，使用定义名称制作动态图表操作步骤如下。

步骤① 单击工作表任一单元格,在【开发工具】选项卡下依次单击【插入】→【表单控件】→【列
表框】按钮,在工作表中绘制一个列表框。

步骤② 右击列表框,在快捷菜单中选择【设置控件格式】命令,打开【设置对象格式】对话框。
在对话框中切换到【控制】选项卡下,将【数据源区域】设置为 $A$2:$A$13,【单
元格链接】设置为 $A$15。最后单击【确定】按钮关闭对话框。

步骤③ 在【公式】选项卡下单击【名称管理器】按钮,单击【新建】按钮,打开【新建名
称】对话框。在【名称】文本框中输入"动态数据"。在【引用位置】文本框中输
入 "=OFFSET(Sheet1!$B$1:$F$1,Sheet1!$A$15,0)"。最后单击【确定】按钮,关
闭【新建名称】对话框,如图 16-103 所示。

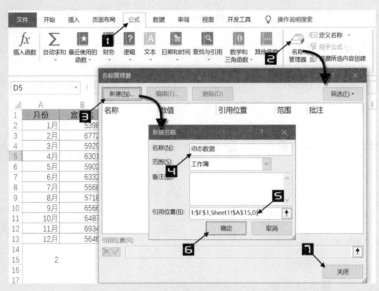

图 16-103　定义名称

步骤④ 选择任一空白单元格，在【插入】选项卡下依次单击【插入柱形图或条形图】→【二维柱形图】→【簇状柱形图】命令，在当前工作表插入一个默认样式的空白柱形图。

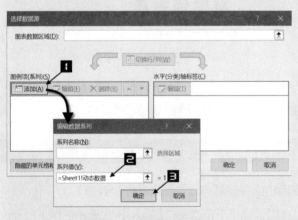

图 16-104　编辑数据系列

步骤⑤ 右击图表，在快捷菜单中单击【选择数据】选项，打开【选择数据源】对话框。在对话框中单击【添加】按钮，打开【编辑数据系列】对话框，在【系列值】编辑框中输入工作表名称和定义的名称："=Sheet1!动态数据"，最后单击【确定】按钮关闭【编辑数据系列】对话框，如图 16-104 所示。

步骤⑥ 在【选择数据源】对话框【水平（分类）轴标签】下单击【编辑】

按钮，在打开的【轴标签】对话框中，设置【轴标签区域】为 "=Sheet1!$B$1:$F$1"，最后依次单击【确定】按钮关闭对话框，如图 16-105 所示。

步骤⑦ 在 B15 单元格输入以下公式，制作图表标题内容。

=A15&" 月份各门店销售数据 "

单击图表标题，在编辑栏输入以下公式制作动态图表标题内容。

=Sheet1!$B$15

步骤⑧ 适当调整图表区位置和大小，制作完成后，在列表框中单击任意月份项，即可动态展示相关月份的数据，如图 16-106 所示。

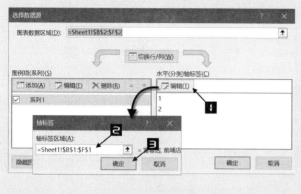

图 16-105 编辑轴标签

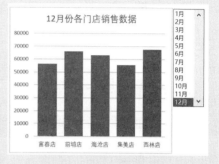

图 16-106 定义名称制作动态柱形图

16.5.2 数据透视表创建动态图表

数据透视表的切片器，可以看作一种图形化的筛选方式。它可为数据透视表中的指定字段创建一个选取器，浮动于数据透视表之上。通过选取切片器中的数据项，用户可以动态获取对应的数据。因此，借助数据透视表切片器，也可以创建动态图表。

示例 16-21 数据透视表制作动态图表

图 16-107 展示了某公司 2018 年销售数据明细表，需要以此创建动态图表，使用柱形图展示指定地区各月份销售数据。

	A	B	C	D	E	F	G	H
1	地区	日期	类别	商品	尺码	数量	单价	总价
2	北京	2018/1/1	卫裤	儿童POLO短袖T恤	小码	5	275	1375
3	深圳	2018/1/1	卫衣	儿童纯棉短袖T恤	小码	3	238	714
4	上海	2018/1/1	卫衣	儿童毛圈短裤	165码	5	300	1500
5	上海	2018/1/1	卫裤	儿童毛圈连帽卫衣	小码	4	262	1048
6	福建	2018/1/1	T恤	儿童POLO短袖T恤	大码	4	328	1312
7	福建	2018/1/1	卫裤	儿童毛圈开衫卫衣	大码	3	254	762
8	深圳	2018/1/1	卫衣	儿童木耳边加绒打底衫	165码	5	395	1975
9	深圳	2018/1/1	卫衣	儿童毛圈圆领卫衣	165码	1	345	345
10	北京	2018/1/1	T恤	儿童银狐绒连帽卫衣	小码	5	203	1015
11	深圳	2018/1/1	卫裤	儿童毛圈连帽卫衣	165码	1	369	369
12	深圳	2018/1/1	T恤	儿童银狐绒长裤	大码	1	244	244
13	浙江	2018/1/1	卫衣	儿童毛圈长裤深色	小码	5	198	990
14	上海	2018/1/1	卫衣	儿童木耳边加绒打底衫	小码	1	293	293
15	上海	2018/1/1	卫衣	儿童纯棉短袖T恤	165码	1	359	359
16	江苏	2018/1/1	卫衣	儿童毛圈连帽卫衣	165码	4	369	1476
17	江苏	2018/1/1	T恤	儿童毛圈长裤深色	大码	4	264	1056

图 16-107 销售数据明细表

操作步骤如下。

步骤① 单击数据列表任一单元格，如 A3 单元格，在【插入】选项卡下依次单击【数据透视表】→【数据透视图】命令，在打开的【创建数据透视图】对话框中，保持默认选项不变，单击【确定】按钮，如图 16-108 所示。

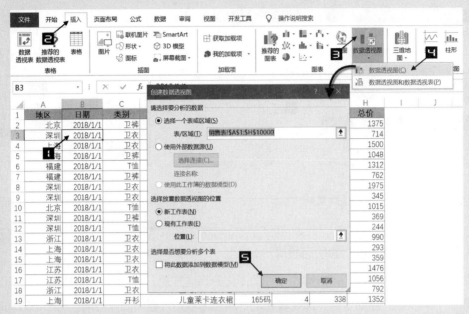

图 16-108 创建数据透视图

步骤② 在【数据透视图字段】窗格，依次选中【日期】【总价】字段，将其添加到报表中，如图 16-109 所示。

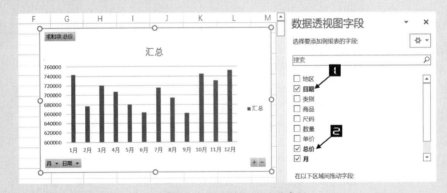

图 16-109 设置数据透视图字段

步骤③ 单击数据透视图图表区，在【分析】选项卡下单击【插入切片器】按钮，在打开的【插入切片器】对话框中选中【地区】字段复选框，最后单击【确定】按钮关闭对话框，在当前工作表插入插入一个切片器，如图 16-110 所示。

步骤④ 单击图例，按 < Delete > 键删除。右击【求和项：总价】，在快捷菜单中单击【隐藏图表上的所有字段按钮】，如图 16-111 所示。

步骤⑤ 双击柱形图系列，打开【设置数据系列格式】窗格，单击【系列选项】选项卡，将【间隙宽度】设置为 40%。双击图表标题进入编辑状态，输入内容"全年各月销售数据速览"。

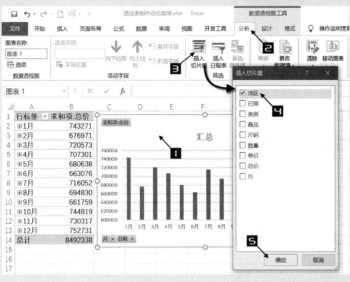

图 16-110 插入切片器

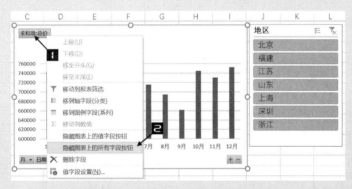

图 16-111 隐藏图表上的所有字段按钮

制作完成后，在切片器中单击任意地区分类项，即可实现对数据和透视图动态筛选和展示，如图 16-112 所示。

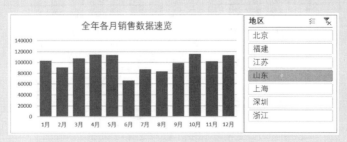

图 16-112 动态交互数据透视图

16.6　动态数据看板

使用 Excel 制作的数据看板通常由表格、图表、文本框、控件、切片器等多种元素构成，其中图表是主要元素，由一张到多张静态或动态的图表展示关键指标完成情况、数据分类下的对比与占比情况、基于时间的发展趋势等。

相比于函数等方法，数据透视表和切片器组合制作动态图表具有操作简单，交互优美，兼具了数据分析汇总等优点。因此首推使用该方法制作数据看板。

示例 16-22　使用数据透视表动态数据看板

图 16-113 展示了某公司 2018 年销售数据明细表，需要以此创建交互数据看板，动态展示各地区销售数据。

	A	B	C	D	E	F	G	H
1	地区	日期	类别	商品	尺码	数量	单价	总价
2	北京	2018/1/1	卫裤	POLO短袖T恤	小码	5	275	1375
3	深圳	2018/1/1	卫衣	纯棉短袖T恤	小码	3	238	714
4	上海	2018/1/1	卫衣	毛圈短裤	165码	5	300	1500
5	上海	2018/1/1	卫裤	'毛圈连帽卫衣	小码	4	262	1048
6	福建	2018/1/1	T恤	POLO短袖T恤	大码	4	328	1312
7	福建	2018/1/1	卫裤	毛圈开衫卫衣	大码	3	254	762
8	深圳	2018/1/1	卫衣	木耳边加绒打底衫	165码	5	395	1975
9	深圳	2018/1/1	卫衣	毛圈圆领卫衣	165码	1	345	345
10	北京	2018/1/1	T恤	银狐绒连帽卫衣	小码	5	203	1015
11	深圳	2018/1/1	卫裤	毛圈连帽卫衣	165码	1	369	369
12	深圳	2018/1/1	T恤	银狐绒长裤	大码	1	244	244
13	浙江	2018/1/1	卫衣	毛圈长裤深色	小码	5	198	990
14	上海	2018/1/1	卫衣	木耳边加绒打底衫	小码	1	293	293
15	上海	2018/1/1	卫衣	纯棉短袖T恤	165码	1	359	359
16	江苏	2018/1/1	卫衣	毛圈连帽卫衣	165码	4	369	1476

图 16-113　销售数据表

完成后的数据看板如图 16-114 所示。

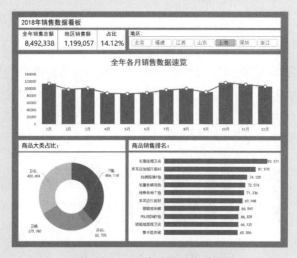

图 16-114　销售数据动态看板

操作步骤如下。

1. 制作各月销售总价速览图

步骤① 选中销售数据表，单击数据列表任一单元格，如 A3 单元格，在【插入】选项卡下依次单击【数据透视图】→【数据透视图和数据透视表】命令，在打开的【创建数据透视图】对话框中，保持默认选项不变，单击【确定】按钮，系统会新建一张工作表。将该工作表重命名为"各月销售额"。

步骤② 选中"各月销售额"工作表，在【数据透视图字段】窗格，将【月】字段拖入透视表的【轴（类别）】区域，将【总价】字段先后两次拖入【值】区域。

步骤③ 依次单击数据透视图的图例和网格线，按< Delete >键删除。右击【求和项:总价】，在快捷菜单中单击【隐藏图表上的所有字段按钮】命令。

步骤④ 选中"求和项:总价 2"数据系列，在【插入】选项卡下依次单击【插入折线图或面积图】→【折线图】命令，将该系列图表类型更改为【折线图】。

步骤⑤ 修改图表标题，适当美化图表，完成后如图 16-115 所示。

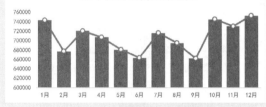

图 16-115　全年销售各月销售数据速览

2. 制作商品类别占比圆环图

步骤① 复制"各月销售额"工作表，并重命名为"商品类别占比"，在【数据透视图字段】窗格，清空数据透视表字段选项。将【类别】字段拖入透视表的【轴（类别）】区域，将【总价】字段拖入【值】区域。

步骤② 选择图表区任意柱形，在【插入】选项卡下依次单击【插入饼图或圆环图】→【圆环图】命令，将该系列图表类型更改为【圆环图】，如图 16-116 所示。

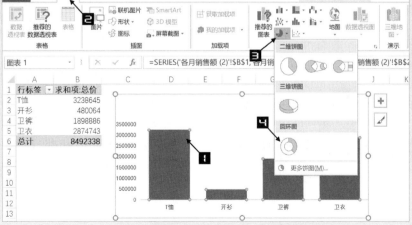

图 16-116　插入圆环图

步骤③ 为圆环图添加数据标签，适当美化后，效果如图 16-117 所示。

3. 制作商品排名条形图

步骤① 复制"商品类别占比"工作表，并重命名为"商品排名"，在【数据透视图字段】窗格，清空数据透视表字段选项。将【商品】字段拖入透视表的【轴（类别）】区域，将【总价】字段拖入【值】区域。

步骤② 单击透视表区域【商品】字段标题右侧的下拉按钮，在弹出的下拉列表中选择【其他排序选项】命令，在打开的【排序（商品）】对话框中选中【升序排序（从 A 到 Z）依据】单选按钮，单击其下方的下拉按钮，在弹出的下拉列表中选择【求和项: 总价】选项，单击【确定】按钮完成对总价字段升序设置，如图 16-118 所示。

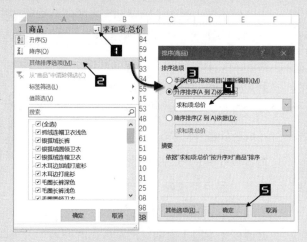

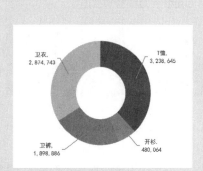

图 16-117　制作商品类别占比图

图 16-118　按总价升序排序

图 16-119　筛选总价前 10 项

步骤③ 单击透视表区域【商品】字段标题右侧的下拉按钮，在弹出的下拉列表中依次选择【值筛选】→【前 10 项】命令。在打开的【前 10 个筛选（商品）】对话框中单击【确定】按钮，如图 16-119 所示。

步骤④ 选中数据透视图，在【插入】选项卡下依次单击【插入柱形图或条形图】→【簇状条形图】命令，将该系列图表类型更改为【簇状条形图】。依次单【击图例】【网格线】，按 < Delete > 键删除。完成后结果如图 16-120 所示。

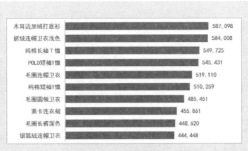

图 16-120　条形图

4. 制作数据看板

步骤① 新建一张工作表，命名为"销售数据看板"。将制作完成的数据透视图依次复制粘贴到该工作表，并有序排列，如图 16-121 所示。

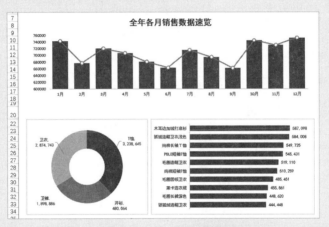

图 16-121　组合排列图表

步骤② 单击任一数据透视图图表区，在【分析】选项卡下单击【插入切片器】按钮，在打开的【插入切片器】对话框中选中【地区】字段复选框，最后单击【确定】按钮关闭该对话框，完成在当前工作表插入一个切片器。

步骤③ 选中【切片器】，在【切片器工具 - 选项】选项卡下将【按钮】组中【列】的数值调整为"7"，从而将切片器内的字段项排列为 7 列，并适当调整切片器大小，如图 16-122 所示。

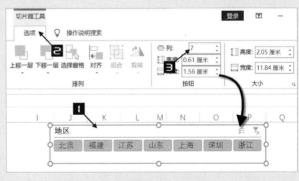

图 16-122　设置切片器

步骤④ 选中【切片器】，在【切片器工具 - 选项】选项卡下单击【报表链接】命令，打开【数据透视表连接（地区）对话框，依次选中【数据透视表 3】复选框，最后单击【确定】按钮完成多表连动设置，如图 16-123 所示。

图 16-123　设置切片器报表连接

步骤⑤ 单击工作表任意一个单元格，在【插入】选项卡下依次单击【形状】→【文本框】命令，在工作表中绘制文本框后输入标题文字，如"2018 年销售数据看板"，如图 16-124 所示。

图 16-124　插入文本框

步骤⑥ 依次在 B4、C4、D4 单元格输入"全年销售总额""地区销售额""占比"。在 B5、C5、D5 单元格依次输入以下公式。

B5 计算全年销售总额：

=SUM（销售数据表 !H:H）

C5 计算地区销售总额：

=SUM（各月销售额 !B:B）/2

D5 计算地区销售额占比。

=C5/B5

设置 B4:D5 单元格边框颜色为浅灰色，调整切片器和标题文本框大小和位置，完成后结果如图 16-125 所示。

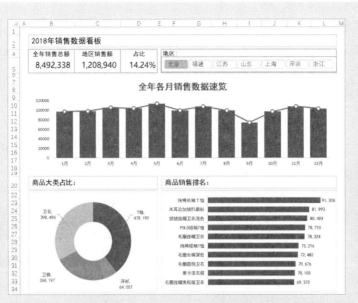

图 16-125　调整看板数据结构

步骤⑦　选中 A1:M35 单元格区域，设置单元格填充色，完成看板背景设置。最后单击切片器内字段项，即可实现以动态图表和数字的形式，展示指定地区销售数据，如图 16-114 所示。

16.7　迷你图

迷你图是工作表单元格中的微型图表，可以直观反映一系列数据变化的趋势。

迷你图的图形比较简洁，没有坐标轴、图表标题、图例、网格线等图表元素，主要体现数据的变化趋势或对比。迷你图包括折线图、柱形图和盈亏图三种图表类型，创建一个迷你图之后，可以通过填充功能，快速创建一组图表。

示例 16-23　创建迷你图

图 16-126 展示了某公司销售员各季度销售商品的数量，需要创建迷你图表现销售趋势，操作步骤如下。

姓名	一季度	二季度	三季度	四季度	迷你图
柳若馨	84	89	99	82	
白鹤天	45	71	45	50	
冷语嫣	93	46	83	96	
苗冬雪	79	53	62	46	
夏之春	78	83	63	72	

图 16-126　迷你图

步骤①　选中 F2 单元格，单击【插入】选项卡下"迷你图"命令组中的【折线】按钮，打开【创

建迷你图】对话框。在【创建迷你图】对话框中，单击【数据范围】编辑框右侧的
折叠按钮，选择数据范围为 B2:E2 单元格区域，单击【确定】按钮，如图 16-127 所示。

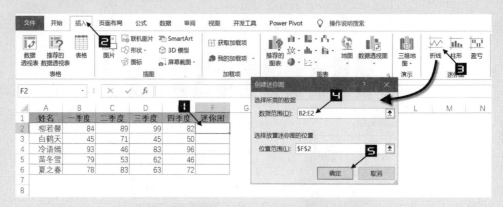

图 16-127　插入迷你图

步骤② 拖动 F2 单元格右下角的填充柄，向下填充到 F6 单元格，即可生成一组具有相同特
征的迷你图。

提示

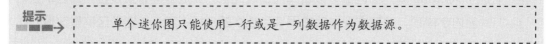

单个迷你图只能使用一行或是一列数据作为数据源。

如需改变迷你图的图表类型，可以选中迷你图中的任意一个单元格，单击【迷你图工具 -
设计】选项卡下的【柱形】按钮，即可将一组迷你图全部更改为柱形迷你图，如图 16-128
所示。

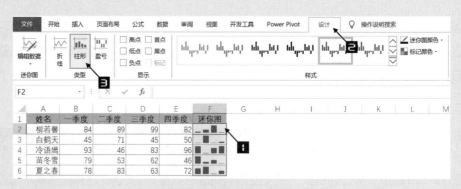

图 16-128　更改迷你图类型

用户可以根据需要，为折线迷你图添加标记，或是突出显示迷你图的高点、低点、负点、
首点和尾点，并且可以设置各个数据点的显示颜色。

选中迷你图中的任意一个单元格，在【迷你图工具 - 设计】选项卡下，单击【标记颜色】
下拉按钮，可以分别设置各数据点的颜色，如图 16-129 所示。

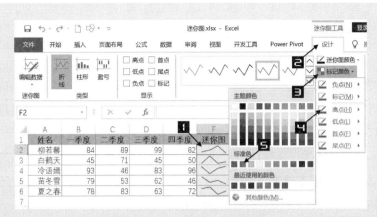

图 16-129　设置数据点颜色

Excel 提供了 36 种迷你图颜色样式组合供用户选择。选中迷你图中的任意一个单元格，单击【迷你图工具 - 设计】选项卡中的【样式】下拉按钮，在迷你图样式列表中单击某个样式图标，即可将该样式应用到一组迷你图中，如图 16-130 所示。

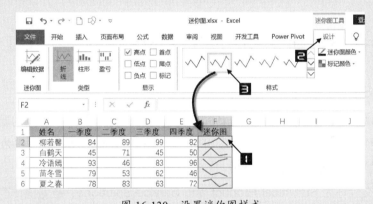

图 16-130　设置迷你图样式

第17章 其他常用数据分析工具

俗话说"工欲善其事，必先利其器"，无论身处哪个行业，作为一个数据分析从业人员，面对与日俱增、浩如烟海的数据，一定要先找到得心应手的数据分析工具，才能在工作中事半功倍、游刃有余。

除 Microsoft Excel 外，还有几款数据分析工具也比较常用，它们有各自的功能特点及擅长领域。本章将对这些工具进行简单介绍，随着您在数据处理与分析领域的不断深入，也许将来它们将成为您每天都要使用的数据分析工具。

> **本章学习要点**
>
> （1）SPSS 和 SAS （3）Power BI 和 Tableau
>
> （2）R 和 Python

17.1 统计分析利器 SPSS 与 SAS

17.1.1 SPSS

Excel 可以出色地完成常规数据统计和作图，但是如果需要处理的数据量比较大，或者需要使用更加专业的统计方法，那么 SPSS 软件将是更佳选择，其处理效率远远高于 Excel，而且输出结果会比 Excel 更专业。

SPSS 英文全称为 Statistical Product and Service Solutions，意为统计产品和服务解决方案，由 SPSS 公司出品，是世界上最早采用图形菜单界面的统计软件，其原型为美国斯坦福大学的三位研究生在 1968 年开发的"社会科学统计软件包"（Solutions Statistical Package for the Social Sciences）。

2009 年 4 月，SPSS 公司将产品系列重新定义为预测统计分析软件（Predictive Analytics Software，简称为 PASW），包含四部分。

❖ 统计分析：PASW Statistics。

❖ 数据挖掘：PASW Modeler。

❖ 数据收集：Data Collection Family。

❖ 企业应用服务：PASW Collaboration and Deployment Services。

2009 年 7 月 28 日，IBM 公司收购 SPSS 公司后，将产品更名为 IBM SPSS Statistics。SPSS 在社会科学研究、经济管理和工程质量控制等诸多领域得到了广泛应用。

使用 SPSS 可以轻松地完成回归分析、方差分析及多变量分析等统计分析工作，并且可以在数据分析时输出图形，这种方式极大地提升了数据分析的工作效率，所以 SPSS 给大多数用户留下的印象是一种"高端"分析软件。实际上由于软件采用了图形菜单界面，使用 SPSS 时几乎不需要编写任何代码，即使对于对初学者，SPSS 也具备良好的可操作性。

以 IBM SPSS Statistics 为例，将数据导入软件之后，【数据编辑器】对话框如所图 17-1 示，对于 Excel 用户来说，这个界面看起来类似于 Excel 工作表界面。

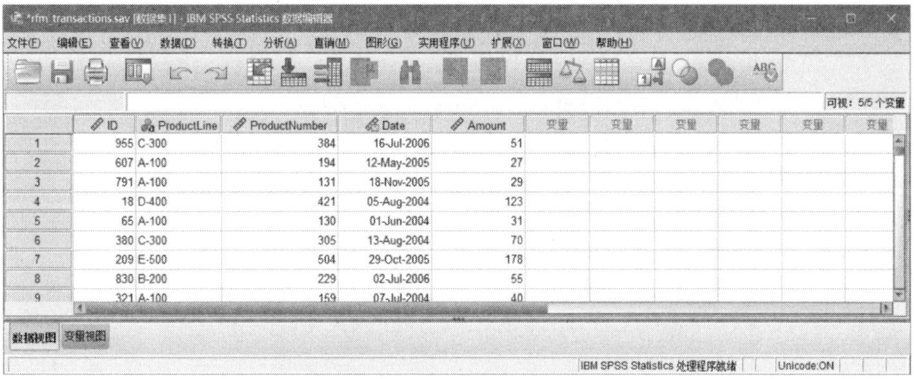

图 17-1 【数据编辑器】对话框的【数据视图】

【数据视图】用于查看和编辑数据，每一行为一条记录，在 SPSS 中称为"个案"（Case）；每一列代表一个字段，在 SPSS 中称为"变量"（Variable）。在【数据视图】中可以进行增加或删除个案和变量的操作，与 Excel 工作表不同的是不支持公式，也无法使用拖动填充等操作。

【变量视图】用于查看和设置变量属性，此处的变量属性类似于数据库中的字段属性，如图 17-2 所示。

图 17-2 【数据编辑器】对话框的【变量视图】

在【分析】菜单中提供了很多分析功能，不仅有简单的描述统计，而且提供了回归、神经网络等复杂的专业分析功能，如图 17-3 所示。

图 17-3 【分析】菜单

在【图形】菜单中提供了多种绘图功能，如图 17-4 所示。

图 17-4 【图形】菜单

用户执行统计分析命令后将打开【查看器】对话框，统计分析结果、统计报告、统计图表等内容将在【查看器】中展示，如图 17-5 所示。

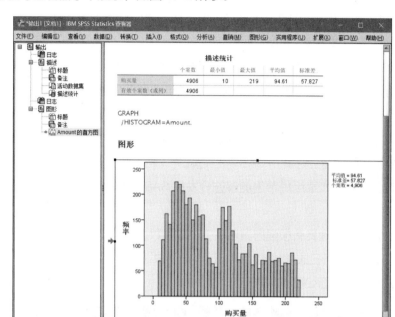

图 17-5 【查看器】对话框

　　尽管 SPSS 在统计分析领域有着明显的优势，但是它也有自身的不足之处。首先，使用者必须对数据分析模型有一定的了解，并且具备初步的统计学知识，否则将难以驾驭 SPSS；其次，SPSS 在可视化方面也有很多限制。因此某些行业的资深数据分析师会选择使用功能更丰富的 R 语言或 Python 作为分析工具。

17.1.2　SAS

　　SAS 英文全称为 Statistical Analysis System，是一个被经常用于数据分析和决策领域的面向对象的模块化应用软件系统。SAS 系统集数据存取、数据管理、数据分析和展现于一体，已经在众多的领域中提供了卓越的数据综合处理能力。

　　最早的 SAS 软件是由美国北卡罗来纳州立大学的两位生物统计研究生于 1966 年开发完成的，经过不断完善后于 1972 年发布了第一个正式版本，并且在 1976 年成立了 SAS 软件研究所实现产品商品化。

　　SAS 系统是由大型机软件系统发展而来的，1985 年开始推出 SAS 个人计算机版本，然后不断地扩展到更多平台，基于其独特的多硬件厂商结构，使得 SAS 系统可以顺畅地运行于多种硬件平台和主流操作系统中，时至今日，从个人计算机到科研机构中常用的大型计算机皆可使用 SAS 系统。

　　SAS 系统的功能由不同的模块来完成，其中 BASE 模块为必需模块，是 SAS 系统的核心，其他模块提供了可选扩展功能，需要在 BASE 模块提供的环境中运行，如数据库模块（ACCESS）、预测模块（ETS）、绘图模块（GRAPH）、矩阵运算模块（IML）、质量控制统计模块（QC）和统计模块（STAS）等。

SAS 系统提供了一种用于数据管理和分析的语言——SAS 语言，它类似于高级计算机编程语言，通过 SAS 语言就可以很方便地实现各种统计分析功能。SAS 编程入门也很简单，使用过程名称和参数就可以调用 SAS 系统中常用数据算法的标准过程，这和多数计算机编程语言的使用方法完全相同。用户无须全面掌握数据算法的理论知识，就可以使用 SAS 系统解决工作中的实际问题。除调用 SAS 标准过程外，利用强大的 SAS 语言还可以定制数据分析解决方案。因此，如果用户希望能够充分发挥 SAS 系统的强大功能，就必须更全面地掌握 SAS 语言。

SAS 对于数据预处理具有很强的灵活性，在复杂数据分析过程中，可以保留分析的中间过程，随时可以查看执行日志和输出结果，这有助于快速形成高效决策。

SAS 启动后用户界面如图 17-6 所示。

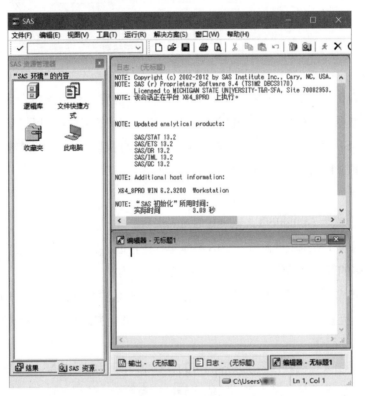

图 17-6　SAS 用户界面

SAS 的程序结构分为数据步（Data Step）和过程步（Proc Step）两种。数据步用于对数据进行加工和处理，过程步用于对数据集进行统计分析和编写报告。SAS 程序通过这两种基本步骤的组合，将数据处理与统计分析有机地融为一体。

SAS 最大的优点之一就是具备对数据集的连续处理能力，即某个过程产生的输出数据，可以作为另一个过程的输入数据，并且随时可以加入数据步再次进行数据处理，进而完成各种统计分析。如图 17-7 所示，基础数据集为 sashelp.cars，运行数据步代码后，将创建临时数据集 cars1，并保存在逻辑库 Work 中（SAS 程序关闭后，逻辑库 Work 中的临时文件将会被清除）。

图 17-7　创建临时数据集

在【VIEWTABLE】对话框中可以用表格形式查看数据集中的数据，如图 17-8 所示，其中每一行为一条记录，在 SAS 中称为"观测"（Observation）；每一列代表一个字段，在 SAS 中称为"变量"（Variable）。

利用 SAS 工具栏中的搜索框输入过滤条件，可以实现数据筛选。例如，输入"where horsepower=300"作为过滤条件，应用筛选之后，【VIEWTABLE】对话框中仅显示 Horsepower 变量为 300 的观测值，如图 17-9 所示。

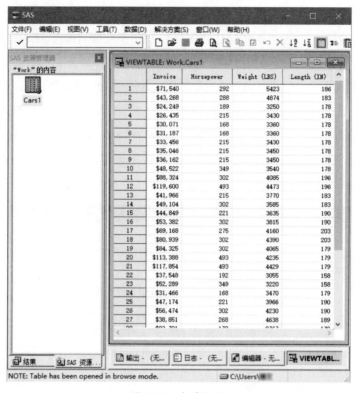

图 17-8　查看数据

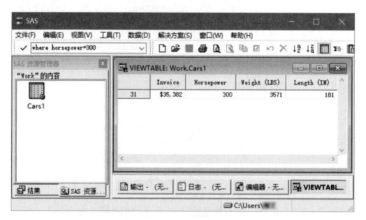

图 17-9　筛选数据

运行过程步代码，仅使用 3 行代码就可以完成线性回归分析。在【结果查看器】对话框中可以查看分析结果，方差分析和参数估计结果如图 17-10 所示，拟合诊断和拟合图如图 17-11 所示。

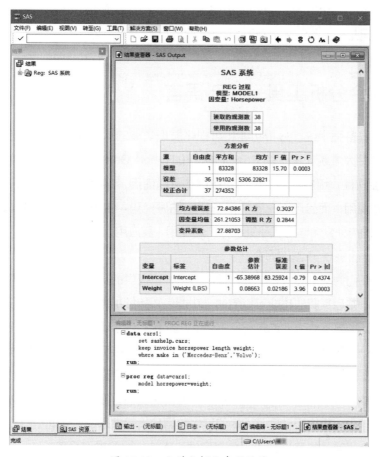

图 17-10　方差分析和参数估计

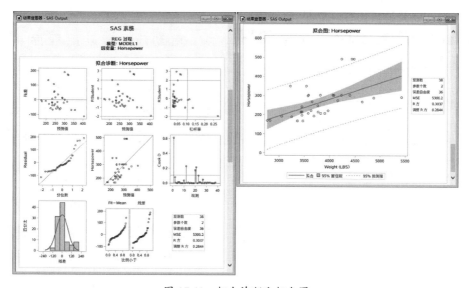

图 17-11　拟合诊断和拟合图

SAS 系统相对 SPSS 来说其功能更强大，适用范围和领域也更广泛，但是其使用方法接近于编程，因此其可操作性略逊于 SPSS。

17.2　综合分析工具——R 语言

R 语言是具备强大统计分析功能和可视化展现功能的综合性数据分析工具软件，它是由新西兰奥克兰大学统计学系的 Ross Ihaka 和 Robert Gentleman 共同开发的。SPSS 和 SAS 均为商业软件，用户需要支付相关费用才可以使用，然而 R 语言属于开源软件，大家不仅可以免费使用，而且可以免费获得 R 语言的源代码。由于 R 语言免费开源、统计模板齐全，所以被国内外众多学术和研究机构广泛使用，其应用范围涵盖了机器学习、数据挖掘、自然语言处理、金融学等诸多领域。

R 语言是专门为数据分析和统计设计的语言，它提供的功能和函数能够满足绝大多数数据分析的需求，并且其算法功能可以借助"功能包"持续扩展。R 语言的第三方功能包的应用领域非常广泛，毫不夸张地说是无所不包。功能包的内容涵盖了从社会网络分析到自然语言处理、从统计计算到机器学习、从各种数据库各种语言接口到高性能计算模型等。除免费开源之外，丰富的功能包是 R 语言越来越流行的一个重要原因。

R 语言功能可以比肩统计分析商业软件，但是其安装程序却只有几十兆大小，其消耗的系统资源相对较少，相比于动辄几 GB 的其他数据分析软件来说，如此小巧玲珑的安装包是难能可贵的。R 语言具备良好的跨平台兼容性，支持主流的操作系统（Linux、Windows 和 Mac OS 等）。另外，R 语言可以很方便地与其他语言相结合，发挥各自的优势，如通过 Rcpp 可以实现 R 语言和 C++/C 的无缝集成。

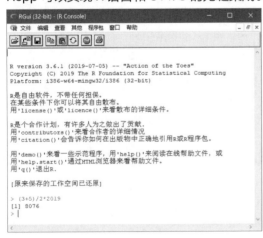

图 17-12　【R Console】对话框

启动 R 语言应用程序将打开【R Console】对话框，用户可以在对话框中输入并运行 R 语言代码，如输入数学算式"(3+5)/2*2019"，按下回车键后，将显示计算结果，如图 17-12 所示。

R 程序脚本是纯文本文件，用户可以使用任意编辑器进行编辑和创建，如果 R 程序脚本已经编辑完毕，那么使用【文件】菜单功能可以直接运行 R 程序脚本。

R 语言是为数据统计而生，所以用 R 语言能够轻松地实现基础的数据统计功能，如图 17-13 所示。不仅如此，R 语言扩展包还能够实现聚类分析、随机森林、决策树等复杂的数据挖掘功能。

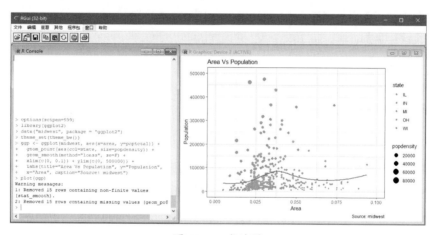

图 17-13　基础统计分析

R 语言以创建漂亮、优雅的图形而闻名于世，其本身已经具备了用于数据可视化的绘图功能。开源社区中的贡献者们源源不断地开发出更加强大的绘图功能包，这些功能包都极大地提升了 R 语言在数据可视化领域的影响力和地位。例如，使用图形可视化包 ggplot2，仅需要短短几行代码就可以创建出具备专业水平的气泡图，如图 17-14 所示。

图 17-14　气泡图

交互式可视化包 canvasXpress 则提供了更多的炫酷交互式图表，如图 17-15 所示。

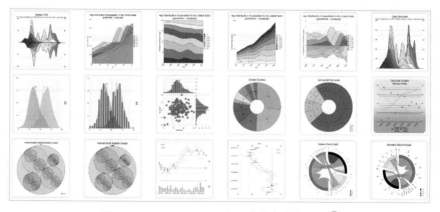

图 17-15　canvasXpress 交互式图表部分示例[①]

---

①　图表示例截图节选自 https://canvasxpress.org。

R 语言与同为开源开发语言的 Python 相比，运行速度会慢一些，尤其是在迭代循环和非向量化函数中。通过使用底层的更高效的语言（比如 C）开发高质量的功能包，可以提升其运行性能。R 语言作为脚本语言，无法实现将程序编译为脱离 R 环境独立运行的应用程序，这限制了 R 语言在某些场景的应用。

17.3　全能分析工具——Python 语言

17.3.1　Python 的主要特点

Python 的创始人是荷兰人吉多·范罗苏姆（Gudio van Rossum）。1989 年的圣诞节期间，吉多·范罗苏姆为了打发空闲时间，开发了一门全新的解释程序语言，并命名为 Python（英文单词含义为蟒蛇），他为 Python 设定的目标如下。

❖ 一门简单直观而又非常强大的语言。

❖ 开源，以便任何人都可以为它做贡献。

❖ 代码像纯英语那样容易理解。

❖ 适用于短期开发的日常任务。

最初的 Python 完全由吉多·范罗苏姆开发，后来他的同事也加入 Python 开发和维护之中。在 Python 的开发过程中，开源社区起到了重要的作用。在接下来近 20 年的发展历程中，Python 创始人为其设定的目标基本上都已经实现，并且 Python 无可争辩地成为世界上最流行的编程语言之一，在各行各业绽放光彩。

Python 语言具有如下主要特点。

❖ 完全面向对象的编程语言。

在 Python 中一切皆为对象，模块、函数、数字、字符串、数组、列表等都是对象。Python 完全支持类继承、重载、多重继承和运算符重载。

❖ 拥有强大的标准库。

Python 的标准库涉及的范围十分广泛，强大的标准库是 Python 快速发展不可或缺的基础。Python 标准库提供了文件操作、文本处理、操作系统功能、网络通信、网络协议、W3C 格式支持、数据库接口和图形系统等众多功能。

❖ 不断扩充的颇为丰富的第三方模块。

多年来 Python 社区开源生态得到了蓬勃发展，众多优秀的 Python 社区积极地贡献了大量第三方模块，其使用方式与标准库类似，其功能覆盖的领域更广，不仅包括科学计算、数据分析、Web 开发等领域，而且包括最前沿的学科领域，如人工智能、机器学习和深度学习等多个领域，这使得 Python 几乎成为无所不能的编程语言。

❖ 代码量少，易于学习。

Python 的设计哲学中非常注重其代码的可读性和语法的简洁性，如使用代码行的空格缩进划分代码块，而并非像其他多数编程语言一样使用大括号或关键词划分代码块。不管是小型程序还是大型项目工程，Python 都试图让程序的结构更清晰明了。Python 语言不仅适用于职业程序员的专业开发任务，也适用于非专业人士的日常任务开发，甚至越来越多的孩子已经将它作为学习计算机编程入门的首选。

相比于 Java 和 C++，Python 让开发者能够用更少的代码解决同样的问题，一般情况下，Python 代码量是 Java 和 C++ 的十分之一到五分之一。

几乎所有编程语言教学课程都用"Hello World"作为第一个示例。C++ 的示例代码如下所示。

```cpp
#include <iostream>
int main()
{
    std::cout << "Hello World\n";
    return 0;
}
```

Java 的示例代码如下所示。

```java
class HelloWorldDemo {
    public static void main(String[] args) {
        System.out.println("Hello World");
    }
}
```

Python 的示例代码如下所示。

```python
print("Hello World")
```

对于这个简单的编程任务，如果使用 C++ 实现，至少需要理解命名空间、主函数和返回值等概念；如果用 Java 实现，还需要理解"类"和参数等知识点；然而使用 Python 来实现，直接而且简洁，只需调用 print 函数输出结果，其代码也更接近于英语语法。

❖ 免费开源。

Python 作为 FLOSS（自由 / 开放源码软件，Free/Libre and Open Source Software）

软件，任何人或组织都可以自由地发布这个软件的拷贝、阅读和修改其源代码，或者把它的一部分用于新的自由软件中。正是由于这种开放的知识分享机制，使得 Python 迅速崛起为最流行的优秀编程语言之一。

❖ 优秀的可移植性和跨平台适应性。

Python 属于解释性语言，其源代码不是编译成机器语言，而是先翻译成中间代码，再由对应解释器对中间代码进行解释运行，解释性语言通常都具备良好的跨平台适应性。绝大多数情况下，Python 程序代码无须修改就可以在几乎全部操作系统平台上无障碍运行。由于 Python 开源的特性，使得 Python 已经被成功地移植到许多平台上。

❖ Python 的缺点：运行效率较低。

作为解释性语言，Python 同样无法规避代码运行效率不如编译性语言（Java 和 C++ 等）的问题，但是随着计算机性能的不断提升，在多数使用场景中，这种运行效率的差异越来越小。

17.3.2　Python 软件环境

如今 Python 已成为数据科学领域的最流行的标准语言之一，越来越多的人准备从学习 Python 开始入门数据分析行业。如果想学习和使用 Python，那么就需要准备相应的软件环境，在 Python 官网下载并安装 Python，其过程并不复杂，但是如果安装扩展功能模块就需要使用命令行，还需要考虑模块版本兼容性及不同模块之间的依赖关系。大家学习 Python 的最新教程可能已经使用 Python 3，但是互联网上的很多示例代码仍然只适用于 Python 2，维护多版本编译环境对于普通用户来说确实有些复杂。

非常幸运的是，Python 开源社区已经提供了多种免费解决方案，让普通用户可以轻松解决所有这些软件环境的问题，让大家更专注于如何用好 Python 解决实际问题。Anaconda（下载链接为 https://www.anaconda.com/distribution/#download-section）是一个基于 Python 的数据处理和科学计算平台，其中已经内置了很多数据科学相关的第三方库，如构成 Python 数据分析核心基础的 NumPy、SciPy、Pandas 和 Matplotlib 库都已经包含在其中，安装 Anaconda 之后，就可以开始 Python 数据分析之旅了。

Anaconda 软件启动后的用户界面如图 17-16 所示，在【Anaconda Navigator】对话框（有时被称为 Anaconda 控制台）中可以安装和打开相关应用程序，如 Jupyter Notebook、Qt Console 和 Spyder 等。

Python 3 完全替代 Python 2 可能还需要一段时间，开发者经常需要使用多个不同版本的 Python 编译环境。在 Anaconda 中不但可以方便地创建多版本编译环境，而且可以快捷地进行切换，如图 17-17 所示。其中"base（root）"为 Python 2.7.14 编译环境，"Python36"为 Python 3.6.8 编译环境。

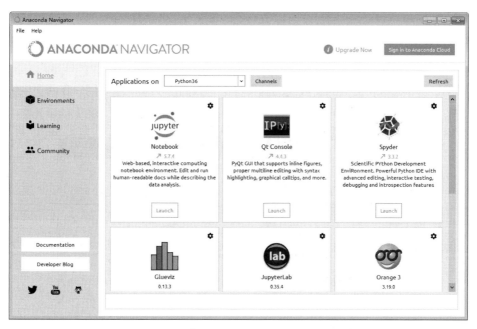

图 17-16　【Anaconda Navigator】对话框

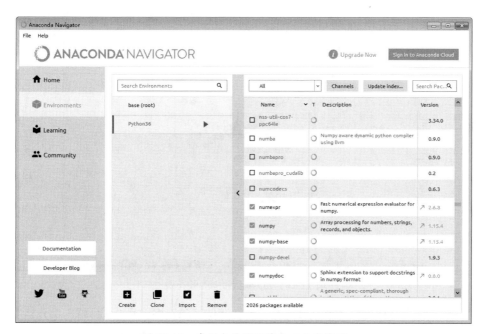

图 17-17　多版本编译环境与三方库管理

在图 17-17 所示【Anaconda Navigator】对话框的右侧部分为第三方库管理工具，使用图形操作界面就能够完成第三方库的安装与管理。

Python 程序为纯文本文件格式，使用 Windows 自带的"记事本"就可以编写 Python 代码，但是无法进行代码调试。推荐大家使用 Jupyter Notebook（又称 IPython

Notebook，在 Anaconda 控制台中可以很方便地安装 Jupyter Notebook）作为代码编辑和调试工具，它是一个交互式的笔记本，用于创建和共享具有 Python 代码、文本和图表的网页的工具。

Jupyter Notebook 提供的交互式的网页界面，如图 17-18 所示。用户在网页中编辑和运行代码，代码将保存在"单元格"中，如第一段代码保存在编号为"33"的单元格中。

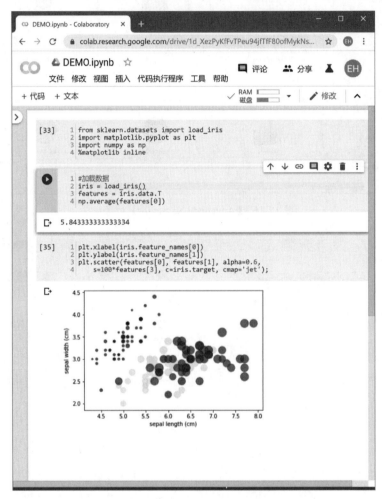

图 17-18　Jupyter Notebook 界面

第二段代码所在单元格为活动单元格（箭头遮挡了单元格编号 34），单击单元格左侧的"箭头"将运行该单元格中的代码，代码的运行结果则显示在代码单元格之下。在 Jupyter Notebook 中随时可以查看中间步骤的输出结果，对于探索性数据分析来说这是一个非常便捷的功能。

单元格"35"的代码用于创建图表，散点图显示在页面的下端，可视化结果实时可见。

越来越多的数据科学家和研究者使用 Jupyter Notebook 处理数据、进行数据分析、撰写报告、进行 Python 教学演示，甚至编写图书稿件。Jupyter Notebook 文件既可以在用户的个人计算机中运行，也可以部署到专用的 Notebook 服务器上在线运行，很多主流云计算基础设施（如 Google Colaboratory、Microsoft Azure Notebooks 和 Binder 等）中也支持 Jupyter Notebook。

17.4　Power BI 与 Tableau

随着越来越多的公司开始意识到商业智能（Business Intelligence）分析在企业运营和管理中的重要性，商业智能软件也迎来了蓬勃发展的时代。在商业智能软件领域中，两个主要的产品是微软公司的 Power BI 和 Tableau Software 公司的 Tableau。Gartner 2019 年分析与商业智能平台魔力四象限报告显示，Power BI 和 Tableau 位于"领导者"象限，其"执行能力"远远超越其他竞争对手，如图 17-19 所示。

图 17-19　分析与商业智能平台魔力四象限

17.4.1　Power BI

Power BI 的历史可以追溯到 2009 年，当时微软推出了"自助式商业智能"的概念，并基于 xVelocity 引擎推出了 Power Pivot for Microsoft Excel 2010 插件，这可谓是微软向敏捷 BI（有时也被称为自助 BI）迈出的第一步，也成为微软后续敏捷 BI 产品线的开路先锋。几年之后，伴随着 Excel 2013 的发布，Power View、Power Map 和 Power Query 加入了 Power BI 家族。本书中的很多章节都介绍了 Power Pivot 和 Power Query 是如何帮助用户快速完成数据准备、清洗和转换工作的。

2015 年 7 月，Power BI Desktop 正式推出，这意味着 Power BI 可以脱离 Excel 运行，成为独立软件。它不只是数据可视化软件，而是一个整合了数据 ETL（提取、转换和加载，其英文全称为 Extract-Transform-Load）、数据建模和可视化展现的完整的敏捷 BI 产品。

Power BI 可以从数百个受支持的本地和云数据源获取数据，并完成数据清洗与转换，Power BI Desktop 中整理后的数据如图 17-20 所示（Power BI 案例来自微软）。

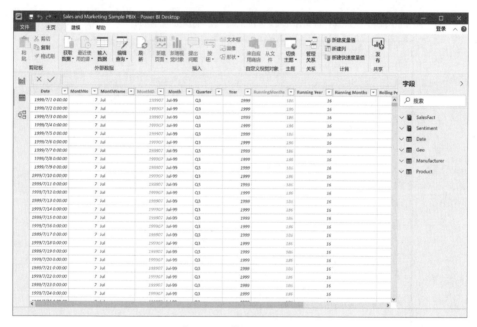

图 17-20　整理后的数据

使用鼠标拖曳就可以完成建模，高级用户还可以使用功能超级强大的 DAX 公式表达式语言，对数据模型中的数据执行高级计算和查询。Power BI Desktop 中数据模型如图 17-21 所示。

利用 Power BI 交互式数据可视化功能可以轻松创建具备专业水准的智能报表和仪表盘，如图 17-22 所示。Power BI 可以将报表发布到本地或云端，用户可以随时随地借助个人计算机或手机查看报表和数据，充分满足当今社会快节奏、高效率的办公需求。

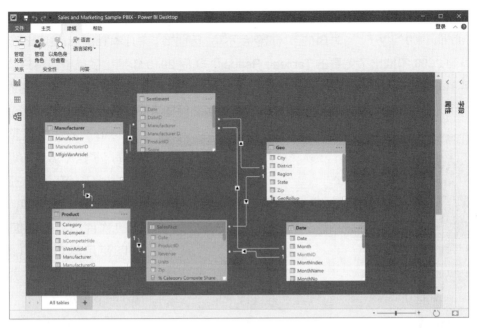

图 17-21　数据模型

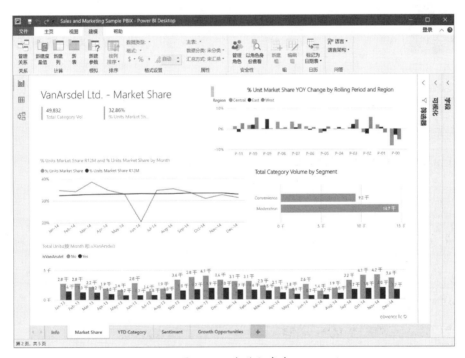

图 17-22　智能仪表盘

17.4.2　Tableau

Tableau Software 是一家将"帮助每个人查看和理解数据"作为自己使命的公司，Tableau 是一个数据可视化产品，严格来说它可能并不是一个完整的敏捷 BI 产品。Tableau 孵化于 2003 年斯坦福大学计算机图形学实验室的 Polaris 项目，该项目的核心目标是扩展

Excel 的透视表结构，以便对大型多维数据进行探索性分析。2004 年 Polaris 的第一个商业版本 Tableau 1.0 问世了，当时 BI 的市场成熟度不高。因此接下来几年 Tableau 发展比较缓慢。

直到 2008 年推出了免费的 Tableau Reader，随后 2010 年推出了免费的客户端和云端服务 Tableau Public。这期间中小企业甚至个人用户的数据保有量都有了突飞猛进的增长，然而这些用户通常都负担不起传统 BI 的庞大基础设施架构以及巨大的人力资源消耗。

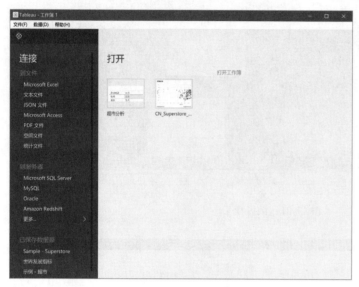

图 17-23　Tableau 用户界面

Tableau 产品线的调整适时地满足了这个增量市场的刚需，从此开始了腾飞之路。

Tableau 属于菜单驱动的软件，不需要编程就可以使用其功能，Tableau Desktop 启动后用户界面如图 17-23 所示。

在 Tableau 开始页面中选择一个连接器连接数据源，如连接"示例 - 超市"的 Excel 数据文件使用"Microsoft Excel"连接器。

将"订单"和"退货"表从左侧列表框拖曳到右侧画布中，修改两个表的关联方式为左关联，两个表组合后的数据如图 17-24 所示，其中"订单 ID（退货）"和"返回"来自"退货"表。

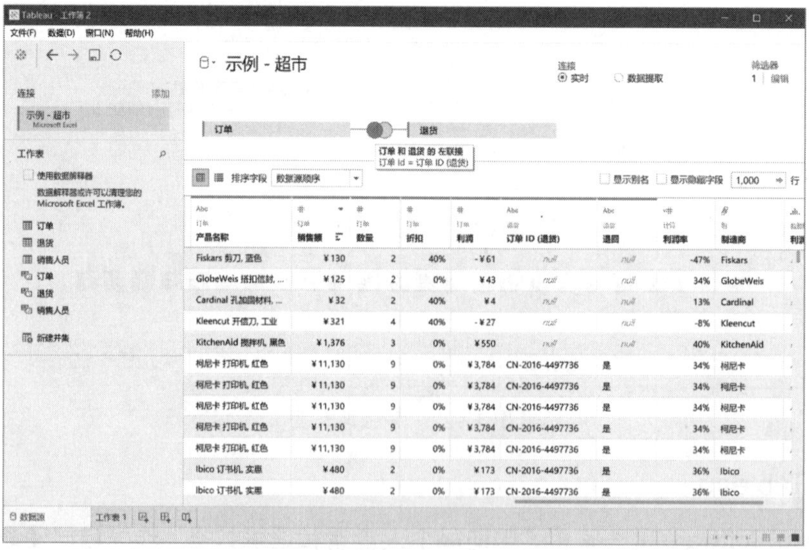

图 17-24　关联数据表

虽然 Tableau 能够完成一些数据关联之类的操作，但是整体来看 Tableau 并不擅长数据清洗与转换，很多实际应用场景中用户仍需要使用其他工具软件来处理和加工基础数据。

在 Tableau 中保存分析视图（可以是数据表也可以是图表）的容器被称为"工作表"（注意这与 Excel 工作表完全不同）。Tableau 的"文本表"类似于 Excel 数据透视表，包括行、列、筛选器、度量值等元素，如图 17-25 所示。在"假设分析"中，调整右侧的预测参数"新业务增长率"和"流失率"将实时刷新的"文本表"中"销售预测"值。

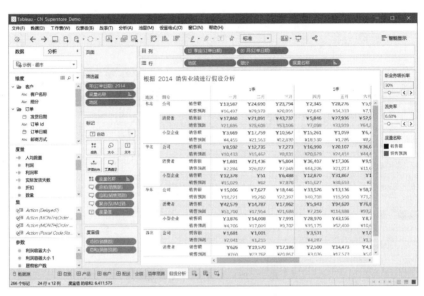

图 17-25　假设分析文本表

在【智能显示】选项卡中提供了多种内置的可视化视图类型（"文本表"是其中之一），如图 17-26 所示。Tableau 根据用户所选定的需要进行分析的字段，自动评估适合使用哪些视图类型，用户单击相应的图标就可以轻松切换视图类型。分析师在进行探索性分析时，利用这个功能可以快速地尝试多种不同的分析角度，这非常有利于发现数据变量之间的关联关系。

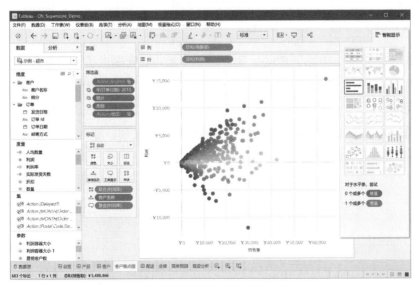

图 17-26　多样的可视化视图类型

Tableau 中的仪表板通常是由若干个视图组合而成，用户可以同时从多个维度查看多种数据，如图 17-27 所示。

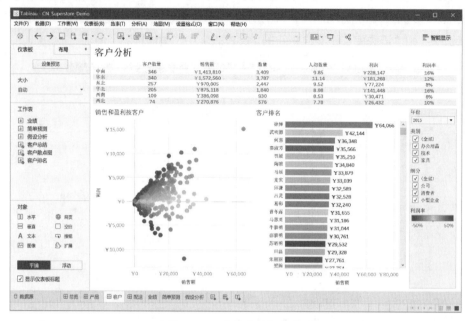

图 17-27　客户分析仪表盘

作为数据可视化领域的领先产品，Tableau 具有其独到的优势。首先，Tableau 出道多年，经过多次功能迭代，目前其用户整体体验和可视化呈现效果是其他软件无法比拟的；其次，Tableau 提供了成熟和完备的企业级解决方案，包括移动客户端、企业级商业分析平台、本地部署和云部署等。

Tableau 提供了更标准化的可视化解决方案，这样可以快速开发商业智能报表和仪表盘。与之相比，Power BI 的视觉效果具备很强的可定制性，用户可以通过深度定制满足特定业务需求。

微软敏捷 BI 产品线中除了 Power BI Desktop 版本，还提供了 Power BI Excel 插件，二者的功能略有区别。但不可否认的是，众多数据分析师都已经熟悉 Excel 的功能与操作，对于这个用户群体来说，Power BI 将会比 Tableau 更容易上手。在许多数据分析应用场景中，数据可视化报表和报告都采用微软 Office 作为最终呈现，那么毫无疑问 Power BI 比 Tableau 更容易实现与 Office 应用程序的集成。

附录 高效办公必备工具——Excel 易用宝

尽管 Excel 的功能无比强大，但是在很多常见的数据处理和分析工作中，需要灵活的组合使用包含函数、VBA 等高级功能才能完成任务，这对于很多人而言是个艰难的学习和使用过程。

因此，Excel Home 为广大 Excel 用户度身定做了一款 Excel 功能扩展工具软件，中文名为"Excel 易用宝"，以提升 Excel 的操作效率为宗旨。针对 Excel 用户在数据处理与分析过程中的多项常用需求，Excel 易用宝集成了数十个功能模块，从而让繁琐或难以实现的操作变得简单可行，甚至能够一键完成。

Excel 易用宝永久免费，适用于 Windows 各平台。经典版（V1.1）支持 32 位的 Excel 2003，最新版（V2.2）支持 32 位及 64 位的 Excel 2007/2010/2013/2016/2019、Office 365 和 WPS。

经过简单的安装操作后，Excel 易用宝会显示在 Excel 功能区独立的选项卡上，如下图所示。

比如，在浏览超出屏幕范围的大数据表时，如何准确无误地查看对应的行表头和列表头，一直是许多 Excel 用户烦恼的事情。这时候，只要单击一下 Excel 易用宝"聚光灯"按钮，就可以用自己喜欢的颜色高亮显示选中单元格/区域所在的行和列，效果如下图所示。

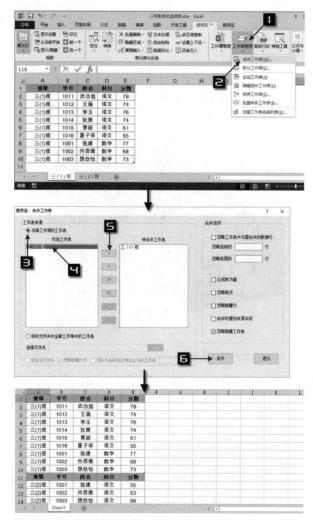

再比如，工作表合并也是日常工作中常见的需要，但如果自己不懂得编程的话，这一定是一项"不可能完成"的任务。Excel 易用宝可以让这项工作显得轻而易举，它能批量合并某个文件夹中任意多个文件中的数据，如下图所示。

更多实用功能，欢迎您亲身体验，http://yyb.excelhome.net/。

如果您有非常好的功能需求，可以通过软件内置的联系方式提交给我们，可能很快就能在新版本中看到了哦。